21世纪高等院校规划教材

离散数学（第二版）

主　编　贾振华

副主编　杨丽娟　孙红艳

·北京·

内 容 提 要

离散数学是计算机科学基础理论的核心课程，是高等院校计算机专业必修的重要专业基础课程。本书介绍了离散数学的基础理论知识，全书共分 11 章：包括命题逻辑、谓词逻辑、集合、关系、函数、集合的基数、图、欧拉图和哈密尔顿图、特殊图、代数结构、格与布尔代数等内容。

本书内容安排合理、体系严谨，叙述力求深入浅出、简明扼要，书中配有典型例题和习题，并与计算机科学的理论和实践紧密结合。

本书可作为高等院校计算机及其相关专业离散数学课程的教材，也可供从事计算机工作的科学技术人员以及相关人员使用或参考。

图书在版编目（CIP）数据

离散数学 / 贾振华主编. -- 2版. -- 北京 : 中国水利水电出版社, 2016.8
21世纪高等院校规划教材
ISBN 978-7-5170-4574-8

Ⅰ. ①离… Ⅱ. ①贾… Ⅲ. ①离散数学－高等学校－教材 Ⅳ. ①O158

中国版本图书馆CIP数据核字(2016)第173843号

策划编辑：雷顺加　　责任编辑：李　炎　　封面设计：李　佳

书　　名	21 世纪高等院校规划教材 离散数学（第二版）LISAN SHUXUE
作　　者	主　编　贾振华 副主编　杨丽娟　孙红艳
出版发行	中国水利水电出版社 （北京市海淀区玉渊潭南路 1 号 D 座　100038） 网址：www.waterpub.com.cn E-mail：mchannel@263.net（万水） sales@waterpub.com.cn 电话：（010）68367658（营销中心）、82562819（万水）
经　　售	全国各地新华书店和相关出版物销售网点
排　　版	北京万水电子信息有限公司
印　　刷	北京正合鼎业印刷技术有限公司
规　　格	170mm×227mm　16 开本　23 印张　428 千字
版　　次	2007 年 2 月第 1 版　2007 年 2 月第 1 次印刷 2016 年 8 月第 2 版　2016 年 8 月第 1 次印刷
印　　数	0001—3000 册
定　　价	36.00 元

第二版前言

《离散数学》第一版经过了八年多的使用，收到很多院校教师和学生的反馈，包含了对本书的认可和一些中肯的意见。第二版在保留第一版的全部优点和特色基础上，作了全面修订、优化和补充，包括：

（1）订正了原书中的错误，对全部章节进行了修订，修改了书中发现的所有错误。

（2）补充了部分内容，如最优二叉树的构建、哈夫曼编码等。

（3）解决了反映比较强烈的章后习题答案问题，对每章后的习题进行详细解答，并附加在书后，有助于教师和学生的使用和参考。

（4）可读性和易读性进一步提高，对全书进行通读，字斟句酌、反复推敲，尽可能使句子通俗易懂。

本书由贾振华主编，杨丽娟、孙红艳任副主编。各章主要编写分工如下：第二版第一部分第 1 章、第 2 章修订工作及课后习题参考解答由贾振华完成，第三部分第 7 章、第 8 章、第 9 章修订工作及课后习题参考解答由贾振华和邯郸工程高级技工学校张志伟共同完成，第二部分第 3 章到第 6 章修订工作及课后习题参考解答由杨丽娟完成，第四部分第 10 章、第 11 章修订工作及课后习题参考解答由孙红艳完成，李新荣、黄中升、崔玉宝、李瑛、郭辉、赵辉、李杰、王兴会等参加了部分习题的解答和校对工作。

由于作者水平有限，难免出现错误和安排不妥之处，敬请广大师生不吝指正。Email：jiazhenhualf@163.com。

编　者
2016 年 5 月

第一版前言

离散数学是现代数学的一个重要分支，它的研究对象是各种离散量的结构及离散量之间的关系，在数据结构、编译系统、程序设计语言、数据库原理、操作系统、人工智能、计算机图形学、软件工程、网络与分布式计算以及计算机体系结构等领域中都得到广泛的应用。因此，离散数学是计算机专业学生的一门重要的专业基础课程。

通过对离散数学的学习，不仅能使学生掌握进一步学习其他课程所必需的数学基础知识，还可以培养学生的抽象思维能力和严密的逻辑推理能力，同时也可以提高学生发现问题、分析问题和解决问题的能力。

本书是编者在多年离散数学教学实践经验的基础上，针对应用型本科教学的特点，参考了国内外多种教材编写而成的。应用型本科注重理论，以够用为限，重点突出，加强理论与实际的联系。本书力求理论体系完整、科学严谨，内容叙述深入浅出、简明扼要，概念尽量用例子加以说明。本书强化基本概念的理解，注重基本理论的证明方法。书中配有典型例题，各章后面配有适量典型习题供学生练习。

全书共分 11 章，主要内容有：

第 1 章和第 2 章分别介绍命题逻辑和谓词逻辑的基本概念、等值演算和推理理论。第 3 章至第 6 章为集合论，介绍了集合的基本概念和运算、二元关系、函数、基数等内容。第 7 章至第 9 章为图论，介绍了图的基本概念、图的矩阵表示、欧拉图、哈密尔顿图、树、平面图等内容。第10 章和第 11 章为代数系统，介绍了代数系统、半群、独异点、群、环、域、格、有补格、分配格和布尔代数等内容。

本书第 1 章至第 3 章由贾振华编写，第 4 章由贾振华和李新荣共同编写；第 5 章和第 6 章由李瑛编写；第 7 章和第 8 章由李新荣编写；第 9 章至第 11 章由黄中升编写。赵辉、李杰、崔玉宝、赵丽艳等同志参加了部分章节的习题编写和校对工作。

在编写过程中，作者参考了大量的离散数学教材和相关的文献资料，从中汲取了许多好的思想，引用了不少有用的素材，在此一并向有关作者表示感谢。还要感谢中国水利水电出版社的编辑和领导以及院系领导对教材出版的支持和帮助。

由于作者水平有限，书中难免出现一些错误和不妥之处，敬请读者不吝指正。作者电子邮箱：jiazhenhualf@163.com。

编　者

2006 年 10 月

目 录

第一部分 数理逻辑

第二部分 集合论

第三部分 图论

第四部分 代数系统

第一部分　数理逻辑

研究人的思维形式和规律的科学，称为逻辑学。根据所研究的对象和方法的不同，逻辑学分为：辩证逻辑、形式逻辑和数理逻辑。

数理逻辑是用数学上的形式化方法研究逻辑推理过程和规律的一种理论。它引入了一套形式化的符号体系，规定推理规则，从而使推理在形式上像代数演算一样简单。因此数理逻辑又称为符号逻辑。数理逻辑和计算机的发展密切相关，在开关线路、机器证明、自动化系统、编译原理及算法设计等方面得到了广泛的应用。

数理逻辑主要包括五部分：逻辑演算、证明论、公理化集合论、模型论和递归函数论。本书仅介绍计算机科学领域中所必需的数理逻辑中最基本的内容：命题逻辑和谓词逻辑，通过对这部分内容的学习，读者应掌握数理逻辑的基本观点和方法。

第 1 章　命题逻辑

本章介绍命题逻辑（也称命题演算）的基本概念、等值演算以及推理理论。

命题逻辑是以命题为基本对象的数学化的逻辑系统，是数理逻辑中最基本的内容。通过对本章的学习，读者应掌握以下内容：

- 命题的概念、分类、表示，命题联结词的定义
- 命题变元、命题公式
- 最小联结词组
- 基本等价式、蕴含式
- 对偶的概念与对偶定理
- 范式及主范式的概念
- 命题演算的推理方法

1.1　命题和命题联结词

1.1.1　命题

定义 1.1.1　具有确定真假意义的陈述句，称为命题。命题只有两种可能的结果："真"或"假"，称为命题的真值，其中真值为真（常用"1"或"T"表示）的命题为真命题，真值为假（常用"0"或"F"表示）的命题为假命题。

例 1.1.1　判断下列语句是否为命题，若是命题，判断其真值。

（1）10 是素数。

（2）$f(x)=x^2$ 在$[a,b]$上连续。

（3）北京是中国的首都。

（4）1001+11=1100

（5）请勿喧哗！

（6）你记住了吗？

（7）这个风景真美呀！

（8）$x+y=7$。

解 （1）～（4）是命题，因为它们都是具有真假意义的陈述句。（1）是假命题，（2）、（3）是真命题，（4）在二进制中为真，在十进制中为假，故需根据所处环境才能确定真值，（5）～（8）都不是命题，（5）是祈使句，（6）是疑问句，（7）是感叹句，（8）中，x，y 是变量，无法判断其真假。

由上例可以看出，如果一个句子是命题，必需满足以下条件：

（1）该句子是具有判断性的陈述语句；

（2）它有确定的真值，非真即假。

这两个条件都满足时，这个句子是一个命题。由于命题只有真、假两个真值情况，所以命题逻辑也称为二值逻辑。

例 1.1.2 判断下列语句是否为命题。

（1）其他星球上有生命存在。

（2）我正在说谎。

解 （1）在目前无法确定其真值，但从本质而论，它们是有真假值的，所以也认为是命题。（2）不是命题，是悖论。在判断一个句子是否为命题时，首先从语法上判断它是否为陈述句，但是有一些“自指谓”的陈述句，不属于命题，因为这种“自指谓”的陈述句会产生悖论。所谓“自指谓”，是指其结论是对自身而言的。对于（2），当它为假时，它便是真；当它为真时，它便是假。

如果一个句子不能再进一步分解为更简单的语句，并且又是一个命题，则此命题称为原子命题。原子命题是命题逻辑中最基本的单位。

命题通常使用大写字母 A，B，C，D，…，X，Y，Z 或带下标的大写字母或数字表示，如 A_i，[10]，R 等，例如，

A_1：我是一名大学生。

A_1 可表示“我是一名大学生”这个命题，也可以用数字或大写字母表示命题，例如，

[10]：我是一名大学生。

R：我是一名大学生。

表示命题的符号称为命题标识符，A_1、[10]和 R 都是命题标识符。

如果一个命题标识符表示某个确定的命题，称之为命题常量。如果命题标识符只是表示任意命题的位置标志，它可以表示任意的命题，则称该命题标识符为命题变元。因为命题变元表示的命题不能确定，因此它的真值不能确定，所以命题变元不是命题。当把一个特定的命题赋值给命题变元时，其真值才能确定，这时称对命题变元进行指派。当命题变元表示原子命题时，该变元称为原子变元。

1.1.2 命题联结词

在自然语言中，由一些简单的陈述句，通过一些“联结词”组成的较复杂的句子称为复合语句。对于这种联结词的使用，一般没有很严格的定义，因此有时显得不很确切。在命题逻辑中，由原子命题通过特定的“联结词”构成的陈述句称为复合命题，联结词是复合命题中的重要组成部分。原子命题和复合命题均称为命题。

为了便于书写与推理，必须对联结词作出明确规定并符号化。以下引入五个联结词。

1. 否定联结词

定义 1.1.2 设 P 为一个命题，复合命题“非 P”（或“P 的否定”）称为 P 的否定式，记作 $\neg P$。称 $\neg$ 为否定联结词。$\neg P$ 的真值为真，当且仅当 P 的真值为假。其真值表如表 1.1 所示。

表 1.1 $\neg P$ 的真值表

P	$\neg P$
0	1
1	0

例如，设 P 表示“12 是素数”，则 $\neg P$ 表示“12 不是素数”，由于 P 的真值为假（即 0），所以 $\neg P$ 的真值为真（即 1）。

2. 合取联结词

定义 1.1.3 设 P 和 Q 为任意命题，复合命题“P 和 Q”或“P 并且 Q”称为 P 和 Q 的合取，记作 $P\wedge Q$，称 $\wedge$ 为合取联结词。$P\wedge Q$ 的真值为真，当且仅当 P 和 Q 的真值同时为真，否则为假。合取联结词的真值表如表 1.2 所示。

表 1.2 $P\wedge Q$ 的真值表

P	Q	$P\wedge Q$
0	0	0
0	1	0
1	0	0
1	1	1

例如，设 P：张三是三好学生；Q：李四是三好学生，则 $P\wedge Q$：张三和李四都是三好学生。

合取的含义很类似自然语言中的“与”，但又不完全相同。在数理逻辑中，合取并不考虑自然语言的含义，而是仅仅根据命题的真值来确定复合命题的真值。例如，

P：雪是黑的。

Q：房间里有十张桌子。

上述命题的合取为：

$P \wedge Q$：雪是黑的并且房间里有十张桌子。

由于 P 和 Q 没有内在联系，因此在自然语言中，上述命题是没有意义的。但在数理逻辑中，由于 P 和 Q 的真值都可确定，因此 $P \wedge Q$ 的真值可以确定。

另外，并非自然语言中所有的“和”“并”都可用“∧”表示，例如：“张三和李四是表兄弟”“她打开衣柜并取出一套裙子来”。这两个句子中的“和”“并”不能用“∧”表示。

3．析取联结词

定义 1.1.4 设 P、Q 为两个命题，则复合命题“P 或 Q”称为 P 与 Q 的析取式，记作 $P \vee Q$，∨称作析取联结词，$P \vee Q$ 为假当且仅当 P、Q 均为假，否则 $P \vee Q$ 的真值为真。其真值表如表 1.3 所示。

表 1.3 $P \vee Q$ 的真值表

P	Q	$P \vee Q$
0	0	0
0	1	1
1	0	1
1	1	1

例如，若用 P 和 Q 分别表示“12 是素数”和“12 是奇数”，则 $P \vee Q$ 表示“12 是素数或 12 是奇数”，由于 P 和 Q 的真值都为假，因此 $P \vee Q$ 的真值为假。

例 1.1.3 如果可能的话，将下列语句表示成析取式复合命题。

（1）李锋是足球运动员或是排球运动员。

（2）张静正在睡觉或游泳。

（3）赵彦昨天走了三十或四十里路。

解 对于（1）可以表示为析取式复合命题 $P \vee Q$，其中，P：李锋是足球运动员，Q：李锋是排球运动员。

（2）的表示要麻烦一些。它的含义可理解为：张静正在睡觉，没有游泳或者张静正在游泳，没有睡觉。它所表示的是“排斥或”或“不可兼或”。“排斥或”

是指联结词所联结的两个命题不兼容，而“可兼或”是指联结词所联结的两个命题可兼容。（2）可表示为：$(P\wedge\neg Q)\vee(\neg P\wedge Q)$，其中，$P$：张静正在睡觉，$Q$：张静正在游泳。若引入“排斥或”联结词，（2）的表示将会简单。

（3）不能表示，因为，这里的“或”是个近似表示法。（3）是一个原子命题。

从析取联结词的定义可以看出，联结词$\vee$与自然语言中的“或”含义也不完全相同，因为自然语言中的“或”，既可表示“排斥或”，也可表示“可兼或”；而析取指的是“可兼或”。另外，在自然语言中通常是具有某种关系的两语句之间使用析取“或”，但在命题逻辑中，并不要求这样。例如，2+3=5 或者北京是中国的首都。这也是可以接受的，它可使用析取联结词表示成析取式复合命题 $P\vee Q$，其中，P：2+3=5，Q：北京是中国的首都。

4. 条件联结词

定义 1.1.5 设 P、Q 为任意命题，则复合命题“如果 P，那么 Q”或“若 P，则 Q”称为 P、Q 的蕴含式，也称为条件式，记作 $P\rightarrow Q$，其中，$\rightarrow$称作条件联结词，P 称为蕴含式 $P\rightarrow Q$ 的前件（也称为前提或条件），Q 称为蕴含式 $P\rightarrow Q$ 的后件（也称为结论）。当且仅当 P 为真，Q 为假时，$P\rightarrow Q$ 为假，否则 $P\rightarrow Q$ 为真。其真值表如表 1.4 所示。

表 1.4 $P\rightarrow Q$ 的真值表

P	Q	$P\rightarrow Q$
0	0	1
0	1	1
1	0	0
1	1	1

例如，用 P、Q 分别表示“2+3=5”和“雪是黑的”，则 $P\rightarrow Q$ 表示“如果 2+3=5，那么雪是黑的”。由于 P 为 1，Q 为 0，因此 $P\rightarrow Q$ 为 0。

在蕴含式 $P\rightarrow Q$ 中，P 是 Q 的充分条件，Q 是 P 的必要条件。因此“只要 P，就 Q”“因为 P，所以 Q”“P 仅当 Q”“只有 Q 才 P”“除非 Q 才 P”“除非 Q，否则非 P”都可用蕴含式命题 $P\rightarrow Q$ 表示。除此之外，在使用条件命题时，还应考虑如下两个问题：

其一，在自然语言中，“如果…”和“那么…”之间常常是有因果关系的，否则就没有意义，但对于蕴含式命题来说，并不考虑其内在联系。

其二，在自然语言中，对“如果…，那么…”“若…，才能…”这样的语句，当前提为假时，不管结论真假，整个语句的意义往往无法判断。但在蕴含式中，

规定前件 P 为假时，蕴含式命题 $P\to Q$ 为真，称为“善意推定”。

例 1.1.4 将下列语句表示成条件命题。

（1）只要不下雨，我就踢足球。

（2）只有不下雨，我才踢足球。

（3）若雪不是黑的，则太阳从东方升起。

（4）若雪是黑的，则太阳从东方升起。

（5）若雪不是黑的，则太阳从西方升起。

（6）若雪是黑的，则太阳从西方升起。

解 先分析（1）、（2）。设命题 P：天下雨，Q：我踢足球。

（1）中 $\neg P$ 是 Q 的充分条件，因此符号化为 $\neg P\to Q$。在（2）中，$\neg P$ 是 Q 的必要条件，因而符号化为 $Q\to\neg P$。在使用条件联结词时，一定要注意条件命题的前件与后件，另外还要注意同一命题的不同等价说法。[例如，“除非下雨，否则我就踢足球。”与（2）是等价的。“如果不下雨，我就踢足球。”与（1）是等价的。]

再分析（3）～（6）。设 R：雪是黑的。S：太阳从东方升起。T：太阳从西方升起。则（3）、（4）、（5）、（6）分别符号化为：$\neg R\to S$，$R\to S$，$\neg R\to T$，$R\to T$。在这些条件式中，前件和后件之间无内在联系。由于 R、S、T 的真值分别为 0、1、0，由定义可知，上面 4 个条件命题的真值分别是：1、1、0、1。

5. 双条件联结词

定义 1.1.6 设 P、Q 为任意两个命题，则复合命题 $P\leftrightarrow Q$ 称为 P 与 Q 的双条件命题（也称为等价命题），$\leftrightarrow$称为双条件联结词（也称为等价联结词）。$P\leftrightarrow Q$ 真值为 1，当且仅当 P、Q 真值相同，否则 $P\leftrightarrow Q$ 的真值为 0。$P\leftrightarrow Q$ 的真值表如表 1.5 所示。

表 1.5 $P\leftrightarrow Q$ 的真值表

P	Q	$P\leftrightarrow Q$
0	0	1
0	1	0
1	0	0
1	1	1

双条件联结词表示的逻辑关系是 P 与 Q 互为充分必要条件。只要 P 与 Q 同时为真或同时为假，$P\leftrightarrow Q$ 的真值就为真，否则，$P\leftrightarrow Q$ 的真值就为假。和条件命题一样，双条件命题也不考虑因果关系，只根据联结词定义确定真值。

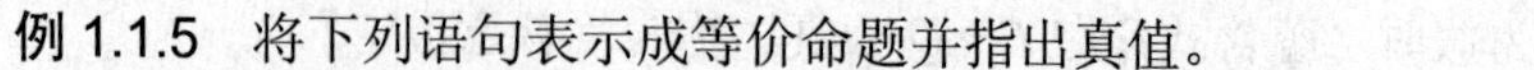

例 1.1.5　将下列语句表示成等价命题并指出真值。

（1）四边形是平行四边形，当且仅当它的对边平行。

（2）2+2=4，当且仅当雪是白的。

（3）2+2=4，当且仅当雪不是白的。

（4）2+2≠4，当且仅当雪是白的。

（5）2+2≠4，当且仅当雪不是白的。

解　在（1）中，设 P：四边形是平行四边形；Q：四边形的对边平行。（1）可表示为 $P\leftrightarrow Q$，由于 P 与 Q 同时为真或同时为假。所以，$P\leftrightarrow Q$ 的真值为 1。

设 S：2+2=4，T：雪是白的，S 为 1，T 为 1。（2）、（3）、（4）、（5）分别表示为 $S\leftrightarrow T$、$S\leftrightarrow \neg T$、$\neg S\leftrightarrow T$、$\neg S\leftrightarrow \neg T$。由定义可知，$S\leftrightarrow T$、$\neg S\leftrightarrow \neg T$ 的真值为 1，$S\leftrightarrow \neg T$、$\neg S\leftrightarrow T$ 的真值为 0。

1.2　命题公式与解释

1.2.1　命题公式

1. 命题公式的定义

定义 1.2.1　命题逻辑中的合式公式，又称为命题公式，简称公式，可按下列规则生成：

（1）命题变元是公式；

（2）如果 P 是公式，则 $\neg P$ 是公式；

（3）如果 P、Q 是公式，则 $P\wedge Q$、$P\vee Q$、$P\rightarrow Q$、$P\leftrightarrow Q$ 都是公式；

（4）当且仅当有限次地应用（1）、（2）、（3）所得到的包括命题变元、联结词和括号的符号串是公式。

上面的定义是以递归的形式给出的，其中，（1）是基础；（2）、（3）是归纳；（4）是界限。

从命题公式的定义可知：命题公式没有真值，只有对其命题变元进行真值指派后，才能确定命题公式的真值。

通过命题公式的定义可以看出，命题公式是由命题变元、联结词和括号组成的，但并非由命题变元、联结词和括号组成的符号串都能成为命题公式。例如，下面的符号串：

$((((\neg P)\wedge Q)\rightarrow R)\vee S)$

$((P\rightarrow \neg Q)\leftrightarrow(\neg R\wedge S))$

$(\neg P\vee Q)\wedge R$

都是公式；

而

$((P \vee Q) \leftrightarrow (\wedge Q))$

$(\wedge Q)$

都不是公式。

从上面的例子可以发现，一个公式中会出现很多括号，为了减少括号的数量，规定整个公式的最外层括号可以省略，并且规定联结词的优先顺序为：¬、∧、∨、→、↔。因此，公式$(((\neg P \wedge Q) \rightarrow R) \vee S)$可写成$(\neg P \wedge Q \rightarrow R) \vee S$。

如果一个命题公式中共含有 n 个不同的命题变元，则称它为 n 元命题公式。

2. 命题公式的符号化

有了命题公式的概念，就可以把自然语言中的有些语句写成由命题变元、联结词和括号表示的合式公式，称为翻译，也称为符号化。命题的符号化在数理逻辑中非常重要，是进行推理的基础。

命题符号化时应注意以下几点：

（1）确定所给句子是否为命题。

（2）确定句子中联结词是否为命题联结词。

（3）要正确地选择原子命题和恰当的命题联结词。

（4）用正确的语法将原命题表示成由原子命题、联结词和括号组成的合式公式。

例 1.2.1 将下列命题符号化。

（1）张莉既聪明又好学。

（2）张莉虽然聪明但不好学。

（3）仅当你走，我将留下。

（4）上海到北京的 14 次列车是下午 5 点半或 6 点开。

解 设 P：张莉聪明；Q：张莉好学，则

（1）张莉既聪明又好学，可符号化为 $P \wedge Q$；

（2）张莉虽聪明但不好学，可符号化为 $P \wedge (\neg Q)$。

（3）设 P：你走；Q：我留下；这句话中“你走”是“我留下”的必要条件。因此命题可表示为 $Q \rightarrow P$。

（4）设 P：上海到北京的 14 次列车是 5 点半开；Q：上海到北京的 14 次列车是 6 点开；

在本例中，汉语的意思是不可兼或，而逻辑联结词∨是“可兼或”，因此不能直接对两个命题析取。其构造表如表 1.6 所示。

表 1.6　不可兼或的构造表

P	Q	例 1.2-1（4）命题	$P\leftrightarrow Q$	$\neg(P\leftrightarrow Q)$
0	0	0	1	0
0	1	1	0	1
1	0	1	0	1
1	1	0	1	0

从表中可以看出此命题不能用前面介绍的 5 个联结词单独给出，用命题联结词组合可表示为：$\neg(P\leftrightarrow Q)$。

注意：符号化公式表示不唯一，对（4）的不可兼或也可表示为：$(\neg P\wedge Q)\vee(P\rightarrow(R\wedge\neg Q))$，各种表示的命题公式之间是等价的，参见本章 1.3.3 节。

例 1.2.2　将下列命题符号化。

（1）假如上午不下雨，我去看电影，否则就在家里读书或看报。

（2）我今天进城，除非下雨。

（3）张三或李四都可以做这件事。

（4）除非你努力，否则你将失败。

（5）如果你和她都不固执己见的话，那么不愉快的事也不会发生了。

（6）如果你和她不都是固执己见的话，那么不愉快的事也不会发生了。

解　（1）设 P：上午下雨；Q：我去看电影；R：我在家里读书；S：我在家里看报。本命题可表示为：$(\neg P\rightarrow Q)\wedge(P\rightarrow(R\vee S))$。

（2）设 P：我今天进城；Q：今天下雨；

这句话的意思是“如果今天不下雨，那么我就进城”，本命题可表示为$\neg Q\rightarrow P$。

（3）设 P：张三可以做这件事；Q：李四可以做这件事。这个命题可以理解为：张三可以做这件事，并且李四也可以做这件事。因此原命题可符号化为：$P\wedge Q$。

（4）设 P：你努力；Q：你将失败。原命题可符号化为：$\neg P\rightarrow Q$。

（5）设 P：你固执己见；Q：她固执己见；R：不愉快的事不会发生。原命题可符号化为：$(\neg P\wedge\neg Q)\rightarrow R$。

（6）设 P：你固执己见；Q：她固执己见；R：不愉快的事不会发生。原命题可符号化为：$\neg(P\wedge Q)\rightarrow R$。

1.2.2　命题公式的解释

在命题公式中，由于命题变元的出现，使公式的真值是不确定的。只有将公式中的命题变元都指派成具体的命题，公式成为命题，才能确定公式的真值。将命题变元指派为真命题相当于指定其真值为真，将命题变元指派为假命题相当于指定其真值为假。若对所有命题变元都给以解释，则公式就变成一个有真值的命题。

定义 1.2.2 设 G 是命题公式，P_1，P_2，…，P_n 是出现在 G 中的全部命题变元，指定 P_1，P_2，…，P_n 的一组真值，称这组真值为 G 的一个解释（或称赋值、指派），记作 $\boldsymbol{I}$，公式 G 在 $\boldsymbol{I}$ 下的真值记作 $T_I(G)$。

例如，$G=(\neg P\wedge Q)\to R$，则 $\boldsymbol{I}$：

P	Q	R
1	1	0

是 G 的一个解释，在这个解释下 G 的真值为 1，即 $T_I(G)=1$。

可以看出，一个公式可以有许多解释。一般来说，有 n 个命题变元的公式共有 2^n 个不同的解释。

例 1.2.3 给命题变元 P、Q、R、S 分别指派的真值为 1、1、0、0，求下列命题公式的真值：

（1）$(\neg(P\wedge Q)\wedge\neg R)\vee(((\neg P\wedge Q)\vee\neg R)\wedge S)$

（2）$(P\vee(Q\to(R\wedge\neg P)))\leftrightarrow(Q\vee\neg S)$

解 将 P、Q、R、S 的真值代入公式，有

（1）$(\neg(P\wedge Q)\wedge\neg R)\vee(((\neg P\wedge Q)\vee\neg R)\wedge S)$

$\Leftrightarrow(\neg(1\wedge 1)\wedge\neg 0)\vee(((\neg 1\wedge 1)\vee\neg 0)\wedge 0)$

$\Leftrightarrow(0\wedge 1)\vee((0\vee 1)\wedge 0)$

$\Leftrightarrow 0\vee 0$

$\Leftrightarrow 0$

（2）$(P\vee(Q\to(R\wedge\neg P)))\leftrightarrow(Q\vee\neg S)$

$\Leftrightarrow(1\vee(1\to(0\wedge\neg 1)))\leftrightarrow(1\vee\neg 0)$

$\Leftrightarrow(1\vee 0))\leftrightarrow 1$

$\Leftrightarrow 1\leftrightarrow 1$

$\Leftrightarrow 1$

1.3 真值表与等价公式

1.3.1 真值表

定义 1.3.1 将公式 G 在其所有解释下所取得的真值列成一个表，称为 G 的真值表。

具有 n 个命题变元的公式共有 2^n 个不同的解释，在构造真值表时，可采用如下方法：

（1）找出公式 G 中的全部命题变元，并按一定的顺序排列 P_1，P_2，…，P_n。

（2）列出 G 的 2^n 个解释，赋值从 $\overbrace{00\cdots0}^{n个}$ 开始，按二进制递增顺序依次写出各赋值，直到 $\overbrace{11\cdots1}^{n个}$ 为止（或从 $\overbrace{11\cdots1}^{n个}$ 开始，按二进制递减顺序写出各赋值，直到 $\overbrace{00\cdots0}^{n个}$ 为止），然后按从低到高的顺序列出 G 的层次。

（3）根据赋值依次计算各层次的真值并最终计算出 G 的真值。

例 1.3.1 求下列公式的真值表。

（1）$G_1=(\neg P\vee Q)\leftrightarrow(P\rightarrow Q)$

（2）$G_2=(\neg P\wedge Q)\rightarrow(P\vee\neg Q)$

（3）$G_3=\neg(P\rightarrow Q)\wedge Q$

解 （1）公式 G_1 有 2 个命题变元，分 4 个层次，其真值表见表 1.7。

表 1.7 $(\neg P\vee Q)\leftrightarrow(P\rightarrow Q)$ 真值表

P	Q	$\neg P$	$\neg P\vee Q$	$P\rightarrow Q$	$(\neg P\vee Q)\leftrightarrow(P\rightarrow Q)$
0	0	1	1	1	1
0	1	1	1	1	1
1	0	0	0	0	1
1	1	0	1	1	1

（2）公式 G_2 有 2 个命题变元，分 5 个层次，其真值表见表 1.8。

表 1.8 $(\neg P\wedge Q)\rightarrow(P\vee\neg Q)$ 真值表

P	Q	$\neg P$	$\neg P\wedge Q$	$\neg Q$	$P\vee\neg Q$	$(\neg P\wedge Q)\rightarrow(P\vee\neg Q)$
0	0	1	0	1	1	1
0	1	1	1	0	0	0
1	0	0	0	1	1	1
1	1	0	0	0	1	1

（3）公式 G_3 有两个命题变元，分 3 个层次，其真值表见表 1.9。

表 1.9　$\neg(P\to Q)\wedge Q$ 真值表

P	Q	$P\to Q$	$\neg(P\to Q)$	$\neg(P\to Q)\wedge Q$
0	0	1	0	0
0	1	1	0	0
1	0	0	1	0
1	1	1	0	0

以上真值表是一步一步构造出来的，如果对构造真值表的方法比较熟练，中间过程可以省略。

由上例可以看出，公式（1）在各种赋值情况下取值都为真；公式（2）在 P 被指定为假、Q 被指定为真的情况下取值为假，其余赋值情况下取值为真；公式（3）在各种赋值情况下取值为假。根据公式在各种赋值下的取值情况，可以对公式进行分类。

1.3.2　命题公式的分类

定义 1.3.2　设 G 为公式：

（1）如果 G 在所有解释下取值均为真，则称 G 是永真式或重言式；

（2）如果 G 在所有解释下取值均为假，则称 G 是永假式或矛盾式；

（3）如果至少存在一种解释使公式 G 取值为真，则称 G 是可满足式。

从上述定义可知：

（1）G 是永真式当且仅当 $\neg G$ 是永假式；

（2）若 G 是永真式，则 G 一定是可满足式，但反之不成立；

（3）G 是可满足式，当且仅当 G 不是永假式。

对任意的公式，判定其是否为永真式、永假式、可满足式的问题，称为给定公式的判定问题。

由于一个命题公式的命题变元是有限的，因此它的解释的数目是有穷的，所以命题的判定问题是可解的，也就是，命题公式的永真、永假、可满足是可判定的。给定一个命题公式，判断其类型的最直接的方法是利用公式的真值表。如果真值表最后一列全为 1，则对应的命题公式为永真式；如果真值表最后一列全为 0，则对应的命题公式为永假式；如果最后一列的值有 1 也有 0，则对应的命题公式为非永真式的可满足式。

例 1.3.2　写出下列公式的真值表，并判定其是何种公式。

（1）$G_1=\neg(P\wedge\neg Q)\leftrightarrow(P\to Q)$

（2）$G_2=\neg(((P\to Q)\wedge P)\to Q)$

（3）$G_3=P\leftrightarrow(Q\wedge R)$

解 公式（1）的真值表见表 1.10。

表 1.10 $\neg(P\wedge\neg Q)\leftrightarrow(P\to Q)$ 真值表

P	Q	$\neg Q$	$P\wedge\neg Q$	$P\to Q$	$\neg(P\wedge\neg Q)\leftrightarrow(P\to Q)$
0	0	1	0	1	1
0	1	0	0	1	1
1	0	1	1	0	1
1	1	0	0	1	1

公式（2）的真值表见表 1.11。

表 1.11 $\neg(((P\to Q)\wedge P)\to Q)$ 真值表

P	Q	$P\to Q$	$((P\to Q)\wedge P)\to Q$	$\neg((P\to Q)\wedge P)\to Q)$
0	0	1	1	0
0	1	1	1	0
1	0	0	1	0
1	1	1	1	0

公式（3）的真值表见表 1.12。

表 1.12 $P\leftrightarrow(Q\wedge R)$ 真值表

P	Q	R	$Q\wedge R$	$P\leftrightarrow(Q\wedge R)$
0	0	0	0	1
0	0	1	0	1
0	1	0	0	1
0	1	1	1	0
1	0	0	0	0
1	0	1	0	0
1	1	0	0	0
1	1	1	1	1

从上述真值表可知，公式（1）是永真式，公式（2）是永假式，公式（3）是非永真式的可满足式。

1.3.3 等价公式

对于例 1.3.2 公式（1），若将其看作两个公式，分别令

$$S=\neg(P\wedge\neg Q)、T=(P\rightarrow Q)$$

则 $S\leftrightarrow T$ 是一个永真式，即这两个公式对任何解释的真值都相同，此时，称 S 和 T 是等价的，记为 $S\Leftrightarrow T$。由此可定义：

定义 1.3.3 设 S 和 T 是两个命题公式，如果 S 和 T 在任何解释 I 下，都具有相同的真值，则称 S 和 T 是等价的，记为 $S\Leftrightarrow T$。

由以上的定义可得到下面的定理：

定理 1.3.1 对于命题公式 S 和 T，$S\Leftrightarrow T$ 的充分必要条件是：公式 $S\leftrightarrow T$ 是永真式。

证明

必要性：假定 $S\Leftrightarrow T$，则 S 和 T 在任何解释 I 下或同为真，或同为假，由联结词"$\leftrightarrow$"的定义知，$S\leftrightarrow T$ 在任何的解释 I 下，其真值为真，即 $S\leftrightarrow T$ 是永真式。

充分性：假定 $S\leftrightarrow T$ 是永真式，I 是它的任意解释，在 I 下，$S\leftrightarrow T$ 为真，因此 S 和 T 或同为真，或同为假，由于 I 的任意性，故有 $S\Leftrightarrow T$。

注意区分逻辑等价关系"$\Leftrightarrow$"与双条件联结词"$\leftrightarrow$"：

（1）首先，双条件联结词是一种联结词，公式 $S\leftrightarrow T$ 是命题公式，其中的"$\leftrightarrow$"是一种逻辑运算，运算结果仍是一个命题公式。而逻辑等价则是描述两个命题公式 S 和 T 之间的一种等价关系，$S\Leftrightarrow T$ 的结果是非命题公式。

（2）其次，如果要判断命题公式 S 和 T 是否等价，使用 $S\Leftrightarrow T$ 是不可能做到的，然而可以通过计算 $S\leftrightarrow T$ 是否是永真式判断 S 和 T 是否等价。

例 1.3.3 证明：$(P\vee Q)\wedge R\Leftrightarrow(P\wedge R)\vee(Q\wedge R)$

证明

通过验证公式 $((P\vee Q)\wedge R)\leftrightarrow((P\wedge R)\vee(Q\wedge R))$ 是永真式，即可证明。构造真值表，如表 1.13 所示。

表 1.13 $(P\vee Q)\wedge R$ 和 $(P\wedge R)\vee(Q\wedge R)$ 的真值表

P	Q	R	$P\vee Q$	$P\wedge R$	$Q\wedge R$	$(P\vee Q)\wedge R$	$(P\wedge R)\vee(Q\wedge R)$
0	0	0	0	0	0	0	0
0	0	1	0	0	0	0	0
0	1	0	1	0	0	0	0
0	1	1	1	0	1	1	1
1	0	0	1	0	0	0	0

续表

P	Q	R	$P\vee Q$	$P\wedge R$	$Q\wedge R$	$(P\vee Q)\wedge R$	$(P\wedge R)\vee(Q\wedge R)$
1	0	1	1	1	0	1	1
1	1	0	1	0	0	0	0
1	1	1	1	1	1	1	1

由表 1.13 可知，$(P\vee Q)\wedge R\Leftrightarrow(P\wedge R)\vee(Q\wedge R)$。

例 1.3.4 判断下列公式是否等价。

（1）$\neg(P\to Q)$与 $P\vee\neg Q$

（2）$\neg(P\vee Q)$与$\neg P\vee\neg Q$

（3）$\neg(P\vee Q)$与$\neg P\wedge\neg Q$

解 （1）$\neg(P\to Q)$和 $P\vee\neg Q$ 的真值表如表 1.14 所示。

表 1.14 $\neg(P\to Q)$和 $P\vee\neg Q$ 的真值表

P	Q	$\neg Q$	$P\to Q$	$\neg(P\to Q)$	$P\vee\neg Q$
0	0	1	1	0	1
0	1	0	1	0	0
1	0	1	0	1	1
1	1	0	1	0	1

由表 1.14 可知，$\neg(P\to Q)$与 $P\vee\neg Q$ 不是等价公式。

（2）$\neg(P\vee Q)$和$\neg P\vee\neg Q$ 的真值表如表 1.15 所示。

表 1.15 $\neg(P\vee Q)$和$\neg P\vee\neg Q$ 的真值表

P	Q	$\neg P$	$\neg Q$	$P\vee Q$	$\neg(P\vee Q)$	$\neg P\vee\neg Q$
0	0	1	1	0	1	1
0	1	1	0	1	0	1
1	0	0	1	1	0	1
1	1	0	0	1	0	0

由表 1.15 可知，$\neg(P\vee Q)$与$\neg P\vee\neg Q$ 不是等价公式。

（3）$\neg(P\vee Q)$和$\neg P\wedge\neg Q$ 的真值表如表 1.16 所示。

表 1.16　$\neg(P\vee Q)$和$\neg P\wedge\neg Q$的真值表

P	Q	$\neg P$	$\neg Q$	$P\vee Q$	$\neg(P\vee Q)$	$\neg P\wedge\neg Q$
0	0	1	1	0	1	1
0	1	1	0	1	0	0
1	0	0	1	1	0	0
1	1	0	0	1	0	0

由表 1.16 可知，$\neg(P\vee Q)$和$\neg P\wedge\neg Q$是等价公式。

下面介绍等价公式的性质：

定理 1.3.2　设A、B、C是公式，则有下列性质成立：

（1）自反性　　$A\Leftrightarrow A$

（2）对称性　　若$A\Leftrightarrow B$则$B\Leftrightarrow A$

（3）传递性　　若$A\Leftrightarrow B$且$B\Leftrightarrow C$则$A\Leftrightarrow C$

证明

（1）、（2）显然。

（3）已知$A\Leftrightarrow B$且$B\Leftrightarrow C$，则$A\leftrightarrow B$、$B\leftrightarrow C$是永真式，设I是它们的任意解释，A与B、B与C在解释I下具有相同的真值，那么，A与C在解释I下也具有相同的真值，由于I的任意性，因此$A\leftrightarrow C$是永真式，故$A\Leftrightarrow C$。

定理 1.3.3　设A、B、C是公式，则下述等价公式成立：

（1）双重否定律　　$\neg\neg A\Leftrightarrow A$

（2）等幂律　　$A\wedge A\Leftrightarrow A$

$A\vee A\Leftrightarrow A$

（3）交换律　　$A\wedge B\Leftrightarrow B\wedge A$

$A\vee B\Leftrightarrow B\vee A$

（4）结合律　　$(A\wedge B)\wedge C\Leftrightarrow A\wedge(B\wedge C)$

$(A\vee B)\vee C\Leftrightarrow A\vee(B\vee C)$

（5）分配律　　$(A\wedge B)\vee C\Leftrightarrow(A\vee C)\wedge(B\vee C)$

$(A\vee B)\wedge C\Leftrightarrow(A\wedge C)\vee(B\wedge C)$

（6）德·摩根律　　$\neg(A\vee B)\Leftrightarrow\neg A\wedge\neg B$

$\neg(A\wedge B)\Leftrightarrow\neg A\vee\neg B$

（7）吸收律　　$A\vee(A\wedge B)\Leftrightarrow A$

$A\wedge(A\vee B)\Leftrightarrow A$

（8）零一律　　$A\vee 1\Leftrightarrow 1$

$A\wedge 0\Leftrightarrow 0$

（9）同一律　　$A\vee 0\Leftrightarrow A$

$A\wedge 1\Leftrightarrow A$

（10）排中律　$A\vee\neg A\Leftrightarrow 1$

（11）矛盾律　$A\wedge\neg A\Leftrightarrow 0$

（12）蕴涵等值式　$A\rightarrow B\Leftrightarrow\neg A\vee B$

（13）假言易位　$A\rightarrow B\Leftrightarrow\neg B\rightarrow\neg A$

（14）等价等值式　$A\leftrightarrow B\Leftrightarrow(A\rightarrow B)\wedge(B\rightarrow A)$

（15）等价否定等值式　$A\leftrightarrow B\Leftrightarrow\neg A\leftrightarrow\neg B\Leftrightarrow\neg B\leftrightarrow\neg A$

（16）归缪式　$(A\rightarrow B)\wedge(A\rightarrow\neg B)\Leftrightarrow\neg A$

上面的每一个基本等价公式都可通过真值表法验证。

在上述等价式中，A、B、C代表的是任意公式，因而，每个公式都是一个模式，它可以代表无数多个同类型的命题公式。例如 $P\wedge\neg P\Leftrightarrow 0$，$(P\vee Q)\wedge\neg(P\vee Q)\Leftrightarrow 0$，$\neg P\wedge\neg(\neg P)\Leftrightarrow 0$ 等都是矛盾律的具体形式，每个具体的命题形式称为对应模式的一个实例。因此，在判断命题公式是否等价时，要做到灵活运用。

1.3.4 代入规则和替换规则

当一个公式是永真式或永假式时，其公式的真值完全不随其命题变元的真值的变化而变化，因此，用任何公式来取代该公式中的命题变元时，都不会改变公式的永真性和永假性，为此有如下定理：

定理 1.3.4（代入规则）　设$G(P_1, P_2, \cdots, P_n)$是一个命题公式，其中：P_1，P_2，…，P_n是命题变元，$G_1(P_1, P_2, \cdots, P_n)$，$G_2(P_1, P_2, \cdots, P_n)$，…，$G_n(P_1, P_2, \cdots, P_n)$为任意的命题公式，此时若$G$是永真式或永假式，则用$G_1$代替$P_1$、$G_2$代替$P_2$、…、$G_n$代替$P_n$后，而得到的新的命题公式：

$$G(P_1, P_2, \cdots, P_n)=G^1(G_1, G_2, \cdots, G_n)$$

也是一个永真公式或永假公式。

例 1.3.5　设 $G(P, Q)=\neg(P\rightarrow\neg Q)\rightarrow Q$

$H(P, Q)=P\vee Q$

$S(P, Q)=P\leftrightarrow Q$

证明代入规则。

解　建立公式G的真值表，如表 1.17 所示。

表 1.17　$\neg(P\rightarrow\neg Q)\rightarrow Q$ 真值表

P	Q	$\neg Q$	$\neg(P\rightarrow\neg Q)$	$\neg(P\rightarrow\neg Q)\rightarrow Q$
0	0	1	0	1
0	1	0	0	1

续表

P	Q	$\neg Q$	$\neg(P\to\neg Q)$	$\neg(P\to\neg Q)\to Q$
1	0	1	0	1
1	1	0	1	1

从真值表中可以看出公式 G 是一个永真公式。将 H，S 代入到 G 中分别取代 G 中的 P 和 Q 后得到公式 G^1 为

$$G^1(P, Q)=\neg((P\vee Q)\to\neg(P\leftrightarrow Q))\to(P\leftrightarrow Q)$$

仍是一个永真公式。其真值表如表 1.18 所示。

表 1.18　$\neg((P\vee Q)\to\neg(P\leftrightarrow Q))\to(P\leftrightarrow Q)$ 真值表

P	Q	$P\vee Q$	$\neg(P\leftrightarrow Q)$	$\neg((P\vee Q)\to\neg(P\leftrightarrow Q))$	$\neg((P\vee Q)\to\neg(P\leftrightarrow Q))\to(P\leftrightarrow Q)$
0	0	0	0	0	1
0	1	1	1	0	1
1	0	1	1	0	1
1	1	1	0	1	1

定理 1.3.5（替换规则）　设 $\Phi(P)$是一个含有子公式 P 的命题公式，$\Phi(Q)$ 是用公式 Q 置换了 $\Phi(P)$中的子公式 P 后得到的新的命题公式，如果 $P\Leftrightarrow Q$，那么 $\Phi(P)\Leftrightarrow\Phi(Q)$。

上述代入定理和替换定理都是经常使用的重要定理。

要证明两个公式的等价性，既可以使用真值表法，也可以使用等价替换的方法，也称等值演算。当一个公式中命题变元的数目较多时，列出的真值表会很庞大。使用等值演算较容易一些。但命题变元较少时，真值表法还是一个很有效的方法。

例 1.3.6　用等值演算验证下列等式。

（1）$\neg P\to(P\to\neg Q)\Leftrightarrow P\to(Q\to P)$

（2）$P\wedge(((P\vee Q)\wedge\neg P)\to Q)\Leftrightarrow P$

（3）$(P\wedge Q)\vee(P\wedge\neg Q)\Leftrightarrow P$

（4）$P\to(Q\vee R)\Leftrightarrow(P\wedge\neg Q)\to R$

证明

（1）$\neg P\to(P\to\neg Q)\Leftrightarrow\neg P\to(\neg P\vee\neg Q)$　　（蕴涵等值式）

$\Leftrightarrow\neg\neg P\vee(\neg P\vee\neg Q)$　　（蕴涵等值式）

$\Leftrightarrow P\vee(\neg P\vee\neg Q)$　　（双重否定律）

$\Leftrightarrow P\vee(\neg Q\vee\neg P)$　　（交换律）

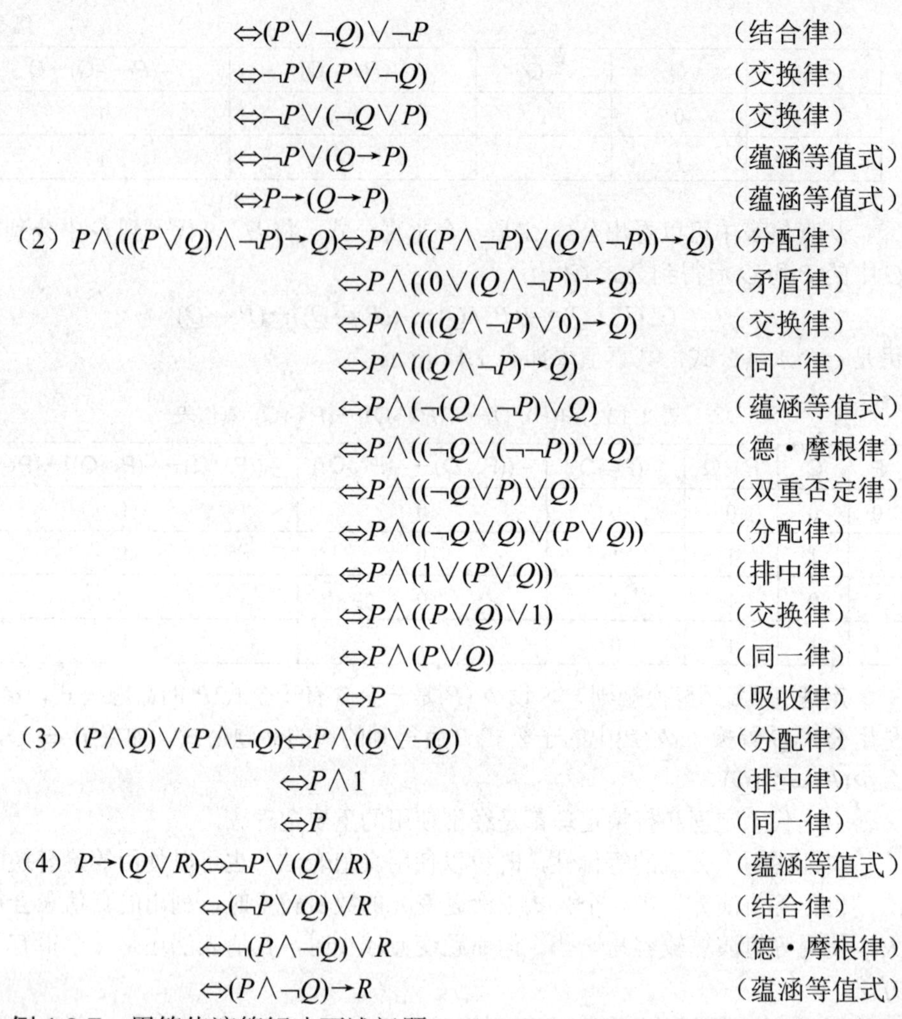

$\Leftrightarrow (P \vee \neg Q) \vee \neg P$ （结合律）

$\Leftrightarrow \neg P \vee (P \vee \neg Q)$ （交换律）

$\Leftrightarrow \neg P \vee (\neg Q \vee P)$ （交换律）

$\Leftrightarrow \neg P \vee (Q \rightarrow P)$ （蕴涵等值式）

$\Leftrightarrow P \rightarrow (Q \rightarrow P)$ （蕴涵等值式）

（2）$P \wedge (((P \vee Q) \wedge \neg P) \rightarrow Q) \Leftrightarrow P \wedge (((P \wedge \neg P) \vee (Q \wedge \neg P)) \rightarrow Q)$ （分配律）

$\Leftrightarrow P \wedge ((0 \vee (Q \wedge \neg P)) \rightarrow Q)$ （矛盾律）

$\Leftrightarrow P \wedge (((Q \wedge \neg P) \vee 0) \rightarrow Q)$ （交换律）

$\Leftrightarrow P \wedge ((Q \wedge \neg P) \rightarrow Q)$ （同一律）

$\Leftrightarrow P \wedge (\neg (Q \wedge \neg P) \vee Q)$ （蕴涵等值式）

$\Leftrightarrow P \wedge ((\neg Q \vee (\neg\neg P)) \vee Q)$ （德·摩根律）

$\Leftrightarrow P \wedge ((\neg Q \vee P) \vee Q)$ （双重否定律）

$\Leftrightarrow P \wedge ((\neg Q \vee Q) \vee (P \vee Q))$ （分配律）

$\Leftrightarrow P \wedge (1 \vee (P \vee Q))$ （排中律）

$\Leftrightarrow P \wedge ((P \vee Q) \vee 1)$ （交换律）

$\Leftrightarrow P \wedge (P \vee Q)$ （同一律）

$\Leftrightarrow P$ （吸收律）

（3）$(P \wedge Q) \vee (P \wedge \neg Q) \Leftrightarrow P \wedge (Q \vee \neg Q)$ （分配律）

$\Leftrightarrow P \wedge 1$ （排中律）

$\Leftrightarrow P$ （同一律）

（4）$P \rightarrow (Q \vee R) \Leftrightarrow \neg P \vee (Q \vee R)$ （蕴涵等值式）

$\Leftrightarrow (\neg P \vee Q) \vee R$ （结合律）

$\Leftrightarrow \neg (P \wedge \neg Q) \vee R$ （德·摩根律）

$\Leftrightarrow (P \wedge \neg Q) \rightarrow R$ （蕴涵等值式）

例 1.3.7 用等值演算解决下述问题

学校运动会某项目有 A、B、C、D 四人参加，甲、乙、丙三人分别对比赛结果进行预测：

甲预测：C 得第一名，B 得第二名；

乙预测：C 得第二名，D 得第三名；

丙预测：A 得第二名，D 得第四名。

比赛结果表明，甲、乙、丙三人的预测结果各对一半，假设无并列者，请问实际名次如何？

解 设 p_i，q_i，r_i，s_i（i=1，2，3，4）分别表示 A 第 i 名，B 第 i 名，C 第 i 名，D 第 i 名。显然，p_i，q_i，r_i，s_i 中各有一个命题是真命题。并且因为甲、乙、

丙三人的预测结果各对一半，所以下面三个等式成立：

①$(r_1\wedge\neg q_2)\vee(\neg r_1\wedge q_2)\Leftrightarrow 1$

②$(r_2\wedge\neg s_3)\vee(\neg r_2\wedge s_3)\Leftrightarrow 1$

③$(p_2\wedge\neg s_4)\vee(\neg p_2\wedge s_4)\Leftrightarrow 1$

因为 $1\wedge 1\Leftrightarrow 1$，所以

$1\Leftrightarrow 1\wedge 1$

$\Leftrightarrow$①$\wedge$②

$\Leftrightarrow((r_1\wedge\neg q_2)\vee(\neg r_1\wedge q_2))\wedge((r_2\wedge\neg s_3)\vee(\neg r_2\wedge s_3))$

$\Leftrightarrow(r_1\wedge\neg q_2\wedge r_2\wedge\neg s_3)\vee(r_1\wedge\neg q_2\wedge\neg r_2\wedge s_3)\vee(\neg r_1\wedge q_2\wedge r_2\wedge\neg s_3)\vee(\neg r_1\wedge q_2\wedge \neg r_2\wedge s_3)$

由于 C 不能同时为第一名和第二名，因此$(r_1\wedge\neg q_2\wedge r_2\wedge\neg s_3)\Leftrightarrow 0$；由于 B 和 C 也不能同时为第二名，因此$(\neg r_1\wedge q_2\wedge\neg r_2\wedge s_3)\Leftrightarrow 0$。所以根据同一律可得下式：

④ $1\Leftrightarrow(r_1\wedge\neg q_2\wedge\neg r_2\wedge s_3)\vee(\neg r_1\wedge q_2\wedge r_2\wedge\neg s_3)$

又因为

$1\Leftrightarrow$③$\wedge$④

$\Leftrightarrow((p_2\wedge\neg s_4)\vee(\neg p_2\wedge s_4))\wedge((r_1\wedge\neg q_2\wedge\neg r_2\wedge s_3)\vee(\neg r_1\wedge q_2\wedge r_2\wedge\neg s_3))$

$\Leftrightarrow(p_2\wedge\neg s_4\wedge r_1\wedge\neg q_2\wedge\neg r_2\wedge s_3)\vee(p_2\wedge\neg s_4\wedge\neg r_1\wedge q_2\wedge r_2\wedge\neg s_3)$

$\vee(\neg p_2\wedge s_4\wedge r_1\wedge\neg q_2\wedge\neg r_2\wedge s_3)\vee(\neg p_2\wedge s_4\wedge\neg r_1\wedge q_2\wedge r_2\wedge\neg s_3)$

由于 A、B、C 不能同时为第二名，D 不能既为第三名，又为第四名，因此得下面公式：

$1\Leftrightarrow p_2\wedge\neg s_4\wedge r_1\wedge\neg q_2\wedge\neg r_2\wedge s_3$

$\Leftrightarrow p_2\wedge\neg q_2\wedge r_1\wedge\neg r_2\wedge s_3\wedge\neg s_4$

由上式可知，p_2、r_1、s_3 为真命题，即 A 第二、C 第一、D 第三，因此 B 只能是第四了。

例 1.3.8 试用较少的开关设计一个与图 1.1 具有相同功能的电路。

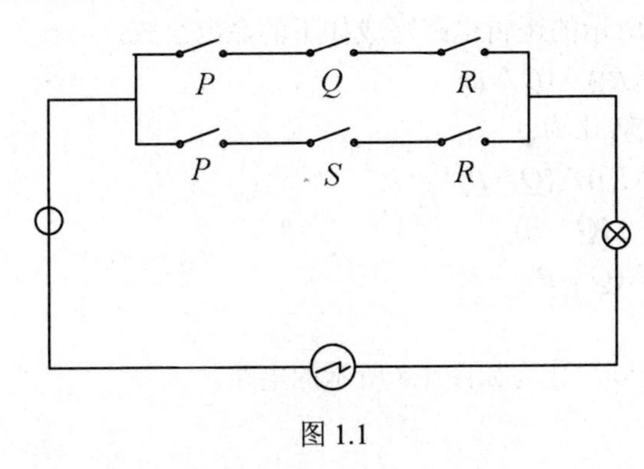

图 1.1

解　将图 1.1 所示开关电路用下面的逻辑命题表示：

$$(P\wedge Q\wedge R)\vee(P\wedge S\wedge R)$$

利用基本等价公式，将上述公式转化为：

$$(P\wedge Q\wedge R)\vee(P\wedge S\wedge R)=((P\wedge R)\wedge Q)\vee((P\wedge R)\wedge S)$$
$$=(P\wedge R)\wedge(Q\vee S)$$

因此其开关设计可简化为如图 1.2 所示。

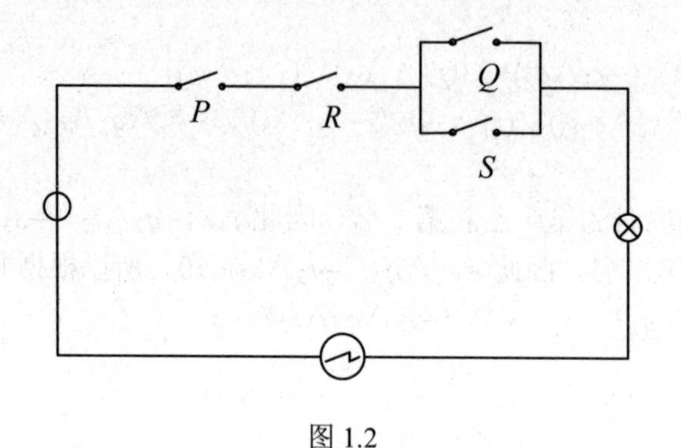

图 1.2

例 1.3.9　试将图 1.3 所示的逻辑电路简化。

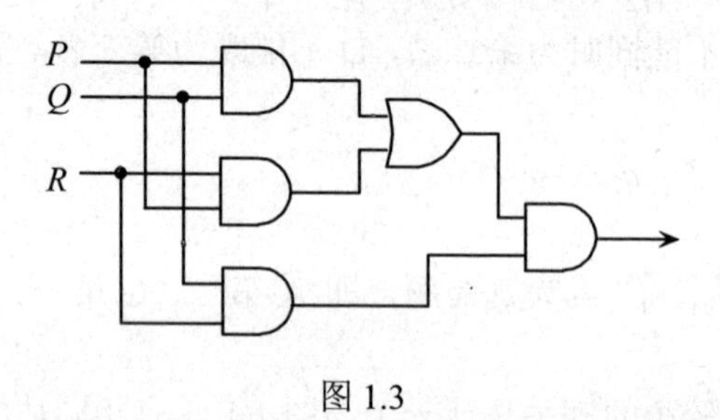

图 1.3

解　将图 1.3 所示的逻辑电路写成如下的命题公式：

$((P\wedge Q)\vee(P\wedge R))\wedge(Q\wedge R)$

利用等价公式转化为：

$((P\wedge Q)\vee(P\wedge R))\wedge(Q\wedge R)$

$=(P\wedge(Q\vee R))\wedge(Q\wedge R)$

$=(P\wedge Q\wedge R)\wedge(Q\vee R)$

$=P\wedge Q\wedge R$

所以该电路可以简化为如图 1.4 所示的电路。

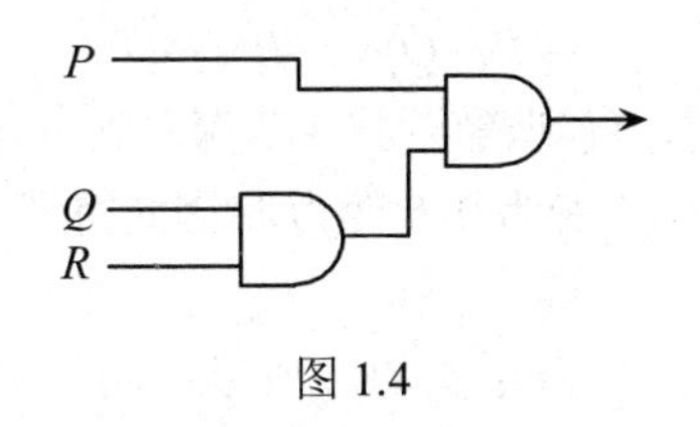

图 1.4

1.4　对偶定理

对偶

在 1.3.3 节中介绍的基本等价公式中多数是成对出现的，对每对公式的结构，除 $\wedge$ 和 $\vee$、0 和 1 不同之外都是一样的，这种类似的结构称为对偶的。

定义 1.4.1　设 A 是仅含有联结词$\neg$、$\wedge$、$\vee$ 的命题公式，将联结词 $\wedge$ 换成 $\vee$，$\vee$ 换成 $\wedge$，0 换成 1，1 换成 0，所得的命题公式 A^* 称为 A 的对偶公式。

显然，A 也是 A^* 的对偶公式，即 $(A^*)^*=A$。

例 1.4.1　写出下列命题公式的对偶公式。

（1）$(P\wedge Q)\vee R$

（2）$(\neg P\vee Q)\wedge(P\vee\neg Q)$

（3）$\neg(P\vee Q)\wedge(P\vee\neg(Q\wedge\neg S))$

解　这些命题公式的对偶公式分别为：

（1）$(P\vee Q)\wedge R$

（2）$(\neg P\wedge Q)\vee(P\wedge\neg Q)$

（3）$\neg(P\wedge Q)\vee(P\wedge\neg(Q\vee\neg S))$

例 1.4.2　求 $P\rightarrow Q$、$P\leftrightarrow Q$ 的对偶公式。

解　因为 $P\rightarrow Q\Leftrightarrow\neg P\vee Q$，故 $P\rightarrow Q$ 的对偶公式为 $\neg P\wedge Q$。$P\leftrightarrow Q\Leftrightarrow(\neg P\vee Q)\wedge(\neg Q\vee P)$，因此 $P\leftrightarrow Q$ 的对偶公式为 $(\neg P\wedge Q)\vee(\neg Q\wedge P)$。

关于对偶公式有以下两个定理。

定理 1.4.1　设 A 和 A^* 互为对偶公式，P_1，P_2，…，P_n 是出现在 A 和 A^* 中的所有原子变元，则

（1）$\neg A(P_1,P_2,\cdots,P_n)\Leftrightarrow A^*(\neg P_1,\neg P_2,\cdots,\neg P_n)$

（2）$A(\neg P_1,\neg P_2,\cdots,\neg P_n)\Leftrightarrow\neg A^*(P_1,P_2,\cdots,P_n)$

证明

由德·摩根定律

$$\neg(P\vee Q)\Leftrightarrow\neg P\wedge\neg Q$$

$$\neg(P\wedge Q)\Leftrightarrow\neg P\vee\neg Q$$

可知，对公式 A 求否定，直到联结词“¬”深入到命题变元前为止。在此过程中，所有的∧都变为∨，∨变为∧，1 变为 0，0 变为 1，因此得到$\neg A(P_1,P_2,\cdots,P_n)\Leftrightarrow A^*(\neg P_1,\neg P_2,\cdots,\neg P_n)$。

又由于两个公式一定是互为对偶的。所以，将 A 视为 A^*的对偶公式即得等价式：

$$A(\neg P_1,\neg P_2,\cdots,\neg P_n)\Leftrightarrow\neg A^*(P_1,P_2,\cdots,P_n)。$$

例 1.4.3 设 $A^*(P,Q,R)$是$\neg P\wedge(\neg Q\vee R)$，证明：

$A^*(\neg P,\neg Q,\neg R)\Leftrightarrow\neg A(P,Q,R)$

证明

因为 $A^*(P,Q,R)$是$\neg P\wedge(\neg Q\vee R)$，则 $A^*(\neg P,\neg Q,\neg R)$是$\neg\neg P\wedge(\neg\neg Q\vee\neg R)\Leftrightarrow P\wedge(Q\vee\neg R)$。

又因为 $A^*(P,Q,R)$是$\neg P\wedge(\neg Q\vee R)$，由定义 1.4.1 可知 $A(P,Q,R)$是$\neg P\vee(\neg Q\wedge R)$。因而，$\neg A(P,Q,R)$是$\neg(\neg P\vee(\neg Q\wedge R))\Leftrightarrow P\wedge(Q\vee\neg R)$。

所以，$A^*(\neg P,\neg Q,\neg R)\Leftrightarrow\neg A(P,Q,R)$。

定理 1.4.2 （对偶定理）设 A、B 是两个命题公式，若 $A\Leftrightarrow B$，则 $A^*\Leftrightarrow B^*$，其中 A^*、B^*分别为 A、B 的对偶公式。

证明

设 $P_1,P_2,\cdots,P_n$ 是出现在 A 和 B 中的所有原子变元，因为 $A\Leftrightarrow B$，所以

$$A(P_1,P_2,\cdots,P_n)\leftrightarrow B(P_1,P_2,\cdots,P_n)$$

是一个重言式，故

$$A(\neg P_1,\neg P_2,\cdots,\neg P_n)\leftrightarrow B(\neg P_1,\neg P_2,\cdots,\neg P_n)$$

也是一个重言式。即

$$A(\neg P_1,\neg P_2,\cdots,\neg P_n)\Leftrightarrow B(\neg P_1,\neg P_2,\cdots,\neg P_n)$$

由定理 1.4.1 可得

$$\neg A^*(P_1,P_2,\cdots,P_n)\Leftrightarrow\neg B^*(P_1,P_2,\cdots,P_n)$$

因此，$A^*\Leftrightarrow B^*$。

由对偶原理可知，若 A 为重言式，则 A^*为矛盾式，反之亦然。

已知 $A\Leftrightarrow B$，且 B 是比 A 简单的命题公式，由对偶原理可直接求出比较简单的 B^*与 A^*等价。例如：

$$(P\vee Q)\wedge(\neg P\wedge(\neg P\wedge Q))\Leftrightarrow\neg P\wedge Q,$$

则

$$(P\wedge Q)\vee(\neg P\vee(\neg P\vee Q))\Leftrightarrow\neg P\vee Q。$$

例 1.4.4 证明

（1）$(P\leftrightarrow Q)\rightarrow(\neg P\vee Q)\Leftrightarrow 1$

（2）$(P\leftrightarrow Q)\wedge(\neg P\wedge Q)\Leftrightarrow 0$

证明

（1）$(P\leftrightarrow Q)\to(\neg P\vee Q)$

$\Leftrightarrow\neg((P\wedge Q)\vee(\neg P\wedge\neg Q))\vee(\neg P\vee Q)$

$\Leftrightarrow((\neg P\vee\neg Q)\wedge(P\vee Q))\vee(\neg P\vee Q)$

$\Leftrightarrow((\neg P\vee\neg Q)\vee(\neg P\vee Q))\wedge((P\vee Q)\vee(\neg P\vee Q))$

$\Leftrightarrow(\neg P\vee\neg Q\vee\neg P\vee Q)\wedge(P\vee Q\vee\neg P\vee Q)$

$\Leftrightarrow(\neg P\vee 1)\wedge(1\vee Q)$

$\Leftrightarrow 1\wedge 1$

$\Leftrightarrow 1$

（2）因为（1）式右端的对偶公式即为（2）式的右端。（1）式左端化为与其等价的形式为$((\neg P\vee\neg Q)\wedge(P\vee Q))\vee(\neg P\vee Q)$，将（2）式左端化为与其等价的形式为$((\neg P\wedge\neg Q)\vee(P\wedge Q))\wedge(\neg P\wedge Q)$，即（1）式左端和（2）式左端也互为对偶公式。

由等价式（1）和对偶定理知（2）式成立。

1.5　范式

1.5.1　合取范式和析取范式

使用真值表法和对偶定理可判断两个命题公式是否等价。下面给出另外的方法，来判断两个公式是否等价。这就是将公式化为一种标准形式，即范式，然后比较两个范式是否相同的方法，下面引入范式及相关的内容。

定义 1.5.1　仅由有限个命题变元及其否定构成的析取式称为简单析取式，仅由有限个命题变元及其否定构成的合取式称为简单合取式。

例如，给定命题变元 P，Q，则 P，Q，$\neg P$，$\neg Q$，$P\vee Q$，$P\vee\neg Q$，$\neg P\vee Q$，$\neg P\vee\neg Q$，$P\vee\neg P\vee Q$ 等都是简单析取式。而 P，Q，$\neg P$，$\neg Q$，$P\wedge Q$，$P\wedge\neg Q$，$\neg P\wedge Q$，$\neg P\wedge\neg Q$，$P\wedge\neg P\wedge Q$ 等都是简单合取式。

由定义可知：

（1）一个简单析取式是重言式（永真式），当且仅当它同时含有一个命题变元及其否定。例如，$P\vee\neg P\vee Q$ 是重言式。

（2）一个简单合取式是矛盾式（永假式），当且仅当它同时含有一个命题变元及其否定。例如 $P\wedge\neg P\wedge Q$ 是矛盾式。

简单析取式和简单合取式通常用带下标的大写字母 A 表示，例如可用 A_1，A_2，…，A_n 表示 n 个简单析取式或 n 个简单合取式。

注意：一个命题变元或者命题变元的否定，也是一个命题公式，认为它既是简单析取式也是简单合取式。

定义 1.5.2 由有限个简单合取式构成的析取式，称为析取范式。由有限个简单析取式构成的合取式称为合取范式。

例如 $P\vee(P\wedge\neg Q)$、$(\neg P\wedge Q)\vee(P\wedge\neg Q)$、$\neg P\vee(\neg P\wedge\neg Q)$都是析取范式。$P\wedge(P\vee\neg Q)$、$(P\vee Q)\wedge\neg Q$、$(\neg P\vee\neg Q)\wedge(P\vee Q)$都是合取范式。

定理 1.5.1 （范式存在定理）任何命题公式都存在着与之等价的析取范式和合取范式。

证明

设 G 是任意一个命题公式，如果公式中含有命题常元 0 或 1，当 G 既不是重言式又不是矛盾式时，使用零一律和同一律总可以将其中的 0，1 消去。如果 G 为重言式，即 G=1，则 G 的析取范式和合取范式均可以表示为 $P\vee\neg P$；如果 G 为矛盾式，即 G=0，则 G 的析取范式和合取范式均可以表示为 $P\wedge\neg P$。如果 G 中不含有 0 或 1，可以按照如下方法得到与 G 等价的范式。

（1）如果 G 中含有联结词→或↔，则利用 $P\to Q\Leftrightarrow\neg P\vee Q$ 和 $P\leftrightarrow Q\Leftrightarrow(\neg P\vee Q)\wedge(P\vee\neg Q)$消去→和↔，得到只含有¬、∨、∧联结词的与 G 等价的公式；

（2）用双重否定律 $\neg\neg P\Leftrightarrow P$ 和德·摩根律 $\neg(P\vee Q)\Leftrightarrow\neg P\wedge\neg Q$ 和 $\neg(P\wedge Q)\Leftrightarrow\neg P\vee\neg Q$ 将¬消去或内移到命题变元的前面并化简得到与 G 等价的公式。

（3）反复使用分配律、交换律、结合律就可以得到与 G 等价的合取范式和析取范式。如果是求析取范式，则利用“∧”对“∨”的分配律，如果是求合取范式，则利用“∨”对“∧”的分配律。

通过上述证明过程，可以得出计算任意公式的范式的步骤：

（1）消去命题常元和¬、∧、∨以外的联结词；

（2）否定联结词的消去或内移；

（3）利用分配律、交换律和结合律。

例 1.5.1 求下列公式合取范式和析取范式。

（1）$(P\to Q)\wedge(Q\to R)\wedge(R\to P)$

（2）$\neg(P\vee Q)\leftrightarrow(P\wedge Q)$

解 （1）$(P\to Q)\wedge(Q\to R)\wedge(R\to P)$

$\Leftrightarrow(\neg P\vee Q)\wedge(\neg Q\vee R)\wedge(\neg R\vee P)$ （合取范式）

$\Leftrightarrow((\neg P\wedge\neg Q)\vee(Q\wedge\neg Q)\vee(\neg P\wedge R)\vee(Q\wedge R))\wedge(\neg R\vee P)$

$\Leftrightarrow((\neg P\wedge\neg Q)\vee 0\vee(\neg P\wedge R)\vee(Q\wedge R))\wedge(\neg R\vee P)$

$\Leftrightarrow((\neg P\wedge\neg Q)\vee(\neg P\wedge R)\vee(Q\wedge R))\wedge(\neg R\vee P)$

$\Leftrightarrow(((\neg P\wedge\neg Q)\vee(\neg P\wedge R)\vee(Q\wedge R))\wedge\neg R)\vee$

$(((\neg P\wedge\neg Q)\vee(\neg P\wedge R)\vee(Q\wedge R))\wedge P)$

$\Leftrightarrow(\neg P\wedge\neg Q\wedge\neg R)\vee(Q\wedge R\wedge P)$ （析取范式）

（2）$\neg(P\vee Q)\leftrightarrow(P\wedge Q)$

$\Leftrightarrow(\neg\neg(P\vee Q)\vee(P\wedge Q))\wedge(\neg(P\wedge Q)\vee\neg(P\vee Q))$

$\Leftrightarrow((P\vee Q)\vee(P\wedge Q))\wedge((\neg P\vee\neg Q)\vee(\neg P\wedge\neg Q))$

$\Leftrightarrow(P\vee Q\vee P)\wedge(P\vee Q\vee Q)\wedge(\neg P\vee\neg Q\vee\neg P)\wedge(\neg P\vee\neg Q\vee\neg Q)$

$\Leftrightarrow(P\vee Q)\wedge(P\vee Q)\wedge(\neg P\vee\neg Q)\wedge(\neg P\vee\neg Q)$

$\Leftrightarrow(P\vee Q)\wedge(\neg P\vee\neg Q)$ （合取范式）

$\Leftrightarrow(P\wedge\neg P)\vee(Q\wedge\neg P)\vee(P\wedge\neg Q)\vee(Q\wedge\neg Q)$

$\Leftrightarrow 0\vee(Q\wedge\neg P)\vee(P\wedge\neg Q)\vee 0$

$\Leftrightarrow(Q\wedge\neg P)\vee(P\wedge\neg Q)$ （析取范式）

值得注意的是，任何公式的析取范式和合取范式都不是唯一的。例如在上例（2）中析取范式可以写成如下形式：

$(Q\wedge\neg P)\vee(P\wedge\neg Q)\Leftrightarrow(Q\vee P)\wedge(\neg P\vee P)\wedge(Q\vee\neg Q)\wedge(\neg P\vee\neg Q)$

$\Leftrightarrow(Q\vee P)\wedge(\neg P\vee\neg Q)$

$\Leftrightarrow(Q\wedge\neg P)\vee(P\wedge\neg P)\vee(Q\wedge\neg Q)\vee(P\wedge\neg Q)$

为了更好地判断命题公式的等价，应该将命题公式化成唯一的等价命题的标准形式。为此，引入主范式及其相关概念。

1.5.2 主析取范式和主合取范式

1. 主析取范式

定义 1.5.3 在含有 n 个命题变元 P_1，P_2，…，P_n 的简单合取范式中，每个命题变元与其否定二者之一有且仅有一个出现一次，且第 i 个命题变元或其否定出现在从左起的第 i 个位置上（若命题变元无脚标，则按字典顺序排列），这样的简单合取式称为极小项。n 个命题变元 P_1，P_2，…，P_n 的极小项可表示为 $\bigwedge_{i=1}^{n} P_i^*$，其中，$P_i^*$ 为 P_i 或 $\neg P_i$（i=1，2，…，n）。

例如，两个命题变元 P、Q 的极小项为：$P\wedge Q$、$P\wedge\neg Q$、$\neg P\wedge Q$、$\neg P\wedge\neg Q$。

在定义 1.5.3 中，由于 P_i^* 有两种可能的取值 P_i 或 $\neg P_i$，因此，由 n 个命题变元产生的不同极小项的个数为 2^n 个。

由上面的定义可知极小项具有以下性质：

（1）任意两个不同的极小项是不等价的，且每个极小项在 2^n 个解释中有且仅有一个解释使该极小项的真值为 1。因此可以给极小项编码，使极小项真值为 1 的那组解释为对应的极小项编码。例如，极小项 $P\wedge\neg Q\wedge R$，只有在 P、Q、R 分别为 1、0、1 时才为 1，如果将解释中的 0，1 看成二进制数，那么每一个解释对应于一个二进制数。如果使极小项成真的解释对应的二进制数的十进制值为 i，则该极小项记为 m_i。一般地，n 个命题变元的极小项为 m_0，m_1，…，m_{2^n-1}。

（2）由于任意一个极小项只有一个解释使该极小项取值为 1，所以，任意两个不同极小项的合取必为 0。

（3）所有极小项的析取必为 1。

例 1.5.2 写出 3 个命题变元 P，Q，R 的所有极小项。

解 P，Q，R 的所有极小项 m_0，m_1，…，m_7，如表 1.19 所示。

表 1.19 极小项的解释和记法

解释	极小项	记法
000	$\neg P\wedge\neg Q\wedge\neg R$	m_0
001	$\neg P\wedge\neg Q\wedge R$	m_1
010	$\neg P\wedge Q\wedge\neg R$	m_2
011	$\neg P\wedge Q\wedge R$	m_3
100	$P\wedge\neg Q\wedge\neg R$	m_4
101	$P\wedge\neg Q\wedge R$	m_5
110	$P\wedge Q\wedge\neg R$	m_6
111	$P\wedge Q\wedge R$	m_7

下面给出主析取范式的定义。

定义 1.5.4 设 G 为公式，P_1，P_2，…，P_n 为 G 中的所有命题变元，若 G 的析取范式中每一个合取项都是 P_1，P_2，…，P_n 的一个极小项，则称该析取范式为 G 的主析取范式。通常，主析取范式用 Σ 表示。矛盾式的主析取范式为 0。

定理 1.5.2 任意的命题公式都存在一个唯一的与之等价的主析取范式。

证明

存在性，由定理 1.5.1 可知对任意的公式 G 存在与之等价的析取范式 G'，对于 G' 的每一个合取项 m，若 m 不是极小项，则必有某个命题变元 P_i 没在 m 中出现，则可将 m 作如下等价变换：

$$m\Leftrightarrow m\wedge(P_i\vee\neg P_i)\Leftrightarrow(m\wedge P_i)\vee(m\wedge\neg P_i)$$

将 m 分解为两个合取项$(m\wedge P_i)$和$(m\wedge\neg P_i)$的析取得到与 G 等价的析取范式 G''，对于 G'' 的每一个合取项重复上述操作，直到每一个合取项都是极小项为止。由于命题变元的个数是有限的，上述过程必然在有限步骤内终止。然后利用幂等律把重复的极小项去掉即得 G 的主析取范式。

唯一性，设 G 有两个不同的主析取范式 G_1、G_2，这时，$G_1 \Leftrightarrow G_2$，若 G_1 与 G_2 不同，则必有某个极小项 m 在 G_1 中出现但不在 G_2 中出现（或 m 在 G_2 中出现但不在 G_1 中出现）。由于每个极小项有且仅有一个成真赋值，取使 m 成真赋值的解释 I，这时，在解释 I 下 G_1 的真值为真，但 G_2 的真值为假，这与 $G_1 \Leftrightarrow G_2$ 矛盾，因 G 的主析取范式唯一。

定理 1.5.3 在真值表中，一个命题公式的所有成真指派所对应的极小项的析取，即为此公式的主析取范式。

证明 设给定公式为 G，其真值为 1 的指派所对应的极小项为 m_1，m_2…，m_t，这些极小项的析取式即为 H，为此要证明 $G \Leftrightarrow H$，即要证明 G 和 H 在任意的指派下具有相同真值。

首先对 G 成真的某一指派，其对应的极小项为 m_i，则因为 m_i 为 1，而 m_1，m_2，…，m_{i-1}，m_{i+1}，m_{i+2}，…，m_t 均为 0，故 H 为 1。

其次，对 G 为 0 的某一指派，其对应的小项不包含在 H 中，即 m_1，m_2…，m_t 均为 0，故 H 为 0。

因此 $G \Leftrightarrow H$。

由上面的内容可以看到，一个命题公式 G 的主析取范式，可由两种方法构成：

第一种方法是等值演算的方法。定理 1.5.2 主析取范式的存在性证明给出了求主析取范式的方法，现总结步骤如下：

（1）求 G 的析取范式 G'；

（2）若 G 中某个简单合取式 m 中没有出现某个命题变元 P_i 或其否定 $\neg P_i$，则将 m 作如下等价变换：

$$m \Leftrightarrow m \wedge (P_i \vee \neg P_i) \Leftrightarrow (m \wedge P_i) \vee (m \wedge \neg P_i)$$

（3）将重复出现的命题变元、矛盾式和重复出现的极小项都消去；

（4）重复步骤（2）、（3），直到每一个简单合取式都为极小项；

（5）将极小项按脚标由小到大的顺序排列，并用 Σ 表示。如 $m_0 \vee m_1 \vee m_7$ 可表示为 $\Sigma(0，1，7)$。

第二种方法是真值表方法。步骤为：

（1）列出公式的真值表；

（2）将真值表最后一列中值为 1 的行中命题变元的值所对应的极小项写出；

（3）将这些极小项用析取联结词连结，将极小项按脚标由小到大的顺序排列，并用 Σ 表示。

例 1.5.3 求 $P \vee (\neg P \to (Q \vee (\neg Q \to R)))$ 的主析取范式。

解 （1）用等值演算的方法。

$P \vee (\neg P \to (Q \vee (\neg Q \to R)))$

$\Leftrightarrow P\vee(\neg P\to(Q\vee(Q\vee R)))$

$\Leftrightarrow P\vee(\neg P\to(Q\vee R))$

$\Leftrightarrow P\vee(P\vee(Q\vee R))$

$\Leftrightarrow(P\vee P)\vee(Q\vee R)$

$\Leftrightarrow P\vee Q\vee R$ （析取范式）

P 不是极小项，作如下变换：

$P\Leftrightarrow P\wedge(Q\vee\neg Q)\wedge(R\vee\neg R)$

$\Leftrightarrow(P\wedge Q\wedge R)\vee(P\wedge Q\wedge\neg R)\vee(P\wedge\neg Q\wedge R)\vee(P\wedge\neg Q\wedge\neg R)$

$\Leftrightarrow m_7\vee m_6\vee m_5\vee m_4$

同理 $Q\Leftrightarrow(P\vee\neg P)\wedge Q\wedge(R\vee\neg R)$

$\Leftrightarrow(P\wedge Q\wedge R)\vee(P\wedge Q\wedge\neg R)\vee(\neg P\wedge Q\wedge R)\vee(\neg P\wedge Q\wedge\neg R)$

$\Leftrightarrow m_7\vee m_6\vee m_3\vee m_2$

$R\Leftrightarrow(P\vee\neg P)\wedge(Q\vee\neg Q)\wedge R$

$\Leftrightarrow(P\wedge Q\wedge R)\vee(P\wedge\neg Q\wedge R)\vee(\neg P\wedge Q\wedge R)\vee(\neg P\wedge\neg Q\wedge R)$

$\Leftrightarrow m_7\vee m_5\vee m_3\vee m_1$

因此，$P\vee(\neg P\to(Q\vee(\neg Q\to R)))$

$\Leftrightarrow(m_7\vee m_6\vee m_5\vee m_4)\vee(m_7\vee m_6\vee m_3\vee m_2)\vee(m_7\vee m_5\vee m_3\vee m_1)$

$\Leftrightarrow m_1\vee m_2\vee m_3\vee m_4\vee m_5\vee m_6\vee m_7$

$\Leftrightarrow\Sigma(1，2，3，4，5，6，7)$

（2）用真值表方法。

①列出公式的真值表：

P	Q	R	$P\vee(\neg P\to(Q\vee(\neg Q\to R)))$
0	0	0	0
0	0	1	1
0	1	0	1
0	1	1	1
1	0	0	1
1	0	1	1
1	1	0	1
1	1	1	1

②将真值表中最后一列值为 1 的左侧二进制数所对应的极小项写出：$\neg P\wedge\neg Q\wedge R$，$\neg P\wedge Q\wedge\neg R$，$\neg P\wedge Q\wedge R$，$P\wedge\neg Q\wedge\neg R$，$P\wedge\neg Q\wedge R$，$P\wedge Q\wedge\neg R$，$P\wedge Q\wedge R$。

③将这些极小项析取起来：

因此，$P\vee(\neg P\to(Q\vee(\neg Q\to R)))$

$\Leftrightarrow(\neg P\wedge\neg Q\wedge R)\vee(\neg P\wedge Q\wedge\neg R)\vee(\neg P\wedge Q\wedge R)\vee(P\wedge\neg Q\wedge\neg R)\vee(P\wedge\neg Q\wedge R)\vee(P\wedge Q\wedge\neg R)\vee(P\wedge Q\wedge R)$

$\Leftrightarrow m_1\vee m_2\vee m_3\vee m_4\vee m_5\vee m_6\vee m_7$

$\Leftrightarrow\sum(1，2，3，4，5，6，7)$

与等值演算方法得出的结果是一致的。

2. 主合取范式

定义 1.5.5 在含有 n 个命题变元 P_1，P_2，…，P_n 的简单析取式中，每个命题变元与其否定二者之一有且仅有一个出现一次，且第 i 个命题变元或其否定出现在从左起的第 i 个位置上（若命题变元无脚标，则按字典顺序排列），这样的简单析取式称为极大项。n 个命题变元 P_1，P_2，…，P_n 的极大项可表示为 $\bigvee_{i=1}^{n} P_i^*$，其中，P_i^* 为 P_i 或 $\neg P_i$（i=1，2，…，n）。

在定义 1.5.5 中，由于 P_i^* 有两种可能的取值 P_i 或 $\neg P_i$，因此，由 n 个命题变元产生的不同极大项的个数为 2^n 个。

由上面的定义可知极大项具有以下性质：

（1）任意两个不同的极大项是不等价的，且每个极大项在 2^n 个解释中有且仅有一个解释使该极大项的真值为 0。因此可以给极大项编码，使极大项真值为 0 的那组解释为对应的极大项编码。例如，极大项 $P\vee\neg Q\vee R$，只有在 P、Q、R 分别为 0、1、0 时才为 0，如果将解释中的 0，1 看成二进制数，那么每一个解释对应于一个二进制数。如果使极大项成假的解释对应的二进制数的十进制值为 i，则该极大项记为 M_i。一般地，n 个命题变元的极大项为 M_0，M_1，…，M_{2^n-1}。

（2）由于任意一个极大项只有一个解释使该极大项取值为 0，且没有两个不同的极大项是等价的，所以，任意两个不同极大项的析取必为 1。

（3）所有极大项的合取必为 0。

例 1.5.4 写出 3 个命题变元 P，Q，R 的所有极大项。

解 P，Q，R 的所有极大项 M_0，M_1，…，M_7，如表 1.20 所示。

表 1.20 极大项解释和记法

解释	极大项	记法
000	$P\vee Q\vee R$	M_0
001	$P\vee Q\vee\neg R$	M_1
010	$P\vee\neg Q\vee R$	M_2

续表

解释	极大项	记法
011	$P\vee\neg Q\vee\neg R$	M_3
100	$\neg P\vee Q\vee R$	M_4
101	$\neg P\vee Q\vee\neg R$	M_5
110	$\neg P\vee\neg Q\vee R$	M_6
111	$\neg P\vee\neg Q\vee\neg R$	M_7

定义 1.5.6 设 G 为公式，P_1，P_2，…，P_n 为 G 中的所有命题变元，若 G 的合取范式中每一个析取项都是 P_1，P_2，…，P_n 的一个极大项，则称该合取范式为 G 的主合取范式。通常，主合取范式用 Π 表示。重言式的主合取范式中不含任何极大项，用 1 表示。

定理 1.5.4 任意的命题公式都存在一个唯一的与之等价的主合取范式。

证明过程与定理 1.5.2 相似。

一个公式的主合取范式也可以用真值表的方法予以写出。

定理 1.5.5 在真值表中，一个公式的真值为 0 的指派所对应的极大项的合取，即为此公式的主合取范式。

证明过程与定理 1.5.3 相似。

主合取范式的求法和主析取范式的求法类似，也可以用真值表法和等值演算的方法，这里不再详述。

例 1.5.5 求 $P\vee(\neg P\rightarrow(Q\vee(\neg Q\rightarrow R)))$ 的主合取范式。

解 （1）等值演算的方法。

求主合取范式的过程与求主析取范式相似，也是先求出合取范式 G'，如果 G' 中某简单析取式 B 不含某一变元 P_i 或其否定 $\neg P_i$，则将 B 展开成如下形式：

$B\Leftrightarrow B\vee 0\Leftrightarrow B\vee(P_i\wedge\neg P_i)\Leftrightarrow(B\vee P_i)\wedge(B\vee\neg P_i)$

直到所有析取项都是极大项为止。

该题的求解过程如下：

$P\vee(\neg P\rightarrow(Q\vee(\neg Q\rightarrow R)))$

$\Leftrightarrow P\vee(\neg P\rightarrow(Q\vee(Q\vee R)))$

$\Leftrightarrow P\vee(\neg P\rightarrow(Q\vee R))$

$\Leftrightarrow P\vee(P\vee(Q\vee R))$

$\Leftrightarrow(P\vee P)\vee(Q\vee R)$

$\Leftrightarrow P\vee Q\vee R$ （合取范式）

该合取范式只有一个析取项 $P\vee Q\vee R$，并且是 P，Q，R 的极大项，因此

$P\vee(\neg P\to(Q\vee(\neg Q\to R)))$的主合取范式为：$P\vee Q\vee R\Leftrightarrow M_0\Leftrightarrow\Pi(0)$

（2）真值表法。

首先列出公式的真值表（见例 1.5.3），再将真值表中最后一列中的 0 所对应的极大项写出来，为 $P\vee Q\vee R$；然后将这些极大项合取起来即得主合取范式为：$P\vee Q\vee R\Leftrightarrow M_0\Leftrightarrow\Pi(0)$。与等值演算方法得出的结论一致。

由例 1.5.3 和例 1.5.5 可以看出，一个命题公式的主析取范式和主合取范式之间存在着互补关系，不难证明这种关系存在着普遍性。因此只要求出了主析取范式，就可直接写出主合取范式（反之亦然）。

考虑极小项和极大项之间的关系：$\neg m_i\Leftrightarrow M_i$，$\neg M_i\Leftrightarrow m_i$。

设命题公式 G 中含有 n 个命题变元，且设 G 的主析取范式中含有 k 个极小项 m_{i1}，m_{i2}，…，m_{ik}，则$\neg G$ 的主析取范式中必含有 2^n-k 个极小项，设为 m_{j1}，m_{j2}，…，m_{j2^n-k}，即

$$\neg G\Leftrightarrow m_{j1}\vee m_{j2}\vee\cdots\vee m_{j2^n-k}$$

$$G\Leftrightarrow\neg\neg G\Leftrightarrow\neg(m_{j1}\vee m_{j2}\vee\cdots\vee m_{j2^n-k})$$

$$\Leftrightarrow\neg m_{j1}\wedge\neg m_{j2}\wedge\cdots\wedge\neg m_{j2^n-k}$$

$$\Leftrightarrow M_{j1}\wedge M_{j2}\wedge\cdots\wedge M_{j2^n-k}$$

因此，由 G 的主析取范式求主合取范式的方法为：

（1）求出 G 的主析取范式中没有包含的极小项 m_{j1}，m_{j2}，…，m_{j2^n-k}；

（2）求出与（1）中极小项角码相同的极大项 M_{j1}，M_{j2}，…，M_{j2^n-k}；

（3）由以上极大项构成的合取式即为 G 的主合取范式。

例如，已知 G 中含有 3 个命题变元，且 G 的主析取范式为

$$G\Leftrightarrow m_1\vee m_3\vee m_4\vee m_7\Leftrightarrow\Sigma(1，3，4，7)$$

则其主合取范式为：$G\Leftrightarrow M_0\vee M_2\vee M_5\vee M_6\Leftrightarrow\Pi(0，2，5，6)$

由主合取范式求主析取范式的方法类似，请读者自己总结。

通过主析取范式和主合取范式可以判断公式是否等价，判断公式的类型，求成真赋值和成假赋值等。

1.6　公式的蕴涵

1.6.1　蕴涵的概念

逻辑的重要应用在于研究推理。逻辑等价可以用来推理，但在推理中用到更多的是蕴含关系。

定义 1.6.1　设 G、H 是两个命题公式，若 $G\to H$ 是永真式，则称 G 蕴涵 H，

记作 $G \Rightarrow H$，$G \Rightarrow H$ 称为蕴涵式或永真条件式。

需要注意的是，$\Rightarrow$与$\Leftrightarrow$一样，不是逻辑联结词，因此 $G \Rightarrow H$ 也不是公式。

蕴涵关系有如下性质：

（1）自反性，对于任意公式 G，有 $G \Rightarrow G$。

（2）传递性，若 $G \Rightarrow H$ 且 $H \Rightarrow L$，则 $G \Rightarrow L$。

（3）对任意公式 G、H 和 T，若有 $G \Rightarrow H$，$G \Rightarrow T$，则 $G \Rightarrow (H \wedge T)$。

（4）对任意公式 G、H 和 T，若有 $G \Rightarrow T$，$H \Rightarrow T$，则$(G \vee H) \Rightarrow T$。

这些性质的正确性，请读者自己验证。

下面的定理给出了等价式与蕴涵式之间的关系。

定理 1.6.1 设 G、H 是两个命题公式，$G \Leftrightarrow H$ 的充分必要条件是 $G \Rightarrow H$ 且 $H \Rightarrow G$。

证明

必要性：若 $G \Leftrightarrow H$，则 $G \leftrightarrow H$ 是永真式，而 $G \leftrightarrow H \Leftrightarrow (G \rightarrow H) \wedge (H \rightarrow G)$，故 $G \rightarrow H$ 和 $H \rightarrow G$ 都为真，即 $G \Rightarrow H$，$H \Rightarrow G$。

充分性：若 $G \Rightarrow H$ 且 $H \Rightarrow G$，即 $G \rightarrow H$ 和 $H \rightarrow G$ 都为真，因此 $G \leftrightarrow H$ 为真，即 $G \Leftrightarrow H$。

以下给出广义蕴涵概念。

定义 1.6.2 设 G_1，G_2，…，G_n，H 是公式，如果$(G_1 \wedge G_2 \wedge \cdots \wedge G_n) \rightarrow H$ 是永真式，则称 G_1，G_2，…，G_n 蕴涵 H，又称 H 是 G_1，G_2，…，G_n 的逻辑结果，记作$(G_1 \wedge G_2 \wedge \cdots \wedge G_n) \Rightarrow H$ 或$(G_1, G_2, \cdots, G_n) \Rightarrow H$。

1.6.2 蕴涵式的证明方法

蕴涵式的证明方法除真值表方法外，还有两种方法：

（1）前件为真推导后件为真的方法

设公式的前件为真，若能推导出后件也为真，则条件式是永真式，即蕴涵式成立。

因为要证 $G \Rightarrow H$，即证 $G \rightarrow H$ 为永真式。对于 $G \rightarrow H$，除在 G 取真和 H 取假时，$G \rightarrow H$ 为假外，其余 $G \rightarrow H$ 都为真。所以，若 $G \rightarrow H$ 的前件 G 为真，由此可推出 H 为真，则 $G \rightarrow H$ 是永真式，即 $G \Rightarrow H$。

（2）后件为假推导前件为假的方法

设条件式的后件为假，若能推导出前件也为假，则条件式是永真式，即蕴涵式成立。

因为若 $G \rightarrow H$ 的后件为假，由此可推导出 G 为假，即可证明：$\neg H \Rightarrow \neg G$。又因为 $G \rightarrow H \Leftrightarrow \neg H \rightarrow \neg G$，所以 $G \Rightarrow H$ 成立。

例 1.6.1 证明$(P \to Q) \wedge P \Rightarrow Q$。

证明

前件为真推导后件为真的方法。

假设$(P \to Q) \wedge P$为真，则P为真，$(P \to Q)$为真，于是Q为真。所以$(P \to Q) \wedge P \Rightarrow Q$。

例 1.6.2 证明$(P \to Q) \wedge \neg Q \Rightarrow \neg P$。

证明

后件为假推导前件为假的方法。

假定后件为假，即$\neg P$为假，则P为真。若Q为假，则$P \to Q$为假，$(P \to Q) \wedge \neg Q$为假；若Q为真，则$\neg Q$为假，$(P \to Q) \wedge \neg Q$为假。所以$(P \to Q) \wedge \neg Q \Rightarrow \neg P$。

1.6.3 基本蕴涵式

下面列出一些基本的蕴涵式，可以用真值表法、前件为真推导后件为真的方法和后件为假推导前件为假的方法来证明。

（1）$P \wedge Q \Rightarrow P$；

（2）$P \wedge Q \Rightarrow Q$；

（3）$P \Rightarrow P \vee Q$；

（4）$Q \Rightarrow P \vee Q$；

（5）$\neg P \Rightarrow (P \to Q)$；

（6）$Q \Rightarrow (P \to Q)$；

（7）$\neg(P \to Q) \Rightarrow P$；

（8）$\neg(P \to Q) \Rightarrow \neg Q$；

（9）P，$P \to Q \Rightarrow Q$；

（10）$\neg Q$，$P \to Q \Rightarrow \neg P$；

（11）$\neg P$，$P \vee Q \Rightarrow Q$；

（12）$P \to Q$，$Q \to R \Rightarrow P \to R$；

（13）$P \vee Q$，$P \to R$，$Q \to R \Rightarrow R$；

（14）$P \to Q$，$R \to S \Rightarrow (P \wedge R) \to (Q \wedge S)$；

（15）P，$Q \Rightarrow P \wedge Q$。

下面仅证明（14）、（15），其余留作读者练习。

证明

（14）$((P \to Q) \wedge (R \to S)) \to ((P \wedge R) \to (Q \wedge S))$

$\Leftrightarrow \neg((\neg P \vee Q) \wedge (\neg R \vee S)) \vee (\neg(P \wedge R) \vee (Q \wedge S))$

$\Leftrightarrow \neg(\neg P \vee Q) \vee \neg(\neg R \vee S) \vee (\neg P \vee \neg R \vee (Q \wedge S))$

$\Leftrightarrow (P \wedge \neg Q) \vee (R \wedge \neg S) \vee \neg P \vee \neg R \vee (Q \wedge S)$

$\Leftrightarrow ((P \wedge \neg Q) \vee \neg P) \vee ((R \wedge \neg S) \vee \neg R) \vee (Q \wedge S)$

$\Leftrightarrow \neg Q \vee \neg P \vee \neg S \vee \neg R \vee (Q \wedge S)$

$\Leftrightarrow (\neg Q \vee \neg P \vee \neg S \vee \neg R \vee Q) \wedge (\neg Q \vee \neg P \vee \neg S \vee \neg R \vee S)$

$\Leftrightarrow 1 \wedge 1$

$\Leftrightarrow 1$

因此，蕴涵式（14）得证。

（15）$(P \wedge Q) \rightarrow (P \wedge Q)$

$\Leftrightarrow \neg(P \wedge Q) \vee (P \wedge Q)$

$\Leftrightarrow 1$

因此，蕴涵式（15）得证。

1.7　其他联结词与最小联结词组

1.7.1　其他联结词

前面已经介绍了联结词¬、∧、∨、→、↔，但这些联结词还不能很广泛地直接表达命题之间的联系，为此再定义一些命题联结词。

1. 不可兼析取

定义 1.7.1　设 P、Q 为命题公式，则复合命题 $P \overline{\vee} Q$ 称为 P 和 Q 的不可兼析取，也称为异或，当且仅当 P 与 Q 的真值不相同时，$P \overline{\vee} Q$ 的真值为 1，否则 $P \overline{\vee} Q$ 的真值为假。

联结词“$\overline{\vee}$”的定义如表 1.21 所示。

表 1.21　联结词“$\overline{\vee}$”的定义

P	Q	$P \overline{\vee} Q$
0	0	0
0	1	1
1	0	1
1	1	0

由以上定义可知，联结词“$\overline{\vee}$”有以下性质：

（1）$P \overline{\vee} Q \Leftrightarrow Q \overline{\vee} P$　　可交换性

（2）$(P \overline{\vee} Q) \overline{\vee} R \Leftrightarrow P \overline{\vee} (Q \overline{\vee} R)$　　可结合性

（3）$P \wedge (Q \overline{\vee} R) \Leftrightarrow (P \wedge Q) \overline{\vee} (P \wedge R)$　　可分配性

（4）$(P \overline{\vee} Q) \Leftrightarrow (P \wedge \neg Q) \vee (\neg P \wedge Q)$

（5）$(P \overline{\vee} Q) \Leftrightarrow \neg(P \leftrightarrow Q)$

（6）$P\overline{\vee}P\Leftrightarrow 0$，$0\overline{\vee}P\Leftrightarrow P$，$1\overline{\vee}P\Leftrightarrow\neg P$

2. 与非联结词

定义 1.7.2 设 P、Q 为两个命题，复合命题 $P\uparrow Q$ 称为命题 P 和 Q 的“与非”，$\uparrow$ 称为与非联结词。当且仅当 P 和 Q 的真值都为 1 时，$P\uparrow Q$ 的真值为 0；否则 $P\uparrow Q$ 的真值为 1。P、Q 和 $P\uparrow Q$ 的真值表如表 1.22 所示。

表 1.22 $P\uparrow Q$ 的真值表

P	Q	$P\uparrow Q$
0	0	1
0	1	1
1	0	1
1	1	0

由真值表可以看出，$P\uparrow Q\Leftrightarrow\neg(P\wedge Q)$，这就是把联结词 $\uparrow$ 称为“与非”的理由。联结词 $\uparrow$ 有以下几个性质：

（1）$P\uparrow P\Leftrightarrow\neg(P\wedge P)\Leftrightarrow\neg P$；

（2）$(P\uparrow Q)\uparrow(P\uparrow Q)\Leftrightarrow\neg(P\uparrow Q)\Leftrightarrow P\wedge Q$；

（3）$(P\uparrow P)\uparrow(Q\uparrow Q)\Leftrightarrow\neg P\uparrow\neg Q\Leftrightarrow P\vee Q$。

3. 或非联结词

定义 1.7.3 设 P、Q 为两个命题，复合命题 $P\downarrow Q$ 称为命题 P 和 Q 的“或非”，$\downarrow$ 称为或非联结词。当且仅当 P 和 Q 的真值都为 0 时，$P\downarrow Q$ 的真值为 1；否则 $P\downarrow Q$ 的真值为 0。P、Q 和 $P\downarrow Q$ 的真值表如表 1.23 所示。

表 1.23 $P\downarrow Q$ 的真值表

P	Q	$P\downarrow Q$
0	0	1
0	1	0
1	0	0
1	1	0

由真值表可以看出，$P\downarrow Q\Leftrightarrow\neg(P\vee Q)$，这就是把联结词 $\downarrow$ 称为“或非”的理由。联结词 $\downarrow$ 有以下几个性质：

（1）$P\downarrow P\Leftrightarrow\neg(P\vee P)\Leftrightarrow\neg P$；

（2）$(P\downarrow Q)\downarrow(P\downarrow Q)\Leftrightarrow\neg(P\downarrow Q)\Leftrightarrow P\vee Q$；

（3）$(P\downarrow P)\downarrow(Q\downarrow Q)\Leftrightarrow\neg P\downarrow\neg Q\Leftrightarrow\neg(\neg P\vee\neg Q)\Leftrightarrow P\wedge Q$。

4. 条件否定联结词

定义 1.7.4 设 P、Q 是两个命题公式，复合命题 $P\stackrel{c}{\rightarrow}Q$ 称为命题 P、Q 的条件否定，当且仅当 P 的真值为 1，Q 的真值为 0 时，$P\stackrel{c}{\rightarrow}Q$ 的真值为 1，否则 $P\stackrel{c}{\rightarrow}Q$ 的真值为 0。

联结词“$\stackrel{c}{\rightarrow}$”的定义如表 1.24 所示。

表 1.24 联结词“$\stackrel{c}{\rightarrow}$”的定义

P	Q	$P\stackrel{c}{\rightarrow}Q$
0	0	0
0	1	0
1	0	1
1	1	0

从定义可知，$P\stackrel{c}{\rightarrow}Q\Leftrightarrow\neg(P\rightarrow Q)$。

5. 全功能联结词集合

到目前我们已经定义了 9 个联结词，还需定义其他联结词吗？

对于只有一个命题变元的公式，其真值表中共有两行，对应这两行，公式仅能取真、假两种值，那么最多有 4 种（2^2）不同的组合，每一种组合对应一类公式的真值表。所以，一个变元的公式，最多有 4 种不同的真值表。

同样，对于两个变元的公式，其真值表中共有 4 行（2^2），因此，最多可构成 16 个（2^4）个等价的命题公式，如表 1.25 所示。

表 1.25 全功能联结词集合

P	Q	1	2	3	4	5	6	7	8	9	10	11	12	13	14	15	16
0	0	1	0	0	0	0	0	0	0	0	1	1	1	1	1	1	1
0	1	1	0	0	0	0	1	1	1	1	0	0	0	0	1	1	1
1	0	1	0	0	1	1	0	0	1	1	0	0	1	1	0	0	1
1	1	1	0	1	0	1	0	1	0	1	0	1	0	1	0	1	0

从上表可以看出：

第 1、2 列分别表示永真式 1 及永假式 0；

第 5、7 列分别表示命题变元：P、Q；

第 12、14 列分别表示命题变元的否定：$\neg Q$、$\neg P$；

第 3 列表示“合取”命题：$P \wedge Q$；

第 9 列表示“析取”命题：$P \vee Q$；

第 13、15 列表示“条件”命题： $Q \rightarrow P$、$P \rightarrow Q$；

第 11 列表示“双条件”命题：$P \leftrightarrow Q$；

第 4、6 列表示“条件否定”命题：$P \xrightarrow{c} Q$、$Q \xrightarrow{c} P$；

第 8 列表示“不可兼析取”命题：$P \overline{\vee} Q$

第 10 列表示“或非”命题：$P \downarrow Q$；

第 16 列表示“与非”命题： $P \uparrow Q$；

1.7.2 最小联结词组

虽然我们定义了九个联结词，但这些联结词并非都是必要的，因为包含某些联结词的公式可以通过其他联结词等价的表示出来。例如，由等价式 $P \rightarrow Q \Leftrightarrow \neg P \vee Q$ 可知，联结词→可用¬和∨等价的表示出来。下面讨论最小联结词组。

定义 1.7.5 设 S 是一些联结词组成的非空集合，如果任何命题公式都可以用仅包含 S 中的联结词的公式表示，则称 S 是联结词的全功能集。特别的，若 S 是联结词的全功能集且 S 的任何真子集都不是全功能集，则称 S 是最小全功能集，又称最小联结词组。

根据前面联结词的定义和基本等值演算公式有定理 1.7.1：

定理 1.7.1 {¬，∧，∨，→，↔}是联结词的全功能集。

定理 1.7.2 {¬，∧，∨}是联结词的全功能集。

证明

因为 $P \rightarrow Q = \neg P \vee Q$，$P \leftrightarrow Q = (P \rightarrow Q) \wedge (Q \rightarrow P) = (\neg P \vee Q) \wedge (\neg Q \vee P)$，所以任何由→和↔联结的命题，都可以用¬，∧，∨表示，又因为{¬，∧，∨，→，↔}是联结词的全功能集，故{¬，∧，∨}是联结词的全功能集。

定理 1.7.3 {¬，∧}，{¬、∨}，{¬，→}是最小联结词组。

证明

先证明{¬、∧}是联结词的全功能集。由下列等价式

（1）$P \rightarrow Q = \neg P \vee Q = \neg(P \wedge \neg Q)$

（2）$P \leftrightarrow Q = (P \rightarrow Q) \wedge (Q \rightarrow P)$

（3）$\neg(P \vee Q) = \neg P \wedge \neg Q$

知任意公式都可以找到仅含联结词¬，∧的公式与之等价。所以{¬、∧}是联结词的全功能集。

其次证明{¬、∧}是最小联结词组。

从{¬、∧}中去掉¬后，仅剩下一个联结词∧，只使用∧，不能表达永真式。因为对于任意只用∧联结起来而得到的公式，若公式中包含 n 个命题变元，对某个命题指派为假，则此公式的值必为假，所以不是永真式。

从{¬、∧}中去掉∧后，仅剩下一个联结词¬，同样只使用¬不能表达永真式。

由此证明了{¬，∧}是最小联结词组。

类似地可以证明{¬、∨}，{¬，→}是最小联结词组。

定理 1.7.4 {↑}，{↓}是最小联结词组。

证明

因为 $\neg P \Leftrightarrow P \uparrow P$，$(P \wedge Q) \Leftrightarrow (P \uparrow Q) \uparrow (P \uparrow Q)$，所以只由↑就可以表示{¬、∧}可表示的公式，由上面定理知{¬，∧}是最小联结词组，所以{↑}也是最小联结词组。

同理，{↓}也是最小联结词组。

虽然{¬，∧，∨}不是最小联结词组，但为了表示方便，仍经常使用联结词组{¬，∧，∨}。

例 1.7.1 将公式 $(P \to (Q \vee \neg R)) \wedge (\neg P \wedge Q)$ 变换为仅含{¬，∨}的等价公式。

解 $(P \to (Q \vee \neg R)) \wedge (\neg P \wedge Q)$

$\Leftrightarrow (\neg P \vee (Q \vee \neg R)) \wedge (\neg P \wedge Q)$

$\Leftrightarrow (\neg P \wedge (\neg P \wedge Q)) \vee ((Q \vee \neg R) \wedge (\neg P \wedge Q))$

$\Leftrightarrow (\neg P \wedge Q) \vee ((Q \wedge \neg P \wedge Q) \vee (\neg R \wedge \neg P \wedge Q))$

$\Leftrightarrow (\neg P \wedge Q) \vee ((\neg P \wedge Q) \vee ((\neg P \wedge Q) \wedge \neg R))$

$\Leftrightarrow (\neg P \wedge Q)$

$\Leftrightarrow \neg (P \vee \neg Q)$

1.8 命题逻辑推理理论

1.8.1 命题逻辑推理理论

在逻辑学中，从前提出发，根据推理规则，推导出一个结论，这一过程称为有效推理或形式证明。所得结论称为有效结论，这里关心的不是结论的真实性而是推理的有效性。前提的真假不作为推理有效性的依据。但是，如果前提为真，则有效结论应该为真，而非假。

在数理逻辑中，主要研究从前提导出结论的推理规则和论证原理，与这些规则有关的理论称为推理理论。

定义 1.8.1 设 G 和 H 是两个命题公式，当且仅当 $G \to H$ 为永真式，即 $G \Rightarrow H$，

称 H 为 G 的有效结论，或称 H 可由 G 逻辑推出。

这个定义可以推广到 n 个前提的情况。

定义 1.8.2 设 G_1，G_2，…，G_n，H 为命题公式，当且仅当$(G_1\wedge G_2\wedge\cdots\wedge G_n)\to H$ 为永真式，即 $G_1\wedge G_2\wedge\cdots\wedge G_n\Rightarrow H$，称 H 为 G_1，G_2，…，G_n 的有效结论，或称 H 可由 G_1，G_2，…，G_n 逻辑推出。

例 1.8.1 判断下列推理是否有效。

（1）如果他是理科学生，他必学好数学。他是理科学生，所以他要学好数学。

（2）如果他是理科学生，他必学好数学。如果他不是文科学生，他必是理科学生。他没学好数学，所以他是文科学生。

（3）如果天气热，我去游泳。天气不热。所以，我没去游泳。

解 为判断这种推理的有效性，首先将推理的前提和结论符号化，写出前提和结论的形式结构，最后判断该形式结构是否为永真式。

（1）P：他是理科学生；Q：他必学好数学。

前提：$P\to Q$，P

结论：Q

$((P\to Q)\wedge P)\to Q$

$\Leftrightarrow((\neg P\vee Q)\wedge P)\to Q$

$\Leftrightarrow((\neg P\wedge P)\vee(Q\wedge P))\to Q$

$\Leftrightarrow(Q\wedge P)\to Q$

$\Leftrightarrow\neg(Q\wedge P)\vee Q$

$\Leftrightarrow\neg Q\vee\neg P\vee Q$

$\Leftrightarrow\neg P\vee(\neg Q\vee Q)$

$\Leftrightarrow\neg P\vee 1$

$\Leftrightarrow 1$

所以$((P\to Q)\wedge P)\to Q$ 是永真式，从而证明（1）的推理是有效的。

（2）P：他是理科学生；Q：他必学好数学。R：他是文科学生

前提：$P\to Q$，$\neg R\to P$，$\neg Q$

结论：R

因为

$((P\to Q)\wedge(\neg R\to P)\wedge(\neg Q))\to R$

$\Leftrightarrow((\neg P\vee Q)\wedge(R\vee P)\wedge(\neg Q))\to R$

$\Leftrightarrow((\neg P\wedge R\wedge\neg Q)\vee(\neg P\wedge P\wedge\neg Q)\vee(Q\wedge R\wedge\neg Q)\vee(Q\wedge P\wedge\neg Q))\to R$

$\Leftrightarrow(\neg P\wedge R\wedge\neg Q)\to R$

$\Leftrightarrow\neg(\neg P\wedge R\wedge\neg Q)\vee R$

$\Leftrightarrow\neg((\neg P\wedge\neg Q)\wedge R)\vee R$

$\Leftrightarrow\neg(\neg P\wedge\neg Q)\vee\neg R\vee R$

$\Leftrightarrow\neg(\neg P\wedge\neg Q)\vee(\neg R\vee R)$

$\Leftrightarrow\neg(\neg P\wedge\neg Q)\vee 1$

$\Leftrightarrow 1$

为永真式，所以，（2）的推理是有效的。

（3）P：天气热。Q：我去游泳。

前提：$P\to Q$，$\neg P$

结论：$\neg Q$

因为

$((P\to Q)\wedge(\neg P))\to\neg Q$

$\Leftrightarrow((\neg P\vee Q)\wedge(\neg P))\to\neg Q$

$\Leftrightarrow\neg P\to\neg Q$

$\Leftrightarrow P\vee\neg Q$

因为 $P\vee\neg Q$ 存在一个成假赋值（0，1），不是永真式，因而$((P\to Q)\wedge(\neg P))\to\neg Q$ 也不是永真式，因此，（3）不是有效的推理。

1.8.2 推理规则

下面给出推理中常用的推理规则。

（1）P 规则（前提引入规则）：可以在证明的任何时候引入前提；

（2）T 规则（结论引入规则）：在证明的任何时候，已证明的结论都可以作为后续证明的前提；

此外，在从前提推出的结论为条件式时，需要下面的规则：

（3）CP 规则（也称条件证明引入规则）：若推出有效结论为条件式 $P\to Q$ 时，只需将其前件 P 加入到前提中作为附加前提，再去推出后件 Q 即可。

CP 规则的正确性可由下面的定理得到保证：

定理 1.8.1 若 $G_1\wedge G_2\wedge\cdots\wedge G_n\wedge P\Rightarrow Q$，则 $G_1\wedge G_2\wedge\cdots\wedge G_n\Rightarrow P\to Q$。

证明

由于 $G_1\wedge G_2\wedge\cdots\wedge G_n\wedge P\Rightarrow Q$，则$(G_1\wedge G_2\wedge\cdots\wedge G_n\wedge P)\to Q$ 为永真式。$(G_1\wedge G_2\wedge\cdots\wedge G_n\wedge P)\to Q\Leftrightarrow\neg(G_1\wedge G_2\wedge\cdots\wedge G_n\wedge P)\vee Q\Leftrightarrow\neg(G_1\wedge G_2\wedge\cdots\wedge G_n)\vee\neg P\vee Q\Leftrightarrow\neg(G_1\wedge G_2\wedge\cdots\wedge G_n)\vee(\neg P\vee Q)\Leftrightarrow\neg(G_1\wedge G_2\wedge\cdots\wedge G_n)\vee(P\to Q)\Leftrightarrow(G_1\wedge G_2\wedge\cdots\wedge G_n)\to(P\to Q)$，因为$(G_1\wedge G_2\wedge\cdots\wedge G_n\wedge P)\to Q$ 为永真式，所以$(G_1\wedge G_2\wedge\cdots\wedge G_n)\to(P\to Q)$为永真式，故 $G_1\wedge G_2\wedge\cdots\wedge G_n\Rightarrow P\to Q$。

在推理过程中，除使用推理规则外，还需要使用很多条定律，这些定律可以由前面讲过的命题定律、蕴涵式等得到。下面给出一些由蕴涵式得出的推理定律，它们是：

（1）$P，Q \Rightarrow P$

（2）$P，Q \Rightarrow Q$

（3）$P \Rightarrow P \vee Q$

（4）$Q \Rightarrow P \vee Q$

（5）$\neg P \Rightarrow P \rightarrow Q$

（6）$Q \Rightarrow P \rightarrow Q$

（7）$\neg(P \rightarrow Q) \Rightarrow P$

（8）$\neg(P \rightarrow Q) \Rightarrow \neg Q$

（9）$P，Q \Rightarrow P \wedge Q$

（10）$\neg P，P \rightarrow Q \Rightarrow Q$

（11）$P，P \rightarrow Q \Rightarrow Q$

（12）$\neg Q，P \rightarrow Q \Rightarrow \neg P$

（13）$P \rightarrow Q，Q \rightarrow R \Rightarrow P \rightarrow R$

（14）$P \vee Q，P \rightarrow R，Q \rightarrow R \Rightarrow R$

（15）$P \rightarrow Q \Rightarrow (P \vee R) \rightarrow (Q \vee R)$

（16）$P \rightarrow Q \Rightarrow (P \wedge R) \rightarrow (Q \wedge R)$

由等价式得出的推理定律：

（1）$\neg\neg P \Leftrightarrow P$

（2）$P \wedge Q \Leftrightarrow Q \wedge P$

（3）$P \vee Q \Leftrightarrow Q \vee P$

（4）$(P \wedge Q) \wedge R \Leftrightarrow P \wedge (Q \wedge R)$

（5）$(P \vee Q) \vee R \Leftrightarrow P \vee (Q \vee R)$

（6）$P \wedge (Q \vee R) \Leftrightarrow (P \wedge Q) \vee (P \wedge R)$

（7）$P \vee (Q \wedge R) \Leftrightarrow (P \vee Q) \wedge (P \vee R)$

（8）$\neg(P \wedge Q) \Leftrightarrow \neg P \vee \neg Q$

（9）$\neg(P \vee Q) \Leftrightarrow \neg P \wedge \neg Q$

（10）$P \vee P \Leftrightarrow P$

（11）$P \wedge P \Leftrightarrow P$

（12）$P \vee (Q \wedge \neg Q) \Leftrightarrow P$

（13）$P \wedge (Q \vee \neg Q) \Leftrightarrow P$

（14）$P \vee (Q \vee \neg Q) \Leftrightarrow 1$

（15）$P \wedge (Q \wedge \neg) \Leftrightarrow 0$

（16）$P \to Q \Leftrightarrow \neg P \vee Q$

（17）$\neg(P \to Q) \Leftrightarrow P \wedge \neg Q$

（18）$P \to Q \Leftrightarrow \neg P \to \neg Q$

（19）$P \to (Q \to R) \Leftrightarrow (P \wedge Q) \to R$

（20）$P \leftrightarrow Q \Leftrightarrow (P \to Q) \wedge (Q \to P)$

（21）$P \leftrightarrow Q \Leftrightarrow (P \wedge Q) \vee (\neg P \wedge \neg Q)$

（22）$\neg(P \leftrightarrow Q) \Leftrightarrow P \leftrightarrow \neg Q$

1.8.3 判断有效结论的常用方法

1. 真值表法

利用真值表可以判断结论的有效性。

例 1.8.2 今天下午要么我去踢足球，要么就在家看书；下午我没去踢足球，所以，我在家看书。

解 设 P：我去踢足球。Q：我在家看书。

于是，原命题可以符号化为：

$(P \vee Q) \wedge \neg P \Rightarrow Q$

其真值表如表 1.26 所示。

表 1.26 $((P \vee Q) \wedge \neg P) \to Q$ 真值表

P	Q	$P \vee Q$	$\neg P$	$(P \vee Q) \wedge \neg P$	$((P \vee Q) \wedge \neg P) \to Q$
0	0	0	1	0	1
0	1	1	1	1	1
1	0	1	0	0	1
1	1	1	0	0	1

由表所知，$((P \vee Q) \wedge \neg P) \to Q$ 为永真式，所以 Q 是前提$((P \vee Q) \wedge \neg P)$的有效结论。

在前提和结论中，如果命题变元的数目较大，使用真值表法显得麻烦。因此可以采用以下的方法进行证明。

2. 直接证法

直接证法就是根据一组前提，利用前面提供的一些推理规则，根据已知的等价公式和蕴涵式，推演得到有效结论的方法，即由前提直接推导出结论。

例 1.8.3 证明 $S \vee R$ 是 $P \wedge Q$，$P \to R$，$Q \to S$ 的有效结论。

证明

（1）$P \wedge Q$ $\qquad\qquad$ P

（2）P　　T，（1）

（3）$P\to R$　　P

（4）R　　T，（2），（3）

（5）Q　　T，（1）

（6）$Q\to S$　　P

（7）S　　T，（5），（6）

（8）$S\vee R$　　T，（7），（4）

例 1.8.4　直接证明下列推理。

前提：$(W\vee R)\to V$，$V\to(C\vee S)$，$S\to U$，$\neg C\wedge\neg U$

结论：$\neg W$

证明

（1）$\neg C\wedge\neg U$　　P

（2）$\neg U$　　T，（1）

（3）$S\to U$　　P

（4）$\neg S$　　T，（2），（3）

（5）$\neg C$　　T，（1）

（6）$\neg C\wedge\neg S$　　T，（4），（5）

（7）$\neg(C\vee S)$　　I，（6）

（8）$(W\vee R)\to V$　　P

（9）$V\to(C\vee S)$　　P

（10）$(W\vee R)\to(C\vee S)$　　T，（8），（9）

（11）$\neg(W\vee R)$　　T，（7），（10）

（12）$\neg W\wedge\neg R$　　I，（11）

（13）$\neg W$　　T，（12）

例 1.8.5　写出对应下列推理的证明。

如果今天是 1 月 22 日，则要进行数据结构或离散数学考试。如果数据结构老师有事，则不考数据结构。今天是 1 月 22 日，数据结构老师有事。所以进行离散数学考试。

解　P：今天是 1 月 22 日。

Q：进行数据结构考试。

R：进行离散数学考试。

S：数据结构老师有事。

前提：$P\to(Q\vee R)$，$S\to\neg Q$，P，S

结论：R

证明

（1）$P\to(Q\vee R)$　　　　P

（2）P　　　　P

（3）$Q\vee R$　　　　T，（1），（2）

（4）$S\to\neg Q$　　　　P

（5）S　　　　P

（6）$\neg Q$　　　　T，（4），（5）

（7）R　　　　T，（3），（6）

3. 间接证法

间接证法主要有如下两种情况。

（1）附加前提证明法

使用 CP 规则，即使用条件证明引入规则来证明推理的有效性。将结论中的前件作为前提的证明方法也称为附加前提证明法。在证明过程中任何时候都可以引入结论中的前件。

例 1.8.6　用附加前提证明法证明下面的推理。

前提：$P\to(Q\to R)$，$\neg S\vee P$，Q

结论：$S\to R$

证明

（1）$\neg S\vee P$　　　　P

（2）S　　　　P（附加前提）

（3）P　　　　T，（1），（2）

（4）$P\to(Q\to R)$　　　　P

（5）$Q\to R$　　　　T，（3），（4）

（6）Q　　　　P

（7）R　　　　T，（5），（6）

（8）$S\to R$　　　　CP

（2）反证法

定义 1.8.3　设 G_1，G_2，…，G_n 是 n 个命题公式，如果 $G_1\wedge G_2\wedge\cdots\wedge G_n$ 是可满足式，则称 G_1，G_2，…，G_n 是相容的。否则（即 $G_1\wedge G_2\wedge\cdots\wedge G_n$ 是矛盾式）称 G_1，G_2，…，G_n 是不相容的。

换言之，$G_1\wedge G_2\wedge\cdots\wedge G_n$ 是矛盾式当且仅当 $G_1\wedge G_2\wedge\cdots\wedge G_n\Rightarrow R\wedge\neg R$，其中 R 为任意公式，$R\wedge\neg R$ 为永假式。

利用不相容的概念，可以给出一种推导过程，这个过程通常称为矛盾证法，或称归缪法，也常称为反证法。

定理 1.8.2 设命题公式 G_1，G_2，…，G_n 是相容的，于是从前提出发可以逻辑地推出公式 H 的充分必要条件是 $G_1 \wedge G_2 \wedge \cdots \wedge G_n \wedge \neg H$ 是一个永假（矛盾）式。

证明

必要性：设 $G_1 \wedge G_2 \wedge \cdots \wedge G_n = S$，由于 $S \Rightarrow H$，则 $S \rightarrow H$ 为永真式，而 $S \rightarrow H \Leftrightarrow \neg S \vee H \Leftrightarrow \neg(S \wedge \neg H)$，即 $S \wedge \neg H$ 为永假式，所以证明 $S \Rightarrow H$，就可以转化为证明 $S \wedge \neg H$ 为永假式。

充分性：由于 $S \wedge \neg H$ 为永假式，则由 $\neg(S \wedge \neg H) \Leftrightarrow (\neg S \vee H) \Leftrightarrow S \rightarrow H$，得到 $S \rightarrow H$ 为永真式，所以 H 是前提 $G_1 \wedge G_2 \wedge \cdots \wedge G_n$ 的有效结论。

例 1.8.7 用反证法证明 $S \vee R$ 是前提 $P \vee Q$，$P \rightarrow R$，$Q \rightarrow S$ 的有效结论。

证明

（1）$\neg(S \vee R)$　　P（附加前提）
（2）$\neg S \wedge \neg R$　　I，（1）
（3）$\neg S$　　T，（2）
（4）$\neg R$　　T，（2）
（5）$Q \rightarrow S$　　P
（6）$\neg Q \vee S$　　I，（5）
（7）$\neg Q$　　T，（3），（6）
（8）$P \vee Q$　　P
（9）P　　T，（7），（8）
（10）$P \rightarrow R$　　P
（11）$\neg P \vee R$　　I，（10）
（12）R　　T，（9），（11）
（13）$\neg R \wedge R$　　T，（4），（12）

由（13）得出矛盾，根据反证法说明推理正确。

例 1.8.8 证明 $P \rightarrow (\neg(R \wedge S) \rightarrow \neg Q)$，$P$，$\neg S \Rightarrow \neg Q$ 的有效性。

证明

（1）$P \rightarrow (\neg(R \wedge S) \rightarrow \neg Q)$　　P
（2）P　　P
（3）$\neg(R \wedge S) \rightarrow \neg Q$　　T，（1），（2）
（4）Q　　P（附加前提）
（5）$R \wedge S$　　T，（3），（4）
（6）S　　T，（5）
（7）$\neg S$　　P

（8）$S \wedge \neg S$　　　　　　T，（6），（7）

由（8）得出矛盾，根据反证法说明推理正确。

本章介绍了数理逻辑的基本观点和基本方法，可为从事计算机工作的人员和计算机专业学生后续课程的学习打下良好的逻辑基础。首先引入命题、简单命题、复合命题和逻辑联结词等概念，这些内容是将自然语言翻译为数学语言的基础。然后介绍的等价式和蕴涵式是推理的基础。在证明过程中，将问题转化，在数理逻辑中的一个体现就是对偶。为了将公式转化为一种标准形式，提出了范式、主范式等相关概念及定理。最后，给出了推理理论及常用推理方法以解决实际问题。

1．判断下列句子是否为命题，若是，请判断是简单命题还是复合命题。

（1）北京是中国的首都。

（2）$2x+5>0$。

（3）5是素数。

（4）明天有离散数学课吗？

（5）张明和王娜都是班干部。

（6）明天阴天或下雨。

（7）如果小明今年高考不成功，他将去学汽车修理。

（8）4是偶数并且7是奇数。

（9）我们全班同学都喜欢参加集体活动。

（10）实践出真知。

（11）雪是白的当且仅当太阳从东方升起。

（12）今年的收成真好？

（13）请保持安静！

（14）你下午有空吗？若有空，请到我这儿来。

（15）所有的颜色都可以用红、绿、蓝三色调配而成。

2．将下列命题符号化并讨论其真值。

（1）没有最大的实数。

（2）2是偶数又是素数。

（3）今天是礼拜天，所以我没有上学。

（4）如果 1+2=3，则 4+5=9。

（5）如果今天是 3 月 2 日，那么明天是 3 月 3 日。

（6）他很忙，但他很充实。

（7）如果天下雨，我就不去踢球了。

（8）除非天不下雨，我将去踢球。

（9）我去踢球仅当天不下雨。

（10）如果你努力学习，你的父母将生活愉快。

3．写出下列公式的真值表。

（1）$P\rightarrow(Q\vee R)$

（2）$(\neg P\wedge R)\vee(Q\rightarrow R)$

（3）$\neg(P\vee Q)\leftrightarrow(\neg P\wedge\neg Q)$

（4）$((P\rightarrow Q)\wedge(R\rightarrow Q)\wedge(P\wedge R))\rightarrow Q$

4．化简并判断下列公式的类型。

（1）$P\vee(\neg P\vee(Q\wedge\neg Q))$

（2）$((P\rightarrow Q)\leftrightarrow(\neg Q\rightarrow\neg P))\wedge R$

（3）$\neg(Q\rightarrow P)\wedge P$

（4）$P\rightarrow(P\vee Q\vee R)$

（5）$(P\wedge(P\rightarrow Q))\rightarrow Q$

（6）$((P\rightarrow Q)\wedge(Q\rightarrow R))\rightarrow(P\rightarrow R)$

5．证明下列等价式成立。

（1）$P\rightarrow(Q\rightarrow P)\Leftrightarrow\neg P\rightarrow(P\rightarrow\neg Q)$

（2）$P\rightarrow(Q\vee R)\Leftrightarrow(P\wedge\neg Q)\rightarrow R$

（3）$(P\rightarrow R)\wedge(Q\rightarrow R)\Leftrightarrow(P\vee Q)\rightarrow R$

（4）$\neg(P\leftrightarrow Q)\Leftrightarrow(P\vee Q)\wedge\neg(P\wedge Q)$

（5）$((P\wedge Q)\rightarrow R)\wedge(Q\rightarrow(S\vee R))\Leftrightarrow(Q\wedge(S\rightarrow P))\rightarrow R$

（6）$P\vee(P\rightarrow(P\wedge Q))\Leftrightarrow\neg P\vee\neg Q\vee(P\wedge Q)$

6．求下列公式的析取范式和合取范式。

（1）$(\neg P\wedge Q)\rightarrow R$

（2）$P\rightarrow((Q\wedge R)\rightarrow S)$

（3）$(P\rightarrow Q)\rightarrow R$

（4）$P\vee(\neg P\wedge Q\wedge R)$

（5）$\neg(P\rightarrow Q)$

（6）$(\neg P\wedge Q)\vee(P\vee\neg Q)$

7．求下列公式的主析取范式和主合取范式。

（1）$(\neg P\vee\neg Q)\rightarrow(P\leftrightarrow\neg Q)$

（2）$P\rightarrow(P\rightarrow(Q\rightarrow P))$

（3）$P\vee(\neg P\rightarrow(Q\vee(\neg Q\rightarrow R)))$

（4）$(Q\rightarrow P)\wedge(\neg P\wedge Q)$

8．证明下列公式是永真式。

（1）$(P\wedge(P\rightarrow Q))\rightarrow Q$

（2）$\neg P\rightarrow(P\rightarrow Q)$

（3）$((P\rightarrow Q)\wedge(Q\rightarrow R))\rightarrow(P\rightarrow R)$

（4）$(P\rightarrow(Q\rightarrow R))\rightarrow((P\rightarrow Q)\rightarrow(P\rightarrow R))$

9．证明下列蕴涵式。

（1）$(P\rightarrow Q)\rightarrow Q\Rightarrow P\vee Q$

（2）$(P\rightarrow Q)\Rightarrow P\rightarrow(P\wedge Q)$

（3）$P\rightarrow(Q\rightarrow R)\Rightarrow(P\rightarrow Q)\rightarrow(P\rightarrow R)$

（4）$(P\vee Q)\wedge(P\rightarrow R)\wedge(Q\rightarrow R)\Rightarrow R$

10．证明$\neg(B\uparrow C)\Leftrightarrow\neg B\downarrow\neg C$，$\neg(B\downarrow C)\Leftrightarrow\neg B\uparrow\neg C$

11．证明$\{\vee\}$，$\{\wedge\}$和$\{\rightarrow\}$不是最小联结词组。

12．证明下列推理的有效性。

（1）$P\rightarrow(Q\rightarrow S)$，$Q$，$P\vee\neg R\Rightarrow R\vee S$

（2）$\neg(P\wedge\neg Q)$，$\neg Q\vee R$，$\neg R\Rightarrow\neg P$

（3）$Q\rightarrow P$，$Q\leftrightarrow S$，$S\leftrightarrow T$，$T\wedge R\Rightarrow P\wedge Q\wedge R\wedge S$

（4）$P\wedge Q$，$(P\leftrightarrow Q)\rightarrow(R\vee S)\Rightarrow R\vee S$

（5）$P\rightarrow Q$，$(\neg Q\vee R)\wedge\neg R$，$\neg(\neg P\wedge S)\Rightarrow\neg S$

（6）$A\rightarrow(B\rightarrow C)$，$(C\wedge D)\rightarrow E$，$\neg F\rightarrow(D\wedge\neg E)\Rightarrow A\rightarrow(B\rightarrow F)$

（7）$(A\vee B)\rightarrow(C\wedge D)$，$(D\vee E\rightarrow F)\Rightarrow A\rightarrow F$

（8）$A\rightarrow(B\wedge C)$，$\neg B\vee D$，$(E\rightarrow\neg F)\rightarrow\neg D$，$B\rightarrow(A\wedge\neg E)\Rightarrow B\rightarrow E$

13．用命题公式描述下列推理，并证明这些推理的有效性。

（1）如果我学习，那么我数学不会不及格。如果我不热衷于玩扑克，那么我将学习。但我数学不及格，因此我热衷于玩扑克。

（2）如果下雨，春游就改期；如果没有球赛，春游就不改期。结果没有球赛，所以没有下雨。

（3）由红、黄、蓝、白四队进行桥牌对抗赛。已知情况如下：（a）若红队获冠军，则黄队或蓝队获亚军；（b）若黄队获亚军，则红队不能获冠军；（c）若白队获亚军，则蓝队不能获亚军；事实上红队获得冠军，因此白队没有获亚军。

（4）如果 8 是偶数，则 2 不能整除 7；或者 5 不是素数，或者 2 整除 7；5 是素数。因此 8 是奇数。

（5）甲、乙、丙、丁四人参加拳击比赛，如果甲获胜，则乙失败；如果丙获胜，则乙也获胜，如果甲不获胜，则丁不失败。所以如果丙获胜，则丁不失败。

第 2 章　谓词逻辑

原子命题是命题逻辑中最小的单位，不能够再进行分解，这给推理带来了很大的局限性，因此我们引入谓词逻辑。通过本章学习，读者应该掌握以下内容:

- 谓词、量词、个体域和个体的概念
- 谓词逻辑公式、谓词公式的解释
- 谓词演算的永真式、等价式、蕴涵式的概念及常用的谓词演算的等价式和蕴涵式
- 指导变元、约束变元、作用域和自由变元的概念；约束变元的换名规则与自由变元的代入规则
- 前束范式的概念及转化方法、前束合取范式、前束析取范式的概念及转化方法
- 谓词演算的推理理论、全称指定规则、全称推广规则、存在指定规则和存在推广规则

2.1　谓词逻辑命题的符号化

在命题逻辑中，主要研究命题与命题之间的逻辑关系，其基本组成单位是原子命题。原子命题在命题演算中是不可分解的最小单位，不能再对原子命题的内部结构作进一步的分析，因此，使命题逻辑推理受到了很大的局限性，甚至一些简单而常见的推理都无法判断。例如，著名的苏格拉底三段论：

所有的人都是要死的，

苏格拉底是人，

所以，苏格拉底是要死的。

在命题逻辑中，只能将推理中出现的 3 个简单命题符号化为 P、Q、R，将推理的形式结构符号化为 $P\wedge Q\rightarrow R$。蕴含式 $P\wedge Q\rightarrow R$ 不是重言式，虽然直觉上认为推理正确，但在命题逻辑中却无法证明它的正确性。为了克服命题逻辑的局限性，将原子命题进一步划分，特别是两个原子命题之间，常常有一些共同特性，为了刻画命题内部的逻辑结构，分析出个体词、谓词和量词，能够表达出个体与总体之间的内在联系和数量关系，这就是谓词逻辑研究的内容。谓词逻辑也称为一阶逻辑或一阶谓词逻辑。

2.1.1 个体词与谓词

1. 个体词

个体词是指研究对象中不依赖于人的主观而独立存在的具体或抽象的客观实体。例如，小张、整数、思想、泰山、$\sqrt{3}$等都可作为个体词。将表示具体或特定客体的个体词称作个体常项或个体常元。一般用小写英文字母 a，b，c，…等表示。将表示抽象的或泛指的个体词称为个体变项或个体变元。一般用小写英文字母 x，y，z，…等表示。将个体变元的取值范围称为个体域或论域。个体域可以是有限集合，例如，$\{1，3，5，7，9\}$和$\{a，b，c，d\}$等；也可以是无限集合，例如，正整数集合、实数集合等。特别地，有一个特殊的个体域，它是由宇宙间一切事物和概念构成的集合，称为全总个体域。

例如，在“2 是偶数”“x 大于 y”中，2，偶数，x，y 都是个体词，其中 2 是个体常项，x，y 是个体变项。

2. 谓词

把用来刻画个体词的性质或个体词之间相互关系的词称为谓词。考虑下面的几个命题：

（1）5 是素数。

（2）x 是有理数。

（3）8 大于 7。

（4）点 a 在点 b 与点 c 之间。

（5）x 与 y 具有关系 G。

在（1）中，5 是个体常项，“…是素数”是谓词，记为 P，并用 $P(5)$表示（1）中的命题。在（2）中，x 是个体变项，“…是有理数”是谓词，记为 H，并用 $H(x)$表示（2）中的命题。在（3）中，8，7 是个体常项，“…大于…”是谓词，记为 L，则（3）中的命题符号化为 $L(x，y)$，其中 x 表示 8，y 表示 7。在（4）中 a，b，c 是个体变项，谓词为“…在…与…之间”，记为 M，故（4）中的命题可以符号化为 $M(a，b，c)$。在（5）中，x，y 为两个个体变项，谓词为“…与…有关系 G”，所以（5）符号化为 $G(x，y)$。用谓词表达命题时，必须包括个体词和谓词两部分。

与个体词相同，谓词也有常项与变项之分。表示具体性质或关系的谓词称为谓词常项，表示抽象的或泛指的性质或关系的谓词称为谓词变项。无论是谓词常项还是谓词变项都用大写英文字母 F，G，H，…等表示，要根据上下文区分。

一般来说，"x 是 A" 类型的命题可以用 $A(x)$表示。对于 "x 大于 y" 这种两个个体之间关系的命题，可表达为 $B(x，y)$，这里 B 表示 "…大于…" 谓词。我们把 A 称为一元谓词，B 称为二元谓词，对于命题 $M(a，b，c)$ ，M 称为三元谓词，依次类推。通常把二元以上谓词称作多元谓词。

通常，用 $G(a)$表示个体常项 a 具有性质 G（G 是谓词），用 $G(x)$表示个体变项 x 具有性质 G（G 是一元谓词）；用 $L(a，b)$表示个体常项 a，b 具有关系 L（L 是二元谓词），用 $L(x, y)$表示个体变项 x, y 具有关系 L（L 是二元谓词）；更一般地，用 $P(x_1，x_2，…，x_n)$，表示含 n 个个体变项 x_1，x_2，…，x_n 的 n 元谓词，n=1 时，$P(x_1)$表示 x_1 具有性质 P，n≥2 时，$P(x_1，x_2，…，x_n)$表示 x_1，x_2，…，x_n 具有关系 P，实际上，n 元谓词 $P(x_1，x_2，…，x_n)$可以看作以个体域为定义域，以$\{0，1\}$为值域的 n 元函数。它不是命题，只有当用谓词常项取代 P，用 n 个个体常项代替 x_1，x_2，…，x_n 这 n 个个体变项后，才能确定它的真值，因而也就成了命题。

注意：代表个体名称的字母，它在多元谓词表达式中出现的次序与事先约定有关。

有时将不带有个体变项的谓词称为 0 元谓词，例如，$F(a)$，$H(a，b)$，$P(a_1，a_2，…，a_n)$等都是 0 元谓词，当 F，H，P 为谓词常项时，0 元谓词为命题。由此，命题逻辑中的命题均可以表示成 0 元谓词，因此可以将命题看作特殊的谓词。

例 2.1.1 将下列命题在谓词逻辑中符号化，并讨论它们的真值。

（1）只有 4 是素数，8 才是素数。

（2）如果 1 小于 2，则 5 小于 4。

解 （1）设谓词 $G(x)$：x 是素数，a：4，b：8；（1）中的命题符号化为谓词的蕴涵式：

$$G(a) \rightarrow G(b)$$

由于此蕴涵式的前件为假，所以（1）中的命题为真。

（2）设谓词 $H(x，y)$：x 小于 y，a：1，b：2，c：5，d：4；（2）中的命题符号化为谓词的蕴涵式：

$$H(a，b) \rightarrow H(c，d)$$

由于此蕴涵式的前件为真，后件为假，所以（2）中的命题为假。

2.1.2 量词

仅仅定义个体词和谓词的概念，对有些命题来说，还是不能准确地进行符号化，例如，下面的两个命题：

所有的人都是要死的。

有些人是要死的。

这两个命题中的个体词和谓词都相同，区别在于“所有的”和“有些”这两个表示个体常项或个体变项之间数量关系的词。将表示个体常项或个体变项之间数量关系的词称为量词。量词包括全称量词和存在量词两种。

（1）全称量词

日常生活和数学中出现的“一切的”“任意的”“所有的”“每一个”“都”“凡”等词统称为全称量词，用符号“∀”表示。并用$\forall x$，$\forall y$表示个体域中的所有个体，用$(\forall x)F(x)$，$(\forall y)F(y)$等表示个体域中的所有个体具有性质F。

（2）存在量词

日常生活和数学中常用的“存在”“存在一个”“有一个”“至少有一个”“有些”“有的”等词统称为存在量词，用符号“∃”表示。并用$\exists x$，$\exists y$表示个体域中有的个体，用$(\exists x)F(x)$，$(\exists)F(y)$等表示个体域中有的个体具有性质F。

2.1.3 谓词逻辑中命题的符号化

下面讨论谓词逻辑中命题符号化的问题。

例 2.1.2 在个体域分别限制为（a）和（b）条件时，将下面的命题符号化。

（1）所有人都是要死的。

（2）有的人天生近视。

其中：（a）个体域D_1为人类集合。

（b）个体域D_2为全总个体域。

解 （a）令$D(x)$：x是要死的；$G(x)$：x天生近视。

（1）在个体域D_1中除人外，没有其他的事物，因而（1）可符号化为：

$$(\forall x)D(x)$$

（2）在个体域D_1中有些人是天生近视，因而（2）可符号化为：

$$(\exists x)G(x)$$

（b）在个体域D_2中除人外，还有其他的事物，因而在将（1）、（2）符号化时，必须考虑先将人分离出来，令$M(x)$：x是人。在个体域D_2中，（1）、（2）可分别描述如下：

（1）对于宇宙间的一切事物，如果事物是人，则他是要死的。

（2）在宇宙间存在着天生近视的人。

将（1）、（2）分别符号化为：

（1）$(\forall x)(M(x)\rightarrow D(x))$

（2）$(\exists x)(M(x)\wedge G(x))$

在个体域D_1、D_2中命题（1）、（2）都是真命题。

命题（1）、（2）在个体域 D_1、D_2 中符号化的形式不同，主要区别在于，使用个体域 D_2 时，要将人从其他事物中区别出来，为此引进谓词 $M(x)$，像这样的谓词称为特性谓词，在命题符号化时一定要正确使用特性谓词。

例 2.1.3 在个体域分别限制为（a）和（b）条件时，将下面的命题符号化。

（1）对任意的 x，都有 $x^2-5x+6=(x-2)(x-3)$

（2）存在 x，使得 $x+4=3$。

其中：（a）个体域 D_1 为自然数集合。

（b）个体域 D_2 为实数集合。

解 令 $F(x)$：$x^2-5x+6=(x-2)(x-3)$；$G(x)$：$x+4=3$。

（a）在个体域 D_1 中，

（1）可符号化为：

$$(\forall x)F(x)$$

（2）可符号化为：

$$(\exists x)G(x)$$

在个体域 D_1 中命题（1）为真命题，命题（2）为假命题。

（b）在个体域 D_2 中（1）、（2）分别符号化为：

（1）$(\forall x)F(x)$

（2）$(\exists x)G(x)$

在个体域 D_2 中命题（1）、（2）都是真命题。

从上面的两例可以看出，在不同的个体域内，同一个命题的符号化形式可能不同，也可能相同。同一个命题，在不同的个体域内，它的真值可能不同，也可能相同。若没有特别指出个体域，可采用全总个体域。

例 2.1.4 将下列命题符号化，并指出其真值。

（1）有的人戴近视眼镜。

（2）没有人登上过月球。

（3）所有人都坐过飞机。

（4）所有人的头发未必都是黑色的。

解 个体域为全总个体域，令 $M(x)$：x 是人。

（1）令 $G(x)$：x 戴近视眼镜。命题（1）符号化为：

$$(\exists x)(M(x)\wedge G(x))$$

设 a 为某戴近视眼镜的人，则 $M(a)$为真，$G(a)$为真，所以 $M(a)\wedge G(a)$为真，故命题（1）为真。

（2）令 $F(x)$：x 登上过月球。命题（2）符号化为：

$$\neg(\exists x)(M(x)\wedge F(x))$$

设 b 是 1969 年登上月球完成阿波罗计划的一名美国人，则 $M(b)\wedge F(b)$为真，故命题（2）为假。

（3）令 $H(x)$：x 坐过飞机。命题（3）符号化为：

$$(\forall x)(M(x)\to H(x))$$

设 c 为没有坐过飞机的人，则 $M(c)$为真，$H(c)$为假，所以 $M(c)\to H(c)$为假，故命题（3）为假。

（4）令 $P(x)$：x 的头发是黑色的。命题（4）可符号化为：

$$\neg(\forall x)(M(x)\to P(x))$$

我们知道有的人头发是褐色的，所以$(\forall x)(M(x)\to P(x))$为假，故命题（4）为真。

下面讨论 $n(n\geqslant 2)$元谓词的符号化问题。

例 2.1.5 将下列命题符号化。

（1）火车比汽车跑得快。

（2）有的火车比所有汽车跑得快。

（3）并不是所有的火车比汽车跑得快。

（4）不存在完全相同的两辆汽车。

解 设个体域为全总个体域。令 $C(x)$：x 是火车；$G(y)$：y 是汽车；$Q(x，y)$：x 比 y 跑得快；$S(x，y)$：x 和 y 相同。这 4 个命题分别符号化为：

（1）$(\forall x)(\forall y)(C(x)\wedge G(y)\to Q(x，y))$；

（2）$(\exists x)(C(x)\wedge(\forall y)(G(y)\to Q(x，y))$；

（3）$\neg(\forall x)(\forall y)(C(x)\wedge G(y)\to Q(x，y))$；

（4）$\neg(\exists x)(\exists y)(G(x)\wedge G(y)\wedge S(x，y))$。

2.2 谓词逻辑公式与解释

2.2.1 谓词逻辑的合式公式

与命题逻辑一样，在谓词逻辑中也同样包含命题变元和命题联结词，为了使谓词逻辑中谓词表达式符号化更加规范与准确，能正确进行谓词逻辑的演算和推理，下面介绍谓词逻辑的合式公式的概念。

首先，我们介绍在谓词逻辑公式中所使用的符号，有下面几种：

（1）个体常项符号：a，b，c，…；

（2）个体变项符号：x，y，z，…；

（3）谓词符号：F，G，H，…；

（4）函数符号：f，g，h，…；

（5）联结词符号：$\neg$，$\wedge$，$\vee$，$\rightarrow$，$\leftrightarrow$；

（6）量词符号：$\forall$，$\exists$；

（7）括号及逗号：（,）以及“,”。

一个符号化的谓词表达式是由一串这些符号所组成的，但并不是任意一个由此类符号组成的表达式就对应一个正确的谓词表达式，因此要给出严格的定义。

定义 2.2.1 谓词逻辑中项的定义：

（1）任何一个个体变元或个体常元是项；

（2）若$f(x_1, x_2, \cdots, x_n)$是任意的n元函数，t_1，t_2，…，t_n是任意的n个项，则$f(t_1, t_2, \cdots, t_n)$是项；

（3）由有限次使用（1），（2）得到的表达式是项。

定义 2.2.2 设$P(x_1, x_2, \cdots, x_n)$是任意的n元谓词，t_1，t_2，…，t_n是任意的n个项，则称$P(t_1, t_2, \cdots, t_n)$为原子谓词公式，简称原子公式。

下面由原子公式给出谓词逻辑中的合式公式的递归定义。

定义 2.2.3 谓词逻辑的合式公式定义如下：

（1）原子公式是合式公式；

（2）若A是合式公式，则$(\neg A)$也是合式公式；

（3）若A，B是合式公式，则$(A\wedge B)$、$(A\vee B)$、$(A\rightarrow B)$、$(A\leftrightarrow B)$是合式公式；

（4）若A是合式公式，则$(\forall x)A$、$(\exists x)A$是合式公式；

（5）只有有限次地应用（1）~（4）构成的符号串才是合式公式。

由上述定义可知，合式公式是按上述规则由原子公式、联结词、量词、圆括号和逗号所组成的符号串，而且命题公式是它的一个特例。

为方便起见，所指的谓词逻辑的合式公式，就是谓词公式，在不引起混淆的情况下，简称谓词公式或公式。谓词公式的最外层的括号可以省略。

例 2.2.1 在谓词逻辑中将下列命题符号化。

（1）不存在最大的数。

（2）计算机系的学生都要学离散数学。

解 取个体域为全总个体域。

（1）令$F(x)$：x是数，$L(x, y)$：x大于y；则命题（1）符号化为

$$\neg(\exists x)(F(x)\wedge(\forall y)(F(y)\rightarrow L(x, y)))$$

（2）令$C(x)$：x是计算机系的学生，$G(x)$：x要学离散数学；则命题（2）可符号化为：

$$(\forall x)(C(x)\rightarrow G(x))$$

一般来说，对命题的符号化可采用以下步骤：

（1）正确理解给定的命题，必要时对命题换一个角度叙述，使其中的每个原

子命题及原子命题之间的关系清楚地显现出来；

（2）把每个原子命题分解成个体词、谓词和量词；

（3）找出合适的量词，注意全称量词（$\forall x$）后跟条件式，存在量词（$\exists x$）后跟合取式；

（4）用恰当的联结词把给定的命题联结起来。

例 2.2.2 将下列命题符号化。

（1）尽管有人聪明，但并非所有人都聪明。

（2）这只大红书柜摆满了那些古书。

解 （1）令 $C(x)$：x 聪明；$M(x)$：x 是人。则命题（1）可符号化为

$$(\exists x)(M(x)\wedge C(x))\wedge\neg(\forall x)(M(x)\rightarrow C(x))$$

（2）令 $F(x，y)$：x 摆满了 y；$R(x)$：x 是大红书柜；$Q(x)$：x 是古书；a：书柜；b：书。则命题（2）可符号化为

$$R(a)\wedge Q(b)\wedge F(a，b)$$

2.2.2 谓词的约束和替换

1. 约束变元与自由变元

定义 2.2.4 在公式$\forall x\,F(x)$和$\exists x\,F(x)$中，称 x 为指导变元，$F(x)$为相应量词的辖域或作用域。在$\forall x$ 和$\exists x$ 的辖域中，x 的所有出现都称为约束出现，且称 x 为约束变元；$F(x)$中不是约束出现的其他变元均称为自由出现，且称其为自由变元。

例 2.2.3 指出下列各公式中量词的辖域及变元的约束情况。

（1）$(\forall x)(F(x，y)\rightarrow G(x，z))$

（2）$(\forall x)(P(x)\rightarrow(\exists y)R(x，y))$

（3）$(\forall x)(F(x)\rightarrow G(y))\rightarrow(\exists y)(H(x)\wedge M(x，y，z))$

解 （1）$(\forall x)$的辖域是 $A=(F(x，y)\rightarrow G(x，z))$，在 A 中，x 是约束出现的，而且约束出现两次，是约束变元；y，z 均为自由出现，而且各自由出现一次，是自由变元。

（2）$(\forall x)$的辖域是$(P(x)\rightarrow(\exists y)R(x，y))$，$(\exists y)$的辖域是 $R(x，y)$，x，y 均是约束出现的，是约束变元。

（3）$(\forall x)$的辖域是$(F(x)\rightarrow G(y))$，其中 x 是约束出现的，而 y 是自由出现的，x 是约束变元，y 是自由变元。$(\exists y)$的辖域是$(H(x)\wedge M(x，y，z))$，其中 y 是约束出现的，是约束变元，而 x，z 是自由出现的，是自由变元。在整个公式中，x 约束出现一次，自由出现两次，y 约束出现一次，自由出现一次，z 自由出现一次。

2. 约束变元的换名与自由变元的代入

从上面的例子可以看出，在一个公式中，某个变元可以既是约束出现，又是

自由出现。为了避免变元的约束出现与自由出现同时存在，引起概念上的混乱，可以对约束变元进行换名，由于一个公式中约束变元和自由变元所使用的标识符号与它所包含的意义无关，因此可以对谓词公式中的约束变元更改标识符号，称为约束变元的换名。约束变元的换名使得一个变元在一个谓词公式中只呈现一种形式，即自由出现形式或约束出现形式。

约束变元换名的规则：

(1)将量词的作用变元及其辖域中所有相同符号的变元用一个新的变元符号代替，公式的其余部分不变。

（2）新的变元符号是原公式中没有出现的。

（3）用（1）、（2）得到的新公式与原公式等值。

例 2.2.4 对公式$(\forall x)(P(x)\rightarrow R(x,y))\wedge Q(x,y)$进行换名。

解 公式中指导变元 x 在$(\forall x)(P(x)\rightarrow R(x,y))$中是约束出现，是约束变元。$x$ 在 $Q(x,y)$中是自由出现，是自由变元。x 在整个公式中既是约束变元，又是自由变元。对约束变元 x 换名为 t 后公式为：

$$(\forall t)(P(t)\rightarrow R(t,y))\wedge Q(x,y)$$

同理，对公式中的自由变元也可以更改，这种更改称作代入。自由变元的代入规则是：

（1）将公式中所有同符号的自由变元符号用新的变元符号替换。

（2）用以代入的变元符号与原公式中所有变元的名称都不能相同。

（3）用（1）、（2）得到的新公式与原公式等值。

例 2.2.5 对公式$(\exists x)(F(x)\rightarrow G(x,y))\wedge(\forall y)H(y)$代入。

解 在公式中 y 既是自由变元，又是约束变元。对自由变元 y 用变元符号 t 实施代入，经过代入后，原公式为：

$$(\exists x)(F(x)\rightarrow G(x,t))\wedge(\forall y)H(y)$$

定义 2.2.5 没有自由变元的公式称为闭式。

例如：$(\forall x)(\exists y)(P(x)\rightarrow R(x,y))\wedge(\exists x)(\forall y)Q(x,y)$是闭式。

事实上，仅就个体变元而言，自由变元才是真正的变元，而约束变元只是表面上的变元，实际上并不是真正意义上的变元。换句话说，含有自由变元的公式在解释后仍是命题函数，还需要进一步赋值后才能成为命题，而不含自由变元的闭式一旦给出解释就成为命题。

另外，量词作用域中的约束变元，当论域是有限集合时，个体变元的所有可能的取代是可以枚举的。

设论域元素为 a_1，a_2，…，a_n，

则
$$(\forall x)A(x)\Leftrightarrow A(a_1)\wedge A(a_2)\wedge\cdots\wedge A(a_n)$$

$$(\exists x)A(x) \Leftrightarrow A(a_1) \vee A(a_2) \vee \cdots \vee A(a_n)。$$

量词对变元的约束，通常与量词的次序有关。如，$(\forall x)(\exists y)(x<y)$表示对任何 x 均有 y 使得 $x<y$。$(\exists x)(\forall y)(x<y)$表示存在 x 对任何 y 都有 $x<y$，显然它的含义发生改变，并且该公式不成立。对于公式中出现的多个量词，约定从左到右的次序读出，量词顺序不能颠倒，否则将改变原公式的意义。

2.2.3 谓词逻辑公式的解释

由于公式是由个体常项符号、个体变项符号、函数符号、谓词符号通过逻辑联结词和量词连接起来的符号串，若不对它们进行具体的解释，则公式没有实际的意义。所谓公式的解释，就是将公式中的常项符号指定为常项，函数符号指定为具体函数，谓词符号指定为谓词。

定义 2.2.6 谓词逻辑公式 G 的一个解释 I，由非空论域 D 和对 G 中常项符号、函数符号、谓词符号以下列规则进行的一组指定组成：

（1）对每一个常项符号指定 D 中一个元素。

（2）对每一个 n 元函数符号，指定一个函数。

（3）对每一个 n 元谓词符号，指定一个谓词。

显然，对任意公式 G，如果给定 G 的一个解释 I，则 G 在 I 的解释下有一个真值，记作 $T_I(G)$。

例 2.2.6 设有公式：$(\exists x)(\forall y)(F(x, y)\rightarrow G(x, y))$。在如下给出的解释下，判断该公式的真值。

解 （1）解释 I 为：

D：整数集合；

$F(x, y)$：$x+y=0$；

$G(x, y)$：$x>y$。

因为对任意的 x，任意 $y\in D$，有 $x+y=0$ 为假，所以无论 $G(x, y)$为真或假，都有

$$F(x, y)\rightarrow G(x, y)\text{为真}$$

所以

$$(\exists x)(\forall y)(F(x, y)\rightarrow G(x, y))\text{为真。}$$

（2）解释 I 为：

D：整数集合；

$F(x, y)$：$xy=0$；

$G(x, y)$：$x=y$。

因为对任意的 $x\neq 0$，当 $y=0$ 时，有 $F(x, y)\rightarrow G(x, y)$为假，即有

$$(\forall y)(F(x, y)\rightarrow G(x, y))\text{为假。}$$

当 $x=0$，当 $y\neq 0$ 时，有 $F(x, y)\rightarrow G(x, y)$为假，即有

$$(\forall y)(F(x, y)\rightarrow G(x, y))\text{为假。}$$

所以，对任意的 $x\in D$，都有

$$(\forall y)(F(x, y)\rightarrow G(x, y))\text{为假。}$$

所以

$$(\exists x)(\forall y)(F(x, y)\rightarrow G(x, y))\text{为假。}$$

例 2.2.7 指出下面的公式在解释 I 下的真值。

（1）$G=(\exists x)(P(f(x))\wedge Q(x, f(a)))$

（2）$H=(\forall x)(P(x)\wedge Q(x, a))$

给出如下的解释 I：

$D=\{2, 3\}$；

a：2；

$f(2)$：3、$f(3)$：2；

$P(2)$：0、$P(3)$：1；

$Q(2, 2)$：1、$Q(2, 3)$：1、$Q(3, 2)$：0、$Q(3, 3)$：1。

解 （1）

$$\begin{aligned}T_I(G)&= T_I((P(f(2))\wedge Q(2, f(2)))\vee(P(f(3))\wedge Q(3, f(2))))\\&= T_I((P(3)\wedge Q(2, 3))\vee(P(2)\wedge Q(3, 3))\\&=(1\wedge 1)\vee(0\wedge 1)\\&=1\end{aligned}$$

（2）

$$\begin{aligned}T_I(H)&=T_I(P(2)\wedge Q(2, 2)\wedge P(3)\wedge Q(3, 2))\\&=0\wedge 1\wedge 1\wedge 0\\&=0\end{aligned}$$

定义 2.2.7 若存在解释 I，使得公式 G 在解释 I 下取值为真，则称公式 G 为可满足式，简称 I 满足 G。若不存在解释 I，使得 I 满足公式 G，则称公式 G 为永假式（或矛盾式）。若 G 的所有解释 I 都满足 G，则称公式 G 为永真式（或重言式）。

例 2.2.8 讨论下面公式的类型。

（1）$(\forall x)G(x)\rightarrow(\exists x)G(x)$

（2）$(\forall x)(\forall y)\neg F(x, y)\wedge(\exists x)(\exists y)F(x, y)$

（3）$(\forall x)(F(x)\rightarrow G(x))$

解 （1）公式在任何解释下的含义是：如果个体域中的每个元素都有性质 G，则个体域中的某些元素具有性质 G。$(\forall x)G(x)$为真时，$(\exists x)G(x)$也为真，所以公式 $(\forall x)G(x)\rightarrow(\exists x)G(x)$为永真式。

（2）公式在任何解释下的含义是：个体域 I 中的每个 x，y 都不具备关系 F，

但存在某些元素具有关系 F。这两个命题矛盾，所以公式$(\forall x)(\forall y)\neg F(x,y)\wedge(\exists x)(\exists y)F(x,y)$为永假式。

（3）取解释 I_1：个体域为实数集合，$F(x)$：x 是整数，$G(x)$：x 是有理数。在解释 I_1 下公式$(\forall x)(F(x)\rightarrow G(x))$为真，因而公式不为矛盾式。

取解释 I_2：个体域仍为实数集合，$F(x)$：x 是整数，$G(x)$：x 是无理数。在解释 I_2 下公式$(\forall x)(F(x)\rightarrow G(x))$为假，因而不为永真式。

由上述讨论可知公式为可满足式。

2.3 谓词逻辑公式的等价与蕴涵

2.3.1 谓词逻辑的等价公式

在谓词逻辑中，有些命题可以有不同的符号化形式。例如，命题“不存在不死的人”，论域为全总个体域，设 $M(x)$：x 是人，$D(x)$：x 是要死的。下面有两种不同的符号化形式。

（1）$\neg(\exists x)(M(x)\wedge\neg D(x))$

（2）$(\forall x)(M(x)\rightarrow D(x))$

上面的两式都是正确的。我们称（1）与（2）是等值的，下面给出等值式的概念。

定义 2.3.1 设 A、B 是谓词逻辑中的任意两个公式，设它们有相同的个体域 E，若对任意的解释 I 都有 $T_I(A)=T_I(B)$，则称公式 A、B 在 E 上是等值的，记作 $A\Leftrightarrow B$。

等值公式也可以定义为：

设 A、B 是谓词逻辑中的任意两个公式，设它们有相同的个体域 D，若 $A\leftrightarrow B$ 是永真式，则称公式 A、B 在 D 上是等值的。

有了谓词公式的等值和永真、永假等的概念，现在可以给出谓词演算的一些基本而重要的等值式。

1. 命题公式的推广

在命题逻辑中，任意一个永真式，其中同一命题变元用同一命题公式代换，所得到的公式仍为永真式，我们把这个情况推广到谓词逻辑之中，命题逻辑中的永真公式中的所有相同的变元用谓词逻辑中的同一公式代替，所得到的谓词公式为永真式，所以命题演算中的等价公式都可以推广到谓词逻辑中使用。例如

$(\forall x)G(x)\Leftrightarrow\neg\neg(\forall x)G(x)$

$(\forall x)(A(x)\rightarrow B(x))\Leftrightarrow(\forall x)(\neg A(x)\vee B(x))$

$(\forall x)\neg(F(x)\vee G(x))\Leftrightarrow(\forall x)(\neg F(x)\wedge\neg G(x))$

2. 量词的转换

为了说明量词的转换，先看下面的例子。

例如，设 $L(x)$：x 说汉语。$\neg L(x)$：x 不说汉语。论域为人类。则

$(\forall x)L(x)$表示所有的人都说汉语。

$\neg(\forall x)L(x)$表示不是所有的人都说汉语。

$(\exists x)\neg L(x)$表示有的人不说汉语。

从它们的意义上可以看出$\neg(\forall x)L(x)\Leftrightarrow(\exists x)\neg L(x)$。又，

$(\exists x)L(x)$表示有的人说汉语。

$\neg(\exists x)L(x)$表示没有人说汉语。

$(\forall x)\neg L(x)$表示所有的人都不说汉语。

从意义上可以看出$\neg(\exists x)L(x)\Leftrightarrow(\forall x)\neg L(x)$。

通过上面的例子，说明了

$$\neg(\forall x)G(x)\Leftrightarrow(\exists x)\neg G(x)$$

$$\neg(\exists x)G(x)\Leftrightarrow(\forall x)\neg G(x)$$

下面给出严格的证明。

定理 2.3.1 设 $G(x)$是谓词公式，存在有关量词否定的两个等价公式：

（1）$\neg(\forall x)G(x)\Leftrightarrow(\exists x)\neg G(x)$

（2）$\neg(\exists x)G(x)\Leftrightarrow(\forall x)\neg G(x)$

证明

（1）设个体域为有限集合 $D=\{a_1, a_2, \cdots, a_n\}$，则有

$$\begin{aligned}\neg(\forall x)G(x)&\Leftrightarrow\neg(G(a_1)\wedge G(a_2)\wedge\cdots\wedge G(a_n))\\&\Leftrightarrow\neg G(a_1)\vee\neg G(a_2)\vee\cdots\vee\neg G(a_n)\\&\Leftrightarrow(\exists x)\neg G(x)\end{aligned}$$

设个体域 D 为无限的，若$\neg(\forall x)G(x)$的真值为真，则$(\forall x)G(x)$的真值为假，即存在个体 $a\in D$ 使 $G(a)$的真值为假，所以$\neg G(a)$为真，因此有$(\exists x)\neg G(x)$的真值为真。即$\neg(\forall x)G(x)$的真值为真时，一定有$(\exists x)\neg G(x)$的真值也为真。

若$\neg(\forall x)G(x)$的真值为假，则$(\forall x)G(x)$的真值为真，即对任意个体 $a\in D$，都有 $G(a)$的真值为真，所以$\neg G(a)$为假，因此有$(\exists x)\neg G(x)$的真值为假。即$\neg(\forall x)G(x)$的真值为假时，一定有$(\exists x)\neg G(x)$的真值也为假。

所以等价式$\neg(\forall x)G(x)\Leftrightarrow(\exists x)\neg G(x)$成立。

（2）设个体域是有限的，为：$D=\{a_1, a_2, \cdots, a_n\}$，则有

$$\begin{aligned}\neg(\exists x)G(x)&\Leftrightarrow\neg(G(a_1)\vee G(a_2)\vee\cdots\vee G(a_n))\\&\Leftrightarrow\neg G(a_1)\wedge\neg G(a_2)\wedge\cdots\wedge\neg G(a_n)\end{aligned}$$

$\Leftrightarrow(\forall x)\neg G(x)$

设个体域 D 为无限的，若 $\neg(\exists x)G(x)$ 的真值为真，则 $(\exists x)G(x)$ 的真值为假，即对任意个体 $a\in D$，都有 $G(a)$ 的真值为假，所以对任意个体 $a\in D$，都有 $\neg G(a)$ 为真，因此有 $(\forall x)\neg G(x)$ 的真值为真。即若 $\neg(\exists x)G(x)$ 的真值为真时，则一定有 $(\forall x)\neg G(x)$ 的真值也为真。

若 $\neg(\exists x)G(x)$ 的真值为假，则 $\exists x\, G(x)$ 的真值为真，即存在个体 $a\in D$，使得 $G(a)$ 的真值为真，所以有 $\neg G(a)$ 的真值为假，因此有 $(\forall x)\neg G(x)$ 的真值为假。即若有 $\neg(\exists x)\, G(x)$ 的真值为假时，则有 $(\forall x)\neg G(x)$ 的真值也为假。

所以等价式 $\neg(\forall x)G(x)\Leftrightarrow(\exists x)\neg G(x)$ 成立。

此定理称为量词转换律，当把量词前面的 $\neg$ 符号移到量词后面时，全称量词转换为存在量词，存在量词转换为全称量词。

3. 量词辖域的扩张与收缩

定理 2.3.2 设 $G(x)$ 是任意的含自由出现个体变项 x 的公式，B 是不含 x 出现的公式，则有：

（1）$(\forall x)(G(x)\vee B)\Leftrightarrow(\forall x)G(x)\vee B$

（2）$(\forall x)(G(x)\wedge B)\Leftrightarrow(\forall x)G(x)\wedge B$

（3）$(\forall x)(G(x)\rightarrow B)\Leftrightarrow(\exists x)G(x)\rightarrow B$

（4）$(\forall x)(B\rightarrow G(x))\Leftrightarrow B\rightarrow(\forall x)G(x)$

（5）$(\exists x)(G(x)\vee B)\Leftrightarrow(\exists x)G(x)\vee B$

（6）$(\exists x)(G(x)\wedge B)\Leftrightarrow(\exists x)G(x)\wedge B$

（7）$(\exists x)(G(x)\rightarrow B)\Leftrightarrow(\forall x)G(x)\rightarrow B$

（8）$(\exists x)(B\rightarrow G(x))\Leftrightarrow B\rightarrow(\exists x)G(x)$

证明

（1）设 D 是个体域，I 为任意解释，即用确定的命题及确定的个体代替出现在 $(\forall x)(G(x)\vee B)$ 和 $(\forall x)G(x)\vee B$ 中的命题变元和个体变元，于是得到两个命题，若对 $(\forall x)(G(x)\vee B)$ 代替之后所得命题的真值为真，此时必有 $G(x)\vee B$ 的真值为真；因而 $G(x)$ 真值为真或 B 的真值为真，若 B 的真值为真，则 $(\forall x)G(x)\vee B$ 的真值为真；若 B 的真值为假，则必有对 D 中任意 x 都使得 $G(x)$ 的真值为真，所以 $(\forall x)\, G(x)$ 为真，从而 $(\forall x)G(x)\vee B$ 为真。

若对 $(\forall x)(G(x)\vee B)$ 代替之后所得命题的真值为假，则 $G(x)$ 和 B 的真值必为假，因此 $(\forall x)G(x)\vee B$ 的真值为假；所以 $(\forall x)(G(x)\vee B)$ 为假，有 $(\forall x)G(x)\vee B$ 为假。

（2）、（5）和（6）证明与（1）类似，证明过程略。

（3）$(\forall x)(G(x)\rightarrow B)\Leftrightarrow(\forall x)(\neg G(x)\vee B)$

$\Leftrightarrow(\forall x)\neg G(x)\vee B$

$\Leftrightarrow \neg(\exists x)G(x)\vee B$

$\Leftrightarrow (\exists x)G(x)\rightarrow B$

（4）、（7）、（8）证明与（3）类似，证明过程略。

4. 量词的分配律

定理 2.3.3 设 $G(x)$、$H(x)$是任意包含约束出现个体变元 x 的公式，则有：

（1）$(\forall x)(G(x)\wedge H(x))\Leftrightarrow(\forall x)G(x)\wedge(\forall x)H(x)$

（2）$(\exists x)(G(x)\vee H(x))\Leftrightarrow(\exists x)G(x)\vee(\exists x)H(x)$

证明

（1）设 D 是任一个体域，若$(\forall x)(G(x)\wedge H(x))$的真值为真，则对任意 $a\in D$，有 $G(a)$和 $H(a)$同时为真，即$(\forall x)G(x)$为真、$(\forall x)H(x)$为真，从而$(\forall x) G(x)\wedge(\forall x)H(x)$为真。

若$(\forall x)(G(x)\wedge H(x))$的真值为假，则对任意 $a\in D$，有 $G(a)$和 $H(a)$不能同时为真，即$(\forall x)G(x)$和$(\forall x)H(x)$的真值不能同时为真，从而$(\forall x)G(x)\wedge(\forall x)H(x)$的真值为假。

综上所述$(\forall x)(G(x)\wedge H(x))\Leftrightarrow(\forall x)G(x)\wedge(\forall x)H(x)$。

（2）设 D 是任一个体域，若$(\exists x)(G(x)\vee H(x))$的真值为真，则存在 $a\in D$，使得 $G(a)\vee H(a)$为真，即 $G(a)$为真或 $H(a)$为真，即$(\exists x)G(x)$为真或$(\exists x)H(x)$为真，从而$(\exists x)G(x)\vee(\exists x)H(x)$为真。

若$(\exists x)((G(x)\vee H(x))$的真值为假，则存在 $a\in D$，使得 $G(a)\vee H(a)$为假，此时，$G(a)$为假，$H(a)$为假，从而$(\exists x)G(x)\vee(\exists x)H(x)$的真值为假。

综上所述$(\exists x)(G(x)\vee H(x))\Leftrightarrow (\exists x)G(x)\vee(\exists x)H(x)$。

要进行等价演算，除了以上重要的等值式外，还要记住下面 3 条规则：

（1）置换规则

设$\varphi(A)$是含公式 A 的公式，$\varphi(B)$是用公式 B 代替$\varphi(A)$中所有的 A 之后得到的公式，若 $A\Leftrightarrow B$，则$\varphi(A)\Leftrightarrow \varphi(B)$。

（2）换名规则

设 A 为任意一个公式，将 A 中某量词辖域中约束出现的个体变元的所有出现及相应的指导变元，改成该量词辖域中未曾出现过的某个个体变元符号，公式中其余部分不变，所得公式与原公式等值。

（3）代替规则

设 A 为任一公式，将 A 中某个自由出现的个体变元的所有出现用 A 中未曾出现过的某个个体变元符号代替，公式中其余部分不变，所得公式与原公式等值。

例 2.3.1 证明下列各等价式。

（1）$\neg(\exists x)(F(x)\wedge G(x))\Leftrightarrow(\forall x)(F(x)\rightarrow \neg G(x))$

（2）$\neg(\forall x)(F(x)\rightarrow G(x))\Leftrightarrow(\exists x)(F(x)\wedge\neg G(x))$

证明

（1）$\neg(\exists x)(F(x)\wedge G(x))$

$\Leftrightarrow(\forall x)\neg(F(x)\wedge G(x))$

$\Leftrightarrow(\forall x)(\neg F(x)\vee\neg G(x))$

$\Leftrightarrow(\forall x)(F(x)\rightarrow\neg G(x))$

（2）$\neg(\forall x)(F(x)\rightarrow G(x))$

$\Leftrightarrow(\exists x)\neg(F(x)\rightarrow G(x))$

$\Leftrightarrow(\exists x)\neg(\neg F(x)\vee G(x))$

$\Leftrightarrow(\exists x)(F(x)\wedge\neg G(x))$

2.3.2 谓词逻辑的蕴涵公式

定义 2.3.2 设 A、B 是谓词逻辑中的任意两个公式，若 $A\rightarrow B$ 是永真式，则称公式 A 蕴涵公式 B，记作 $A\Rightarrow B$。

定理 2.3.4 下列蕴涵式成立

（1）$(\forall x)A(x)\vee(\forall x)B(x)\Rightarrow(\forall x)(A(x)\vee B(x))$

（2）$(\exists x)(A(x)\wedge B(x))\Rightarrow(\exists x)A(x)\wedge(\exists x)B(x)$

（3）$(\forall x)(A(x)\rightarrow B(x))\Rightarrow(\forall x)A(x)\rightarrow(\forall x)B(x)$

（4）$(\forall x)(A(x)\rightarrow B(x))\Rightarrow(\exists x)A(x)\rightarrow(\exists x)B(x)$

（5）$(\exists x)A(x)\rightarrow(\forall x)B(x)\Rightarrow(\forall x)(A(x)\rightarrow B(x))$

证明

（1）设$(\forall x)A(x)\vee(\forall x)B(x)$在任意解释下的真值为真，即对个体域中的每一个 x，都能使 $A(x)$的真值为真或者对个体域中的每一个 x 都能使 $B(x)$的真值为真，无论哪种情况，对于个体域中的每一个 x 都能使 $A(x)\vee B(x)$的真值为真。因此，蕴涵式$(\forall x)A(x)\vee(\forall x)B(x)\Rightarrow(\forall x)(A(x)\vee B(x))$成立。

（2）设个体域为 D，在解释 I 下$(\exists x)(A(x)\wedge B(x))$的真值为真，即存在 $a\in D$ 使得 $A(a)\wedge B(a)$为真，从而 $A(a)$为真，$B(a)$为真，故有$(\exists x)A(x)$、$(\exists x)B(x)$均为真，所以，蕴涵式$(\exists x)(A(x)\wedge B(x))\Rightarrow(\exists x)A(x)\wedge(\exists x)B(x)$成立。

（3）设个体域为 D，在解释 I 下$(\forall x)A(x)\rightarrow(\forall x)B(x)$的真值为假，即存在 $a\in D$ 使得 $A(a)\rightarrow B(a)$为假，所以蕴涵式$(\forall x)(A(x)\rightarrow B(x))\Rightarrow(\forall x)A(x)\rightarrow(\forall x)B(x)$成立。

（4）$(\forall x)(A(x)\rightarrow B(x))\rightarrow((\exists x)A(x)\rightarrow(\exists x)B(x))$

$\Leftrightarrow\neg(\forall x)(A(x)\rightarrow B(x))\vee((\exists x)A(x)\rightarrow(\exists x)B(x))$

$\Leftrightarrow\neg(\forall x)(A(x)\rightarrow B(x))\vee(\neg(\exists x)A(x)\vee(\exists x)B(x))$

$\Leftrightarrow\neg(\forall x)(A(x)\rightarrow B(x))\vee\neg(\exists x)A(x)\vee(\exists x)B(x)$

$\Leftrightarrow \neg((\forall x)(A(x)\to B(x))\wedge(\exists x)A(x))\vee(\exists x)B(x)$

$\Leftrightarrow((\forall x)(A(x)\to B(x))\wedge(\exists x)A(x))\to(\exists x)B(x)$

设个体域为D，在解释I下$(\forall x)(A(x)\to B(x))\wedge(\exists x)A(x)$的真值为真，则存在$a\in D$使得$A(a)$真值为真，$A(a)\to B(a)$真值为真，由于$A(a)$真值为真，故$B(a)$真值为真，从而$(\exists x)B(x)$真值为真。所以$((\forall x)(A(x)\to B(x))\wedge(\exists x)A(x))\to(\exists x)B(x)$为永真式，即蕴涵式$(\forall x)(A(x)\to B(x))\Rightarrow(\exists x)A(x)\to(\exists x)B(x)$成立。

（5）$(\exists x)A(x)\to(\forall x)B(x)\Leftrightarrow\neg(\exists x)A(x)\vee(\forall x)B(x)$

$\Leftrightarrow(\forall x)\neg A(x)\vee(\forall x)B(x)$

$\Rightarrow(\forall x)(\neg A(x)\vee B(x))$

$\Leftrightarrow(\forall x)(A(x)\to B(x))$

2.3.3 多个量词的使用

对于多量词，我们只讨论两个量词的情况，更多量词的使用方法和它们类似。对于二元谓词如果不考虑自由变元，可以有以下八种情况。

$(\forall x)(\forall y)A(x,y)$　　$(\forall y)(\forall x)A(x,y)$

$(\exists x)(\exists y)A(x,y)$　　$(\exists y)(\exists x)A(x,y)$

$(\forall x)(\exists y)A(x,y)$　　$(\exists y)(\forall x)A(x,y)$

$(\exists x)(\forall y)A(x,y)$　　$(\forall y)(\exists x)A(x,y)$

例如，设$A(x,y)$表示x和y约数的个数相同，论域为正整数集合，则

$(\forall x)(\forall y)A(x,y)$：表示任意正整数$x$和任意正整数$y$的约数个数相同。

$(\forall y)(\forall x)A(x,y)$：表示任意正整数$y$和任意正整数$x$的约数个数相同。

显然上面两个语句的含义是相同的。因此有

$$(\forall x)(\forall y)A(x,y)\Leftrightarrow(\forall y)(\forall x)A(x,y)$$

同理

$(\exists x)(\exists y)A(x,y)$：表示存在正整数$x$和$y$，正整数$x$与正整数$y$的约数个数相同。

$(\exists y)(\exists x)A(x,y)$：表示存在正整数$x$和$y$，正整数$y$与正整数$x$的约数个数相同。

这两个语句的含义是相同的。因此有：

$$(\exists x)(\exists y)A(x,y)\Leftrightarrow(\exists y)(\exists x)A(x,y)$$

但是，$(\forall x)(\exists y)A(x,y)$表示对任意正整数$x$，都存在着与它约数个数相同的正整数。

$(\exists y)(\forall x)A(x,y)$表示存在一个正整数$y$，所有的正整数都与它有相同的约数个数。

$(\exists x)(\forall y)A(x,y)$表示存在一个正整数$x$，任意正整数都与它有相同的约数个数。

$(\forall y)(\exists x)A(x,y)$表示对任意正整数$y$，都存在着与它约数个数相同的正整数。

上面 4 种语句，由于全称量词和存在量词的顺序不同而表达的含义各不相同，因此全称量词和存在量词在公式中出现的次序，不能随意调换。具有两个量词的谓词公式，它们有如下的等价和蕴涵关系。

$$(\forall x)(\forall y)A(x,y)\Leftrightarrow(\forall y)(\forall x)A(x,y)$$
$$(\exists x)(\exists y)A(x,y)\Leftrightarrow(\exists y)(\exists x)A(x,y)$$
$$(\forall x)(\forall y)A(x,y)\Rightarrow(\exists y)(\forall x)A(x,y)$$
$$(\forall y)(\forall x)A(x,y)\Rightarrow(\exists x)(\forall y)A(x,y)$$
$$(\exists y)(\forall x)A(x,y)\Rightarrow(\forall x)(\exists y)A(x,y)$$
$$(\exists x)(\forall y)A(x,y)\Rightarrow(\forall y)(\exists x)A(x,y)$$
$$(\forall x)(\exists y)A(x,y)\Rightarrow(\exists y)(\exists x)A(x,y)$$
$$(\forall y)(\exists x)A(x,y)\Rightarrow(\exists x)(\exists y)A(x,y)$$

与命题逻辑一样，谓词逻辑也有对偶定理。

定义 2.3.3 设谓词公式 G，不包含联结词→，↔。把 G 中出现的联结词∧，∨互换；命题常量 T，F 互换；量词∀，∃互换之后得到的公式称为 G 的对偶公式，记作 G^*。

若公式 G 中包含联结词→，↔，在写出 G 的对偶公式时，首先把公式中的联结词→，↔通过联结词¬、∧，∨等价代换。然后再写出它的对偶公式。

例如，$G=(\forall x)(\exists y)(A(x,y)\wedge B(x,y))\vee(\exists x)(\forall y)C(x,y)$，则 G 的对偶公式为：

$$G^*=(\exists x)(\forall y)(A(x,y)\vee B(x,y))\wedge(\forall x)(\exists y)C(x,y)。$$

注意：对偶是相互的。有 $(G^*)^*=G$。

定理 2.3.5（对偶定理） 设 A、B 是任意两个公式并且不包含联结词→，↔。若 $A\Leftrightarrow B$，则 $A^*\Leftrightarrow B^*$。

2.4 前束范式

在命题演算中，常将公式化为规范形式。对于谓词演算，也有类似的情况，任何一个谓词演算公式都可以化为与它等价的范式形式。

定义 2.4.1 一个谓词公式，如果量词均在公式的开头，且辖域延伸到公式的末尾，则该公式称为前束范式。

前束范式有如下的形式：

$$\square v_1\square v_2\cdots\square v_n A$$

其中，□可以是全称量词∀或存在量词∃，$v_i(i=1,2,\cdots,n)$是个体变元，A 是没有量词的谓词公式。

例如 $(\forall x)(\exists y)(\forall z)(A(x,y)\wedge B(y,z))$、$(\forall x)(\exists y)(\neg A(x)\rightarrow B(x,y))$ 等都是前束范式。

定理 2.4.1 任意一个谓词公式都可以化为与它等价的前束范式。

证明

首先利用等价公式将谓词公式中的联结词→，↔去掉；其次利用量词的转化规则将量词前面的否定深入到谓词前面；再利用换名和代入规则以及量词辖域扩张将量词移到公式的最前面，这样便可得到公式的前束范式。

这个定理实际上给出了求一个公式的前束范式的方法和步骤。下面举例说明。

例 2.4.1 求下列谓词公式的前束范式。

（1）$(\forall x)(\forall y)((\exists z)A(x,z)\wedge A(x,z))\rightarrow(\exists t)B(x,y,t)$

（2）$\neg(\forall x)((\exists y)P(x,y)\rightarrow(\exists x)(\forall y)(Q(x,y)\wedge(\forall y)(P(y,x)\rightarrow Q(x,y))))$

解 （1）$(\forall x)(\forall y)((\exists z)A(x,z)\wedge A(x,z))\rightarrow(\exists t)B(x,y,t)$

$\Leftrightarrow\neg(\forall x)(\forall y)((\exists z)A(x,z)\wedge A(x,z))\vee(\exists t)B(x,y,t)$

（量词转化）

$\Leftrightarrow(\exists x)(\exists y)((\forall z)\neg A(x,z)\vee\neg A(x,z))\vee(\exists t)B(x,y,t)$

（换名及代入规则）

$\Leftrightarrow(\exists x)(\exists y)((\forall w)\neg A(x,w)\vee\neg A(x,z))\vee(\exists t)B(u,v,t)$

（量词辖域扩张）

$\Leftrightarrow(\exists x)(\exists y)(\forall w)(\exists t)(\neg A(x,w)\vee\neg A(x,z)\vee B(u,v,t))$

（2）$\neg(\forall x)((\exists y)P(x,y)\rightarrow(\exists x)(\forall y)(Q(x,y)\wedge(\forall y)(P(y,x)\rightarrow Q(x,y))))$

$\Leftrightarrow\neg(\forall x)(\neg(\exists y)P(x,y)\vee(\exists x)(\forall y)(Q(x,y)\wedge(\forall y)(P(y,x)\rightarrow Q(x,y))))$

（量词转化、德·摩根定律）

$\Leftrightarrow(\exists x)((\exists y)P(x,y)\wedge(\forall x)(\exists y)(\neg Q(x,y)\vee(\exists y)(P(y,x)\wedge\neg Q(x,y))))$

（换名原则）

$\Leftrightarrow(\exists x)((\exists y)P(x,y)\wedge(\forall x)(\exists y)(\neg Q(x,y)\vee(\exists z)(P(z,x)\wedge\neg Q(x,z))))$

（量词辖域扩张）

$\Leftrightarrow(\exists x)((\exists y)P(x,y)\wedge(\forall x)(\exists y)(\exists z)(\neg Q(x,y)\vee(P(z,x)\wedge\neg Q(x,z))))$

（换名原则）

$\Leftrightarrow(\exists x)((\exists y)P(x,y)\wedge(\forall u)(\exists v)(\exists z)(\neg Q(u,v)\vee(P(z,u)\wedge\neg Q(u,z))))$

（量词辖域扩张）

$\Leftrightarrow(\exists x)(\exists y)(\forall u)(\exists v)(\exists z)(P(x,y)\wedge(\neg Q(u,v)\vee(P(z,u)\wedge\neg Q(u,z))))$

由于演算时所用的方法不同，对于同一个谓词公式可能得到不同的前束范式，因此，给定公式的前束范式并不是唯一的。

定义 2.4.2 若一个谓词公式，具有如下形式，则称该公式为前束析取范式。

$\square v_1\square v_2\cdots\square v_n((A_{11}\wedge A_{12}\wedge\cdots\wedge A_{1t_1})\vee(A_{21}\wedge A_{22}\wedge\cdots\wedge A_{2t_2})\vee\cdots\vee(A_{m1}\wedge$

$A_{m2} \wedge \cdots \wedge A_{mt_m}))$

其中，□可以是全称量词∀或存在量词∃，$v_i(i=1, 2, \cdots, n)$是个体变元，A_{it_j} $(i, j=1, 2, \cdots, m)$是原子公式或其否定。

定义 2.4.3 若一个谓词公式，具有如下形式，则称该公式为前束合取范式。

$\square v_1 \square v_2 \cdots\cdots \square v_n ((A_{11} \vee A_{12} \vee \cdots \vee A_{1t_1}) \wedge (A_{21} \vee A_{22} \vee \cdots \vee A_{2t_2}) \wedge \cdots \wedge (A_{m1} \vee A_{m2} \vee \cdots \vee A_{mt_m}))$

其中，□可以是全称量词∀或存在量词∃，$v_i(i=1, 2, \cdots, n)$是个体变元，A_{it_j} $(i, j=1, 2, \cdots, m)$是原子公式或其否定。

定理 2.4.2 任意谓词公式都可以化为与其等价的前束析取范式和前束合取范式。

证明

首先按照定理 2.4.1，把它化为仅含有联结词¬、∧和∨，且联结词¬在原子谓词公式前的前束范式形式，然后再反复利用分配律就可得到前束析取范式或前束合取范式。

2.5 谓词逻辑的推理理论

谓词逻辑的推理方法可看作是命题演算推理方法的扩展。因为谓词逻辑的很多等价式和蕴涵式是命题逻辑有关公式的推广，所以命题逻辑中的推理规则，如 *P* 规则、*T* 规则和 *CP* 规则等也可在谓词演算的推理理论中推广应用。但是在谓词逻辑中，某些前提和结论可能要受到量词的限制。请看下面逻辑推理：

所有的人都是要死的，

苏格拉底是人，

所以苏格拉底是要死的。

在前提和结论中都有量词出现。只有消去前提中的量词，才能应用命题逻辑中的推理规则；而推导出的结论又必须加上适当的量词，才能得到含有量词的结论。因此有如下的消去和添加量词的规则。在下面的叙述中，$A \Rightarrow B$ 中的 *A*、*B* 可分别看作是前提和结论。

1. 全称指定规则（简称 *US* 规则）

这条规则有下面两种形式：

（1）$(\forall x)P(x) \Rightarrow P(y)$

（2）$(\forall x)P(x) \Rightarrow P(c)$

其中，*P* 是谓词，（1）中 *y* 为任意不在 $P(x)$中约束出现的个体变元；（2）中 *c*

为个体域中的任意一个个体常元。

这两个式子的含义分别是：若对于个体域中的任意个体 x，$P(x)$成立，则对个体域中任意的个体变元 y，$P(y)$成立；对任意个体域中的个体常元 c，$P(c)$成立。

两式成立的条件是：

（1）在第一式中，取代 x 的 y 应为任意的不在 $P(x)$中约束出现的个体变元。

（2）在第二式中，c 为任意个体常元。

（3）用 y 或 c 取代 $P(x)$中的约束出现的 x 时，一定要在 x 约束出现的一切地方进行取代。

在使用 US 规则时，用第一式还是第二式要根据具体情况而定。

2. 全称推广规则（简称 UG 规则）

$$P(y) \Rightarrow (\forall x)P(x)$$

这个规则是对命题的量化，如果能够证明对个体域中每一个个体 y，都有 $P(y)$成立，则全称推广规则可得到结论$(\forall x)P(x)$成立。

应用本规则时，注意该式成立的条件：

（1）无论 $P(y)$中自由出现的个体变元 y 取何值时，$P(y)$均为真。

（2）取代自由出现的 y 的 x 不能在 $P(y)$中约束出现，否则可能产生 $P(y)$为真而$(\forall x)P(x)$为假的情况。

例如，取个体域为实数集合，$L(x, y)$为 $x>y$。$L(y)=(\exists x)L(x, y)$，显然 $L(y)$满足条件（1）。对 $L(y)$应用 UG 规则时，若取已约束存在的 x 取代 y，会得到$(\forall x)L(x)=(\forall x)(\exists x)(x>x)$，这是假命题，产生这种错误的原因是违背了条件（2）。若取 z 取代 y，得到$(\forall z)L(z)=(\forall z)(\exists x)L(x, z)$为真命题。

3. 存在指定规则（简称 ES 规则）

$$(\exists x)P(x) \Rightarrow P(c)$$

其中，c 为个体域中使 P 成立的特定个体常元。必须注意，应用存在指定规则，其指定的个体 c 不是任意的。

此式成立的条件是：

（1）c 是使 P 为真的特定的个体常元。

（2）c 不在 $P(x)$中出现。

（3）若 $P(x)$中除约束出现的 x 外，还有其他自由出现的个体变元，此规则不能使用。

例 2.5.1 设个体域为实数集合，$G(x, y)$为 $x<y$。指出在谓词逻辑中，以$(\forall x)(\exists y)G(x, y)$（真命题）为前提，推出$(\forall x)G(x, c)$（假命题）的原因。

（1）$(\forall x)(\exists y)G(x, y)$　　前提引入

（2）$(\exists y)G(z, y)$　　US（1）

（3）$G(z, c)$ ES（2）

（4）$(\forall x)G(x, c)$ UG（3）

解 由于 c 为特定的个体常元，所以$(\forall x)G(x, c)$（即为$(\forall x)(x>c)$）为假命题。按谓词逻辑推理，不能从真命题推出假命题，在以上推理过程中，第三步错误，由于 $G(z, y)$中除有约束出现的 y，还有约束出现的 z，按 ES 规则应满足条件（3），此处不能应用 ES 规则。由于使用了 ES 规则，导致了从真命题推出假命题的错误。

4. 存在推广规则（简称 EG 规则）

$$P(c)\Rightarrow(\exists x)P(x)$$

其中，c 为个体域中的个体常元，这个规则比较明显，对于某些个体 c，若 $P(c)$成立，则个体域中必有$(\exists x)P(x)$。

该式成立的条件是：

（1）c 是特定的个体常项。

（2）取代 c 的 x 不能在 $P(c)$中出现。

例如，考虑个体域为实数集合，$G(x, y)$为 $x>y$。取 $P(0)=(\exists x)G(x, 0)$，则 $P(0)$为真命题。在使用 EG 规则时，若用 $P(0)$中已出现的 x 取代 0，得到$(\exists x)P(x)=(\exists x)(\exists x)(x>x)$，这显然是假命题，出错的原因在于违背了条件（2）。此时，若用 $P(0)$中没有出现过的个体变元 y 取代 0，得到$(\exists y)P(y)=(\exists y)(\exists x)(x>y)$，这是真命题。

例 2.5.2 证明 $(\forall x)(M(x)\rightarrow D(x))\wedge M(s)\Rightarrow D(s)$，这是著名的苏格拉底三段论的论证。

其中 $M(x)$：x 是一个人；

$D(x)$：x 是要死的；

s：苏格拉底。

证明

（1）$(\forall x)(M(x)\rightarrow D(x))$ P

（2）$M(s)\rightarrow D(s)$ US（1）

（3）$M(s)$ P

（4）$D(s)$ T（2）（3）I

例 2.5.3 判断下列的推理过程是否正确。

（1）$(\forall x)(\exists y)G(x, y)$ P

（2）$(\exists y)G(z, y)$ US（1）

（3）$G(z, c)$ ES（2）

（4）$(\forall x)G(x, c)$ UG（3）

（5）$(\exists y)(\forall x)G(x, y)$ EG（4）

解 这个推理过程是错误的，因为从它可以得出结论：

$$(\forall x)(\exists y)G(x, y) \Rightarrow (\exists y)(\forall x)G(x, y)$$

从前面的学习中我们知道这个式子不成立。它的推导错误出现在第（3）步。$(\forall x)(\exists y)G(x, y)$的含义是：对于任意的一个 x，存在着与它对应的 y，使得 $G(x, y)$成立。但是，对$(\exists y)G(z, y)$利用 ES 规则消去存在变量后得到 $G(z, c)$的含义却是：对于任意个体 z，有同一个体 c，使得 $G(z, c)$成立。显然，$G(z, c)$不是$(\exists y)G(z, y)$的有效结论。

因此，使用 ES 规则$(\exists x)P(x) \Rightarrow P(c)$消去存在量词的条件是：$P(x)$中除 x 外没有其他自由出现的个体变元。

例 2.5.4 证明：$(\forall x)(C(x) \to (W(x) \wedge R(x))) \wedge (\exists x)C(x) \wedge Q(x) \Rightarrow (\exists x)Q(x) \wedge (\exists x)Q(x)$。

证明

（1）$(\exists x)C(x)$	P
（2）$C(y)$	ES（1）
（3）$(\forall x)(C(x) \to (W(x) \wedge R(x)))$	P
（4）$C(y) \to (W(y) \wedge R(y))$	US（3）
（5）$W(y) \wedge R(y)$	T（2）（4）I
（6）$R(y)$	T（5）I
（7）$(\exists x)R(x)$	EG（6）
（8）$Q(x)$	P
（9）$(\exists x)Q(x)$	EG（8）
（10）$(\exists x)Q(x) \wedge (\exists x)Q(x)$	T（7）（9）I

例 2.5.5 证明：$(\forall x)(A(x) \vee B(x)) \Rightarrow (\exists x)A(x) \vee (\exists x)B(x)$。

证明 方法 1

（1）$(\forall x)(A(x) \vee B(x))$	P
（2）$A(y) \vee B(y)$	US（1）
（3）$(\exists x)(A(x) \vee B(x))$	EG（2）
（4）$(\exists x)A(x) \vee (\exists x)B(x)$	T（3）E

方法 2

（1）$\neg((\exists x)A(x) \vee (\exists x)B(x))$	P（假设）
（2）$(\forall x)\neg A(x) \wedge (\forall x)\neg B(x)$	T（1）E
（3）$(\forall x)\neg A(x)$	T（2）I
（4）$\neg A(y)$	US（3）
（5）$(\forall x)(A(x) \vee B(x))$	P
（6）$A(y) \vee B(y)$	US（5）

（7）$B(y)$ T（4）（6）I

（8）$(\forall x)\neg B(x)$ T（2）I

（9）$\neg B(y)$ US（8）

（10）$B(y)\wedge\neg B(y)$ T（7）（9）I

例 2.5.6 给定前提：

$(\exists x)(P(x)\wedge(\forall y)(Q(y)\rightarrow R(x,y)))$

$(\forall x)(P(x)\rightarrow(\forall y)(S(y)\rightarrow\neg R(x,y)))$

证明下列结论。

$(\forall x)(Q(x)\rightarrow\neg S(x))$

证明

（1）$(\exists x)(P(x)\wedge(\forall y)(Q(y)\rightarrow R(x,y)))$ P

（2）$P(a)\wedge\forall y(Q(y)\rightarrow R(a,y))$ ES（1）

（3）$P(a)$ T（2）

（4）$(\forall x)(P(x)\rightarrow\forall y(S(y)\rightarrow\neg R(x,y)))$ P

（5）$P(a)\rightarrow(\forall y)(S(y)\rightarrow\neg R(a,y))$ US（4）

（6）$(\forall y)(S(y)\rightarrow\neg R(a,y))$ T（3）（5）I

（7）$(\forall y)(Q(y)\rightarrow R(a,y))$ T（2）I

（8）$S(z)\rightarrow\neg R(a,z)$ US（6）

（9）$Q(z)\rightarrow R(a,z)$ US（7）

（10）$R(a,z)\rightarrow\neg S(z)$ T（8）E

（11）$Q(z)\rightarrow\neg S(z)$ T（9）（10）I

（12）$(\forall x)(Q(x)\rightarrow\neg S(x))$ UG（11）

例 2.5.7 符号化下面的命题“所有的有理数都是实数，所有的无理数也是实数，任何虚数都不是实数，所以任何虚数既不是有理数也不是无理数”，并推证其结论。

证明

设 $P(x)$：x 是有理数；

$Q(x)$：x 是无理数；

$R(x)$：x 是实数；

$S(x)$：x 是虚数。

本题符号化为：$(\forall x)(P(x)\rightarrow R(x))$，$(\forall x)(Q(x)\rightarrow R(x))$，$(\forall x)(S(x)\rightarrow\neg R(x))\Rightarrow(\forall x)(S(x)\rightarrow\neg P(x)\wedge\neg Q(x))$

（1）$(\forall x)(S(x)\rightarrow\neg R(x))$ P

（2）$S(y)\rightarrow\neg R(y)$ US（1）

(3) $(\forall x)(P(x)\to R(x))$ P

(4) $P(y)\to R(y)$ US（3）

(5) $\neg R(y)\to\neg P(y)$ T（4）E

(6) $(\forall x)(Q(x)\to R(x))$ P

(7) $Q(y)\to R(y)$ US（6）

(8) $\neg R(y)\to\neg Q(y)$ T（7）E

(9) $S(y)\to\neg P(y)$ T（2）（5）I

(10) $S(y)\to\neg Q(y)$ T（2）（8）I

(11) $(S(y)\to\neg P(y))\wedge(S(y)\to\neg Q(y))$ T（9）（10）I

(12) $(\neg S(y)\vee\neg P(y))\wedge(\neg S(y)\vee\neg Q(y))$ T（11）E

(13) $\neg S(y)\vee(\neg P(y)\wedge\neg Q(y))$ T（12）E

(14) $S(y)\to(\neg P(y)\wedge\neg Q(y))$ T（13）E

(15) $(\forall x)(S(x)\to\neg P(x)\wedge\neg Q(x))$ UG（14）

本章小结

本章是命题逻辑的深入和扩展，通过了解命题逻辑的局限性引入了谓词、量词、个体域、个体等概念；在此基础上定义了谓词公式及对公式的解释、公式的等价、蕴涵和前束范式等内容；然后利用谓词的等价式、蕴涵式、谓词逻辑的推理理论、全称指定规则、全称推广规则、存在指定规则和存在推广规则等进行逻辑推理。

习题2

1．在谓词逻辑中将下列命题符号化。

（1）李力是大学生。

（2）每一个有理数都是实数。

（3）没有不犯错误的人。

（4）有一些自然数是素数。

（5）并非每一个实数都是有理数。

（6）没有最大素数。

（7）小张和小宋是好朋友。

（8）有些人喜欢集邮。

2．写出下列句子所对应的谓词表达式。

（1）所有的整数都是实数。

（2）某些运动员是大学生。

（3）某些教师是年老的，但是健壮的。

（4）不是所有的运动员都是教练。

（5）没有一个国家选手不是优秀的。

（6）有些大学生不钦佩运动员。

（7）有些女同志既是大学指导员又是学生。

（8）没有一个研究生不想成为科学家。

3．设个体域为整数集合，令

$$P(x,y,z): xy=z;\ E(x,y): x=y;\ G(x,y): x>y。$$

将下列命题符号化。

（1）如果 $y=1$，则对于任何 $xy=x$。

（2）如果 $xy\neq 0$，则 $x\neq 0$ 和 $y\neq 0$。

（3）如果 $xy=0$，则 $x=0$ 或 $y=0$。

（4）如果 $x\leqslant y$ 和 $y\leqslant x$，则 $x=y$。

4．令 $P(x)$：x 是质数；$E(x)$：x 是偶数；$O(x)$：x 是奇数；$D(x,y)$：x 除尽 y。将下列各式译成自然语言。

（1）$P(5)$。

（2）$E(2)\wedge P(2)$。

（3）$(\forall x)(D(2,x)\to E(x))$。

（4）$(\exists x)(E(x)\wedge D(x,6))$。

（5）$(\forall x)(\neg E(x)\to \neg D(2,x))$。

（6）$(\forall x)(E(x)\to(\forall y)(D(2,y)\to E(y)))$。

（7）$(\forall x)(P(x)\to(\exists y)(E(y)\wedge D(x,y)))$。

（8）$(\forall x)(O(x)\to(\forall y)(P(y)\to \neg D(x,y)))$。

5．用谓词表达式符号化下列命题：

（1）有一个数比任何数都大。

（2）并非一切劳动都能用机器代替。

（3）存在着偶质数。

6．对下面每个公式指出约束变元和自由变元。

（1）$(\forall x)P(x)\to P(y)$。

（2）$(\forall x)(P(x)\wedge Q(x))\wedge(\exists x)S(x)$。

（3）$(\exists x)(\forall y)(P(x)\wedge Q(y))\to(\forall x)R(x)$。

（4）$(\exists x)(\forall y)P(x, y)\wedge Q(z)$。

7．利用换名原则和代入原则，使得得出的公式中，每个变元只以一种形式出现，每个约束变元只出现在一个量词的辖域内。

（1）$(\forall x)A(x)\vee(\exists y)B(x, y)$。

（2）$(\exists x)(A(x)\wedge(\forall y)B(x, y, z))\rightarrow(\exists z)C(x, y, z)$。

（3）$(\forall x)(\exists y)(F(x, z)\rightarrow G(y))\leftrightarrow H(x, y)$。

（4）$(\forall x)(\exists y)(F(x, z)\rightarrow(\exists x)G(x, y))$。

（5）$(\forall x)(\forall y)(P(x, y)\vee Q(x, y))\wedge(\forall y)H(x, y)$。

（6）$(\forall x)(\exists y)F(x, y)\rightarrow G(x)$。

8．给定个体域$D=\{a, b, c\}$，谓词F和G分别为：

$F(a, a)=T$；$F(a, b)=F$；$F(a, c)=T$；

$F(b, a)=T$；$F(b, b)=F$；$F(b, c)=F$；

$F(c, a)=T$；$F(c, b)=T$；$F(c, c)=F$；

$G(a)=T$；$G(b)=F$；$G(c)=F$。

求下列公式在上述解释下的真值。

（1）$(\forall x)F(x, x)\rightarrow(\exists y)G(y)$。

（2）$(\forall y)(G(y)\wedge(\exists x)F(x, y))$。

（3）$(\forall x)(\exists y)F(y, x)$。

9．求下列各式的真值。

（1）$(\forall x)(P(x)\vee Q(x))$，其中$P(x)$：$x=1$；$Q(x)$：$x=2$且论域为$\{1, 2\}$。

（2）$(\forall x)(P\rightarrow Q(x))\vee R(a)$，其中 P：$2>1$，$Q(x)$：$x\leqslant 3$，$R(x)$：$x>5$，a：5 且论域为$\{-2, 3, 6\}$。

10．设论域为$\{a, b, c\}$，求证

$(\forall x)P(x)\vee(\forall x)Q(x)\Rightarrow(\forall x)(P(x)\vee Q(x))$。

11．判断下列各式的类型。

（1）$F(x, y)\rightarrow(G(x, y)\rightarrow F(x, y))$。

（2）$(\forall x)(\exists y)A(x, y)\rightarrow(\exists x)(\forall y)A(x, y)$。

（3）$(\exists x)(\forall y)A(x, y)\rightarrow(\forall y)(\exists x)A(x, y)$。

（4）$\neg((\forall x)A(x)\rightarrow(\exists y)B(y))\wedge(\exists y)B(y)$。

12．证明

$(\forall x)(\forall y)(F(x)\rightarrow G(y))\Leftrightarrow(\exists x)F(x)\rightarrow(\forall y)G(y)$。

13．把下列各式化为前束范式。

（1）$(\forall x)(A(x)\rightarrow(\exists y)B(x, y))$。

（2）$(\exists x)(\neg((\exists y)A(x, y)))\rightarrow((\exists z)B(z)\rightarrow D(x))$。

（3）$((\exists x)P(x)\vee(\exists x)Q(x))\to(\exists x)(P(x)\vee Q(x))$。

（4）$(\forall x)F(x)\to(\exists x)((\forall z)G(x，z)\vee(\forall z)H(x，y，z))$。

（5）$(\forall x)(F(x)\to G(x，y))\to((\exists y)F(y)\wedge(\exists z)G(y，z))$。

14．判断下列谓词逻辑中的推理是否正确：

（1）$(\forall x)(F(x)\to G(x))$，$(\forall x)(H(x)\to\neg G(x))\Rightarrow(\forall x)(H(x)\to\neg F(x))$。

（2）$(\forall x)(F(x)\vee G(x))$，$(\forall x)(G(x)\to\neg H(x))$，$(\forall x)H(x)\Rightarrow(\forall x)F(x)$。

（3）$(\exists x)F(x)\to(\forall x)G(x)\Rightarrow(\forall x)(F(x)\to G(x))$。

（4）$(\forall x)(\neg F(x)\to G(x))$，$(\forall x)\neg G(x)\Rightarrow(\exists x)F(x)$。

15．用 CP 规则证明。

（1）$(\forall x)(A(x)\to B(x))\Rightarrow(\forall x)A(x)\to(\forall x)B(x)$。

（2）$(\forall x)(A(x)\vee B(x))\Rightarrow(\forall x)A(x)\vee(\exists x)B(x)$。

16．用推理规则证明下式：

$(\exists x)(F(x)\wedge S(x))\to(\forall y)(M(y)\to W(y))$，$(\exists y)(M(y)\wedge\neg W(y))\Rightarrow(\forall x)(F(x)\to\neg S(x))$。

17．符号化下列命题，并推证其结论。

（1）所有有理数是实数，某些有理数是整数，因此某些实数是整数。

（2）任何喜欢步行的人，他都不喜欢乘汽车，每个人或喜欢乘汽车或喜欢骑自行车。有的人不爱骑自行车，因而有人不喜欢步行。

（3）不存在能表示成分数的无理数，有理数都能表示成分数，因此，有理数都不是无理数。

第二部分　集合论

集合论是计算机科学领域中不可缺少的数学工具，它的发展可以追溯到 19 世纪末德国数学家康托儿（Georg Cantor），他在总结了前人研究成果的基础上，引入了无穷序列，奠定了（古典）集合论理论基础，集合论为整个经典数学的各分支提供了共同的理论基础。另外一个德国数学家蔡梅罗（Ernst Zermelo）于 1908 年建立了集合论的公理系统，由这个公理系统，推出了所有数学上的重要结论，这样，集合概念作为数学的基本概念得到了证明。本书所介绍的内容属于古典集合论。

集合论在计算机程序设计语言、数据结构、形式语言、开关理论、人工智能、数据库等领域有着重要的应用。对于计算机科学工作者来说，集合论是不可缺少的理论基础知识。从第 3 章至第 6 章介绍集合论的基础知识，如集合的概念、运算和性质、序偶、关系、函数、基数等内容。

第3章 集合

本章介绍集合及其运算。集合是一般数学及离散数学中的基本概念，几乎与现代数学的各个分支都有密切联系，并且渗透到很多科技领域。本章主要介绍集合的基本知识，通过本章的学习，读者应该掌握以下内容：

- 集合的概念及表示方法
- 子集、空集、全集、补集、幂集等概念
- 集合的基本运算：交、并、补和对称差
- 集合的包含排斥原理

3.1 集合的概念与表示

3.1.1 集合的基本概念

集合的概念是数学中最基本的概念之一，它不能被精确地定义。一般地说，把具有共同性质的一些事物，汇集成一个整体，就形成一个集合。一个集合中的每个事物称为这个集合的元素。例如，某大学计算机系全体学生构成一个集合，而该系的每一个学生就是这个集合中的一个元素，又如英语中所有元音字母构成一个集合，而每一个元音字母就是这个集合的一个元素。由于集合是由一些事物组成的整体，因此不计较这些事物的排列次序，例如，由1、2、3组成的集合与由2、1、3组成的集合是同一个集合。集合中的元素是互不相同的，如果同一个元素在集合中多次出现会被认为是一个元素，如，由1、1、2、3、3组成的集合与由1、2、3组成的集合是同一个集合。

通常用大写的英文字母A，B，C，…，表示集合，用小写的英文字母a，b，c，…，表示集合中的元素。如果a是集合A中的一个元素，则称“a属于A”，并记作$a \in A$。如果a不是集合A中的元素，则称“a不属于A”，并记作$a \notin A$。

3.1.2 集合的表示

对于集合通常用以下三种方法表示：

1. 列举法

又称为穷举法或枚举法，这种表示方法是将集合中的所有元素一一列举出来放在花括号内，元素之间用逗号分开。

如$A=\{0, 2, 4, 6, 8, 10\}$，这表示集合A由6个元素组成，它们分别是0，2，4，6，8，10。

又如$B=\{1, 2, 3, 4, 5, 6, 7, 8, 9\}$，这表示集合$B$由9个元素组成，它们分别是1，2，3，4，5，6，7，8，9。

显然，$2\in A$，$2\in B$；而$10\in A$，$10\notin B$。

当一个集合的元素较多或者有无穷多个元素，元素之间有明显的关系时，可以用列举法表示，写出前面几个元素，其他元素用省略号表示，并且把它们放在一个花括号内。要注意写出的元素必须让人明白省略了哪些元素。

例如，小于100的自然数组成的集合可以表示为$\{0, 1, 2, \cdots, 99\}$。

2. 描述法

描述法通过刻画集合中所有元素所具有的某种特性来表示集合，而不属于这一集合的元素都不具备该特性。它的一般形式是：

$$S=\{x \mid x \text{ 具有性质 } p\}$$

例如，$A=\{x|x$ 是20以内的素数$\}$

表示是20以内的素数组成的集合，实际上集合A的元素应是2，3，5，7，11，13，17，19。

又如，$B=\{x|1\leqslant x\leqslant 10$ 且 x 是实数$\}$

表示一切大于等于1且小于等于10的实数组成的集合。

3. 文氏图法

用一个矩形表示全集，在矩形内画一些圆，用圆的内部表示集合，如图 3.1 所示。

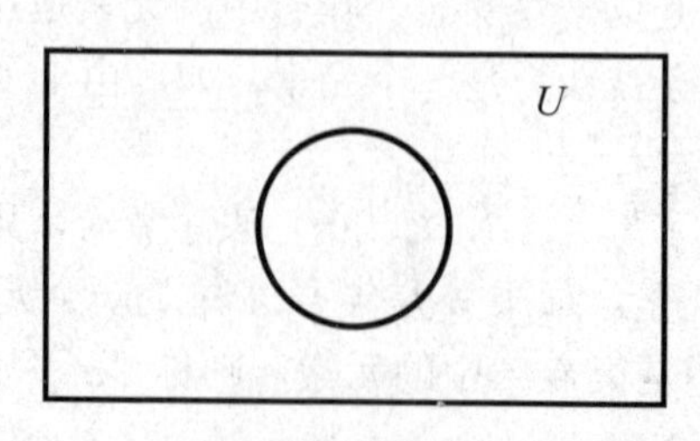

图 3.1

有一些集合，以后常常要用到，所以用固定的符号表示。

N 是自然数集合：0，1，2，…。

Z 是整数集合：…，−2，−1，0，1，2，…。

$\mathbf{Z}^+$是正整数集合：1，2，3，…。

Q 是有理数集合。

R 是实数集合。

C 是复数集合。

一般来说，用列举法来表示集合时，往往显得冗长而复杂，而对集合的某些特征作抽象的讨论时，列举法能使问题显得直观且容易理解。

3.1.3 集合之间的关系

定义 3.1.1 如果集合 A 中的每一个元素都是集合 B 中的元素，则称 A 是 B 的子集，也可以说 A 包含于 B，或者 B 包含 A，这种关系写作

$$A\subseteq B \quad 或 \quad B\supseteq A$$

如果 A 不是 B 的子集，即在 A 中至少有一个元素不属于 B，称 B 不包含 A，记作

$$B\not\supseteq A \quad 或 \quad A\not\subseteq B$$

例如，设集合 $A=\{1，3，4，5\}$，$B=\{1，2，5\}$，$C=\{1，5\}$。易见 C 是 A 的子集，C 又是 B 的子集，但 B 不是 A 的子集，因为元素 $2\in B$ 而 $2\notin A$；同理 A 也不是 B 的子集，因为 $3\in A$ 而 $3\notin B$。

对于任何一个集合 A，因为它的任何一个元素都属于集合 A 本身，所以

$$A\subseteq A$$

也就是说，任何一个集合是它本身的子集。

不包含有任何元素的集合，称为空集，记作$\varnothing$或{ }，如：

$$A=\{x|x 是大于 2 且小于 3 的自然数\}$$

由于大于 2 且小于 3 的自然数是不存在的，所以 A 是空集，即 $A=\varnothing$。

显然，空集是任何集合的子集。也就是说，对于任何集合 A，有

$$\varnothing\subseteq A$$

定义 3.1.2 如果两个集合 A 和 B 的元素完全相同，则称这两个集合相等，记作 $A=B$。

例如，

$$A=\{1，2，3，4\}$$
$$B=\{3，1，4，2\}$$
$$C=\{x|x 是英文字母且 x 是元音\}$$

$$D=\{a, e, i, o, u\}$$

显然有

$$A=B, C=D$$

由集合间的包含关系，容易得到：

定理 3.1.1 集合 A 和集合 B 相等的充分必要条件是 $A \subseteq B$ 且 $B \supseteq A$。

这一结论在证明两个集合相等时，往往是一种有效而简便的方法。

定义 3.1.3 如果集合 A 是集合 B 的子集，但 A 和 B 不相等，也就是说在 B 中至少有一个元素不属于 A，则称 A 是 B 的真子集，记作

$$A \subset B \quad 或 \quad B \supset A$$

例如，集合 $A=\{1, 2\}$，$B=\{1, 2, 3\}$，那么 A 是 B 的真子集。

在实际工作中，我们所研究的对象总是限制在一定的范围内。比如，要研究华北航天工业学院学生的学习情况时，研究对象可以是机械系的学生，也可以是电子系的学生，但研究的对象总是限制在华北航天工业学院学生这个范围内。在这种情况下，我们称“华北航天工业学院学生的全体”组成的集合为全集。又如在讨论有关数集（由一些数组成的集合）的问题时，常常把实数集 $\mathbf{R}$ 作为全集。

定义 3.1.4 若集合 U 包含我们所讨论的每一个集合，则称 U 是所讨论问题的完全集，简称全集。

集合中的元素可以是多种多样的，不同性质的事物也可以组成一个集合，因此一个集合作为另一个集合的元素也是可以的。例如，集合 $A=\{0, 1, 2, 3, \{1, 2\}\}$，集合 $B=\{1, 2\}$，这表示集合 A 中有 5 个元素，它们是：0，1，2，3，$\{1, 2\}$；集合 B 中有两个元素：1，2。这时 $B \subset A$ 和 $B \in A$ 同时成立。

当一个集合的元素个数为有限时，该集合称为有限集；集合中元素的个数为无限时，该集合称为无限集。有限集 A 中元素的个数称为集合 A 的基，记作 $|A|$。

例如，设 $A=\{1, 3, 5, 7, 9\}$，则

$$|A|=5。$$

定义 3.1.5 设 A 是有限集，由 A 的所有子集作为元素而构成的集合称为 A 的幂集，记作 $\rho(A)$，即 $\rho(A)=\{X|X \subseteq A\}$。

在 A 的所有子集中，必包含 A 和 $\varnothing$，所以，A 和 $\varnothing$ 这两个子集又叫平凡子集。

例如：$A=\{1, 2, 3\}$，则

$$\rho(A)=\{\varnothing, \{1\}, \{2\}, \{3\}, \{1, 2\}, \{1, 3\}, \{2, 3\}, \{1, 2, 3\}\}$$

例 3.1.1 $A=\varnothing$，求 $\rho(A)$，$\rho(\rho(A))$，$\rho(\rho(\rho(A)))$。

解 $\rho(A)=\{\varnothing\}$

$\rho(\rho(A))=\rho(\{\varnothing\})=\{\varnothing, \{\varnothing\}\}$

$\rho(\rho(\rho(A)))=\rho(\{\varnothing, \{\varnothing\}\})=\{\varnothing, \{\varnothing\}, \{\{\varnothing\}\}, \{\varnothing, \{\varnothing\}\}\}$

显然，幂集元素的个数与集合 A 的元素个数有关，当集合 A 包含 n 个元素时，A 的子集的个数为 2^n，因此有下面的定理：

定理 3.1.2 设 A 是有限集，$|A|=n$，则 A 的幂集 $\rho(A)$ 的基为 2^n。

证明

由排列组合知：

$$\left|\rho(A)\right| = c_n^0 + c_n^1 + \cdots + c_n^{n-1} + c_n^n$$

又由二项式定理知：

$$c_n^0 + c_n^1 + \ldots + c_n^{n-1} + c_n^n = 2^n$$

所以可得：

$$|\rho(A)| = 2^n$$

定理 3.1.3 设 A，B 为任意集合，$A \subseteq B$ 当且仅当 $\rho(A) \subseteq \rho(B)$。

证明

必要性。设 $A \subseteq B$，要证 $\rho(A) \subseteq \rho(B)$，设 X 为 $\rho(A)$ 中的任意元素，从而 $X \subseteq A$。由于 $A \subseteq B$，因此 $X \subseteq B$，从而有 $X \in \rho(B)$。所以 $\rho(A) \subseteq \rho(B)$。

充分性。设 $\rho(A) \subseteq \rho(B)$，又设 x 为 A 中任意元素，$x \in A$。考虑单元素集合 $\{x\}$，$\{x\} \subseteq \rho(A)$。由于 $\rho(A) \subseteq \rho(B)$，因此 $\{x\} \in \rho(B)$，$x \in B$，所以 $A \subseteq B$。

给定集合能够知道集合幂集元素的个数，集合元素较多时毫无遗漏且不重复地列出全部子集也是一件困难的工作。另外，如何在计算机上表示有限集合的子集也是一个问题。下面介绍一种二进制编码方法。

首先把集合元素列举出来，接着对所给元素指定某种次序，这样可以用二进制数为组码表示任意集合的子集，这种方法称为子集的二进制编码表示方法。

设集合为 $A=\{a_1, a_2, a_3, \cdots, a_n\}$。用 $B_{xxx\cdots x}$ 表示 A 的一个子集，其中 B 是子集符号，下标 $_{xxx\cdots x}$ 是十进制数 0 到 2^n-1 的 n 位二进制数表示。对于 A，如果子集含有 a_i，则在下标的第 i 位上为 1，否则为 0。反之，给出子集的下标表示，可以写出该子集。

例 3.1.2 写出 $A=\{a_1, a_2, a_3, a_4\}$ 全部子集。

解 A 的子集有 16 个，用 B_{0000}，B_{0001}，…，B_{1111} 表示。

$B_{0000}=\varnothing$ $\qquad$ $B_{0001}=\{a_4\}$

$B_{0010}=\{a_3\}$ $\qquad$ $B_{0011}=\{a_3, a_4\}$

$B_{0100}=\{a_2\}$ $\qquad$ $B_{1001}=\{a_1, a_4\}$

$B_{0110}=\{a_2, a_3\}$ $\qquad$ $B_{0111}=\{a_2, a_3, a_4\}$

$B_{1000}=\{a_1\}$ $\qquad$ $B_{1001}=\{a_1, a_4\}$

$B_{1010}=\{a_1, a_3\}$ $\qquad$ $B_{1011}=\{a_1, a_3, a_4\}$

$B_{1100}=\{a_1, a_2\}$　　$B_{1101}=\{a_1, a_2, a_4\}$

$B_{1110}=\{a_1, a_2, a_3\}$　　$B_{1111}=\{a_1, a_2, a_3, a_4\}$

3.2 集合的运算

集合的运算是以给定的一个或多个集合（称为运算对象）按某种规则去确定一个新的集合（称为运算结果）的过程。

3.2.1 集合的交运算

定义 3.2.1 对于任意两个集合 A、B，由所有既属于 A 又属于 B 的元素构成的集合，称作 A 与 B 的交集，记作 $A\cap B$。即

$$A\cap B=\{x|x\in A \text{ 且 } x\in B\}$$

例如，$A=\{a, b, c\}$，$B=\{b, c, d, e\}$，则

$$A\cap B=\{b, c\}$$

又如，$A=\{1, 2, 3, 4, 5, \cdots\}$，$B=\{1, 3, 5, 7, 9, \cdots\}$，则

$$A\cap B=\{1, 3, 5, 7, 9, \cdots\}=B$$

如果集合 $A\cap B=\varnothing$，也就是说集合 A 和 B 没有公共元素，则称 A、B 不相交。例如

$$A=\{1, 3, 5, 7, 9\}$$
$$B=\{0, 2, 4, 6, 8\}$$

那么 $A\cap B=\varnothing$，即 A、B 不相交。

集合之间的运算可以用文氏（John Venn 英国数学家，1834～1923）图形象地表示。如图 3.2 所示，用平面上的矩形表示全集 U。用矩形内的圆表示 U 中的任一集合。图中阴影部分为 $A\cap B$。

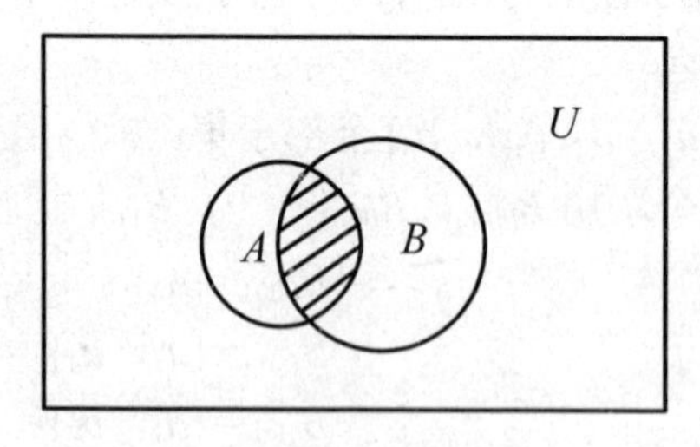

图 3.2

由集合交运算的定义可知，交运算有以下性质：

（1）幂等律：$A\cap A=A$

（2）同一律：$A\cap U=A$

（3）零律：$A\cap\varnothing=\varnothing$

（4）结合律：$(A\cap B)\cap C=A\cap(B\cap C)$

（5）交换律：$A\cap B=B\cap A$

类似地，结合律可以用归纳法推广到有限个集合的情况，记

$$\bigcap_{i=1}^{n}A_i=A_1\cap A_2\cap\cdots\cap A_n$$

3.2.2 集合的并运算

定义 3.2.2 对于任意两个集合 A、B，由 A、B 中所有元素构成的集合，称作 A 与 B 的并集，记作 $A\cup B$。即

$$A\cup B=\{x\mid x\in A \text{ 或 } x\in B\}$$

例如，$A=\{a，b，c\}$，$B=\{a，b，c，d，e\}$，则

$$A\cup B=\{a，b，c，d，e\}$$

可以用文氏图表示集合的并集，如图 3.3 所示的阴影部分为 $A\cup B$。

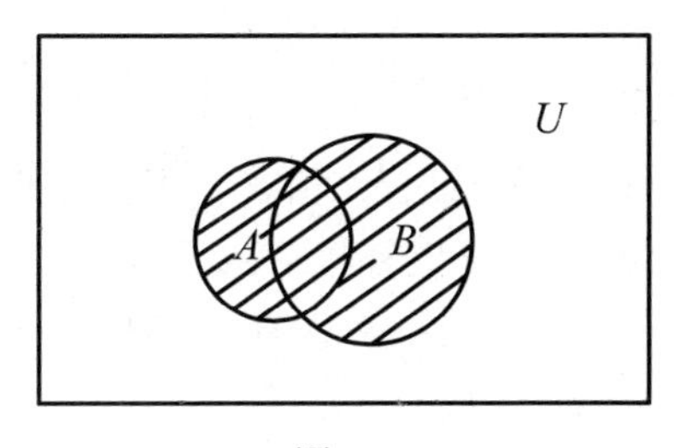

图 3.3

由集合并运算的定义可知，并运算具有以下性质：

（1）幂等律：$A\cup A=A$

（2）同一律：$A\cup\varnothing=A$

（3）零律：$A\cup U=U$

（4）结合律：$(A\cup B)\cup C=A\cup(B\cup C)$

（5）交换律：$A\cup B=B\cup A$

其中结合律还可以用归纳法推广到有限个集合的情况。于是

$$\bigcup_{i=1}^{n}A_i=A_1\cup A_2\cup\cdots\cup A_n$$

表示唯一确定的集合。

定理 3.2.1 设 A，B，C 是三个集合，则下列分配律成立：

$$A\cap(B\cup C)=(A\cap B)\cup(A\cap C)$$
$$A\cup(B\cap C)=(A\cup B)\cap(A\cup C)$$

证明

两个等式的证明类似，故这里只证第一个等式。

如果 $x\in A\cap(B\cup C)$，则 $x\in A$ 且 $x\in B\cup C$，于是有 $x\in A$ 且 $x\in B$ 或者 $x\in A$ 且 $x\in C$，即 $x\in A\cap B$ 或者 $x\in A\cap C$，因此 $x\in(A\cap B)\cup(A\cap C)$，所以 $A\cap(B\cup C)\subseteq(A\cap B)\cup(A\cap C)$。

反之，如果 $x\in(A\cap B)\cup(A\cap C)$，则 $x\in A\cap B$ 或者 $x\in A\cap C$，于是有 $x\in A$ 且 $x\in B$ 或者 $x\in A$ 且 $x\in C$，即有 $x\in A$ 且 $x\in B\cup C$，因此 $x\in A\cap(B\cup C)$，所以 $(A\cap B)\cup(A\cap C)\subseteq A\cap(B\cup C)$。

由此可得 $A\cap(B\cup C)=(A\cap B)\cup(A\cap C)$。

定理 3.2.2 设 A，B 为两个集合，则下列关系式成立：

$$A\cup(A\cap B)=A$$
$$A\cap(A\cup B)=A$$

这个定理称为吸收律，读者可以用文氏图验证。

3.2.3 集合的补

定义 3.2.3 设 A、B 是两个集合，由属于集合 A 但不属于集合 B 的所有元素组成的集合，称作集合 B 关于 A 的补集（或相对补），记作 $A-B$。即

$$A-B=\{x|x\in A \text{且} x\notin B\}$$

$A-B$ 也称为集合 A 和 B 的差集。

例如，$A=\{a，b，c\}$，$B=\{a，b\}$，则

$$A-B=\{c\}$$

又如，$A=\{a，b，c，d\}$，$B=\{a，b，e，f\}$，则

$$A-B=\{c，d\}$$

集合的差运算 $A-B$ 的文氏图表示如图 3.4 所示阴影部分。

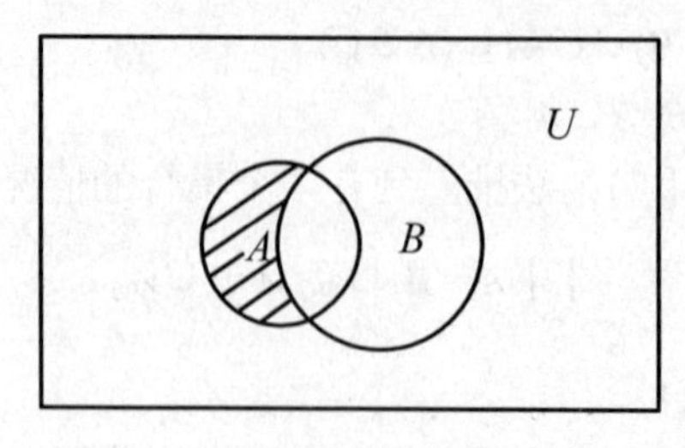

图 3.4

定理 3.2.3 设 A，B，C 为任意集合，则下列关系式成立：

（1）$A-B=A-(A\cap B)$

（2）$A\cup(B-A)=A\cup B$

（3）$A\cap(B-C)=(A\cap B)-C$

（4）$A-B\subseteq A$

该定理由定义易证明。

定义 3.2.4 设 U 是全集，A 是 U 的一个子集，称 $U-A$ 为 A 关于全集的补集，也叫做 A 的绝对补集，简称为补集，记作 $\sim A$。即

$$U-A=\{x|x\in U \text{ 且 } x\notin A\}$$

例如，$U=\{x\mid x$ 是计算机学院的全体学生$\}$，

$A=\{x\mid x$ 是计算机学院的全体女学生$\}$，

则

$\sim A=\{x\mid x$ 是计算机学院的全体男学生$\}$

又如，$U=\{1，2，3，4，5\}$，

$A=\{2，4\}$，

则

$\sim A=\{1，3，5\}$

集合的补运算的文氏图表示如图 3.5 所示的阴影部分。

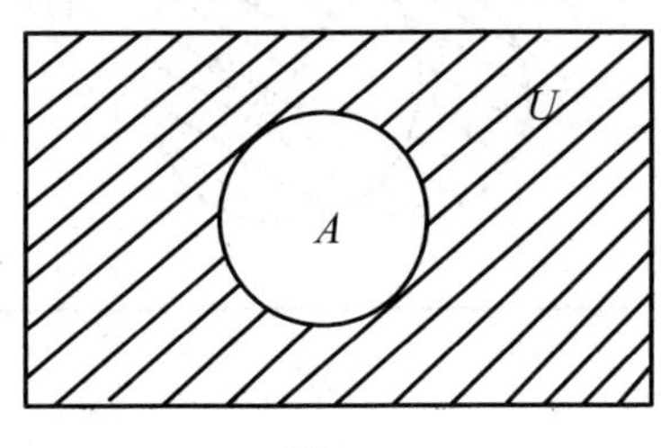

图 3.5

集合的补运算有以下性质：

（1）双重否定律：$\sim(\sim A)=A$

（2）摩根律：$\sim\varnothing=U$

（3）摩根律：$\sim U=\varnothing$

（4）矛盾律：$A\cap(\sim A)=\varnothing$

（5）排中律：$A\cup(\sim A)=U$

为了简单，约定 $A\cap(\sim B)$ 表示为 $A\cap\sim B$，$A\cup(\sim B)$ 表示为 $A\cup\sim B$。

定理 3.2.4 设 A、B 是两个集合，则下列关系式成立：

$$\sim(A \cup B) = \sim A \cap \sim B$$

$$\sim(A \cap B) = \sim A \cup \sim B$$

这个定理称为德·摩根定律。可由文氏图验证。

定理 3.2.5 设 A、B 是任意两个集合，则下面关系式成立：

$$A - B = A \cap \sim B$$

该定理可由差运算及补运算的定义直接得到。

3.2.4 集合的对称差

定义 3.2.5 设 A、B 是两个集合，由属于 A 而不属于 B，或者属于 B 不属于 A 的元素组成的集合，称作 A 和 B 的对称差，记作 $A \oplus B$。即

$$A \oplus B = (A \cup B) - (A \cap B)$$

例如，$A = \{1，2，3，4\}$，

$B = \{1，3，5，7，9\}$

那么

$$A \oplus B = \{2，4，5，7，9\}$$

集合的对称差 $A \oplus B$ 的文氏图表示如图 3.6 所示的阴影部分。

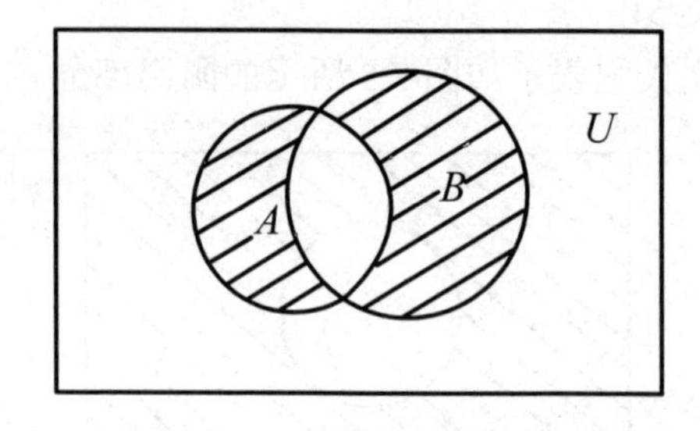

图 3.6

由对称差的定义易得下列性质：

（1）$A \oplus A = \varnothing$

（2）$A \oplus \varnothing = A$

（3）$A \oplus U = \sim$A

（4）$A \oplus B = B \oplus A$

（5）$(A \oplus B) \oplus C = A \oplus (B \oplus C)$

（6）$A \oplus B = (A - B) \cup (B - A)$

例 3.2.1 证明，已知：$A \oplus B = A \oplus C$，则 $B = C$。

证明

$A \oplus B = A \oplus C$

$\Leftrightarrow A\oplus(A\oplus B)=A\oplus(A\oplus C)$

$\Leftrightarrow(A\oplus A)\oplus B=(A\oplus A)\oplus C$

$\Leftrightarrow\varnothing\oplus B=\varnothing\oplus C$

$\Leftrightarrow B=C$

3.3　包含排斥原理

本节主要讨论有限集元素的计数问题。

设 A、B 是两个有限集，其元素个数分别记作$|A|$、$|B|$，当 A 和 B 不相交，即 A 和 B 没有公共元素时，显然有$|A\cup B|=|A|+|B|$，对于一般情况有如下定理。

定理 3.3.1　设 A、B 为有限集合，$|A|$、$|B|$为其基数，则

$$|A\cup B|=|A|+|B|-|A\cap B|$$

此结论称作包含排斥定理。

对于任意 3 个集合 A、B、C，可以将定理 3.3.1 的结果推广为：

$$|A\cup B\cup C|=|A|+|B|+|C|-|A\cap B|-|B\cap C|-|A\cap C|+|A\cap B\cap C|$$

对于包含排斥原理，也可以推广到 n 个集合的情况。

定理 3.3.2　设 A_1，A_2，…，A_n 为有限集合，$|A_1|$，$|A_2|$，…，$|A_n|$为其基数，则

$$\left|A_1\cup A_2\cup\cdots\cup A_n\right|=\sum_{i=1}^{n}\left|A_i\right|-\sum_{1\leqslant i<j\leqslant n}\left|A_i\cap A_j\right|+\sum_{1\leqslant i<j<k\leqslant n}\left|A_i\cap A_j\cap A_k\right|+\cdots$$

$$+(-1)^{n-1}\left|A_1\cap A_2\cap\cdots\cap A_n\right|$$

例 3.3.1　假设某班有 20 名学生，其中有 10 人英语成绩为优，有 8 人数学成绩为优，又知有 6 人英语和数学成绩都为优。问两门课都不为优的学生有几名？

解　设英语成绩是优的学生组成的集合是 A，数学成绩是优的学生组成的集合是 B，因此两门课成绩都是优的学生组成的集合是 $A\cap B$。

由题意可知：

$$|A|=10\qquad |B|=8\qquad |A\cap B|=6$$

由包含排斥原理可得：

$$\begin{aligned}|A\cup B|&=|A|+|B|-|A\cap B|\\&=10+8-6=12\end{aligned}$$

所以，两门课都不是优的学生数为：$20-|A\cup B|=8$。

例 3.3.2　对 100 名大学生进行调查的结果是：34 人爱好音乐，24 人爱好美术，48 人爱好舞蹈，14 人既爱好音乐又爱好美术，13 人既爱好美术又爱好舞蹈，

15 人既爱好音乐又爱好舞蹈，有 25 人这 3 种爱好都没有，问这 3 种爱好都有的大学生人数是多少？

解 设爱好音乐的大学生组成的集合是 A，爱好美术的大学生组成的集合是 B，爱好舞蹈的大学生组成的集合是 C，

由题意可知：

$$|A|=34 \qquad |B|=24 \qquad |C|=48$$

$$|A\cap B|=14 \qquad |B\cap C|=13 \qquad |A\cap C|=15$$

$$100-|A\cup B\cup C|=25$$

由包含排斥原理可知：

$$|A\cup B\cup C|=|A|+|B|+|C|-|A\cap B|-|B\cap C|-|A\cap C|+|A\cap B\cap C|$$

$$100-25=34+24+48-14-13-15+|A\cap B\cap C|$$

所以，

$$|A\cap B\cap C|=11$$

这 3 种爱好都有的大学生人数是 11。

例 3.3.3 某班有学生 60 人，其中有 38 人选修 Visual C++课程，有 16 人选修 Visual Basic 课程，有 21 人选修 Java 课程，有 3 人这 3 门课程都选修，有 2 人这 3 门课程都不选修。问仅选修两门课程的学生人数是多少？

解 设选修 Visual C++课程的学生为集合 A，选修 Visual Basic 课程的学生为集合 B，选修 Java 课程的学生为集合 C。

由题意可知：

$$|A|=38 \qquad |B|=16 \qquad |C|=21$$

$$|A\cap B\cap C|=3 \qquad 60-|A\cup B\cup C|=2$$

因为， $|A\cup B\cup C|=|A|+|B|+|C|-|A\cap B|-|A\cap C|-|B\cap C|+|A\cap B\cap C|$

所以有：

$$|A\cap B|+|A\cap C|+|B\cap C|=20。$$

应注意，仅学两门语言的人数不是 20，因为 $A\cap B\supset A\cap B\cap C$，所以仅选修 Visual C++课程和 Visual Basic 课程的学生数应是$|A\cap B|-|A\cap B\cap C|=|A\cap B|-3$。同理，仅选修 Visual C++课程和 Java 课程的学生数应是$|A\cap C|-|A\cap B\cap C|=|A\cap C|-3$。仅选修 Visual Basic 课程和 Java 课程的学生数应是$|B\cap C|-|A\cap B\cap C|=|B\cap C|-3$。所以仅选修两门课程的学生数是

$$|A\cap B|+|A\cap C|+|B\cap C|-3|A\cap B\cap C|=11。$$

例 3.3.4 75 个儿童到公园游乐场。他们在那里可以骑旋转木马，坐滑行铁道车，乘宇宙飞船。已知其中有 20 人这三种东西都乘坐过，其中 55 人至少乘坐过其中的两种。若每样乘坐一次的费用是 5 元钱，公园游乐场总共收入 700 元钱。

试确定有多少儿童没有乘坐过其中的任何一种。

解 设 A 是骑旋转木马的儿童的集合，B 是坐滑行铁道车的儿童的集合，C 是坐宇宙飞船的儿童的集合。

由题意可知：

$$|A|+|B|+|C|=700/5=140 \quad |A\cap B\cap C|=20$$

仅乘坐过其中两种的儿童数为：55−20=35，由例 3.3.3 的分析可知，

$$35=|A\cap B|+|A\cap C|+|B\cap C|-3|A\cap B\cap C|$$

所以

$$|A\cap B|+|A\cap C|+|B\cap C|=95$$

而

$$|A\cup B\cup C|=|A|+|B|+|C|-|A\cap B|-|A\cap C|-|B\cap C|+|A\cap B\cap C|=140-95+20=65$$

所以，没有乘坐过任何一种的儿童人数为 75−65=10（人）。

例 3.3.5 求 1 到 1000 之间能被 2、3、5 和 7 任何一个数整除的整数的个数。

解 设 A_1 表示 1 到 1000 间能被 2 整除的整数集合，

A_2 表示 1 到 1000 间能被 3 整除的整数集合，

A_3 表示 1 到 1000 间能被 5 整除的整数集合，

A_4 表示 1 到 1000 间能被 7 整除的整数集合，

$\lfloor x\rfloor$ 表示小于或等于 x 的最大整数。

则

$$|A_1|=\left\lfloor\frac{1000}{2}\right\rfloor=500$$

$$|A_2|=\left\lfloor\frac{1000}{3}\right\rfloor=333$$

$$|A_3|=\left\lfloor\frac{1000}{5}\right\rfloor=200$$

$$|A_4|=\left\lfloor\frac{1000}{7}\right\rfloor=142$$

$$|A_1\cap A_2|=\left\lfloor\frac{1000}{2\times 3}\right\rfloor=166$$

$$|A_1\cap A_3|=\left\lfloor\frac{1000}{2\times 5}\right\rfloor=100$$

$$|A_1\cap A_4|=\left\lfloor\frac{1000}{2\times 7}\right\rfloor=71$$

$$|A_2 \cap A_3| = \left\lfloor \frac{1000}{3 \times 5} \right\rfloor = 66$$

$$|A_2 \cap A_4| = \left\lfloor \frac{1000}{3 \times 7} \right\rfloor = 47$$

$$|A_3 \cap A_4| = \left\lfloor \frac{1000}{5 \times 7} \right\rfloor = 28$$

$$|A_1 \cap A_2 \cap A_3| = \left\lfloor \frac{1000}{2 \times 3 \times 5} \right\rfloor = 33$$

$$|A_1 \cap A_2 \cap A_4| = \left\lfloor \frac{1000}{2 \times 3 \times 7} \right\rfloor = 23$$

$$|A_1 \cap A_3 \cap A_4| = \left\lfloor \frac{1000}{2 \times 5 \times 7} \right\rfloor = 14$$

$$|A_2 \cap A_3 \cap A_4| = \left\lfloor \frac{1000}{3 \times 5 \times 7} \right\rfloor = 9$$

$$|A_1 \cap A_2 \cap A_3 \cap A_4| = \left\lfloor \frac{1000}{2 \times 3 \times 5 \times 7} \right\rfloor = 4$$

$$\begin{aligned}|A_1 \cup A_2 \cup A_3 \cup A_4| &= 500+333+200+142-166-100-71-66-47-28+33+23+14+9-4 \\ &= 772\end{aligned}$$

所以，1 到 1000 之间能被 2、3、5 和 7 任何一个数整除的整数的个数为 772。

本章介绍了集合的基本概念、性质、表示方法和集合的基本运算。基本概念有：集合、子集、空集、幂集等；两集合间的相等和包含关系的定义和性质，能够利用定义证明两个集合相等；利用常用的集合表示方法表示集合；集合的基本运算：并、交、差、补、对称差的定义及集合满足的基本运算律，通过它们证明复杂的集合等式；在计算集合元素数目时用到的有限集合包容排斥原理。

1．用列举法表示下列集合。

（1）小于 30 的素数集合。

（2）$\{x|x$ 是正整数，$x^2<99\}$。

（3）$\{x|x^2-3x+2=0\}$。

（4）在 100 到 200 之间的 18 的倍数。

2．设 $N=\{0，1，2，3，\cdots\}$，列出下列集合的元素。

（1）$A=\{x|x\in N，3<x<12\}$。

（2）$B=\{x|x\in N，x$ 为偶数且 $x<19\}$。

（3）$C=\{x|x\in N，3+x=2\}$。

（4）$D=\{x|x\in N，x^2+3x\leqslant 100\}$。

3．用描述法表示下列集合。

（1）$\{1，3，5，7，\cdots，999\}$。

（2）$\{3，6，9，12，\cdots，99\}$。

（3）$\{1，4，9，16，25，36\}$。

（4）小于 10 的非负整数集合。

（5）小于 75 的 12 的正倍数集合。

4．判断下列每组集合是否相等。

（1）$A=\varnothing$，$B=\{\varnothing\}$。

（2）$A=\{1，3，3，5，1\}$，$B=\{5，3，1\}$。

（3）$A=\{a，b，\varnothing\}$，$B=\{a，b，\{\varnothing\}\}$。

（4）$A=\{x|x^3-6x^2-7x-6=0\}$，$B=\{1，2，3\}$。

5．已知集合 $U=\{1，2，3，4，5，6\}$，$A=\{1，4\}$，$B=\{1，2，5\}$，$C=\{2，4\}$，求下列集合。

（1）$A\cap\sim B$。

（2）$(A\cap B)\cup(A\cap\sim C)$。

（3）$\sim(A\cap B)$。

（4）$\rho(A)\cap\rho(B)$。

（5）$\rho(A)-\rho(B)$。

（6）$(A-B)\oplus(A-C)$

6．设 A，B，C 是任意集合，确定下列命题是否正确，并说明理由。

（1）如果 $A\in B$ 及 $B\subseteq C$，则 $A\subseteq C$。

（2）如果 $A\in B$ 及 $B\subseteq C$，则 $A\in C$。

（3）如果 $A\subseteq B$ 及 $B\in C$，则 $A\in C$。

（4）如果 $A\subseteq B$ 及 $B\in C$，则 $A\subseteq C$。

7．设有集合 A，B 和 C，在什么条件下，下列命题为真。

（1）$(A-B)\cup(A-C)=\varnothing$。

（2）$(A-B)\cup(A-C)=A$。

（3）$(A-B)\cap(A-C)=\varnothing$。

（4）$(A-B)\oplus(A-C)=\varnothing$。

8．求下列集合的幂集。

（1）$\{1，2，3，4\}$。

（2）$\{\{1，2\}，3，4\}$。

（3）$\{\varnothing，a，\{a\}\}$。

（4）$\{\varnothing，\{\varnothing\}，\{\{\varnothing\}\}\}$。

9．设集合 A，B 和 C，证明：$A-(B-C)=(A-B)\cup(A\cap C)$。

10．判断下列命题是否为真。

（1）$\varnothing\subseteq\varnothing$。

（2）$\varnothing\in\varnothing$。

（3）$\varnothing\subseteq\{\varnothing\}$。

（4）$\varnothing\in\{\varnothing\}$。

（5）$\varnothing\subset\varnothing$。

（6）$\{\varnothing\}\subseteq\varnothing$。

（7）$\{\varnothing\}\in\{\varnothing，\{\{\varnothing\}\}\}$。

（8）$\{\varnothing\}\subseteq\{\varnothing，\{\{\varnothing\}\}\}$。

11．在 1~200 的正整数中，

（1）能被 2 或 3 整除的数有多少个？

（2）能被 2 和 3 同时整除的数有多少个？

12．某班有 30 名学生，选学法、日、德 3 种外语。学法语有 18 人，学日语有 15 人，学德语有 11 人，法、日语都学的有 9 人，法、德语都学的有 8 人，日、德语都学的有 6 人，法、日、德 3 种外语全学的有 4 人，问法、日、德 3 种外语都不学的有多少人？

13．对 100 名学生进行调查统计，有 50 人爱好上网，有 70 人爱好音乐，其中既爱好上网又爱好音乐的有 30 人，问既不爱好上网又不爱好音乐的学生人数是多少？

14．（1）在一个班级的 50 名学生中，有 26 人在第一次考试中得到 A，21 人在第二次考试中得到 A，假设有 17 人两次考试中都没有得到 A，问有多少名学生两次考试中都得到 A？

（2）在这些学生中，如果第一次考试中得到 A 的人数等于第二次考试中得到 A 的人数，如果仅在一次考试中得到 A 的学生总数为 40，并且如果有 4 个学生两次考试中都没有得到 A，问有多少名学生仅在第一次考试中得到 A？有多少名学生在两次考试中都得到 A？

15．某年级有 70 名学生，期末数学、语文和英语统考，数学优秀的有 31 人，语文优秀的有 36 人，英语优秀的有 29 人，3 门成绩都为优秀的有 5 人，仅有两门成绩为优秀的有 24 人，问 3 门成绩都不为优秀的有多少人？

16．在 1~2000 的正整数中，

（1）至少能被 2、3、9 之一整除的数有多少个？

（2）至少能被 2、3、9 中两个数同时整除的数有多少个？

（3）能且只能被 2、3、9 中一个数整除的数有多少个？

（4）能同时被 2、3、9 整除的数有多少个？

第 4 章　关系

在第 3 章中讨论了集合及集合的运算，在这一章中将研究集合内元素间的联系，这就是“关系”。关系是离散数学中刻画元素之间相互联系的一个重要概念。它仍然是一个集合，以具有联系的对象组合作为其成员。在计算机科学与技术领域中有着广泛的应用，关系数据库模型就是以关系及其运算作为理论基础的。本章主要讨论二元关系的基本理论。通过本章的学习，读者应该掌握以下内容：

- 关系、关系的表示
- 关系的性质和运算
- 等价关系和集合的划分
- 相容关系
- 偏序关系

4.1　序偶与笛卡尔积

4.1.1　有序 n 元组

在日常生活和实际工作中，有许多事物是成对出现的，而且这种成对出现的事物，具有一定的顺序。例如，上、下；左、右；中国地处亚洲；平面上点的坐标；3 整除 9 等。一般地，数学上用两个有次序的元素来表示一个称为序偶的结构，就可以说明客观世界中成对出现的事物具有一定次序。

定义 4.1.1　由两个元素 x 和 y 按一定次序排列组成的二元组，称为一个有序对或序偶，记为<x，y>，其中 x，y 分别称为序偶的第一、二分量（或称第一、二元素）。

注意，序偶<x，y>不同于集合{x，y}。集合{x，y}中的元素 x，y 无次序关系，例如{1，2}={2，1}。而<1，2>≠<2，1>，正如平面上点(1，2)≠(2，1)一样。

定义 4.1.2　两序偶<a，b>，<c，d>是相等的，当且仅当 a=c，b=d；记作<a，

$b\rangle=\langle c, d\rangle$。

例 4.1.1 设有序对$\langle 2x+y, 6\rangle=\langle x-2y, x+2y\rangle$，那么根据有序对相等的充分条件有 $2x+y=x-2y$ 和 $6=x+2y$，因此得到 $x=18$，$y=-6$。

序偶的概念可以推广到三元组的情况。

三元组是一个序偶，其第一分量本身也是一个序偶，可形式化地表示为$\langle\langle x, y\rangle, z\rangle$。由序偶的定义可知，$\langle\langle x, y\rangle, z\rangle=\langle\langle u, v\rangle, w\rangle$当且仅当$\langle x, y\rangle=\langle u, v\rangle$，$z=w$，即 $x=u$，$y=v$，$z=w$。今后约定三元组简记为$\langle x, y, z\rangle$。显然$\langle\langle x, y\rangle, z\rangle \neq \langle x, \langle y, z\rangle\rangle$，因为$\langle x, \langle y, z\rangle\rangle$不是三元组。

同理可以定义四元组，五元组，…，n 元组。其中 n 元组的定义如下：

n 元组是一个序偶，它的第一个分量是一个 $n-1$ 元组，第二个分量是一个元素，记为$\langle\langle x_1, x_2, \cdots, x_{n-1}\rangle, x_n\rangle$，简记为$\langle x_1, x_2, \cdots, x_n\rangle$，其中第 i 个分量称为 n 元组的第 i 个坐标。根据序偶的定义，两个 n 元组相等$\langle x_1, x_2, \cdots, x_n\rangle=\langle y_1, y_2, \cdots, y_n\rangle$，当且仅当 $x_1=y_1$，$x_2=y_2$，…，$x_n=y_n$。

4.1.2 笛卡尔积的概念

序偶$\langle x, y\rangle$的两个分量可以取自同一集合，也可以取自不同集合。例如，$D=\{1, 2\}$，$x\in D$，$y\in D$，则可以组成序偶$\langle 1, 1\rangle$，$\langle 1, 2\rangle$，$\langle 2, 1\rangle$，$\langle 2, 2\rangle$。若设 $A=\{a, b\}$，$B=\{1, 2\}$，则 $x\in A$，$y\in B$ 时，可以组成序偶$\langle a, 1\rangle$，$\langle a, 2\rangle$，$\langle b, 1\rangle$，$\langle b, 2\rangle$。

定义 4.1.3 给定两个集合 A 和 B，如果序偶的第一个分量是 A 中的一个元素，第二个分量是 B 中的一个元素，则所有这种序偶组成的集合，称为集合 A 和 B 的笛卡尔积，简称为卡氏积，记为 $A\times B$，即 $A\times B=\{\langle x, y\rangle \mid x\in A \wedge y\in B\}$。

由定义可知，笛卡尔积是一个集合，它的元素是序偶。

例 4.1.2 （1）$A=\{a, b\}$，$B=\{c, d\}$，求 $A\times B$。

（2）$A=\{a, b\}$，$B=\{c, d\}$，求 $B\times A$。

（3）$A=\{a, b\}$，$B=\{1, 2\}$，$C=\{c\}$，求$(A\times B)\times C$ 和 $A\times(B\times C)$。

解 （1）$A\times B=\{a, b\}\times\{c, d\}=\{\langle a, c\rangle, \langle a, d\rangle, \langle b, c\rangle, \langle b, d\rangle\}$。

（2）$B\times A=\{c, d\}\times\{a, b\}=\{\langle c, a\rangle, \langle c, b\rangle, \langle d, a\rangle, \langle d, b\rangle\}$。

（3）$(A\times B)=\{a, b\}\times\{1, 2\}=\{\langle a, 1\rangle, \langle a, 2\rangle, \langle b, 1\rangle, \langle b, 2\rangle\}$。

$$(A\times B)\times C=\{\langle\langle a, 1\rangle, c\rangle, \langle\langle a, 2\rangle, c\rangle, \langle\langle b, 1\rangle, c\rangle, \langle\langle b, 2\rangle, c\rangle\}$$
$$=\{\langle a, 1, c\rangle, \langle a, 2, c\rangle, \langle b, 1, c\rangle, \langle b, 2, c\rangle\}。$$

$B\times C=\{1, 2\}\times\{c\}=\{\langle 1, c\rangle, \langle 2, c\rangle\}$。

$A\times(B\times C)=\{\langle a, \langle 1, c\rangle\rangle, \langle a, \langle 2, c\rangle\rangle, \langle b, \langle 1, c\rangle\rangle, \langle b, \langle 2, c\rangle\rangle\}$。

从上例可以看出 $A\times B\neq B\times A$，$(A\times B)\times C\neq A\times(B\times C)$。

规定：若 $A=\varnothing$ 或 $B=\varnothing$，则 $A\times B=\varnothing$。

定义 4.1.4 设集合 A_1，A_2，…，A_n，其中 $n\in N$，且 $n>1$，它们的 n 阶笛卡尔积记作 $A_1\times A_2\times\cdots\times A_n$，定义为：

$A_1\times A_2\times\cdots\times A_n=\{<x_1, x_2, \cdots, x_n>| x_1\in A_1\wedge x_2\in A_2\wedge\cdots\wedge x_n\in A_n\}$

当 $A_1=A_2=\cdots=A_n$ 时，$A_1\times A_2\times\cdots\times A_n$ 简记为 A^n。

例 4.1.3 设 $A=\{1, 2\}$， $B=\{a, b, c\}$，则

（1）$A^2=\{<1, 1>, <1, 2>, <2, 1>, <2, 2>\}$

（2）$B^2=\{<a, a>, <a, b>, <a, c>, <b, a>, <b, b>, <b, c>, <c, a>, <c, b>, <c, c>\}$

（3）$R^2=\{<x, y>| x\in R\wedge y\in R\}$，$R^2$ 为笛卡尔平面，R^3 为笛卡尔空间。

4.1.3 笛卡尔积的性质

定理 4.1.1 设 A，B 是任意有限集合，则有

$$|A\times B|=|A|\cdot|B|$$

该定理由排列组合知识容易证明，可以把该定理进一步推广到 n 阶笛卡尔积的情况。

定理 4.1.2 对任意有限集合 A_1，A2，…，A_n 有

$$|A_1\times A_2\times\cdots\times A_n|=|A_1|\cdot|A_2|\cdot\cdots\cdot|A_n|$$

可由归纳法证明。

定理 4.1.3 设 A，B，C 为任意集合，则有

（1）$A\times(B\cup C)=(A\times B)\cup(A\times C)$

（2）$A\times(B\cap C)=(A\times B)\cap(A\times C)$

（3）$(A\cup B)\times C=(A\times C)\cup(B\times C)$

（4）$(A\cap B)\times C=(A\times C)\cap(B\times C)$

证明 （1）对任意 $<x, y>\in A\times(B\cup C)$，则 $x\in A$，$y\in(B\cup C)$，因而有 $x\in A$ 且 $(y\in B$ 或 $y\in C)$，故 $(x\in A, y\in B)$ 或 $(x\in A, y\in C)$ 即 $<x, y>\in A\times B$ 或 $<x, y>\in A\times C$，则 $<x, y>\in(A\times B)\cup(A\times C)$。所以 $A\times(B\cup C)\subseteq(A\times B)\cup(A\times C)$。

设任意 $<x, y>\in(A\times B)\cup(A\times C)$，则 $<x, y>\in A\times B$ 或 $<x, y>\in A\times C$，即 $(x\in A, y\in B)$ 或 $(x\in A, y\in C)$，也即 $x\in A$ 且 $(y\in B$ 或 $y\in C)$，故 $x\in A$ 且 $y\in B\cup C$，得到 $<x, y>\in A\times(B\cup C)$。所以 $(A\times B)\cup(A\times C)\subseteq A\times(B\cup C)$。

因此，$A\times(B\cup C)=(A\times B)\cup(A\times C)$。

（3）若 $<x, y>\in(A\cup B)\times C\Leftrightarrow(x\in A\cup B)\wedge(y\in C)$

$$\Leftrightarrow(x\in A\vee x\in B)\wedge(y\in C)$$

$$\Leftrightarrow(x\in A\wedge y\in C)\vee(x\in B\wedge y\in C)$$

$$\Leftrightarrow (<x, y> \in A \times C) \vee (<x, y> \in B \times C)$$
$$\Leftrightarrow <x, y> \in ((A \times C) \cup (B \times C))$$

因此，$(A \cup B) \times C = (A \times C) \cup (B \times C)$。

（2）（4）同理可证。

定理 4.1.4　设 A，B，C 为任意集合，且 $C \neq \varnothing$，则有

$$A \subseteq B \Leftrightarrow (A \times C \subseteq B \times C) \Leftrightarrow (C \times A \subseteq C \times B)$$

证明

因为 $C \neq \varnothing$，设 $y \in C$，假设 $A \subseteq B$，有

$$\begin{aligned} <x, y> \in A \times C &\Leftrightarrow (x \in A \wedge y \in C) \\ &\Rightarrow (x \in B \wedge y \in C) \\ &\Leftrightarrow <x, y> \in B \times C \end{aligned}$$

因此有　$A \times C \subseteq B \times C$。

反之，若 $C \neq \varnothing$，$A \times C \subseteq B \times C$，设 $y \in C$，则有

$$\begin{aligned} x \in A &\Rightarrow x \in A \wedge y \in C \\ &\Rightarrow <x, y> \in A \times C \\ &\Rightarrow <x, y> \in B \times C \\ &\Leftrightarrow x \in B \wedge y \in C \\ &\Rightarrow x \in B \end{aligned}$$

因此有　$A \subseteq B$。

所以　　$A \subseteq B \Leftrightarrow (A \times C \subseteq B \times C)$。

类似可证 $A \subseteq B \Leftrightarrow (C \times A \subseteq C \times B)$。

定理 4.1.5　设 A，B，C，D 为任意非空集合，则 $A \times B \subseteq C \times D$ 的充分必要条件是：

$A \subseteq C$ 且 $B \subseteq D$。

证明

如果 $A \times B \subseteq C \times D$，对任意 $x \in A$，$y \in B$ 有

$$\begin{aligned} x \in A \wedge y \in B &\Rightarrow <x, y> \in A \times B \\ &\Rightarrow <x, y> \in C \times D \\ &\Rightarrow x \in C \wedge y \in D \end{aligned}$$

即 $A \subseteq C$ 且 $B \subseteq D$。

反之，如果 $A \subseteq C$ 且 $B \subseteq D$，设任意 $x \in C$ 和 $y \in B$，有

$$\begin{aligned} <x, y> \in A \times B &\Leftrightarrow x \in A \wedge y \in B \\ &\Rightarrow x \in C \wedge y \in B \\ &\Rightarrow x \in C \wedge y \in D \end{aligned}$$

$$\Leftrightarrow <x, y> \in C \times D$$

所以，$A \times B \subseteq C \times D$。

由于两个集合的笛卡尔积仍然是一个集合，所以对于有限集合可以进行多次笛卡尔积运算。

为与前面 n 元组定义一致，规定：

$$A_1 \times A_2 \times A_3 = (A_1 \times A_2) \times A_3$$

$$A_1 \times A_2 \times A_3 \times A_4 = (A_1 \times A_2 \times A_3) \times A_4$$

$$= ((A_1 \times A_2) \times A_3) \times A_4$$

一般地，有 $A_1 \times A_2 \times \cdots \times A_n = (A_1 \times A_2 \times \cdots \times A_{n-1}) \times A_n$。故 $A_1 \times A_2 \times \cdots \times A_n$ 的元素是 n 元组。

注意：$A_1 \times A_2 \times A_3 \neq A_1 \times (A_2 \times A_3)$。

4.2 二元关系及其表示

4.2.1 二元关系的概念

定义 4.2.1 设 A，B 是两个集合，R 是笛卡尔积 $A \times B$ 的任意一个子集，则称 R 为从 A 到 B 的一个二元关系，简称关系。特别地当 $A=B$ 时，则称 R 为 A 上的二元关系（或 A 上的关系）。

假设 R 为从 A 到 B 的一个二元关系。则 R 是一个序偶的集合，在每一个序偶中，第一元素来自集合 A，而第二元素来自集合 B。即对于任意序偶 $<x, y>$，$x \in A$，$y \in B$，有下列两种情况：

（1）$<x, y> \in R$，称 x 与 y 之间具有关系 R，记作 xRy。

（2）$<x, y> \notin R$，称 x 与 y 之间不具有关系 R，记作 $x \not R y$。

例如，$A=\{a, b, c\}$，$B=\{1, 2, 3, 4, 5\}$，$R=\{<a, 3>, <b, 3>, <c, 4>\}$。$R$ 是集合 A 到 B 的一个二元关系，因为 $<a, 3> \in R$，则 a 与 3 具有关系 R，而 $<a, 4> \notin R$，则 a 与 4 不具有关系 R。

定义 4.2.2 设 R 是二元关系，由 $<x, y> \in R$ 的所有 x 组成的集合称为 R 的定义域，记作 dom R，即

$$\mathrm{dom}\, R = \{x \mid (\exists y)(y \in B \wedge <x, y> \in R)\}。$$

由 $<x, y> \in R$ 的所有 y 组成的集合称为 R 的值域，记作 ran R，即

$$\mathrm{ran}\, R = \{y \mid (\exists x)(x \in A \wedge <x, y> \in R)\}。$$

由 R 的定义域和值域的并集组成的集合称作 R 的域，记作 FLD R，即

$$\mathrm{FLD}\, R = \mathrm{dom}\, R \cup \mathrm{ran}\, R$$

由定义可知，一般地 dom $R\subseteq A$，ran $R\subseteq B$。

例 4.2.1 设 $A=\{a, b, c, d, e\}$，$B=\{1, 2, 3\}$，$R=\{<a, 2>, <b, 3>, <c, 2>\}$，求 R 的定义域和值域。

解 dom $R=\{a, b, c\}$，ran $R=\{2, 3\}$。

例 4.2.2 设 $A=\{1, 3, 5, 7, 9\}$，R 是 A 上的二元关系，当 $a, b\in A$ 且 $a<b$ 时，$<a, b>\in R$，求 R 和它的定义域及值域。

解 $R=\{<1, 3>, <1, 5>, <1, 7>, <1, 9>, <3, 5>, <3, 7>, <3, 9>, <5, 7>, <5, 9>, <7, 9>\}$

dom $R=\{1, 3, 5, 7\}$，ran $R=\{3, 5, 7, 9\}$。

例 4.2.3 设 $A=\{1, 2, 3, 4, 5, 6\}$，R 是 A 上的二元关系，当 $a, b\in A$ 且 a 整除 b 时，$<a, b>\in R$，求 R 和它的定义域及值域。

解 $R=\{<1, 1>, <1, 2>, <1, 3>, <1, 4>, <1, 5>, <1, 6>, <2, 2>, <2, 4>, <2, 6>, <3, 3>, <3, 6>, <4, 4>, <5, 5>, <6, 6>\}$

dom $R=\{1, 2, 3, 4, 5, 6\}$，ran $R=\{1, 2, 3, 4, 5, 6\}$。

对于任何集合 A，空集$\varnothing$和 $A\times A$ 都是 $A\times A$ 的子集，称做 A 上的空关系和全域关系。

定义 4.2.3 设 I_A 为集合 A 上的二元关系，且满足 $I_A=\{<x, x>|x\in A\}$，则称 I_A 为集合 A 上的恒等关系。

例如，$A=\{a, b, c, d\}$，则 $I_A=\{<a, a>, <b, b>, <c, c>, <d, d>\}$。

例 4.2.4 设 $A=\{1, 2, 3, 4, 5, 6, 7, 8, 9\}$，$R$ 是 A 上的二元关系，当 $a, b\in A$ 且 a、b 除 3 的余数相同时，$<a, b>\in R$，求 R 和 A 上的恒等关系。

解 $R=\{<1, 1>, <1, 4>, <1, 7>, <4, 1>, <4, 4>, <4, 7>, <7, 1>, <7, 4>, <7, 7>, <2, 2>, <2, 5>, <2, 8>, <5, 2>, <5, 5>, <5, 8>, <8, 2>, <8, 5>, <8, 8>, <3, 3>, <3, 6>, <3, 9>, <6, 3>, <6, 6>, <6, 9>, <9, 3>, <9, 6>, <9, 9>\}$。

$I_A=\{<1, 1>, <2, 2>, <3, 3>, <4, 4>, <5, 5>, <6, 6>, <7, 7>, <8, 8>, <9, 9>\}$。

显然 $I_A\subseteq R$。

4.2.2 二元关系的表示

表示一个二元关系的方法有三种：集合表示法、关系矩阵表示法和关系图表示法。以上所有的关系都是以集合表示法给出的。对于有限集合 A 上的二元关系还可以用其他方法表示。

1. 关系矩阵表示法

设给定集合 $A=\{a_1, a_2, \cdots, a_n\}$，集合 $B=\{b_1, b_2, \cdots, b_m\}$，$R$ 为从 A 到 B 的一个二元关系，构造一个 $n\times m$ 矩阵。用集合 A 的元素标注矩阵的行，用集合 B 的元素标注矩阵的列，对于 $a\in A$ 和 $b\in B$，若 $\langle a, b\rangle\in R$，则在行 a 和列 b 交叉处标 1，否则标 0。这样得到的矩阵称为 R 的关系矩阵。

例 4.2.5 设 $A=\{a, b, c, d\}$，$B=\{x, y, z\}$，$R=\{\langle a, x\rangle, \langle b, y\rangle, \langle c, x\rangle, \langle d, z\rangle\}$，写出 R 的关系矩阵。

解 R 的关系矩阵为

$$\begin{bmatrix} 1 & 0 & 0 \\ 0 & 1 & 0 \\ 1 & 0 & 0 \\ 0 & 0 & 1 \end{bmatrix}$$

例 4.2.6 设 $A=\{1, 2, 3, 4, 5, 6\}$，R 是 A 上的小于等于关系，即若 a、$b\in A$ 且 $a\leqslant b$，则 $\langle a, b\rangle\in R$，写出 R 的关系矩阵。

解 由题意知 $R=\{\langle 1, 1\rangle, \langle 1, 2\rangle, \langle 1, 3\rangle, \langle 1, 4\rangle, \langle 1, 5\rangle, \langle 1, 6\rangle, \langle 2, 2\rangle, \langle 2, 3\rangle, \langle 2, 4\rangle, \langle 2, 5\rangle, \langle 2, 6\rangle, \langle 3, 3\rangle, \langle 3, 4\rangle, \langle 3, 5\rangle, \langle 3, 6\rangle, \langle 4, 4\rangle, \langle 4, 5\rangle, \langle 4, 6\rangle, \langle 5, 5\rangle, \langle 5, 6\rangle, \langle 6, 6\rangle\}$，$R$ 的关系矩阵为

$$\begin{bmatrix} 1 & 1 & 1 & 1 & 1 & 1 \\ 0 & 1 & 1 & 1 & 1 & 1 \\ 0 & 0 & 1 & 1 & 1 & 1 \\ 0 & 0 & 0 & 1 & 1 & 1 \\ 0 & 0 & 0 & 0 & 1 & 1 \\ 0 & 0 & 0 & 0 & 0 & 1 \end{bmatrix}$$

2. 关系图表示法

有限集的二元关系可以用有向图来表示，设集合 $A=\{a_1, a_2, \cdots, a_n\}$，集合 $B=\{b_1, b_2, \cdots, b_m\}$，$R$ 为从 A 到 B 的一个二元关系，首先用小圆圈画出 n 个结点分别表示 $a_1, a_2, \cdots, a_n$，然后另外画出 m 个结点分别表示 $b_1, b_2, \cdots, b_m$，如果 $a\in A$，$b\in B$ 且 $\langle a, b\rangle\in R$，则自结点 a 到结点 b 画出一条有向弧，其箭头指向 b。如果 $\langle a, b\rangle\notin R$，则结点 a 和结点 b 之间没有线段连接。用这种方法得到的图称为 R 的关系图。

例 4.2.7 $A=\{1, 2, 3, 4\}$，$B=\{5, 6, 7\}$，$R=\{\langle 1, 7\rangle, \langle 2, 5\rangle, \langle 3, 6\rangle, \langle 4, 7\rangle\}$，画出 R 的关系图。

解 R 的关系图如图 4.1 所示。

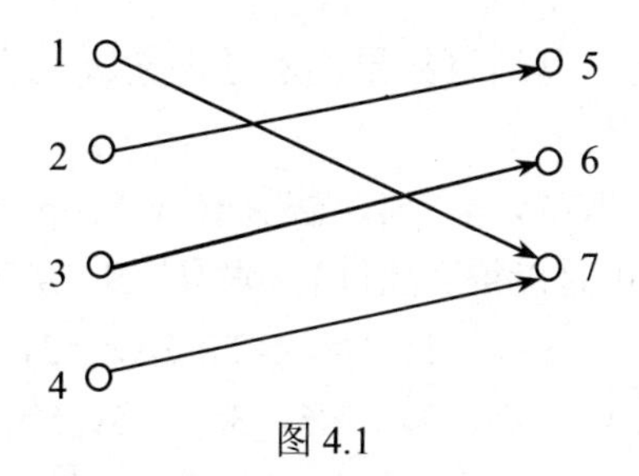

图 4.1

当 R 为有限集 A 上的二元关系，则 R 的关系图为：用结点表示集合 A 的所有元素，如果 $<a, b> \in R$，则自结点 a 到结点 b 作出一条有向弧，其箭头指向 b。如果 $<a, a> \in R$，则在 a 处画一条自封闭的弧线。

例 4.2.8 设 $A=\{1, 2, 3, 4\}$，$R=\{<1, 2>, <2, 2>, <3, 3>, <4, 1>\}$。画出 A 上的关系图。

解 A 上的关系图如图 4.2 所示。

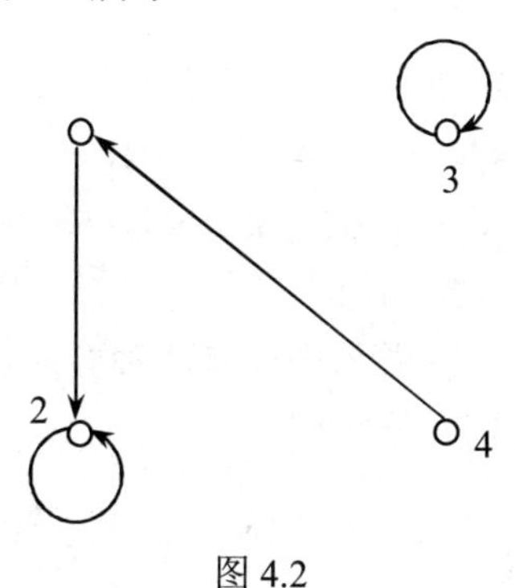

图 4.2

值得注意的是，从 A 到 B 的关系 R 是 $A\times B$ 的子集，而 $A\times B$ 是 $(A\cup B)\times(A\cup B)$ 的子集，因此 R 是 $(A\cup B)\times(A\cup B)$ 的子集。设 $C=A\cup B$，则 $R\subseteq C\times C$，因此，可以把 R 看作是一个集合 C 上的关系。所以，在后面讨论关系时，通常是限制在一个集合上的二元关系。

不难看出，R 的关系图是唯一的。如果给出了集合 A 和 B 全体元素的某种次序，那么从 A 到 B 的关系矩阵或者 A 上的关系矩阵是唯一的。

4.3 关系的运算

4.3.1 关系的交、并、差、补运算

由于关系是序偶的集合，所以，在同一定义域上的关系，可以进行集合的运

算，如交、并、差、补等。其运算结果仍然是定义域上的一个集合，因此也是一个关系。

例 4.3.1 设 $X=\{1, 2, 3, 4, 5\}$，若 $A=\{<x, y> \mid x$ 与 y 的差能被 2 整除$\}$，$B=\{<x, y> \mid x$ 与 y 的差为正且能被 3 整除$\}$，求 $A\cup B$，$A\cap B$，$A-B$，$B-A$，$\sim A$。

解 $A=\{<1, 1>, <1, 3>, <1, 5>, <2, 2>, <2, 4>, <3, 1>, <3, 3>, <3, 5>, <4, 2>, <4, 4>, <5, 1>, <5, 3>, <5, 5>\}$

$B=\{<4, 1>, <5, 2>\}$

$A\cup B=\{<1, 1>, <1, 3>, <1, 5>, <2, 2>, <2, 4>, <3, 1>, <3, 3>, <3, 5>, <4, 1>, <4, 2>, <4, 4>, <5, 1>, <5, 2>, <5, 3>, <5, 5>\}$

$A\cap B=\varnothing$

$A-B=\{<1, 1>, <1, 3>, <1, 5>, <2, 2>, <2, 4>, <3, 1>, <3, 3>, <3, 5>, <4, 2>, <4, 4>, <5, 1>, <5, 3>, <5, 5>\}$

$B-A=\{<4, 1>, <5, 2>\}$

$\sim A=\{1, 2, 3, 4, 5\}\times\{1, 2, 3, 4, 5\}-\{<1, 1>, <1, 3>, <1, 5>, <2, 2>, <2, 4>, <3, 1>, <3, 3>, <3, 5>, <4, 2>, <4, 4>, <5, 1>, <5, 3>, <5, 5>\}$

$=\{<1, 2>, <1, 4>, <2, 1>, <2, 3>, <2, 5>, <3, 2>, <3, 4>, <4, 1>, <4, 3>, <4, 5>, <5, 2>, <5, 4>\}$

除了上面的几种运算外，在关系中还有两种新的运算，它们是关系的复合运算和关系的逆运算，下面分别介绍它们。

4.3.2 关系的复合运算

定义 4.3.1 设 R 是从集合 A 到集合 B 上的二元关系，S 是从集合 B 到集合 C 上的二元关系，则 $R\circ S$ 称为 R 和 S 的复合关系，表示为

$R\circ S=\{<x, z> \mid x\in A\wedge z\in C\wedge \exists y(y\in B\wedge <x, y>\in R\wedge <y, z>\in S)\}$

从 R，S 得到 $R\circ S$ 的运算称为关系的复合运算（也称为合成运算）。

例 4.3.2 （1）$A=\{1, 2, 3, 4\}$，$B=\{3, 5, 7\}$，$C=\{1, 2, 3\}$，$R=\{<2, 7>, <3, 5>, <4, 3>\}$，$S=\{<3, 3>, <7, 2>\}$，$R\circ S=\{<2, 2>, <4, 3>\}$。

如图 4.3 所示。

（2）设 R，S 都是 A 上的关系，$A=\{1, 2, 3, 4\}$。

$R=\{<1, 2>, <1, 3>, <3, 4>\}$，$S=\{<1, 1>, <2, 2>, <3, 3>, <4, 4>\}$，即 S 为 A 上的恒等关系，则 $R\circ S=S\circ R=R$。

如图 4.4 所示。

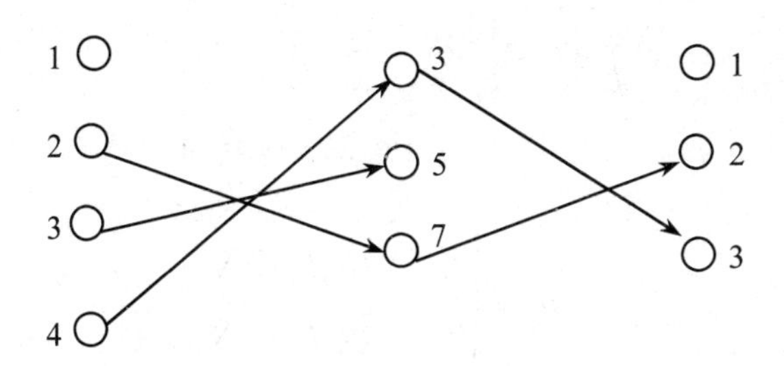

图 4.3

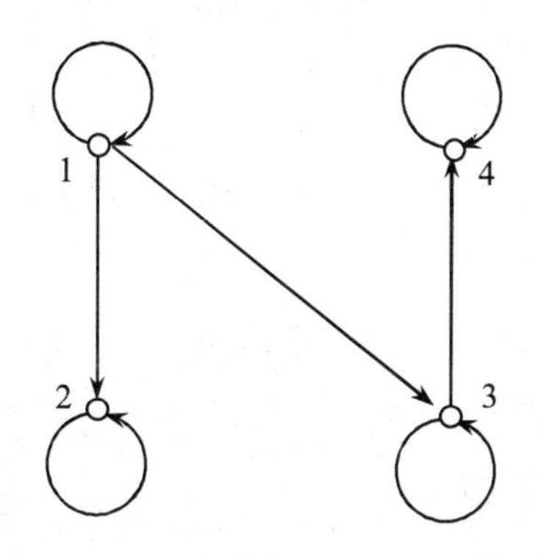

图 4.4

（3）设 R 是 A 上的关系，S 为 A 上的空关系，即 $S=\varnothing$，则 $R\circ S=S\circ R=\varnothing$。

定理 4.3.1 设 R 是从 A 到 B 的关系，S 是从 B 到 C 的关系，其中 $A=\{a_1, a_2, \cdots, a_m\}$，$B=\{b_1, b_2, \cdots, b_n\}$，$C=\{c_1, c_2, \cdots, c_t\}$。而 M_R，M_S 和 $M_{R\circ S}$ 分别为关系 R，S 和 $R\circ S$ 的关系矩阵，则有 $M_{R\circ S}=M_R \cdot M_S$。

证明

设

$$M_R=\begin{bmatrix} a_{11} & a_{12} & \cdots & a_{1n} \\ a_{21} & a_{22} & \cdots & a_{2n} \\ \cdots & \cdots & \cdots & \cdots \\ a_{m1} & a_{m2} & \cdots & a_{mn} \end{bmatrix}$$

其中

$$a_{ij}=\begin{cases} 1 & 当(a_i, a_j)\in R \\ 0 & 当(a_i, a_j)\notin R \end{cases}$$

$$M_S=\begin{bmatrix} b_{11} & b_{12} & \cdots & b_{1t} \\ b_{21} & b_{22} & \cdots & b_{2t} \\ \cdots & \cdots & \cdots & \cdots \\ a_{n1} & a_{n2} & \cdots & a_{nt} \end{bmatrix}$$

其中

$$b_{ij}=\begin{cases} 1 & (b_i,b_j)\in S \\ 0 & (b_i,b_j)\notin S \end{cases}$$

令

$$M_R\cdot M_S=\begin{bmatrix} c_{11} & c_{12} & \cdots & c_{1t} \\ c_{21} & c_{22} & \cdots & c_{2t} \\ \cdots & \cdots & \cdots & \cdots \\ c_{m1} & c_{m2} & \cdots & c_{mt} \end{bmatrix}$$

由矩阵的乘法运算规则可知

$$\begin{aligned} c_{ij} &= \sum_{k=1}^{n} a_{ik}b_{kj} \\ &= a_{i1}\cdot b_{1j}+a_{i2}\cdot b_{2j}+\cdots+a_{in}\cdot b_{nj} \end{aligned}$$

对于上述表达式中的任意项 $a_{ik}\cdot b_{kj}$，由于 a_{ik} 和 b_{kj} 的取值仅为 0 或 1，所以只有当 a_{ik}=1 且 b_{kj}=1 时，才有 $a_{ik}\cdot b_{kj}$=1，也即当 $<a_i, b_k>\in R$ 且 $<b_k, c_j>\in S$ 时，有 $c_{ij}\neq 0$，如果将 c_{ij} 的表达式中的加法改为逻辑加（即 0+0=0，1+0=0+1=1，1+1=1）、乘法改为逻辑乘（即 0・0=0，1・0=0・1=0，1・1=1），当 a_{ik}=1 且 b_{kj}=1 时，c_{ij}=1，这说明 c_{ij} 是复合关系 $R\circ S$ 的关系矩阵 $M_{R\circ S}$ 的第 i 行，第 j 列元素，因此，只要将矩阵 $M_{R\circ S}$ 的乘积改为逻辑运算，就可得到复合运算的关系矩阵。

例 4.3.3 给定集合 $A=\{a, b, c, d, e\}$，在集合 A 上有两个关系，$R=\{<a, b>, <c, d>, <b, b>\}$，$S=\{<d, b>, <b, e>, <a, c>, <c, a>\}$，求 $R\circ S$ 和 $S\circ R$ 的关系矩阵。

解

$$M_{R\circ S}=\begin{bmatrix} 0 & 1 & 0 & 0 & 0 \\ 0 & 1 & 0 & 0 & 0 \\ 0 & 0 & 0 & 1 & 0 \\ 0 & 0 & 0 & 0 & 0 \\ 0 & 0 & 0 & 0 & 0 \end{bmatrix}\circ\begin{bmatrix} 0 & 0 & 1 & 0 & 0 \\ 0 & 0 & 0 & 0 & 1 \\ 1 & 0 & 0 & 0 & 0 \\ 0 & 1 & 0 & 0 & 0 \\ 0 & 0 & 0 & 0 & 0 \end{bmatrix}=\begin{bmatrix} 0 & 0 & 0 & 0 & 1 \\ 0 & 0 & 0 & 0 & 1 \\ 0 & 1 & 0 & 0 & 0 \\ 0 & 0 & 0 & 0 & 0 \\ 0 & 0 & 0 & 0 & 0 \end{bmatrix}$$

$$M_{S\circ R}=\begin{bmatrix}0&0&1&0&0\\0&0&0&0&1\\1&0&0&0&0\\0&1&0&0&0\\0&0&0&0&0\end{bmatrix}\circ\begin{bmatrix}0&1&0&0&0\\0&1&0&0&0\\0&0&0&1&0\\0&0&0&0&0\\0&0&0&0&0\end{bmatrix}=\begin{bmatrix}0&0&0&1&0\\0&0&0&0&0\\0&1&0&0&0\\0&1&0&0&0\\0&0&0&0&0\end{bmatrix}$$

定理 4.3.2 设 R 是从集合 A 到集合 B 上的二元关系，S 是从集合 B 到集合 C 上的二元关系，T 是从集合 C 到集合 D 上的二元关系，则有：

（1）$R\circ(S\cup T)=R\circ S\cup R\circ T$

（2）$R\circ(S\cap T)\subseteq R\circ S\cap R\circ T$

（3）$(R\cup S)\circ T=R\circ T\cup S\circ T$

（4）$(R\cap S)\circ T\subseteq R\circ T\cap S\circ T$

证明

（1）由复合运算可知，当且仅当存在 $y\in B$，并且 $<x, y>\in R$，$<y, z>\in(S\cup T)$ 时，才有 $<x, z>\in R\circ(S\cup T)$，于是有

$$\begin{aligned}<x, z>\in R\circ(S\cup T)&\Leftrightarrow(\exists y)(<x, y>\in R\wedge<y, z>\in(S\cup T))\\&\Leftrightarrow(\exists y)(<x, y>\in R\wedge(<y, z>\in S\vee<y, z>\in T))\\&\Leftrightarrow(\exists y)((<x, y>\in R\wedge<y, z>\in S)\vee(<x, y>\in R\wedge<y, z>\in T))\\&\Leftrightarrow(\exists y)(<x, y>\in R\wedge<y, z>\in S)\vee(\exists y)(<x, y>\in R\wedge<y, z>\in T)\\&\Leftrightarrow<x, z>\in R\circ S\vee<x, z>\in R\circ T\\&\Leftrightarrow<x, z>\in R\circ S\cup R\circ T\end{aligned}$$

（2）
$$\begin{aligned}<x, z>\in R\circ(S\cap T)&\Leftrightarrow(\exists y)(<x, y>\in R\wedge<y, z>\in(S\cap T))\\&\Leftrightarrow(\exists y)(<x, y>\in R\wedge(<y, z>\in S\wedge<y, z>\in T))\\&\Leftrightarrow(\exists y)((<x, y>\in R\wedge<y, z>\in S\wedge<y, z>\in T))\\&\Leftrightarrow(\exists y)(<x, y>\in R\wedge<y, z>\in S\wedge<x, y>\in R\wedge<y, z>\in T)\\&\Rightarrow(\exists y)(<x,y>\in R\wedge<y,z>\in S)\wedge(\exists y)(<x,y>\in R\wedge<y,z>\in T)\\&\Leftrightarrow<x, z>\in R\circ S\wedge<x, z>\in R\circ T\\&\Leftrightarrow<x, z>\in R\circ S\cap R\circ T\end{aligned}$$

（3）（4）类似可证。

定理 4.3.3 设 R 是从 A 到 B 的关系，S 是从 B 到 C 的关系，T 是从 C 到 D 的关系，则有 $R\circ(S\circ T)=(R\circ S)\circ T$。

证明

设 $<x, z>\in R\circ(S\circ T)$，由复合运算定义

$$
\begin{aligned}
<x, z> \in (R \circ S) \circ T &\Leftrightarrow (\exists y)(<x, y> \in R \circ S \wedge (<y, z> \in T)) \\
&\Leftrightarrow (\exists y)(\exists t)((<x, t> \in R \wedge <t, y> \in S) \wedge (<y, z> \in T)) \\
&\Leftrightarrow (\exists y)(\exists t)((<x, t> \in R \wedge <t, y> \in S) \wedge (<y, z> \in T)) \\
&\Leftrightarrow (\exists y)(\exists t)(<x, t> \in R \wedge (<t, y> \in S \wedge <y, z> \in T)) \\
&\Leftrightarrow (\exists y)(<x, t> \in R \wedge (\exists t)(<t, y> \in S \wedge <y, z> \in T)) \\
&\Leftrightarrow (\exists t)(<x, t> \in R \wedge (\exists y)(<t, y> \in S \wedge <y, z> \in T)) \\
&\Leftrightarrow (\exists t)(<x, t> \in R \wedge <t, z> \in S \circ T) \\
&\Leftrightarrow <x, z> \in R \circ (S \circ T)
\end{aligned}
$$

所以，$R \circ (S \circ T) = (R \circ S) \circ T$。

由于结合律成立，等式中的括号可以省略。若 $R_1 \circ R_2 \circ \cdots \circ R_n$，其中 $R_1 = R_2 = \cdots = R_n = R$，

则用 R^n 表示 $\overbrace{R \circ R \circ \cdots \circ R}^{n\text{个}}$，也称 R^n 是关系 R 的 n 次幂。下面给以定义。

定义 4.3.2 设 R 是 A 上的关系，n 为整数，关系 R 的 n 次幂定义如下：

（1）$R^0 = \{<x, x> \mid x \in A\} = I_A$；

（2）$R^{n+1} = R^n \circ R$。

从关系 R 的 n 次幂定义，可得出下面的结论：

（1）$R^{n+m} = R^n \circ R^m$；

（2）$(R^n)^m = R^{nm}$。

4.3.3 关系的逆运算

定义 4.3.3 设 R 是从集合 A 到集合 B 的二元关系，如果将 R 中每个序偶的第一元素和第二元素的顺序互换，所得到的集合称为 R 的逆关系，记为 R^{-1}，即

$$R^{-1} = \{<y, x> \mid <x, y> \in R\}$$

例如，$A=\{a, b, c, d\}$，$B=\{x, y, z\}$，R 是 A 到 B 的二元关系，$R=\{<a, x>, <b, z>, <c, y>, <d, z>\}$，则 R 的逆关系，$R^{-1}=\{<x, a>, <z, b>, <y, c>, <z, d>\}$，它是从 B 到 A 的二元关系。

又如，设 R 是整数集合上的“大于”关系，则 R 的逆关系 R^{-1} 是整数集合上的“小于”关系。

由关系的逆运算定义可知：

若关系 R 的关系矩阵为 M_R，则 M_R 的转置矩阵就为 R^{-1} 的关系矩阵。

若将 R 的关系图中每条有向弧的方向改变，得到的有向图就是其逆关系的关系图。

定理 4.3.4 设 R，S 和 T 都是从 A 到 B 的二元关系，则下列式子成立。

（1）$((R)^{-1})^{-1}=R$

（2）$(R\cup S)^{-1}=R^{-1}\cup S^{-1}$

（3）$(R\cap S)^{-1}=R^{-1}\cap S^{-1}$

（4）$(A\times B)^{-1}=B\times A$

（5）$(\sim R)^{-1}=\sim(R^{-1})$（这里$\sim R=A\times B-R$）

（6）$(R-S)^{-1}=R^{-1}-S^{-1}$

证明

（1）因为$<x, y>\in((R)^{-1})^{-1}\Leftrightarrow<y, x>\in R^{-1}\Leftrightarrow<x, y>\in R$，所以$((R)^{-1})^{-1}=R$。

（2）$<x, y>\in(R\cup S)^{-1}\Leftrightarrow<y, x>\in(R\cup S)$

$\Leftrightarrow<y, x>\in R\vee<y, x>\in S$

$\Leftrightarrow<x, y>\in R^{-1}\vee<x, y>\in S^{-1}$

$\Leftrightarrow<x, y>\in(R^{-1}\cup S^{-1})$

因此，$(R\cup S)^{-1}=R^{-1}\cup S^{-1}$。

（5）$<x, y>\in(\sim R)^{-1}\Leftrightarrow<y, x>\in(\sim R)$

$\Leftrightarrow<y, x>\notin R$

$\Leftrightarrow<x, y>\notin R^{-1}$

$\Leftrightarrow<x, y>\in\sim(R^{-1})$

因此，$(\sim R)^{-1}=\sim(R^{-1})$。

（6）因为$R-S=R\cap\sim S$，所以有

$(R-S)^{-1}=(R\cap\sim S)^{-1}$

$=R^{-1}\cap(\sim S)^{-1}$

$=R^{-1}\cap\sim(S^{-1})$

$=R^{-1}-S^{-1}$

（3）（4）的证明留作读者练习。

定理 4.3.5 设R是从A到B的二元关系，S是从B到C的二元关系，则下面的式子成立：$(R\circ S)^{-1}=S^{-1}\circ R^{-1}$。

证明

$<z, x>\in(R\circ S)^{-1}\Leftrightarrow<x, z>\in R\circ S$

$\Leftrightarrow\exists y(y\in B\wedge<x, y>\in R\wedge<y, z>\in S)$

$\Leftrightarrow\exists y(y\in B\wedge<z, y>\in S^{-1}\wedge<y, x>\in R^{-1})$

$\Leftrightarrow<z, x>\in S^{-1}\circ R^{-1}$。

所以，$(R\circ S)^{-1}=S^{-1}\circ R^{-1}$。

4.4 关系的性质

前面讨论的二元关系是没有任何约束的，是所有二元关系都能满足的。为了表达关系的各种性质，下面对关系作进一步的讨论。我们特别要注意的是在集合 A 上的二元关系的一些特殊性，如自反性、反自反性、对称性、反对称性、传递性。

4.4.1 自反性和反自反性

定义 4.4.1 设 R 是集合 A 上的二元关系，如果对于每个 $x \in A$，都有 $<x,x> \in R$，则称二元关系 R 是自反的。

R 在 A 上是自反的 $\Leftrightarrow \forall x(x \in A \to <x, x> \in R)$

例如，在整数集合中，关系"="是自反的，因为对于任意的整数 $x=x$ 成立。又如，在平面上三角形的相似关系是自反的。

定义 4.4.2 设 R 是集合 A 上的二元关系，如果对于每个 $x \in A$，都有 $<x, x> \notin R$，则称二元关系 R 是反自反的。

$$R \text{ 在 } A \text{ 上是反自反的} \Leftrightarrow \forall x(x \in A \to <x, x> \notin R)$$

例 4.4.1 设 $A=\{a, b, c\}$，R，S，T 是 A 上的二元关系，其中

$$R=\{<a, a>, <b, b>\}$$

$$S=\{<a, a>, <b, b>, <c, c>, <a, b>\}$$

$$T=\{<a, b>, <b, c>\}$$

说明 R，S，T 是否为 A 上的自反关系、反自反关系。

解 S 是 A 上的自反关系，T 是 A 上的反自反关系，R 既不是 A 上的自反关系也不是 A 上的反自反关系。

4.4.2 对称性和反对称性

定义 4.4.3 设 R 是集合 A 上的二元关系，如果对于每个 x，$y \in A$，当 $<x, y> \in R$，就有 $<y, x> \in R$，则称二元关系 R 是对称的。

$$R \text{ 在 } A \text{ 上是对称的} \Leftrightarrow (\forall x)(\forall y)(x \in A \wedge y \in A \wedge <x, y> \in R \to <y, x> \in R)$$

例如，$A=\{1, 2, 3\}$，

$$R=\{<1, 1>, <1, 2>, <2, 1>, <2, 3>, <3, 2>, <3, 3>\}$$

这里 R 是对称的。

又如，$A=\{1, 2, 3, 4, 5, 6, 7, 8, 9\}$，对于 A 中元素 x，y，如果 x，y 被 3 除后的余数相同，则 $<x, y> \in R$，易证关系 R 是 A 上的对称关系。

定义 4.4.4 设 R 是集合 A 上的二元关系，如果对于每个 $x, y \in A$，当 $\langle x, y\rangle \in R$ 和 $\langle y, x\rangle \in R$ 时，必有 $x=y$，则称二元关系 R 是反对称的。

R 在 A 上是反对称的 $\Leftrightarrow (\forall x)(\forall y)(x\in A \wedge y\in A \wedge \langle x, y\rangle \in R \wedge \langle y, x\rangle \in R \rightarrow x=y)$

为了便于理解，反对称的定义也可以叙述为：R 是集合 A 上的二元关系，当 $x\neq y$ 时，如果有 $\langle x, y\rangle \in R$，则必有 $\langle y, x\rangle \notin R$，称 R 为 A 上的反对称二元关系。

R 在 A 上是反对称的 $\Leftrightarrow (\forall x)(\forall y)(x\in A \wedge y\in A \wedge x\neq y \wedge \langle x, y\rangle \in R \rightarrow \langle y, x\rangle \notin R)$

例如，$A=\{a, b, c\}$，$R=\{\langle a, a\rangle, \langle a, b\rangle, \langle c, b\rangle, \langle c, c\rangle\}$，这里 R 是反对称的。

又如，$A=\{1, 2, 3, 4, 5, 6, 7, 8, 9\}$，对于 A 中元素 x，y，如果 x 能被 y 整除，则 $\langle x, y\rangle \in R$，易证关系 R 是 A 上的反对称关系。

再如，$A=\{a, b, c\}$，R 是 A 上的二元关系，并且

$$R=\{\langle a, a\rangle, \langle a, b\rangle, \langle a, c\rangle, \langle b, a\rangle, \langle c, c\rangle\}$$

R 既不是 A 上的对称关系也不是 A 上的反对称关系。因为，对于 $\langle a, c\rangle \in R$，但 $\langle c, a\rangle \notin R$，所以 R 不是 A 上的对称关系。又 $\langle a, b\rangle \in R$，$\langle b, a\rangle \in R$，但 $a\neq b$，故 R 不是 A 上的反对称关系。

4.4.3 传递性

定义 4.4.5 设 R 是集合 A 上的二元关系，如果对于任意 x，y，$z\in A$，当 $\langle x, y\rangle \in R$，$\langle y, z\rangle \in R$ 时，就有 $\langle x, z\rangle \in R$，则称二元关系 R 在 A 上是传递的。

R 在 A 上是传递的 $\Leftrightarrow (\forall x)(\forall y)(\forall z)(x\in A \wedge y\in A \wedge z\in A \wedge \langle x, y\rangle \in R \wedge \langle y, z\rangle \in R \rightarrow \langle x, z\rangle \in R)$

例 4.4.2 设 $A=\{a, b, c\}$，R，S，T 是 A 上的二元关系，其中

$$R=\{\langle a, a\rangle, \langle b, b\rangle, \langle a, c\rangle\}$$

$$S=\{\langle a, b\rangle, \langle b, c\rangle, \langle c, c\rangle\}$$

$$T=\{\langle a, b\rangle\}$$

说明 R，S，T 是否为 A 上的传递关系。

解 根据传递性的定义知，R 和 T 是 A 上的传递关系，S 不是 A 上的传递关系，因为 $\langle a, b\rangle \in R$，$\langle b, c\rangle \in R$，但 $\langle a, c\rangle \notin R$。

4.4.4 关系性质的判定

1. 自反性的判定方法

定理 4.4.1 设 R 是 A 上的二元关系，则 R 在 A 上是自反的当且仅当 $I_A \subseteq R$。

证明

先证必要性。

任取$<x, y>$，由于R在A上是自反的，则有

$$<x, y>\in I_A \Rightarrow x, y\in A \wedge x=y \Rightarrow <x, y>\in R$$

从而证明了$I_A\subseteq R$。

再证充分性。任取$x\in A$，有

$$x\in A\Rightarrow <x, x>\in I_A \Rightarrow <x, x>\in R$$

因此，R在A上是自反的。

例 4.4.3 设集合$A=\{a, b, c, d\}$，A上的二元关系$R=\{<a, a>, <a, b>, <b, b>, <b, c>, <c, a>, <c, c>, <c, d>, <d, d>\}$，讨论$R$的性质，写出$R$的关系矩阵，画出$R$的关系图。

解 由于$<a, a>$，$<b, b>$，$<c, c>$，$<d, d>\in R$，即$I_A\subseteq R$，所以R是自反的。

R的关系矩阵为

$$M_R=\begin{bmatrix}1&1&0&0\\0&1&1&0\\1&0&1&1\\0&0&0&1\end{bmatrix}$$

R的关系图如图 4.5 所示。

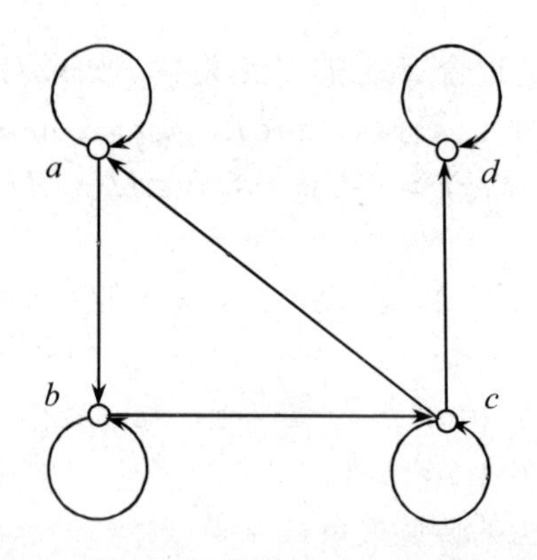

图 4.5

从上面的例子可以看出，若关系R是自反的，当且仅当在关系矩阵中，主对角线上的所有元素都是 1，在关系图上每个结点都有自回路。

2. 反自反性的判定方法

定理 4.4.2 设R是A上的二元关系，则R在A上是反自反的当且仅当$I_A\cap R=\varnothing$。

证明

必要性，用反证法证明。

假设 $I_A \cap R \neq \varnothing$，必存在 $<x, y> \in I_A \cap R$，由于 I_A 为 R 上的恒等关系，因此 $x \in A$ 且 $<x, x> \in R$，这与 R 在 A 上是反自反的相矛盾。

充分性，任取 $x \in A$，则有

$$x \in A \Rightarrow <x, x> \in I_A \Rightarrow <x, x> \notin R$$

因此，R 在 A 上是反自反的。

例 4.4.4 设集合 $A=\{a, b, c, d\}$，A 上的二元关系 $R=\{<a, b>, <a, c>, <b, a>, <b, c>, <c, a>, <c, d>, <d, c>\}$，讨论 R 的性质，写出 R 的关系矩阵，画出 R 的关系图。

解 由于 $<a, a>, <b, b>, <c, c>, <d, d> \notin R$，即 $I_A \cap R = \varnothing$，所以 R 是反自反的。

R 的关系矩阵为

$$M_R = \begin{bmatrix} 0 & 1 & 1 & 0 \\ 1 & 0 & 1 & 0 \\ 1 & 0 & 0 & 1 \\ 0 & 0 & 1 & 0 \end{bmatrix}$$

R 的关系图如图 4.6 所示。

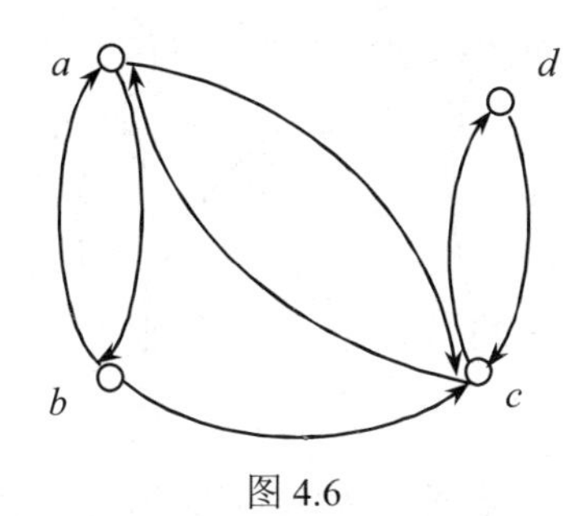

图 4.6

从上面的例子可以看出，若关系 R 是反自反的，当且仅当在关系矩阵中，主对角线上的所有元素都是 0，在关系图上每个结点不存在自回路。

3. 对称性的判定方法

定理 4.4.3 设 R 是 A 上的二元关系，则 R 在 A 上是对称的当且仅当 $R=R^{-1}$。

证明

必要性。任取 $<x, y> \in R$，则有

$$<x, y> \in R \Leftrightarrow <y, x> \in R \text{（因为 } R \text{ 在 } A \text{ 上是对称的）}$$
$$\Leftrightarrow <x, y> \in R^{-1}。$$

所以 $R=R^{-1}$。

充分性。任取 $<x, y> \in R$，由 $R=R^{-1}$ 得

$$\langle x, y\rangle \in R \Rightarrow \langle x, y\rangle \in R^{-1}$$
$$\Rightarrow \langle y, x\rangle \in R$$

所以，R 在 A 上是对称的。

例 4.4.5 设集合 $A=\{a, b, c, d\}$，A 上的二元关系 $R=\{\langle a, b\rangle, \langle a, c\rangle, \langle b, a\rangle, \langle b, c\rangle, \langle c, a\rangle, \langle c, b\rangle, \langle c, d\rangle, \langle d, c\rangle, \langle d, d\rangle\}$，讨论 R 的性质，写出 R 的关系矩阵，画出 R 的关系图。

解 因为$\langle a, a\rangle \notin R$，所以 R 不是自反的。

由于$\langle d, d\rangle \in R$，即 $I_A \cap R \neq \varnothing$，所以 R 不是反自反的。

$R^{-1}=\{\langle a, b\rangle, \langle a, c\rangle, \langle b, a\rangle, \langle b, c\rangle, \langle c, a\rangle, \langle c, b\rangle, \langle c, d\rangle, \langle d, c\rangle, \langle d, d\rangle\}$，$R=R^{-1}$，由上面的定理可知，关系 R 是对称的。

R 的关系矩阵为

$$M_R=\begin{bmatrix} 0 & 1 & 1 & 0 \\ 1 & 0 & 1 & 0 \\ 1 & 1 & 0 & 1 \\ 0 & 0 & 1 & 1 \end{bmatrix}$$

R 的关系图如图 4.7 所示。

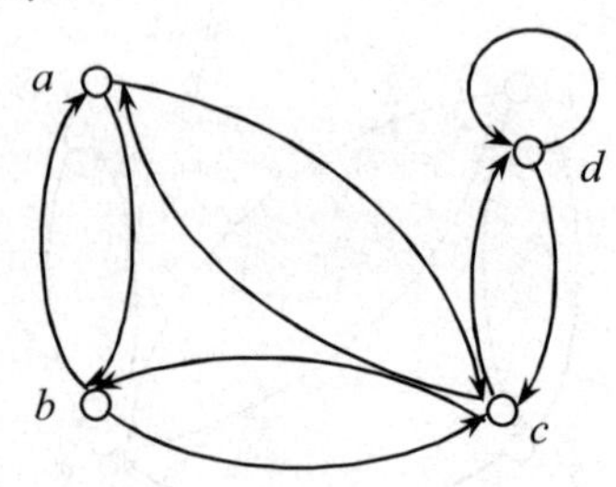

图 4.7

从上面的例子可以看出，若关系 R 是对称的，当且仅当在关系矩阵中，所有元素关于主对角线对称，在关系图上每个结点间的有向弧都是成对出现的。

4. 反对称性的判定方法

定理 4.4.4 设 R 是 A 上的二元关系，则 R 在 A 上是反对称的当且仅当 $R\cap R^{-1}\subseteq I_A$。

证明

必要性。 任取$\langle x, y\rangle$，有

$$\langle x, y\rangle \in R\cap R^{-1} \Rightarrow \langle x, y\rangle \in R \wedge \langle x, y\rangle \in R^{-1}$$
$$\Rightarrow \langle x, y\rangle \in R \wedge \langle y, x\rangle \in R$$
$$\Rightarrow x=y\text{（因为 } R \text{ 在 } A \text{ 上是对称的）}$$
$$\Rightarrow \langle x, y\rangle \in I_A。$$

所以 $R \cap R^{-1} \subseteq I_A$。

充分性。 任取$<x, y>$，由于 $R \cap R^{-1} \subseteq I_A$，则有

$$
\begin{aligned}
& <x, y> \in R \wedge <y, x> \in R \\
& \Rightarrow <x, y> \in R \wedge <x, y> \in R^{-1} \\
& \Rightarrow <x, y> \in R \cap R^{-1} (R \cap R^{-1} \subseteq I_A) \\
& \Rightarrow <x, y> \in I_A \\
& \Rightarrow x = y
\end{aligned}
$$

所以，R 在 A 上是反对称的。

例 4.4.6 设集合 $A=\{a, b, c, d\}$，A 上的二元关系 $R=\{<a, c>, <b, a>, <b, c>, <c, d>, <d, a>, <d, d>\}$，讨论 R 的性质，写出 R 的关系矩阵，画出 R 的关系图。

解 因为$<a, a> \notin R$，所以 R 不是自反的。

由于$<d, d> \in R$，即 $I_A \cap R \neq \varnothing$，所以 R 不是反自反的。

因为 $R^{-1}=\{<a, b>, <a, d>, <c, a>, <c, b>, <d, c>, <d, d>\}$，$R \neq R^{-1}$，所以关系 R 不是对称的。

$R \cap R^{-1}=\{<d, d>\} \subseteq I_A$，由上面的定理可知，$R$ 是反对称的。

R 的关系矩阵为

$$
M_R = \begin{bmatrix} 0 & 0 & 1 & 0 \\ 1 & 0 & 1 & 0 \\ 0 & 0 & 0 & 1 \\ 1 & 0 & 0 & 1 \end{bmatrix}
$$

R 的关系图如图 4.8 所示。

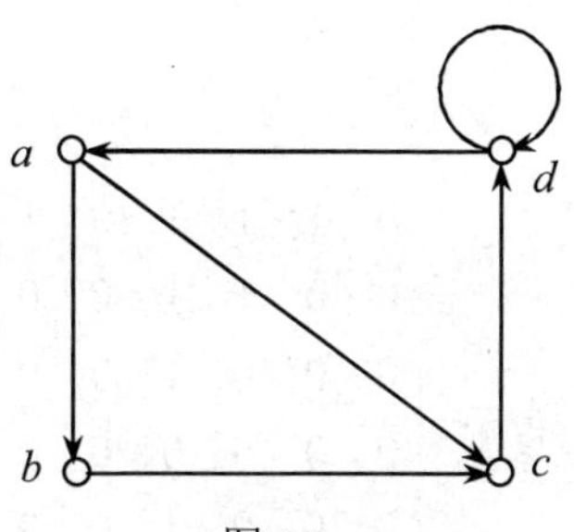

图 4.8

从上面的例子可以看出，若关系 R 是反对称的，当且仅当在关系矩阵中，以主对角线对称的元素不能同时为 1，在关系图上每个结点间的有向弧都不是成对出现的。

5. 传递性的判定方法

定理 4.4.5 设 R 是 A 上的二元关系，则 R 在 A 上是传递的当且仅当 $R \circ R \subseteq R$。

证明

必要性。 任取$<x, y>$，有

$$<x, y> \in R \circ R$$
$$\Rightarrow (\exists t)(<x, t> \in R \wedge <t, y> \in R)$$
$$\Rightarrow <x, y> \in R\text{（因为 }R\text{ 在 }A\text{ 上是传递的）}$$

所以 $R \circ R \subseteq R$。

充分性。 任取$<x, t>$，$<t, y> \in R$，则有

$$<x, t> \in R \wedge <t, y> \in R$$
$$\Rightarrow <x, y> \in R \circ R$$
$$\Rightarrow <x, y> \in R (R \circ R \subseteq R)$$

所以，R 在 A 上是传递的。

前面对二元关系的自反性、反自反性、对称性和反对称性的判定，可以从关系矩阵中直接得到，而对于一个二元关系是否是可传递的判断，往往需要费些力气。下面介绍用关系矩阵判定二元关系是否具有可传递性的方法。

定理 4.4.6 设集合 $A=\{a_1, a_2, \cdots, a_n\}$，$R$ 是 A 上的二元关系，R 的关系矩阵为 M_R，令 $M=M_R \circ M_R$，则 R 在 A 上是传递的当且仅当矩阵 M 的第 i 行，第 j 列元素为 1 时，M_R 的第 i 行，第 j 列元素必为 1。

证明过程略。

例 4.4.7 设 $A=\{1, 2, 3, 4, 5, 6\}$，$R=\{<1, 2>, <1, 3>, <1, 4>, <1, 6>, <2, 3>, <2, 4>, <3, 4>, <5, 4>, <6, 2>, <6, 3>, <6, 4>\}$，判断 R 是否具有传递性。

解 R 的关系矩阵为

$$M_R = \begin{bmatrix} 0 & 1 & 1 & 1 & 0 & 1 \\ 0 & 0 & 1 & 1 & 0 & 0 \\ 0 & 0 & 0 & 1 & 0 & 0 \\ 0 & 0 & 0 & 0 & 0 & 0 \\ 0 & 0 & 0 & 1 & 0 & 0 \\ 0 & 1 & 1 & 1 & 0 & 0 \end{bmatrix}$$

令 $M=M_R \circ M_R$，则 M 为

$$M=\begin{bmatrix}0&1&1&1&0&0\\0&0&0&1&0&0\\0&0&0&0&0&0\\0&0&0&0&0&0\\0&0&0&0&0&0\\0&0&1&1&0&0\end{bmatrix}$$

比较 M_R 和 M，可知二元关系 R 是传递的。

实际上，在判断关系 R 是否是传递关系时，不必求出 R 关系矩阵平方的每一个元素，只需求出 R 关系矩阵中的零元素所对应的 R 关系矩阵平方中的元素的值，如果为 1，说明不具有传递性，如果所有对应元素的值全为 0，说明具有传递性。

下面再介绍一种判断关系是否具有传递性的方法。

设集合 $A=\{a_1, a_2, \cdots, a_n\}$，$R$ 是 A 上的二元关系，R 的关系矩阵为 M_R。设 M_R 中第 i 行第 j 列元素 $a_{ij}=1$，考察 M_R 中第 j 行的所有元素：$a_{j1}, a_{j2}, \cdots, a_{jn}$；如果其中有 $a_{jk}=1$，说明关系 R 中存在着 $<a_i, a_j>\in R$ 和 $<a_j, a_k>\in R$，所以如果 $<a_i, a_k>\notin R$，即 $a_{ik}=0$，表明 R 不具有传递性。如果 $a_{ik}=1$，则继续考察第 j 行中的其他非零元素，用相同的方法分析。因此当 $a_{ij}=1$ 时，应将第 i 行的元素与第 j 行所有元素逐个比较；如果存在着第 j 行某个元素为 1，而第 i 行的对应元素为 0，则 R 不具有传递性。否则应继续考察 M_R 中的其他非零元素，用同样的方法进行，直到考察完 M_R 中所有非零元素。

此方法可叙述为：对于关系矩阵 M_R 中每一个非零元素 $a_{ij}=1$，作如下操作：将 M_R 中第 j 行元素逻辑加到第 i 行相应元素上，如果操作后，矩阵有变化，则 R 不具有传递性，否则 R 具有传递性。

例 4.4.8 设 $A=\{1, 2, 3, 4, 5\}$，$R=\{<1, 2>, <1, 3>, <2, 2>, <3, 3>, <4, 1>, <4, 2>, <4, 3>, <5, 1>, <5, 2>, <5, 3>, <5, 4>, <5, 5>\}$，判断 R 是否具有传递性。

解 R 的关系矩阵：

$$M_R=\begin{bmatrix}0&1&1&0&0\\0&1&0&0&0\\0&0&1&0&0\\1&1&1&0&0\\1&1&1&1&1\end{bmatrix}$$

考察 M_R 中的非零元素：

对于 $a_{12}=1$，将第 2 行元素逻辑加到第 1 行上，运算后的矩阵没有改变。

对于 $a_{13}=1$，将第 3 行元素逻辑加到第 1 行上，运算后的矩阵没有改变。

对于 $a_{22}=1$，将第 2 行元素逻辑加到第 2 行上，运算后的矩阵没有改变。

对于其他非零元素，经同样的操作后，M_R 没有变化，所以 R 是 A 上的传递关系。

例 4.4.9 设 $A=\{1, 2, 3, 4\}$，$R=\{<1, 2>, <1, 3>, <2, 3>, <3, 1>, <3, 4>, <4, 2>, <4, 3>\}$，判断 R 是否具有传递性。

解 R 的关系矩阵为

$$M_R=\begin{bmatrix}0&1&1&0\\0&0&1&0\\1&0&0&1\\0&1&1&0\end{bmatrix}$$

考察 M_R 中的非零元素：

对于 $a_{12}=1$，将第 2 行元素逻辑加到第 1 行上，运算后的矩阵没有改变。

对于 $a_{13}=1$，将第 3 行元素逻辑加到第 1 行上，运算后的矩阵为

$$M_R=\begin{bmatrix}1&1&1&1\\0&0&1&0\\1&0&0&1\\0&1&1&0\end{bmatrix}$$

它与 M_R 不相同，所以 R 不具有传递性。

上面介绍了用关系矩阵判定传递性的方法，显然第二种方法更简单些，但当关系矩阵中非零元素较少时，第一种方法仍然是可取的，特别是在第一种方法中，它的矩阵相乘还有实际意义，在后面的学习中将会再遇到。

4.5 关系的闭包

前面所讲的关系的复合运算和关系的逆运算都可以生成新的关系。我们还可以对给定的关系用扩充序偶的办法得到具有某些特殊性质的关系，例如，假设 R 不具有自反性，我们通过在 R 中添加一些序偶来改造 R，得到新的关系 R'，使得 R' 具有自反性，同时希望在 R 中添加的序偶尽量得少，这就是求关系的闭包的运算。

定义 4.5.1 设 R 是集合 A 上的二元关系，如果有另一个关系 R' 满足：

（1）R' 是自反的（对称的、传递的）；

（2）$R'\supseteq R$；

（3）对于任何自反的（对称的、传递的）关系 R''，如果有 $R''\supseteq R$，就有 $R''\supseteq R'$。

则称关系 R' 为 R 的自反（对称、传递）闭包。

一般将 R 的自反闭包记作 $r(R)$，对称闭包记作 $s(R)$，传递闭包记作 $t(R)$。

对于集合 A 上的二元关系 R，我们能够通过扩充序偶的方法得到它的自反（对称、传递）闭包，但需要引起我们注意的是，自反（对称、传递）闭包是包含 R 的具有自反（对称、传递）性的最小关系。如果 R 是自反的，则有 $R=r(R)$，同理，R 是对称的，有 $R=s(R)$，R 是传递的，有 $R=t(R)$。

下面几个定理介绍了由给定关系 R，求 $r(R)$、$s(R)$和 $t(R)$的方法。

定理 4.5.1 设 R 是集合 A 上的二元关系，则

$$r(R)=R\cup I_A,$$

证明

设 $R'=R\cup I_A$，对任意 $x\in A$，因为$<x, x>\in I_A$，所以$<x, x>\in R'$，于是 R' 在 A 上是自反的。

另一方面，$R\subseteq R\cup I_A$，即 $R\subseteq R'$。若有自反关系 R'' 并且 $R''\supseteq R$，显然有 $R''\supseteq I_A$，则有

$$R''\supseteq R\cup I_A=R'$$

因此，$r(R)=R\cup I_A$。

定理 4.5.2 设 R 是集合 A 上的二元关系，则

$$s(R)=R\cup R^{-1}$$

证明

设 $R'=R\cup R^{-1}$，因为 $R\subseteq R\cup R^{-1}$，所以 $R\subseteq R'$。又设$<x, y>\in R'$，则$<x, y>\in R$ 或$<x, y>\in R^{-1}$，即$<y, x>\in R^{-1}$ 或$<y, x>\in R$，因此$<y, x>\in R\cup R^{-1}$，所以 R' 是对称的。

另一方面，设 R'' 是对称的并且 $R''\supseteq R$，则对任意$<x, y>\in R'$，有$<x, y>\in R$ 或$<x, y>\in R^{-1}$，若$<x, y>\in R$，则$<x, y>\in R''$，当$<x, y>\in R^{-1}$ 时，$<y, x>\in R$，则$<y, x>\in R''$，因为 R 对称，所以$<x, y>\in R''$，因此 $R'\subseteq R''$，所以，$s(R)=R\cup R^{-1}$。

定理 4.5.3 设 R 是集合 A 上的二元关系，则

$$t(R)=\bigcup_{i=1}^{\infty}R^i=R\cup R^2\cup R^3\cup\cdots$$

证明

首先证明 $R\cup R^2\cup R^3\cup\cdots\subseteq t(R)$，用归纳法证明：

（1）当 $i=1$ 时，根据闭包的定义有 $R\subseteq t(R)$；

（2）假设 $i=n$ 时，$R^n\subseteq t(R)$成立，于是对于任意的$<x, y>\in R^{n+1}$，则有

$$<x, y>\in R^{n+1}=R^n\circ R$$

$$\Leftrightarrow\exists t(<x, t>\in R^n\wedge<t, y>\in R)$$

$$\Leftrightarrow \exists t(<x, t>\in t(R)\wedge <t, y>\in t(R))$$
$$\Rightarrow <x, y>\in t(R)$$

这就证明了 $R^{n+1}\subseteq t(R)$。

所以 $R\cup R^2\cup R^3\cup\cdots\subseteq t(R)$。

下面再证 $t(R)\subseteq R\cup R^2\cup R^3\cup\cdots$成立，为此只需证明 $R\cup R^2\cup R^3\cup\cdots$是传递的。

任取$<x, t>$，$<t, y>\in R\cup R^2\cup R^3\cup\cdots$，则必存在整数 s，t，使得$<x, t>\in R^s$，$<t, y>\in R^t$，这样，就有$<x, y>\in R^s\circ R^t$，即$<x, y>\in R\cup R^2\cup R^3\cup\cdots$，所以 $R\cup R^2\cup R^3\cup\cdots$是传递的。

由于包含 R 的传递关系都包含 $t(R)$，所以

$$t(R)\subseteq R\cup R^2\cup R^3\cup\cdots$$

从上面的证明可得到结论：

$$t(R)=\bigcup_{i=1}^{\infty}R^i=R\cup R^2\cup R^3\cup\cdots$$

例 4.5.1 设 $A=\{1, 2, 3\}$，R 是 A 上的二元关系，$R=\{<1, 2>, <2, 3>, <3, 1>\}$，求 $r(R)$、$s(R)$和 $t(R)$。

解 $r(R)=R\cup I_A$

$=\{<1, 1>, <1, 2>, <2, 2>, <2, 3>, <3, 1>, <3, 3>\}$

$s(R)=R\cup R^{-1}$

$=\{<1, 2>, <2, 3>, <3, 1>\}\cup\{<2, 1>, <3, 2>, <1, 3>\}$

$=\{<1, 2>, <2, 3>, <3, 1>, <2, 1>, <3, 2>, <1, 3>\}$

为了求 $t(R)$，先写出

$$M_R=\begin{bmatrix}0&1&0\\0&0&1\\1&0&0\end{bmatrix}$$

$$M_{R^2}=\begin{bmatrix}0&1&0\\0&0&1\\1&0&0\end{bmatrix}\circ\begin{bmatrix}0&1&0\\0&0&1\\1&0&0\end{bmatrix}=\begin{bmatrix}0&0&1\\1&0&0\\0&1&0\end{bmatrix}$$

即 $R^2=\{<1, 3>, <2, 1>, <3, 2>\}$。

$$M_{R^3}=\begin{bmatrix}0&0&1\\1&0&0\\0&1&0\end{bmatrix}\circ\begin{bmatrix}0&1&0\\0&0&1\\1&0&0\end{bmatrix}=\begin{bmatrix}1&0&0\\0&1&0\\0&0&1\end{bmatrix}$$

即 $R^3=\{<1, 1>, <2, 2>, <3, 3>\}$。

$$M_{R^4}=\begin{bmatrix}1&0&0\\0&1&0\\0&0&1\end{bmatrix}\circ\begin{bmatrix}0&1&0\\0&0&1\\1&0&0\end{bmatrix}=\begin{bmatrix}0&1&0\\0&0&1\\1&0&0\end{bmatrix}$$

即 R^4={<1，2>，<2，3>，<3，1>}=R。

继续这个运算有：$R=R^4=\cdots=R^{3n+1}$

$R^2=R^5=\cdots=R^{3n+2}$

$R^3=R^6=\cdots=R^{3n+3}$（其中 n=1，2，…）

故，$t(R)=R\cup R^2\cup R^3$={<1，2>，<2，3>，<3，1>，<2，1>，<3，2>，<1，3>，<1，1>，<2，2>，<3，3>}

从上面的例子可以看到在求集合 A 上的关系 $t(R)$时，没有求出每一个 R^i，下面的定理给出了计算 $t(R)$的过程与集合 A 中元素个数的联系。

定理 4.5.4 设 $A=\{a_1, a_2, \cdots, a_n\}$，$R$ 是集合 A 上的二元关系，则存在一个正整数 $k\leqslant n$，使得

$$t(R)=R\cup R^2\cup R^3\cup\cdots\cup R^k$$

证明 设有 a_i，$a_j\in A$，如果$<a_i, a_j>\in t(R)$，则存在正整数 t，使得$<a_i, a_j>\in R^t$成立，即存在序列 b_1，b_2，…，b_{t-1} 有 a_iRb_1，b_1Rb_2，…，$b_{t-1}Ra_j$。假设满足上述条件的最小 t 大于 n，则在上述序列中必有 $0\leqslant p<q\leqslant t$，使得 $b_p=b_q$，因此序列就成为

$$a_iRb_1,\ b_1Rb_2,\ \cdots,\ b_{p-1}Rb_p,\ b_pRb_{q+1},\ \cdots,\ b_{t-1}Ra_j$$

这表明 $a_iR^kRa_j$ 存在，其中 $k=p+t-q=t-(q-p)<t$，这与 t 是最小的假设相矛盾，故 $t>n$ 不成立。

从上面的定理可以看出，在求具有 n 个元素的有限集 A 上关系 R 的传递闭包时，可以写为：

$$t(R)=R\cup R^2\cup R^3\cup\cdots\cup R^n。$$

然而，当有限集合的元素较多，对关系 R 求传递闭包时，显得相当烦琐，为此 Warshall 在 1962 年提出了求传递闭包的有效算法，该算法如下：

（1）置新矩阵 $M=M_R$;

（2）置 j=1;

（3）对所有 i，如果 $M[i, j]=1$，则对 k=1，2，…，n，置

$$M[i, k]=M[i, k]+M[j, k];$$

（4）$j=j+1$;

（5）如果 $j\leqslant n$，则转到步骤（3），否则结束。

例 4.5.2 设 A={1，2，3，4，5}，R 是 A 上的二元关系，R={<1，2>，<2，3>，<3，3>，<3，4>，<5，1>，<5，4>}，求 $t(R)$。

解 先写出 R 的关系矩阵

$$M_R=\begin{bmatrix}0&1&0&0&0\\0&0&1&0&0\\0&0&1&1&0\\0&0&0&0&0\\1&0&0&1&0\end{bmatrix}$$

先考虑第 1 列，其中第 5 行的元素为 1，于是将第 1 行与第 5 行对应元素作布尔加，结果仍记在第 5 行上，也即将第 1 行元素加到第 5 行上，得

$$M=\begin{bmatrix}0&1&0&0&0\\0&0&1&0&0\\0&0&1&1&0\\0&0&0&0&0\\1&1&0&1&0\end{bmatrix}$$

考虑第 2 列，有第 1 行与第 5 行的元素为 1，将第 2 行元素加到第 1 行和第 5 行上，得

$$M=\begin{bmatrix}0&1&1&0&0\\0&0&1&0&0\\0&0&1&1&0\\0&0&0&0&0\\1&1&1&1&0\end{bmatrix}$$

考虑第 3 列，有第 1 行、第 2 行、第 3 行和第 5 行的元素为 1，将第 3 行元素加到第 1 行、第 2 行、第 3 行和第 5 行上，得

$$M=\begin{bmatrix}0&1&1&1&0\\0&0&1&1&0\\0&0&1&1&0\\0&0&0&0&0\\1&1&1&1&0\end{bmatrix}$$

考虑第 4 列，有第 1 行、第 2 行、第 3 行和第 5 行的元素为 1，将第 4 行元素加到第 1 行、第 2 行、第 3 行和第 5 行上，得

$$M=\begin{bmatrix}0&1&1&1&0\\0&0&1&1&0\\0&0&1&1&0\\0&0&0&0&0\\1&1&1&1&0\end{bmatrix}$$

在第 5 列中没有元素为 1，所以上面的矩阵 M 即为 R 的传递闭包 $t(R)$的关系矩阵。

下面的定理给出了闭包的主要性质。

定理 4.5.5 设 R 是非空集合 A 上的关系，则

（1）R 是自反的，当且仅当 $r(R)=R$；

（2）R 是对称的，当且仅当 $s(R)=R$；

（3）R 是传递的，当且仅当 $t(R)=R$。

证明过程留给读者练习。

定理 4.5.6 设 R，S 是非空集合 A 上的关系，且 $R\subseteq S$，则

（1）$r(R)\subseteq r(S)$；

（2）$s(R)\subseteq s(S)$；

（3）$t(R)\subseteq t(S)$。

证明过程留给读者练习。

定理 4.5.7 设 R 是非空集合 A 上的关系，则

（1）$rs(R)= sr(R)$；

（2）$rt(R)= tr(R)$；

（3）$ts(R)\supseteq st(R)$。

证明过程留给读者练习。

4.6 等价关系与集合的划分

4.6.1 等价关系

等价关系是一类重要的二元关系，下面介绍等价关系。

定义 4.6.1 设 R 是非空集合 A 上的二元关系，如果有 R 是自反的、对称的和传递的，则称 R 是集合 A 上的等价关系。

例如，全体中国人所组成的集合上的“同姓”关系是等价关系。

又如，所有三角形所组成的集合上的“全等”关系是等价关系。

例 4.6.1 设集合 $A=\{a，b，c，d，\}$，$R=\{<a，a>，<a，d>，<d，a>，<d，d>，<b，b>，<b，c>，<c，b>，<c，c>\}$。验证 R 是 A 上的等价关系。

证明

写出 R 的关系矩阵

$$\begin{bmatrix}1&0&0&1\\0&1&1&0\\0&1&1&0\\1&0&0&1\end{bmatrix}$$

从关系矩阵主对角线元素都是 1，可知 R 是自反的。关系矩阵是对称的，故 R 是对称的。从 R 的序偶表达式中，可以看出 R 是传递的，逐个检查序偶，如 $\langle a, a\rangle$，$\langle a, d\rangle\in R$，有 $\langle a, d\rangle\in R$。$\langle a, d\rangle$，$\langle d, a\rangle\in R$，有 $\langle a, a\rangle\in R$，$\langle d, a\rangle$，$\langle a, d\rangle\in R$，有 $\langle d, d\rangle\in R$，…。故 R 是 A 上的等价关系。

例 4.6.2 设 R 为整数集合 I 上的关系，$R=\{\langle x, y\rangle \mid x, y\in I$ 且 $x-y$ 可以被 3 整除$\}$。证明 R 是 I 上的等价关系。

证明

（1）对每个 $x\in I$，$x-x$ 可以被 3 整除，所以 R 是自反的。

（2）对 x，$y\in I$，如果 $x-y$ 可以被 3 整除，则 $y-x$ 也能被 3 整除，所以 R 是对称的。

（3）对 x，y，$z\in I$，如果有 $x-y$，$y-z$ 可以被 3 整除，则 $x-z=(x-y)+(y-z)$也能被 3 整除，所以 R 是传递的。

因此，R 是 I 上的等价关系。

将这个例子推广到一般情况，我们有：

例 4.6.3 设 I 为整数集合，$R=\{\langle x, y\rangle \mid x, y\in I$ 且 $x-y$ 可以被 n 整除$\}$，则 R 是 I 上的等价关系。其中 n 是任意整数。这也就是说，满足这个关系 R 的 x，y 用 n 整除后得到相同的余数，所以称作同余关系或称以 n 为模的同余关系，一般将此关系 $\langle x, y\rangle\in R$ 写成 $x\equiv y(\mathrm{mod}\ n)$，称为 x 与 y 对模 n 是同余的，这个式子称为同余式。

与上面例子的证明类似，我们可以证明同余关系是一个等价关系。

4.6.2 等价类

定义 4.6.2 设 R 是非空集合 A 上的等价关系，对于任何 $a\in A$，集合

$$[a]_R=\{x \mid x\in A \text{ 且} \langle a, x\rangle\in R\}$$

称为元素 a 的 R 等价类。

由定义可知，集合 A 中与 a 有等价关系 R 的所有元素组成的集合就是$[a]_R$。

例 4.6.4 设集合 $A=\{a, b, c, d\}$，$R=\{\langle a, a\rangle, \langle a, b\rangle, \langle b, a\rangle, \langle b, b\rangle, \langle c, c\rangle, \langle c, d\rangle, \langle d, c\rangle, \langle d, d\rangle\}$。验证 R 是 A 上的等价关系，并求出 A 中各元素的 R 等价类。

解 （1）因为$\langle a, a\rangle$，$\langle b, b\rangle$，$\langle c, c\rangle$，$\langle d, d\rangle\in R$，所以 R 是自反的。

（2）因有$<a, b>$和$<b, a>$，$<c, d>$和$<d, c>$，此外其他的元素之间均没有关系，故对称性成立。

（3）因为$<a, a>\in R$，$<a, b>\in R$ 并且有$<a, b>\in R$；$<a, b>\in R$，$<b, a>\in R$ 并且有$<a, a>\in R$，…，逐项检查后可知传递性成立。

所以 R 是自反的、对称的、传递的，故 R 是等价关系。

按等价类的定义可知 A 中各元素的 R 等价类为：

$$[a]_R=[b]_R=\{a, b\}$$

$$[c]_R=[d]_R=\{c, d\}$$

定理 4.6.1 设 R 是非空集合 A 上的等价关系，对于 a，$b\in R$，有$<a, b>\in R$ 当且仅当$[a]_R=[b]_R$。

证明

假定$[a]_R=[b]_R$，因为 $a\in[a]_R$，故 $a\in[b]_R$，即$<a, b>\in R$。

反之，若$<a, b>\in R$，设

$c\in[a]_R\Rightarrow<a, c>\in R\Rightarrow<c, a>\in R\Rightarrow<c, b>\in R\Rightarrow c\in[b]_R$

即，$[a]_R\subseteq[b]_R$。

同理，若 $c\in[b]_R\Rightarrow<b, c>\in R\Rightarrow<a, c>\in R\Rightarrow c\in[a]_R$，故$[b]_R\subseteq[a]_R$。

由此可证，若$<a, b>\in R$，则$[a]_R=[b]_R$。

定义 4.6.3 设 R 是集合 A 上的等价关系，等价类集合$\{[a]_R | a\in A\}$称作 A 关于 R 的商集，记作 A/R。

例如，在例 4.6.4 中的商集 $A/R=\{[a]_R, [c]_R\}$。

4.6.3 集合的划分

定义 4.6.4 设 A 是一个集合，A_1，A_2，…，A_m 是它的非空子集，如果它满足下列条件：

（1）所有 A_i 间均是分离的，亦即对所有 i，j(i=1，2，…，m，j=1，2，…，m)，如果 $i\neq j$，则 $A_i\cap A_j=\varnothing$。

（2）$A_1\cup A_2\cup\cdots\cup A_m=A$。

则称 $S=\{A_1, A_2, \cdots, A_m\}$为集合 A 的一个划分，而 A_1，A_2，…，A_m 称为这个划分的块。

例 4.6.5 设 $A=\{a, b, c, d\}$，给定 A_1，A_2，A_3，A_4，A_5，A_6 如下：

$$A_1=\{\{a, b, c\}, \{d\}\}$$

$$A_2=\{\{a, b\}, \{c\}, \{d\}\}$$

$$A_3=\{\{a\}, \{a, b, c, d\}\}$$

$$A_4=\{\{a, b\}, \{d\}\}$$

$$A_5=\{\varnothing，\{a，b\}，\{c，d\}\}$$

$$A_6=\{\{\{a\}，a\}，\{b，c，d\}\}$$

则，A_1 和 A_2 是 A 的划分，其他都不是 A 的划分。因为 A_3 中的子集 $\{a\}$ 和 $\{a，b，c，d\}$ 的交不为 $\varnothing$，A_4 中的子集 $\{a，b\}$，$\{d\}$ 的并不为 A，A_5 中含有 $\varnothing$，A_6 中的子集不是 A 的子集。

定理 4.6.2 设 R 是非空集合 A 上的等价关系，则 R 确定了 A 的一个划分，该划分就是商集 A/R。

证明

设集合 A 上有一个等价关系 R，把与 A 中的固定元 a 有等价关系的元素放在一起构成一个子集 $[a]_R$，则所有这样的子集构成商集 A/R。

（1）由于 $A/R=\{[a]_R | a\in A\}$，则 $A=\bigcup\limits_{a\in A}[a]_R$ 。

（2）对于 A 的每一个元 a，由于 R 是自反的，故必有 $<a，a>$ 成立，即 $a\in[a]_R$，故 A 的每个元素的确属于一个分块。

（3）A 的每个元素只能属于一个分块。

反证，若 $a\in [b]_R$，$a\in[c]_R$，且 $[b]_R\neq[c]_R$，则 $<b，a>\in R$，$<c，a>\in R$ 成立，由对称性得 $<a，c>\in R$，再由传递性得 $<b，c>\in R$，根据定理 4.6.1 必有 $[b]_R=[c]_R$，这与假设矛盾。故 A/R 是 A 上的一个划分。

定理 4.6.3 集合 A 的一个划分确定 A 上的一个等价关系。

证明

设集合 A 的一个划分为 $S=\{S_1，S_2，\cdots，S_m\}$，现定义关系 R，$<a，b>\in R$ 当且仅当 a，b 在同一划分块中。可以证明这样规定的关系 R 是一个等价关系。因为

（1）a 与 a 在同一划分块中，故必有 $<a，a>\in R$。即 R 是自反的。

（2）若 a 和 b 在同一划分块中，则 b 和 a 也一定在同一划分块中，即 $<a，b>\in R\Rightarrow<b，a>\in R$，故 R 是对称的。

（3）若 a 和 b 在同一划分块中，b 和 c 在同一划分块中，因为

$$S_i\cap S_j=\varnothing(i\neq j)$$

即 b 属于且仅属于一个分块，故 a 与 c 在同一划分块中，故

$$<a，b>\in R\wedge<b，c>\in R\Rightarrow<a，c>\in R$$

即 R 是传递的。

由上面可知，R 是自反的、对称的、传递的，故 R 是等价关系，由 R 的定义可知，S 就是商集 A/R。

例 4.6.6 设 $A=\{1，2，3，4，5\}$，有一个划分 $S=\{\{1，2\}，\{3\}，\{4，5\}\}$，试由划分 S 确定 A 上的一个等价关系 R。

解 我们可以用下面的方法产生一个等价关系 R

$R_1=\{1，2\}\times\{1，2\}=\{<1，1>，<1，2>，<2，1>，<2，2>\}$；

$R_2=\{3\}\times\{3\}=\{<3，3>\}$；

$R_3=\{4，5\}\times\{4，5\}=\{<4，4>，<4，5>，<5，4>，<5，5>\}$；

$R=R_1\cup R_2\cup R_3=\{<1，1>，<1，2>，<2，1>，<2，2>，<3，3>，<4，4>，<4，5>，<5，4>，<5，5>\}$。

从 R 的序偶表示式中，容易验证 R 是等价关系。

定理 4.6.4 设 R_1 和 R_2 是非空集合 A 上的等价关系，则 $R_1=R_2$ 当且仅当 $A/R_1=A/R_2$。

证明

因为 $A/R_1=\{[a]_{R_1}|a\in A\}$，$A/R_2=\{[a]_{R_2}|a\in A\}$，若 $R_1=R_2$，对任意 $a\in A$，则

$$[a]_{R_1}=\{x|x\in A\wedge<a，x>\in R_1\}=\{x|x\in A\wedge<a，x>\in R_2\}=[a]_{R_2}$$

故，$\{[a]_{R_1}|a\in A\}=\{[a]_{R_2}|a\in A\}$，即 $A/R_1=A/R_2$。

反之，假设 $\{[a]_{R_1}|a\in A\}=\{[a]_{R_2}|a\in A\}$。

对任意的 $[a]_{R_1}\in A/R_1$，必存在 $[c]_{R_1}\in A/R_2$，使得 $[a]_{R_1}=[c]_{R_1}$，故

$<a，b>\in R_1\Leftrightarrow a\in[a]_{R_1}\wedge b\in[a]_{R_1}\Leftrightarrow a\in[c]_{R_1}\wedge b\in[c]_{R_1}\Rightarrow<a，b>\in R_2$

所以，$R_1\subseteq R_2$，类似地有 $R_2\subseteq R_1$，因此，$R_1=R_2$。

可以用图形的方法分析研究等价关系。由于等价关系是自反的、对称的、传递的，故由这些性质的图形特点可知，在集合 A 上等价关系 R 的关系图中，每个结点必有环；而且如果两个结点间有边相连，则必有方向相反的两条有向弧；而且图中任意两点如果是可以到达的，则必有边直接相连。利用这些特点可以容易判断等价关系。

例 4.6.7 设集合 $A=\{1，2，3，4，5\}$上的关系 R 为

$R=\{<1，1>，<1，2>，<2，1>，<1，3>，<3，1>，<2，2>，<2，3>，<3，2>，<3，3>，<4，4>，<4，5>，<5，4>，<5，5>\}$。验证 R 是等价关系并求出其等价类。

解 它的关系图如图 4.9 所示。

由此图可以看出关系 R 是等价关系，并且它的等价类分别为

$$[1]_R=[2]_R=[3]_R$$

$$[4]_R=[5]_R$$

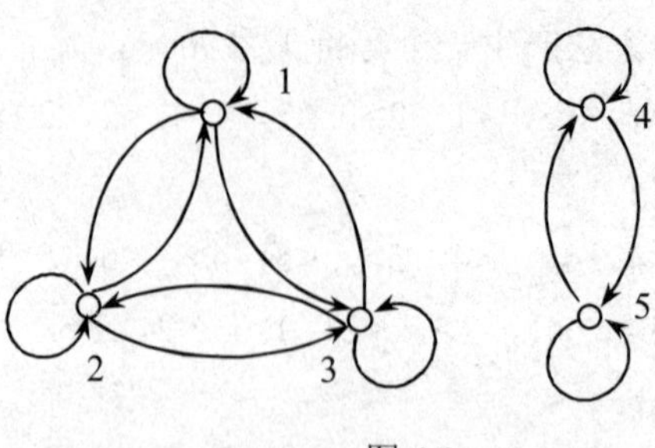

图 4.9

由等价关系所构成的等价类在图中即是等价关系图中的完全图，所谓完全图是指图形中每个结点与其他结点有边联接的图形。

4.7 相容关系

本节讨论另一类应用非常广泛的二元关系，就是相容关系。

4.7.1 相容关系

定义 4.7.1 设 R 是集合 A 上的一个二元关系，如果 R 是自反的、对称的，则称 R 是相容关系。

容易看到，等价关系是一种特殊的相容关系，即具有传递性的相容关系。在人际关系中，朋友关系是相容关系，但它不是等价关系，因为它满足自反性、对称性但不满足传递性。

又如，设 A 是由一些英文单词为元素组成的集合，A={dog，cat，deer，rat，coat，door}，R 是 A 上的二元关系，其定义为：当两个单词具有相同的字母，则认为它们是相关的。

显然，R 是自反的、对称的，所以 R 是相容关系。但 R 不是等价关系，因为它不是可传递的，如<dog，coat>∈R，<coat，rat>∈R，但<dog，rat>∉R。

在相容关系的关系图上，每个结点处都有自回路且每两个相关结点间的弧线都是成对出现的。为了简化图形，我们今后对相容关系图，不画自回路，并且用单线代替成对的弧线。

定义 4.7.2 设 R 是集合 A 上的一个相容关系，C 是 A 的子集，如果对于 C 中任意两个元素 x，y，有 $\langle x, y\rangle \in R$，称 C 是相容关系 R 产生的相容类。

例如上例的相容关系 R，可产生相容类{dog，deer}，{cat，rat，coat}，{door}等。

对于相容类{dog，deer}，能加进新的元素组成新的相容类，而相容类{cat，rat，coat}加入任意一个新元素，就不能组成相容类，这里称作最大相容类。

定义 4.7.3 设 R 是集合 A 上的一个相容关系，不能真包含在任何其他相容类中的相容类，称作最大相容类，记作 C_R。

又如，设 A={134，345，275，347，348，129}，R 是 A 上的二元关系，其定义为：a，$b\in A$，且 a 和 b 至少有一个数字相同，则 a 和 b 相关。显然 R 是相容的。A 的子集：{134，347，348}，{275，345}，{134，129}等都是相容类。

对于前两个相容类，都能添加新的元素组成新的相容类。如在相容类{134，347，348}中添加元素：345，可组成新的相容类：{134，345，347，348}；在相容类{275，345}中添加新的元素：347，可组成新的相容类：{275，345，347}。因此相容类{134，347，348}，{275，345}不是最大相容类。

而对于相容类{129，134}，添加任意的元素就不再组成相容类，因此相容类{129，134}是最大相容类。

对于最大相容类也可以认为：R 是 A 上的相容关系，B 是相容类，在差集 $A-B$ 中没有元素能和 B 中所有元素都相关的，则称 B 为最大相容类。

在相容关系图中，完全多边形的结点集合，就是相容类。完全多边形是指每个结点与其他结点联接的多边形。例如一个三角形是完全多边形，一个四边形加上两条对角线就是完全多边形。最大完全多边形的结点集合，就是最大相容类。

此外，在相容关系图中，一个孤立结点，以及不是完全多边形的两个结点的连线，也是最大相容类。

例 4.7.1 设给定相容关系图如图 4.10 所示，写出最大相容类。

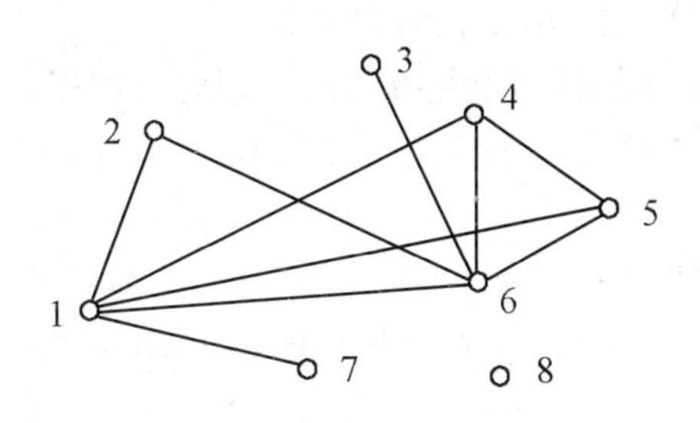

图 4.10

解 最大相容类为：{1，2，6}，{1，4，5，6}，{1，7}，{3，6}，{8}。

定理 4.7.1 设 R 是有限集 A 上的相容关系，C 是一个相容类，那么一定存在一个最大相容类 C_R，使得 $C\subseteq C_R$。

证明

设 $A=\{a_1, a_2, \cdots, a_n\}$，构造相容类序列

$$C_0\subset C_1\subset C_2\subset\cdots，其中\ C_0=C$$

且 $C_{i+1}=C_i\cup\{a_j\}$，其中 j 是满足 $a_j\notin C_i$ 而 a_j 与 C_i 中各元素都有相容关系，且 j 是满足上述条件的最小下标。

由于 A 的元素个数 $|A|=n$，所以至多经过 $n-|C|$ 步，就使这个过程结束，而这个序列的最后一个相容类，就是所要找的最大相容类。

4.7.2 覆盖

在介绍等价关系时，我们曾经引入了集合划分的概念，并讨论了等价关系和划分的联系。类似地，这里我们将引入集合覆盖的概念，并讨论相容关系和覆盖之间的关系。

定义 4.7.4 设 A 是集合，$A_1, A_2, \cdots, A_n$ 都是 A 的非空子集，令 $S=\{A_1, A_2, \cdots, A_n\}$，如果 $A_1\cup A_2\cup\cdots\cup A_n=A$，则称 S 为 A 的覆盖。

例如，$A=\{a, b, c, d, e, f\}$，$S=\{\{a, b, c\}, \{b, c, d\}, \{a, d, e, f\}\}$，$S$ 是 A 的覆盖。

定义 4.7.5 设 $S=\{A_1, A_2, \cdots, A_n\}$ 是集合 A 的覆盖，且对于 S 中任意元素 A_i，不存在 S 中的其他元素 A_j，使得 $A_i\subseteq A_j$，则称 S 为 A 完全覆盖。

例如，$A=\{1, 2, 3, 4, 5, 6, 7, 8, 9\}$

$S_1=\{\{1, 2\}, \{2, 3, 4\}, \{1, 5, 6, 7, 8\}, \{2, 9\}\}$；

$S_2=\{\{1, 2\}, \{2, 3, 4\}, \{1, 2, 6, 7, 8\}, \{5, 9\}\}$；

其中 S_1 是集合 A 的覆盖又是完全覆盖，而 S_2 是集合 A 的覆盖但不是完全覆盖，因为 $\{1, 2\}$ 是 $\{1, 2, 6, 7, 8\}$ 的子集。

我们注意到，集合 A 的覆盖不是唯一的，因此给定相容关系 R，可以作成不同的相容类的集合，它们都是 A 的覆盖。给定集合 A 的覆盖，可以确定集合 A 上的一个相容关系 R。

定理 4.7.2 给定集合 A 的覆盖 $\{A_1, A_2, \cdots, A_n\}$，由它确定的关系

$$R=A_1\times A_1\cup A_2\times A_2\cup\cdots\cup A_n\times A_n$$

是 A 上的相容关系。

证明

因为

$$A=\bigcup_{i=1}^{n} A_i$$

对于任意 $x\in A$，一定存在某个 $j>0$，使得 $x\in A_j$，所以 $\langle x, x\rangle\in A_j\times A_j$，即 $\langle x, x\rangle\in R$，因此 R 是自反的。

其次，若有任意的 $x, y\in A$ 且 $\langle x, y\rangle\in R$，则必存在某个 $k>0$，使得 $\langle x, y\rangle\in A_k\times A_k$，故一定有 $\langle y, x\rangle\in A_k\times A_k$，即 $\langle y, x\rangle\in R$，所以 R 是对称的。

因此证得 R 是 A 上的相容关系。

从上述定理可以看出，给定集合 A 上的任意一个覆盖，必可生成 A 上对应于此覆盖的一个相容关系，但不同的覆盖却能生成相同的相容关系。

例如，设 $A=\{a, b, c, d, e\}$，集合$\{\{a, b, c\}, \{c, d\}, \{e\}\}$和$\{\{a, b\}, \{b, c\}, \{a, c\}, \{c, d\}, \{e\}\}$都是 A 的覆盖，但它们可以产生相同的相容关系。

R={<*a*，*a*>，<*a*，*b*>，<*a*，*c*>，<*b*，*a*>，<*b*，*b*>，<*b*，*c*>，<*c*，*a*>，<*c*，*b*>，<*c*，*c*>，<*c*，*d*>，<*d*，*c*>，<*d*，*d*>，<*e*，*e*>}

如果 R 是 A 上的相容关系，对于 A 中的任意元素 a，集合$\{a\}$是一个相容类，由定理 4.7.1 可知，可以对此集合不断地增加新的元素，直到使它成为最大相容类。因此，A 中的每一个元素都将是某一个最大相容类的元素。由此可见，相容关系 R 产生的所有最大相容类构成的集合是 A 的一个覆盖；又由最大相容类的定义可知，一个最大相容类决不是另一个最大相容类的子集。所以由最大相容类构成的集合是 A 的一个完全覆盖。

反之，当给定 A 的一个完全覆盖，则能确定 A 上的相容关系 R，使 R 产生的最大相容类构成的集合就是这个完全覆盖。

定理 4.7.3 集合 A 上相容关系 R 与完全覆盖存在一一对应关系。

证明过程略。

例 4.7.2 设 $A=\{a, b, c, d, e, f\}$，R 为 A 上的相容关系，其图形表示如图 4.11 所示。求 R 的完全覆盖。

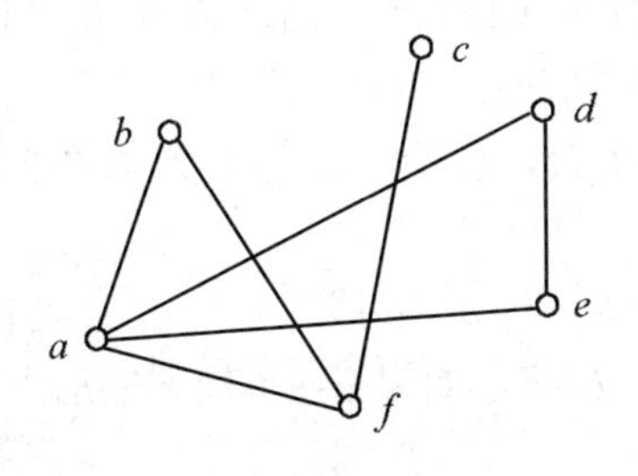

图 4.11

解 由图可知，R 产生的最大相容类为：$\{a, b, f\}$，$\{a, d, e\}$，$\{c, f\}$。所以 R 确定的完全覆盖 $S=\{\{a, b, f\}, \{a, d, e\}, \{c, f\}\}$。

例 4.7.3 设 $A=\{1, 2, 3, 4, 5, 6, 7\}$，$A$ 的完全覆盖 $S=\{\{1, 2\}, \{2, 3, 6, 7\}, \{3, 4, 5\}\}$，写出 S 所确定的 A 上的相容关系 R。

解 由 S 可以得到 R 的关系图，如图 4.12 所示，所以 S 所确定的相容关系为：

R={<1，1>，<2，2>，<1，2>，<2，1>，<3，3>，<2，3>，<2，6>，<2，7>，<3，2>，<3，6>，<3，7>，<6，2>，<6，3>，<6，6>，<6，7>，<7，2>，<7，3>，<7，6>，<7，7>，<3，4>，<3，5>，<4，3>，<4，4>，<4，5>，<5，3>，<5，4>，<5，5>}。

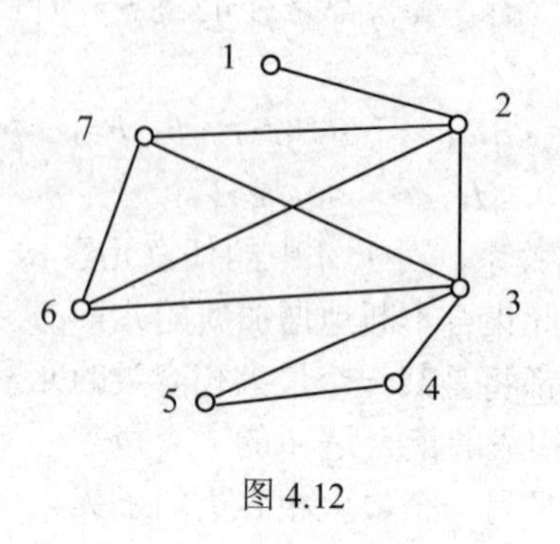

图 4.12

4.8 偏序关系

偏序关系说明集合中元素间的某种次序关系，在集合论的研究中占据非常重要的地位。

4.8.1 偏序关系

定义 4.8.1 设 R 是集合 A 上的一个关系，如果 R 是自反的、反对称的和传递的，则称 R 是 A 上的一个偏序关系，并将它记为“$\preccurlyeq$”。序偶$<A, \preccurlyeq>$称作偏序集。

例 4.8.1 设 R 是实数集合，证明小于等于关系“$\leqslant$”是偏序关系。

证明

（1）对于任何实数 $a \in R$，有 $a \leqslant a$ 成立，所以 R 是自反的。

（2）对于任何实数 a，$b \in R$，如果 $a \leqslant b$ 且 $b \leqslant a$，则必有 $a=b$，故 R 是反对称的。

（3）对于任何实数 a，b，$c \in R$，如果 $a \leqslant b$，$b \leqslant c$，则一定有 $a \leqslant c$，故 R 是传递的。

所以，R 是偏序关系。

例如，由集合 A 所组成的幂集上的关系“$\subseteq$”，是自反的、反对称的和传递的。故它是偏序关系。

例 4.8.2 设 R 是集合 A={2，3，6，8}上的关系，$R=\{<x, y> \mid x \text{ 整除 } y\}$，验证 R 是偏序关系。

证明

R={<2，2>，<2，6>，<2，8>，<3，3>，<3，6>，<6，6>，<8，8>}，容易验证 R 是自反的、反对称的和传递的。故它是偏序关系。

定义 4.8.2 设 R 是集合 A 上的一个关系，如果 R 是反自反的和传递的，则称 R 是 A 上的一个拟序关系。一般用符号“$\prec$”表示拟序关系。

例如，实数集合上的小于关系“$<$”是拟序关系。

又如，由集合 A 所组成的幂集上的关系“$\subset$”，是反自反的和传递的。故它是拟序关系。

对于拟序关系有下面的定理。

定理 4.8.1 设 R 是集合 A 上的拟序关系，则 R 是反对称的。

证明

用反证法，设 R 不是反对称的，则存在 x、$y \in A$，有<x，y>$\in R$ 且<y，x>$\in R$。由于 R 是 A 上的拟序关系，故它是传递的，因此有<x，x>$\in R$，但 R 是反自反的，所以矛盾。由此定理得证。

由此定理我们可以知道，拟序关系实际上是满足反自反、反对称和传递的。因此我们也可以得出拟序关系与偏序关系间的联系，即偏序关系是拟序关系的扩充，拟序关系是偏序关系的压缩。

由偏序关系、拟序关系的定义以及闭包的定义可以知道，拟序关系的自反闭包是一个偏序，因此得到下面的定理。

定理 4.8.2 设 R 是集合 A 上的关系，则有

（1）如果 R 是一个拟序关系，则 R 的自反闭包 $r(R)=R\cup I_A$ 是一个偏序关系。

（2）如果 R 是一个偏序关系，则 $R-I_A$ 是一个拟序关系。

证明过程略。

上面定理说明了拟序关系和偏序关系之间的联系。我们知道实数集合上的小于关系“$<$”是拟序关系，它的自反闭包是小于等于关系“$\leqslant$”，故小于等于关系“$\leqslant$”是实数集合上的偏序关系。集合 A 的幂集上的包含关系“$\subset$”是拟序关系，它的自反闭包是“$\subseteq$”，故“$\subseteq$”是偏序关系。集合 A={2，3，6，8}上的“整除”关系 R={<2，2>，<2，6>，<2，8>，<3，3>，<3，6>，<6，6>，<8，8>}是偏序关系，关系 $R-I_A$={<2，6>，<2，8>，<3，6>}是拟序关系。

4.8.2 哈斯图

为了更清楚地描述偏序集合中元素间的层次关系，我们介绍哈斯图，首先引入“盖住”的概念。

定义 4.8.3 设 R 是集合 A 上的偏序关系，如果 x，$y \in A$，<x，y>$\in R$，$x \neq y$ 且

在 A 中不存在 z，使得<x，z>∈R、<z，y>∈R，则称元素 y 盖住元素 x。

对给定的偏序集合<A，≼>，它的盖住关系是唯一的，因此可以用盖住的性质画出偏序关系图，也称哈斯图，其作图规则为：

（1）用小圆圈代表元素。

（2）如果<x，y>∈R 且 $x≠y$，则将代表 y 的小圆圈画在代表 x 的小圆圈之上。

（3）如果元素 y 盖住 x，则在 x 与 y 之间用直线连接。

例 4.8.3 设 A={1，2，3，4，6，8，12，24}，R 是 A 上的整除关系，画出 R 的哈斯图。

解 R={<1，1>，<1，2>，<1，3>，<1，4>，<1，6>，<1，8>，<1，12>，<1，24>，<2，2>，<2，4>，<2，6>，<2，8>，<2，12>，<2，24>，<3，3>，<3，6>，<3，12>，<3，24>，<4，4>，<4，8>，<4，12>，<4，24>，<6，6>，<6，12>，<6，24>，<8，8>，<8，24>，<12，12>，<12，24>，<24，24>}

2，3 盖住 1，4 盖住 2，6 盖住 2 和 3，8 盖住 4，12 盖住 4 和 6，24 盖住 8 和 12。

作出 R 的哈斯图如图 4.13 所示。

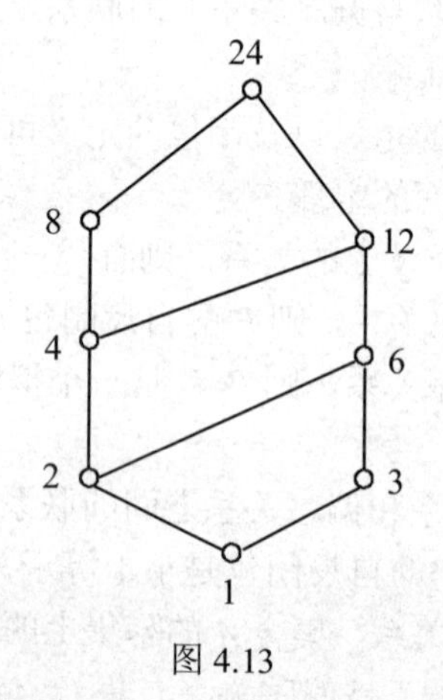

图 4.13

可以从偏序关系图转化为哈斯图，其方法如下：将偏序关系图中每个结点的自回路去掉，如果<a，b>∈R，<b，c>∈R，则将关系图中的 a 到 c 的有向边去掉，将关系图中的各结点摆放到适当位置，使图中的各条有向边的箭头都朝上，最后将图中的箭头去掉，这样就得到哈斯图。

例 4.8.4 设 A={2，3，6，12，24，36}，R 是 A 上的整除关系，则 R 是偏序关系，画出 R 的哈斯图。

解 R 的哈斯图如图 4.14 所示。

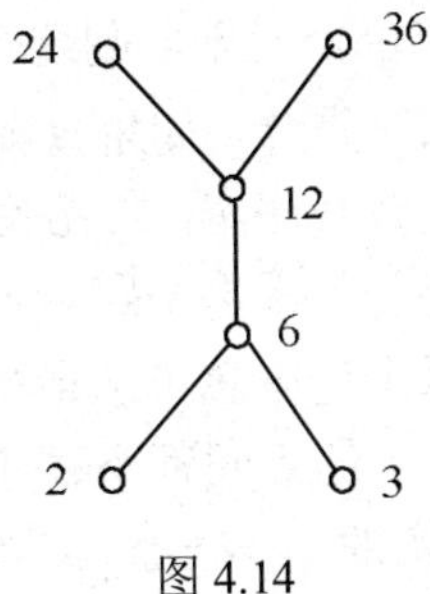

图 4.14

例 4.8.5 设 $A=\{a, b, c\}$，R 是 A 的幂集上的包含关系 $\subseteq$，则 R 是偏序关系，画出 R 的哈斯图。

解 R 的哈斯图如图 4.15 所示。

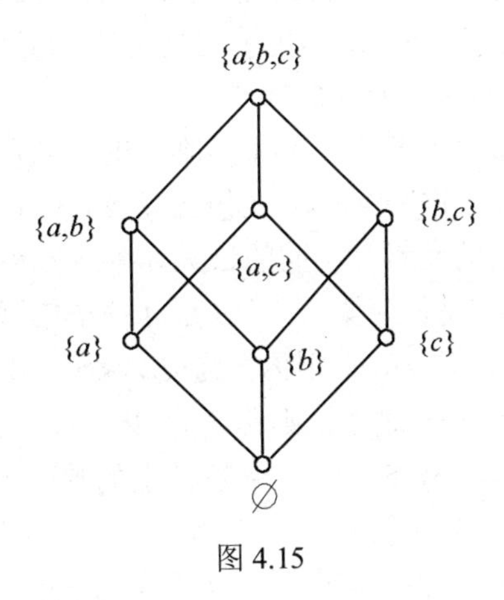

图 4.15

4.8.3 全序关系

定义 4.8.4 设 $<A, \preccurlyeq>$ 是偏序集合，B 是 A 的子集，如果 B 中任意两个元素都是有关系的，则称子集 B 为链。

例如，在例 4.8.4 中，子集 $\{2, 6, 12, 24\}$、$\{3, 6, 12, 36\}$、$\{3, 6, 12, 24\}$ 都是链。在例 4.8.5 中，子集 $\{\varnothing, \{a\}, \{a, b\}, \{a, b, c\}\}$、$\{\varnothing, \{b\}, \{a, b\}, \{a, b, c\}\}$、$\{\varnothing, \{c\}, \{b, c\}, \{a, b, c\}\}$ 等都是链。

定义 4.8.5 设 $<A, \preccurlyeq>$ 是偏序集合，B 是 A 的子集，如果 B 中任意两个元素都是没有关系的，则称子集 B 为反链。

例如，在例 4.8.4 中，子集 $\{2, 3\}$ 是反链。在例 4.8.5 中，子集 $\{\{a\}, \{b\}, \{c\}\}$、$\{\{a\}, \{b, c\}\}$、$\{\{c\}, \{a, b\}\}$ 等都是反链。

我们约定：若 A 的子集只有单个元素，则这个子集既是链又是反链。

定义 4.8.6 设$<A，\preccurlyeq>$是偏序集合，如果 A 是链，即 A 中任意两个元素都是有关系的，则称$<A，\preccurlyeq>$是全序集或线序集，二元关系$\preccurlyeq$称为全序关系或线序关系。

例如，实数集合上的小于等于关系是全序关系。

从哈斯图上可以看出，在每个链中总可从最高结点出发沿着盖住方向遍历该链中的所有结点。每个反链中任两结点间都不存在连线。

在全序集$<A，\preccurlyeq>$中，对任意的 x，$y \in A$，或者有 $x \preccurlyeq y$ 或者有 $y \preccurlyeq x$ 成立。

下面讨论偏序集中的一些特殊元素。

定义 4.8.7 设$<A，\preccurlyeq>$是偏序集合，且 B 是 A 的子集，对于 B 中的一个元素 b，如果 B 中不存在任何元素 x，满足 $b \neq x$ 且 $b \preccurlyeq x$，则称 b 为 B 的极大元。同理，对于 $b \in B$，如果 B 中不存在任何元素 x，满足 $b \neq x$ 且 $x \preccurlyeq b$，则称 b 为 B 的极小元。

例如，设 $A=\{2，3，4，6，8，12\}$，$\preccurlyeq$是 A 上的整除关系，$B=\{2，3，4，6，8\}$，那么 2，3 是 B 的极小元，6，8 是 B 的极大元。

从上例中可以看出极大元和极小元不是唯一的。从极大元和极小元的定义可以知道，当 $B=A$ 时，则偏序集$<A，\preccurlyeq>$的极大元就是哈斯图中最上层的元素，其极小元是哈斯图中最底层的元素，不同的极大元素或极小元素间是无关的。

定义 4.8.8 设$<A，\preccurlyeq>$是偏序集合，且 B 是 A 的子集，如果有某一个元素 $b \in B$，使得 B 中任何元素 x，都满足 $x \preccurlyeq b$，则称 b 为$<B，\preccurlyeq>$的最大元。同理，对于 $b \in B$，如果任意元素 $x \in B$，都有 $b \preccurlyeq x$ 成立，则称 b 为$<B，\preccurlyeq>$的最小元。

例如，设 $A=\{2，3，4，6，8，12\}$，$\preccurlyeq$是 A 上的整除关系，$B=\{2，4，6，12\}$，那么 2 是 B 的最小元，12 是 B 的最大元。

定理 4.8.3 设$<A，\preccurlyeq>$是偏序集合，且 B 是 A 的子集，若 B 有最大（最小）元，则必是唯一的。

证明 假设 a 和 b 都是 B 的最大元，则 $a \preccurlyeq b$ 和 $b \preccurlyeq a$ 成立，从$\preccurlyeq$的反对称性，可知 $a=b$。从而得到最大元是唯一的。B 的最小元的情况与最大元的情况类似。

定义 4.8.9 设$<A，\preccurlyeq>$是偏序集合，且 B 是 A 的子集，如果有某一个元素 $a \in A$，使得 B 中任何元素 x，都满足 $x \preccurlyeq a$，则称 a 为子集 B 的上界。同理，对于 $a \in A$，如果任意元素 $x \in B$，都有 $a \preccurlyeq x$ 成立，则称 a 为子集 B 的下界。

例如，给定偏序集$<A，\preccurlyeq>$的哈斯图如图 4.16 所示。h，i 是集合 $B=\{a，b，c，d，e，f，g\}$的上界。而 f，g 为 $C=\{h，i，j，k\}$的下界。当然 a，b，c，d，e 也是 $C=\{h，i，j，k\}$的下界。但 b，c，d，e 不是$\{h，i，f，g\}$的下界。

从本例中可以看出上界和下界不是唯一的。

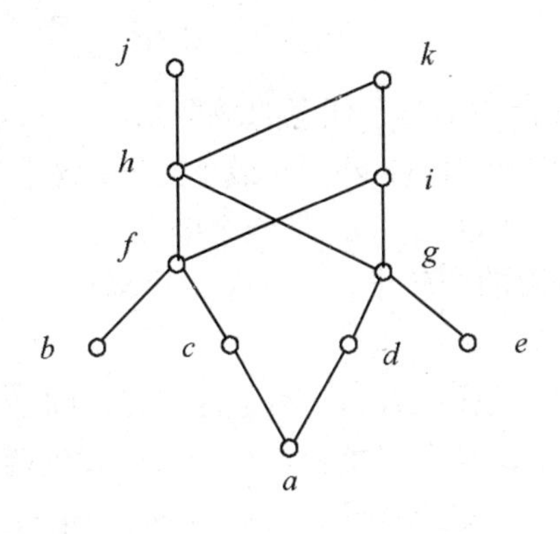

图 4.16

定义 4.8.10 设<A，≼>是偏序集合，且 B 是 A 的子集，元素 a 是集合 B 的任意上界，如果对于 B 的所有上界 x 都有 $a \preccurlyeq x$，则称 a 为 B 的最小上界（上确界），记作 $LUB(B)$。同理，b 为集合 B 的任意下界，若对 B 的所有下界 y 都有 $y \preccurlyeq b$，则称 b 为子集 B 的最大下界（下确界），记作 $GLB(B)$。

例如，给定偏序集<A，≼>的哈斯图如图 4.17 所示。子集{2，3，6}的上界有 12，24，36，最小上界为 12。没有下界，也没有最大下界。对于子集{6，12}，上界为 12，24，36，最小上界为 12。下界为 2，3，6，最大下界为 6。

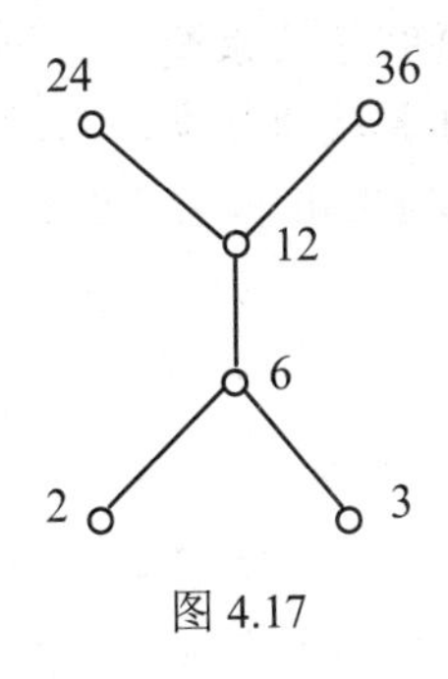

图 4.17

4.8.4 良序关系

定义 4.8.11 设<A，≼>是偏序集合，如果 A 的每一个非空子集都存在最小元，则这种偏序集称为良序集。

例如，设 N={1，2，3，…}，对于小于等于关系来说是良序集，即<N，≤>是良序集。因为小于等于关系是 N 上的偏序关系，对于每一个非空集合都存在最小元素，由定义知<N，≤>是良序集。

定理 4.8.4 每个良序集合一定是全序集合。

证明

设$<A, \preccurlyeq>$是良序集合，则对于任意的两个元素 x，$y \in A$，都可构成子集$\{x, y\}$，由良序集的定义可知，集合$\{x, y\}$存在最小元素，这个最小元素不是 x 就是 y，因此一定有 $x \preccurlyeq y$ 或 $y \preccurlyeq x$。所以$<A, \preccurlyeq>$是全序集合。

定理 4.8.5　每个有限的全序集合一定是良序集合。

证明

设$<A, \preccurlyeq>$是全序集。假设$<A, \preccurlyeq>$不是良序集，则必存在非空子集 $B \subseteq A$，B 中不存在最小元素。因为 B 是有限集合，至少可以找到两个元素 x 和 y，它们没有关系。另一方面，$<A, \preccurlyeq>$是全序集，x 和 $y \in A$，一定有 $x \preccurlyeq y$ 或 $y \preccurlyeq x$。由此推出矛盾，知$<A, \preccurlyeq>$必是良序集。

上述结论对于无限的全序集合不一定成立。

例如，集合$<(0, 1), \leqslant>$，对于大于 0 小于 1 的实数按“小于等于”关系是全序集合，但不是良序集合，因为集合本身就不存在最小元素。

本章小结

本章首先给出了笛卡尔积的定义，在此基础上定义了关系的概念、给出了关系的表示方法和运算，同时还说明了关系复合、闭包、性质及在关系图、关系矩阵上的表示。关系的传递闭包计算较为复杂，本章给出了求有限集合上的二元关系的传递闭包的有效算法，即 Warshall 算法。在本章中还介绍了两类重要的关系：等价关系和偏序关系。

习题 4

1．给定 $A=\{1, 2, 3\}$，$B=\{a, b\}$，求：

（1）$A \times B$。

（2）$B \times A$。

（3）$B \times B$。

2．给定 $A=\{1, 2, 3\}$，$B=\{a, b, c\}$，$C=\{3, 4\}$，求：$A \times B \times C$。

3．设 $A=\{a, b\}$，$B=\{c, d, e\}$，$C=\{1, 2\}$，求：$(A \times B) \cap (A \times C)$和 $A \times (B \cap C)$。

4．证明。

（1）$(A \times B) \cap (A \times C) = A \times (B \cap C)$。

（2）$(A \times B) \cup (A \times C) = A \times (B \cup C)$。

5．已知$<2x, x+y>=<6, 2>$，求x，y。

6．设$A=\{0, 1, 2, 3\}$，A上的两个关系

$R=\{<x, y> \mid y=x+1$ 或 $y=x/2\}$，

$S=\{<x, y> \mid x=y+2\}$。

求复合关系：

（1）$R \circ S$。

（2）$S \circ R$。

（3）$R \circ S \circ R$。

7．设$A=\{1, 2, 3, 4, 5, 6\}$，而R是A上的整除关系，即$R=\{<x, y> \mid x$ 整除 $y\}$。

（1）将R写成序偶的集合形式。

（2）写出R的关系矩阵。

（3）画出R的关系图。

（4）求R的逆关系。

8．设有A上的关系R，S，T，证明：

（1）若$R \subseteq S$，则$R \circ T \subseteq S \circ T$。

（2）若$R \subseteq S$，则$T \circ R \subseteq T \circ S$。

9．设A上有关系R满足对称性和传递性，问R是否一定满足自反性？并说明理由。

10．考虑集合$A=\{1, 2, 3\}$上的五个关系：

$R=\{<1, 1>, <1, 2>, <1, 3>, <3, 3>\}$；

$S=\{<1, 1>, <1, 2>, <2, 1>, <2, 2>, <3, 3>\}$；

$T=\{<1, 1>, <1, 2>, <2, 2>, <2, 3>\}$；

$\varnothing$=空关系；

$A \times A$=全关系；

判定上述关系的性质。

（1）自反性。

（2）对称性。

（3）传递性。

（4）反对称性。

11．集合$A=\{1, 2, 3, 4\}$，考虑A上的关系

$R=\{<1, 1>, <2, 2>, <2, 3>, <3, 2>, <4, 2>, <4, 4>\}$

（1）画出R的关系图。

（2）R是否是自反的、对称的、传递的和反对称的？

（3）求$R \circ R$。

12．请给出集合 $A=\{1，2，3\}$上的关系 R，使得 R 分别满足下列性质。

（1）R 既是对称的也是反对称的。

（2）R 既不是对称的也不是反对称的。

（3）R 是传递的，但是 $R\cup R^{-1}$ 不是传递的。

13．设集合 $A=\{a，b，c\}$及其上的关系 R，$R=\{\langle a，a\rangle，\langle a，b\rangle，\langle b，c\rangle，\langle c，c\rangle\}$，求：$r(R)$，$s(R)$，$t(R)$。

14．设集合 A 上的关系 R，S，且 $R\supseteq S$，试证：

（1）$r(R)\supseteq r(S)$。

（2）$s(R)\supseteq s(S)$。

（3）$t(R)\supseteq t(S)$。

15．设有集合 A 上的关系 R，S，试证：

（1）$r(R\cup S)= r(R)\cup r(S)$。

（2）$s(R\cup S)= s(R)\cup s(S)$。

（3）$t(R\cup S)\supseteq t(R)\cup t(S)$。

并举一个反例说明在一般情况下 $t(R\cup S)\neq t(R)\cup t(S)$。

16．设 R 为集合 A 上的等价关系，试证 R 的逆关系也是等价关系。

17．设 A 为非零整数的集合，$\approx$为 $A\times A$ 上的关系，定义为

$\langle a，b\rangle\approx\langle c，d\rangle$　只要 $ad=bc$

证明：$\approx$是一个等价关系。

18．设 $A=\{1，2，3，\cdots，9\}$，设$\backsim$为 $A\times A$ 上的关系，定义为

$\langle a，b\rangle\backsim\langle c，d\rangle$　如果 $a+d=b+c$

证明：$\backsim$是一个等价关系。

19．设集合 $A=\{1，2，3，4，5，6\}$上的等价关系

$R=\{\langle 1，1\rangle，\langle 1，5\rangle，\langle 2，2\rangle，\langle 2，3\rangle，\langle 2，6\rangle，\langle 3，2\rangle，\langle 3，3\rangle，\langle 3，6\rangle，\langle 4，4\rangle，\langle 5，1\rangle，\langle 5，5\rangle，\langle 6，2\rangle，\langle 6，3\rangle，\langle 6，6\rangle\}$。

求 R 的等价类。

20．设 $A=\{1，2，3，\cdots，19，20\}$，R 是 A 上由 $x\equiv y \mod 5$ 定义的等价关系，求商集 A/R。

21．求集合$\{a，b，c\}$上的所有等价关系。

22．对下列集合求出它的整除关系并画出哈斯图。

（1）{1，2，3，4，6，8，12，24，36，48}。

（2）{1，2，3，4，5，6，7，8，9，10，11，12}。

23．图 1 是两个偏序集$\langle A，\preccurlyeq\rangle$的哈斯图，分别写出集合 A 和偏序关系的集合表达形式。

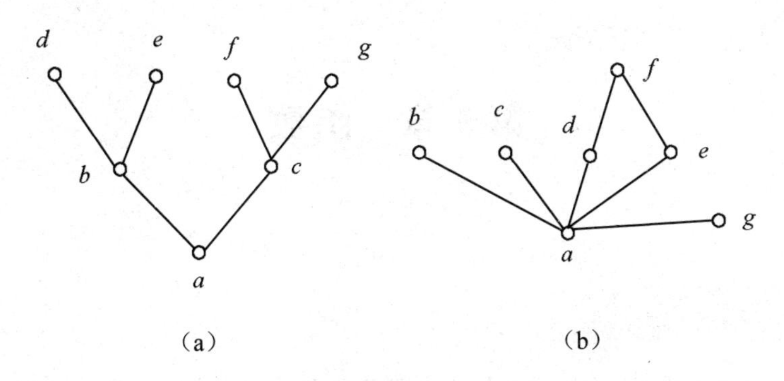

图 1

24．分别画出下列各偏序集<*A*，≼>的哈斯图，并找出 *A* 的极大元、极小元、最大元、最小元。

（1）*A*={*a*，*b*，*c*，*d*，*e*}，*R*={<*a*，*b*>，<*a*，*c*>，<*a*，*d*>，<*a*，*e*>，<*b*，*e*>，<*c*，*e*>，<*d*，*e*>，<*a*，*a*>，<*b*，*b*>，<*c*，*c*>，<*d*，*d*>，<*e*，*e*>}。

（2）*A*={*a*，*b*，*c*，*d*，*e*}，*R*={<*a*，*a*>，<*b*，*b*>，<*c*，*c*>，<*c*，*d*>，<*d*，*d*>，<*e*，*e*>}。

25．集合 *A*={1，2，3，4，5，6，7，8，9，10，11，12}，≼为整除关系，*B*={*x* | *x*∈*A* 且 2≤*x*≤4}，在偏序集<*A*，≼>中，求 *B* 的上界、下界、上确界和下确界。

第 5 章　函数

函数(又称为映射)是数学中最基本且最重要的概念之一。在高等数学中，函数的概念是从变量的角度提出来的，并且是在实数集合上讨论的，这种函数一般是连续或间断连续的。在这里，我们将连续函数的概念推广到对离散量的讨论，即将函数看作是一种特殊的二元关系。通过本章的学习，读者应掌握以下内容：

- 函数的基本概念
- 单射、满射和双射函数
- 函数的复合运算
- 函数的逆运算
- 置换

5.1　函数的概念

函数也称为映射，它反映了从一个集合到另一个集合的一种对应关系，定义如下：

定义 5.1.1　设 X 和 Y 是任意两个集合，f 是一个从 X 到 Y 的二元关系，如果 f 满足：对于每一个 $x \in X$，都有唯一的 $y \in Y$，使得 $<x, y> \in f$，则称关系 f 为 X 到 Y 的函数，记作：

$$f: X \to Y \text{ 或 } X \xrightarrow{f} Y$$

当 $<x, y> \in f$ 时，通常记为 $y=f(x)$，这时称 x 为函数的自变量（或原象），y 为 x 在 f 下的函数值（或映像）。集合 X 称为 f 的定义域，由所有映像组成的集合称为函数的值域，记作 $f(X)$。

由函数的定义可知，函数是一种特殊的二元关系，其特殊之处在于：

（1）函数要求 X 中每一个元素与 Y 中元素以 f 相关，所以，函数的定义域是 X，而不能是 X 的某个真子集；

（2）对于任一个 $x \in X$ 只能对应于 Y 中唯一的一个 y，即如果 $f(x)=y$ 且 $f(x)=z$，那么，$y=z$。

例如，集合 $X=\{1, 2, 3\}$，$Y=\{a, b, c, d\}$，X 到 Y 的二元关系 $f=\{<1, a>, <2, c>, <3, b>\}$，则 f 是 X 到 Y 的函数，且有

$$f(1)=a$$
$$f(2)=c$$
$$f(3)=b$$

易知，此时函数 f 的值域 $f(X)=\{a, c, b\}$。

例 5.1.1 判断下列关系中哪个能构成函数。

（1）集合 $X=\{a, b, c, d\}$，$Y=\{1, 2, 3, 4, 5, 6\}$，f_1，f_2，f_3 分别是 X 到 Y 的二元关系，其中

$$f_1=\{<a, 2>, <b, 5>, <c, 1>, <d, 4>\}$$
$$f_2=\{<a, 2>, <b, 6>, <d, 4>\}$$
$$f_3=\{<a, 3>, <b, 1>, <c, 5>, <d, 2>, <d, 4>\}$$

解 f_1 是 X 到 Y 的函数；f_2 不是 X 到 Y 的函数，因为 X 中的元素 c 与 Y 中的任何一个元素都不相关；f_3 也不是 X 到 Y 的函数，因为 X 中的元素 d 与 Y 中的两个元素有关系。

（2）$f=\{<x_1, x_2> \mid x_1, x_2 \in N$，且 $x_1+x_2<10\}$

解 f 不能构成函数，因为 x_1 不能取定义域中所有的值，且一个 x_1 可对应很多个 x_2。

（3）$X=\{1, 2, 3, 4, 5, 6, 7\}$，$Y=\{0, 1\}$，$f$ 为 X 到 Y 的关系，X 中的元素 x 为偶数时，$<x, 0>\in f$，否则 $<x, 1>\in f$。

解 f 能构成函数，因为对于每一个 $x\in X$，都有唯一的 $y\in Y$ 与它对应。

由于函数是一种特殊的二元关系，在前面的章节中所讨论的集合或关系的运算和性质，对于函数完全适用。

例如，在二元关系中，曾定义关系 R 的定义域和值域，其中定义域 $\mathrm{dom}\,R=\{x \mid <x, y>\in R, x\in X, y\in Y\}$，值域 $\mathrm{ran}\,R=\{y \mid <x, y>\in R, x\in X, y\in Y\}$，显然，对于从 X 到 Y 的函数 f，其定义域 $\mathrm{dom}\,f=X$，值域 $\mathrm{ran}\,f=f(X)\subseteq Y$。

另外，对于两个函数相等的概念同样也可以用集合的概念来给予定义。

定义 5.1.2 设函数 f: $X\rightarrow Y$，g: $A\rightarrow B$，如果 $X=A$，$Y=B$，且对于所有的 $x\in X$ 和 $x\in A$ 有 $f(x)=g(x)$，则称函数 f 和 g 相等，记作 $f=g$。

下面讨论函数的计数问题。

例 5.1.2 设集合 $X=\{x, y, z\}$，$Y=\{a, b\}$，试问：X 到 Y 可以定义多少种不同的函数？

解 $f(x)$ 可以取 a 或 b 两个值；当 $f(x)$ 取定一个值时，$f(y)$ 又可以取 a 或 b 两个值；而当 $f(y)$ 取定一个值时，$f(z)$ 又可以取 a 或 b 两个值。因此，从 X 到 Y

可定义 2^3 个不同的函数。

一般地讲，当 X 和 Y 为有限集时，若$|X|=n$，$|Y|=m$，则从 X 到 Y 可以定义 m^n 个不同的函数。因此，也可以直接用符号 Y^X 表示从 X 到 Y 的所有函数的集合。

5.2 函数的性质

在前面的例子中，我们见到有 $\text{ran} f=Y$ 的情形，也有 $\text{ran} f\subseteq Y$ 的情形；另外，当 $x_1\neq x_2$ 时，有 $f(x_1)=f(x_2)$的情形，也有 $f(x_1)\neq f(x_2)$的情形。这些不同的情形反映了函数不同的性质，下面介绍具有不同性质的三种特殊函数。

定义 5.2.1 设函数 f: $X\to Y$，如果对于 X 中的任意两个元素 x_1 和 x_2，当 $x_1\neq x_2$ 时，都有 $f(x_1)\neq f(x_2)$，则称 f 为 X 到 Y 的单射函数（或入射函数）。

显然，单射函数要求不同的自变量具有不同的函数值。

例如，集合 $X=\{a，b，c\}$，$Y=\{1，2，3，4\}$，f 是 X 到 Y 的函数，且有：

$$f(a)=1$$
$$f(b)=2$$
$$f(c)=3$$

则 f 就是从 X 到 Y 的单射函数。

又如，Z^+是正整数集合，f是 Z^+到 Z^+的函数，且对于任意正整数 n，都有 $f(n)=2n$。当正整数 $x_1\neq x_2$ 时，$2x_1\neq 2x_2$，即 $f(x_1)\neq f(x_2)$，所以 f 是单射函数。

易知，当 X，Y 为有限集时，若有 X 到 Y 的单射函数，则$|X|\leqslant|Y|$。

定义 5.2.2 设函数 f: $X\to Y$，如果 $f(X)=Y$，即 Y 中的每一个元素是 X 中一个或多个元素的映像，则称 f 为 X 到 Y 的满射函数。

设 f: $X\to Y$ 是满射，即对于任意的 $y\in Y$，必存在 $x\in X$ 使得 $f(x)=y$ 成立。

例如，集合 $X=\{1，2，3\}$，$Y=\{a，b\}$，f 是 X 到 Y 的函数，且有

$$f(1)=a$$
$$f(2)=b$$
$$f(3)=b$$

则 f 是 X 到 Y 的满射函数，但显然不是单射函数。

又如，Z^+是正整数集合，E^+是正偶数集合，f 是 Z^+到 E^+的函数，且 $f(n)=2n$，显然，f 是满射函数。

易知，当 X，Y 为有限集时，若有 X 到 Y 的满射函数，则$|X|\geqslant|Y|$。

定义 5.2.3 设函数 f: $X\to Y$，如果 f 既是单射函数又是满射函数，则称 f 为 X 到 Y 的双射函数，也称一一对应函数。

例如，集合 $X=\{a，b，c\}$，$Y=\{1，2，3\}$，f 是 X 到 Y 的函数，且有：

$$f(a)=1$$
$$f(b)=3$$
$$f(c)=2$$

则f是从X到Y的双射函数。

又如，Z^+正整数集合，E^+是正偶数集合，f是Z^+到E^+的函数，且$f(n)=2n$。已知f是Z^+到E^+的满射函数，又由于当正整数$x_1 \neq x_2$时，$2x_1 \neq 2x_2$，即$f(x_1) \neq f(x_2)$，所以f又是单射函数，所以f是Z^+到E^+的双射函数。

易知，当X，Y为有限集时，若有X到Y的双射函数，则$|X|=|Y|$。

例 5.2.1 确定如下关系是否是函数，若是函数，是否是单射函数、满射函数、双射函数。

（1）设$X=\{1，2，3，4，5\}$，$Y=\{a，b，c，d，e\}$

$f_1=\{<1，a>，<2，c>，<3，e>\}$

$f_2=\{<1，a>，<2，e>，<3，c>，<4，b>，<5，c>\}$

$f_3=\{<1，a>，<2，e>，<3，b>，<4，c>，<5，d>\}$

（2）设$X=Y=R$（实数集合）

$f_1=\{<x，x^2> \mid x \in R\}$　　　$f_2=\{<x，e^x> \mid x \in R\}$

$f_3=\{<x，\sqrt{x}> \mid x \in R\}$　　　$f_4=\{<x，x+2> \mid x \in R\}$

解

（1）f_1不是从X到Y的函数，因为$\mathrm{dom} f_1=\{1，2，3\} \neq X$；

f_2是从X到Y的函数，但$f_2(3)=f_2(5)=c$，$\mathrm{ran}\, f_2=\{a，b，c，e\} \neq Y$，因此$f_2$既非单射函数也非满射函数；

f_3是从X到Y的双射函数。

（2）f_1是从X到Y的函数，但$f_1(1)=f_1(-1)=1$，因此它不是单射函数，又因为该函数的最小值是0，所以$\mathrm{ran}\, f_1$是区间$[0，+\infty)$，不是整个实数集，因此它也不是满射函数；

f_2是从X到Y的单射函数；

f_3不是从X到Y的函数，因为$\mathrm{dom} f_3$是区间$[0，+\infty)$，不是整个实数集；

f_4是从X到Y的双射函数。

例 5.2.2 判断以下函数的单射、满射和双射性。

（1）f: $R \times R \to R \times R$，R为实数集，$f(<x，y>)=<x+y，x-y>$。

（2）f: $N \times N \to N$，N为自然数集$(0 \in N)$，$f(<x，y>)=|x^2-y^2|$。

解

（1）先来判断函数的单射性。任取$<x，y>$，$<p，q> \in R \times R$，$<x，y> \neq <p，q>$，只要证明$f(<x，y>) \neq f(<p，q>)$，f就为单射函数。用反证法：

假设$f(<x, y>)=f(<p, q>)$，即$<x+y, x-y>=<p+q, p-q>$，则有

$$x+y=p+q \quad 且 \quad x-y=p-q$$

由这两个式子可得

$$x=p \ 且 \quad y=q$$

所以，有

$$<x, y>=<p, q>$$

与已知相矛盾，因此f为单射函数。

现来证明 f 是满射的，由定义可知，只要对任意的$<p, q>\in R\times R$，都存在$<x, y>\in R\times R$，使得$f(<x, y>)=<p, q>$就可以。由f的定义有

$$x+y=p \ 和 \ x-y=q$$

可解得

$$x=(p+q)/2, \qquad y=(p-q)/2$$

显然$<(p+q)/2, (p+q)/2>\in R\times R$，且满足

$$f(<(p+q)/2, (p+q)/2>)=<p, q>$$

因此f为满射函数。

综上所述，f是双射函数。

（2）显然f不是单射的，因为

$$f(<2, 2>)=|\,2^2-2^2\,|=0,$$
$$f(<1, 1>)=|\,1^2-1^2\,|=0,$$

但$<2, 2>\neq<1, 1>$。

f也不是满射的，因为找不到自然数x和y满足

$$f(<x, y>)=|\,x^2-y^2\,|=2$$

所以，$2\notin \mathrm{ran}\, f$。

综上所述，f不是双射函数。

下面的例子给出几个常用函数。

（1）设f: $X\rightarrow Y$，如果存在$y\in Y$使得对所有的$x\in X$都有$f(x)=y$，则称f为常函数。

（2）X上的恒等关系I_x就是X上的恒等函数，对于所有的$x\in X$都有$I_x(x)=x$。

（3）设f: $X\rightarrow X$，对于任意的x_1，$x_2\in X$，如果$x_1<x_2$，则有$f(x_1)\leqslant f(x_2)$，就称f为单调递增的；如果$x_1<x_2$，则有$f(x_1)<f(x_2)$，就称f为严格单调递增的。类似地也可以定义单调递减和严格单调递减的函数。它们统称为单调函数。

定理 5.2.1 设X和Y为有限集，若X和Y的元素个数相同，即$|X|=|Y|$，f是从X到Y的函数，则f是单射的，当且仅当f是满射的。

证明

必要性。设 f 是单射的，则$|X|=|f(X)|=|Y|$，从 f 的定义我们知道 $f(X)\subseteq Y$，而$|f(X)|=|Y|$，又因为$|Y|$是有限的，故$f(X)=Y$，因此f是单射的可推出f是满射的。

充分性。设f是满射的，根据满射定义$f(X)=Y$，于是$|X|=|Y|=|f(X)|$。因为$|X|=|f(X)|$且$|X|$是有限的，故f是单射的，因此f是满射的可推出f是单射的。

这个定理必须在有限集情况下才成立，在无限集上不一定成立，如f：$Z\to Z$，$f(x)=2x$，在这种情况下整数映射到偶整数，显然这是一个单射，但不是满射。

5.3 复合函数和逆函数

5.3.1 复合函数

对于关系而言有复合关系，由于函数是一种特殊的二元关系，所以函数的复合可以采用二元关系的复合方法，并可证明当函数被看作二元关系时，经关系的复合所得的复合关系同样也是函数。

定理 5.3.1 设X、Y、Z是集合，f是X到Y的二元关系，g是Y到Z的二元关系，当f和g都是函数时，则复合关系$f\circ g$是X到Z的函数。

证明

$f\circ g$为X到Z的二元关系是显然的，下面只需证明对于X中任意元素x，必存在Z中唯一元素z，使得$<x, z>\in f\circ g$。

由于f是X到Y的函数，所以对于X中任意元素x，在Y中有且仅有一个元素y，使得$<x, y>\in f$；又由于g是Y到Z的函数，所以对于Y中任意元素y，在Z中有且仅有一个元素z，使得$<y, z>\in g$。于是，对于X中任意元素x，必有Z中唯一元素z，使得$<x, z>\in f\circ g$，由此证得复合关系$f\circ g$是X到Z的函数。

经合成后所得的函数称为复合函数，复合函数在记法上与复合关系稍有不同。

定义 5.3.1 设函数f: $X\to Y$，g：$Y\to Z$，经f和g复合后的函数称为复合函数，记作$g\circ f$，它是X到Z的函数，当$x\in X$，$y\in Y$，$z\in Z$，且$f(x)=y$，$g(y)=z$时，$g\circ f(x)=z$。

注意，当f和g看作是二元关系时，合成后的关系记作$f\circ g$，但当把f和g看作函数时，它们的复合函数应记作$g\circ f$。之所以采用这样的记法，是为便于函数进行复合运算。根据复合函数的定义，显然有$g\circ f(x)=g(f(x))$。

例 5.3.1 设集合$X=\{x, y, z\}$，$Y=\{a, b, c, d\}$，$Z=\{1, 2, 3\}$，f是X到Y的函数，g是Y到Z的函数，其中

$f(x)=c$　　$f(y)=b$　　$f(z)=c$

$g(a)=2$　　$g(b)=1$　　$g(c)=3$　　$g(d)=1$

求复合函数 $g\circ f$。

解 易知 $g\circ f$ 是 X 到 Z 的函数，且

$$g\circ f(x)=g(f(x))=g(c)=3$$
$$g\circ f(y)=g(f(y))=g(b)=1$$
$$g\circ f(z)=g(f(z))=g(c)=3$$

由于函数的复合仍是一个函数，因此同样可求三个函数的复合，并且和二元关系的复合一样，函数的复合运算也满足结合律。

设 f，g，h 都是 X 到 X 的函数，则 $(f\circ g)\circ h=f\circ(g\circ h)$。

例 5.3.2 设 R 是实数集，f，g，h 都是 R 到 R 的函数，其中

$$f(x)=x+2 \qquad g(x)=x-2 \qquad h(x)=3x$$

求 $g\circ f$，$h\circ(g\circ f)$，$(h\circ g)\circ f$。

解

$$g\circ f(x)=g(x+2)=(x+2)-2=x;$$
$$h\circ(g\circ f)(x)=h(g\circ f(x))=h(x)=3x;$$
$$(h\circ g)\circ f(x)=(h\circ g)(f(x))=h(g(f(x)))=h(g(x+2))=h((x+2)-2)=h(x)=3x。$$

显然，函数的复合运算满足结合律，但是它不一定能满足交换律。例如，在上例中，

$$h\circ f(x)=h(x+2)=3\times(x+2)=3x+6;$$
$$f\circ h(x)=f(3x)=3x+2;$$

所以，$h\circ f\neq f\circ h$。

对于特殊函数的复合运算有如下定理。

定理 5.3.2 设 f 和 g 为函数，$g\circ f$ 是 f 和 g 的复合函数，则：

（1）若 f 和 g 是满射的，则 $g\circ f$ 是满射的；

（2）若 f 和 g 是单射的，则 $g\circ f$ 是单射的；

（3）若 f 和 g 是双射的，则 $g\circ f$ 是双射的。

证明

（1）设 f: $X\to Y$，g: $Y\to Z$，则 $g\circ f$: $X\to Z$。由于 g 是满射的，对于 Z 中任意元素 $z\in Z$，必有 $y\in Y$，使得 $g(y)=z$；对于 $y\in Y$，又因为 f 是满射的，所以也必有 $x\in X$，使得 $f(x)=y$。因此，对于 Z 中任意元素 z，必有 $x\in X$，使得 $g\circ f(x)=z$，所以 $g\circ f$ 是满射的。

（2）由于 f 和 g 都是单射的，因此对于任意 x_1、$x_2\in X$，当 $x_1\neq x_2$ 时，必有 $f(x_1)\neq f(x_2)$，$g(f(x_1))\neq g(f(x_2))$，即当 $x_1\neq x_2$ 时，必有 $g\circ f(x_1)\neq g\circ f(x_2)$，所以 $g\circ f$ 是单射的。

（3）由（1）、（2）证明结果即可得证。

注意，定理 5.3.2 的逆不成立，但有下面定理成立。

定理 5.3.3 设函数 f: $X \to Y$，g：$Y \to Z$，$g \circ f$ 是 f 和 g 的复合函数，则：

（1）若 $g \circ f$ 是满射的，则 g 是满射的；

（2）若 $g \circ f$ 是单射的，则 f 是单射的；

（3）若 $g \circ f$ 是双射的，则 f 是单射的，g 是满射的。

证明略，请读者自证。

5.3.2 逆函数

对于从 X 到 Y 的二元关系 R，只要颠倒 R 中所有序偶中的两个元素的顺序，就能得到 R 的逆关系 R^{-1}，但是对于函数而言，其逆关系不一定是函数。例如，对于 f: $X \to Y$，f 的值域可能只是 Y 的一个真子集，即 $\mathrm{ran}\ f \subset Y$，或者 f 是一个多对一的映射，在这些情况下，通过交换序偶元素的顺序而得到的逆关系，显然不能构成函数。因此，对函数求逆需要规定一些条件。

定理 5.3.4 设 f: $X \to Y$ 是一个双射函数，则 f 的逆关系 f^{-1} 是 Y 到 X 的函数，且是一个双射函数。

定义 5.3.2 设 f: $X \to Y$ 是一个双射函数，其逆关系 f^{-1} 称为 f 的逆函数，也记作 f^{-1}。

例如，设 $X=\{x, y, z\}$，$Y=\{a, b, c\}$，f: $X \to Y$，且

$$f=\{<x, a>, <y, c>, <z, b>\}$$

则

$$f^{-1}=\{<a, x>, <c, y>, <b, z>\}。$$

定理 5.3.5 设 f: $X \to Y$ 是一个双射函数，则 $(f^{-1})^{-1}=f$。

证明 由定理 5.3.4 可知，f^{-1}：$Y \to X$，且是双射的，因此它的逆函数 $(f^{-1})^{-1}$ 必然存在，而且也是双射。

并且对于任意 $x \in X \Rightarrow f$：$x \to f(x) \Rightarrow f^{-1}$：$f(x) \to x \Rightarrow (f^{-1})^{-1}$：$x \to f(x)$。

显然，$(f^{-1})^{-1}=f$ 成立。

定理 5.3.6 设 f: $X \to Y$ 是一个双射函数，则

（1）$f^{-1} \circ f = I_X = \{<x, x> \mid x \in X\}$

（2）$f \circ f^{-1} = I_Y = \{<y, y> \mid y \in Y\}$

（3）$f = I_Y \circ f = f \circ I_X$

证明

（1）因为 f: $X \to Y$ 是一个双射函数，所以 f^{-1}：$Y \to X$，故 $f^{-1} \circ f$: $X \to X$。对于任意 $x \in X$，必存在 $y \in Y$，使得 $f(x)=y$，且 $f^{-1}(y)=x$，因此

$$f^{-1} \circ f(x) = f^{-1}(f(x)) = f^{-1}(y) = x$$

故 $f^{-1} \circ f = I_X$ 成立。

（2）、（3）的证明和（1）类似，略。

例 5.3.3 设 $X=\{1, 2, 3\}$，$Y=\{a, b, c\}$，f 是 X 到 Y 的双射函数，且 $f=\{<1, a>, <2, c>, <3, b>\}$，求 f^{-1} 和 $f\circ f^{-1}$ 和 $f^{-1}\circ f$。

解 由于 f 是双射函数，因此由逆函数的定义可直接得

$$f^{-1}=\{<a, 1>, <c, 2>, <b, 3>\}$$

同样可得

$$f\circ f^{-1}=\{<a, a>, <c, c>, <b, b>\}$$
$$f^{-1}\circ f=\{<1, 1>, <2, 2>, <3, 3>\}$$

定理 5.3.7 设 f：$X\to Y$，g：$Y\to Z$ 均为双射函数，则$(g\circ f)^{-1}=f^{-1}\circ g^{-1}$。

证明

（1）因为 f、g 是双射函数，所以 $g\circ f$ 是 X 到 Z 的双射函数，$g\circ f$ 存在逆函数，且$(g\circ f)^{-1}$是 Z 到 X 的双射函数；同样，f^{-1} 和 g^{-1} 也是双射函数，所以，$f^{-1}\circ g^{-1}$ 也是 Z 到 X 的双射函数。

（2）要证$(g\circ f)^{-1}=f^{-1}\circ g^{-1}$，即证对于 Z 中任意元素 z，有 $(g\circ f)^{-1}(z)=f^{-1}\circ g^{-1}(z)$。

因为 g^{-1} 是 Z 到 Y 的双射函数，对于 $z\in Z$，有唯一元素 $y\in Y$，使得 $g^{-1}(z)=y$，同理，对于 $y\in Y$，有唯一元素 $x\in X$，使得 $f^{-1}(y)=x$，由此可得

$$f^{-1}\circ g^{-1}(z)=x$$

由于 $g\circ f(x)=g(f(x))=g(y)=z$，所以

$$(g\circ f)^{-1}(z)=x$$

由此证得$(g\circ f)^{-1}=f^{-1}\circ g^{-1}$，证毕。

5.4 置换

定义 5.4.1 设 X 是有限集合，$X=\{x_1, x_2, \cdots, x_n\}$，$X$ 上的任意双射函数 f：$X\to X$ 称为 X 上的 n 元置换，n 也称为置换的阶。

例如，$X=\{1, 2, 3\}$，设 f：$X\to X$，且有 $f(1)=2$，$f(2)=1$，$f(3)=3$，显然 f 将 1，2，3 分别置换为 2，1，3，通常也将此置换记为

$$f=\begin{pmatrix} 1 & 2 & 3 \\ 2 & 1 & 3 \end{pmatrix}$$

n 元置换 f：$X\to X$ 常表示为

$$f=\begin{pmatrix} x_1 & x_2 & \cdots & x_n \\ f(x_1) & f(x_2) & \cdots & f(x_n) \end{pmatrix}$$

由于置换 f 是一个双射函数，易知 $f(x_1)$、$f(x_2)$、$\cdots$、$f(x_n)$是 x_1、x_2、$\cdots$、x_n

的一个排列，所以，当 X 是由 n 个元素组成的集合时，X 上共有 $n!$ 种置换。例如，$X=\{1，2，3\}$ 上就有 $3!=6$ 种不同的置换，即

$$f_1=\begin{pmatrix}1 & 2 & 3\\1 & 2 & 3\end{pmatrix},\quad f_2=\begin{pmatrix}1 & 2 & 3\\1 & 3 & 2\end{pmatrix},\quad f_3=\begin{pmatrix}1 & 2 & 3\\2 & 1 & 3\end{pmatrix}$$

$$f_4=\begin{pmatrix}1 & 2 & 3\\2 & 3 & 1\end{pmatrix},\quad f_5=\begin{pmatrix}1 & 2 & 3\\3 & 1 & 2\end{pmatrix},\quad f_6=\begin{pmatrix}1 & 2 & 3\\3 & 2 & 1\end{pmatrix}$$

对于 n 元置换除上述的表示方式外，也可以用不相交的轮换之积来表示，下面将介绍。

定义 5.4.2 设 g 是集合 X 的置换，若存在元素 $x_1, x_2、\cdots、x_m \in X$，使得 $g(x_1)=x_2$，$g(x_2)=x_3, \cdots, g(x_m)=x_1$，且 X 的其他元素在 g 下的像与原像相等，则称 $h=(x_1, x_2, \cdots, x_m)$ 为 m 次轮换。任何 n 元置换都可表示成不相交的轮换之积。

例如，g 是$\{1，2，\cdots，6\}$上的置换，且

$$g=\begin{pmatrix}1 & 2 & 3 & 4 & 5 & 6\\5 & 4 & 3 & 2 & 1 & 6\end{pmatrix}$$

那么 g 的映射中去掉 3 和 6 这两个保持不变的元素，可得

$$1\mapsto 5,\quad 5\mapsto 1;\quad 2\mapsto 4,\quad 4\mapsto 2$$

两个轮换，所以

$$g=(1，5)(2，4)(3)(6)$$

又如，h 也是$\{1，2，\cdots，6\}$上的置换，且

$$h=\begin{pmatrix}1 & 2 & 3 & 4 & 5 & 6\\3 & 4 & 2 & 6 & 5 & 1\end{pmatrix}$$

则 h 可表示为： $h=(1，3，2，4，6)(5)$

为了使表达式简洁，可去掉一次轮换，那么有

$$g=(1，5)(2，4)$$

$$h=(1，3，2，4，6)$$

根据这种表示方法，$\{1，2，3\}$上的置换可记为：

$f_1=(1)$， $f_2=(2，3)$， $f_3=(1，2)$，

$f_4=(1，2，3)$， $f_5=(3，2，1)$， $f_6=(1，3)$

对于一个置换 f 来说，由于 f 是特殊的双射函数，它必存在逆函数 f^{-1}，我们也把 f^{-1} 称为置换 f 的逆置换。同理两个置换也可以进行复合运算，方法与求函数的复合相同。

本章小结

本章介绍了函数的基本概念，并给出函数做为特殊二元关系的不同之处；然后，讲述了具有不同性质的三种特殊函数：单射函数、满射函数和双射函数，以及如何从定义入手判断和证明函数具有某种特殊性质，并给出了几个常用的函数；之后，介绍了复合函数和逆函数，给出了相关的定理以及证明；最后，简单介绍了函数的置换。通过本章的学习，能够进一步加强对函数和相关知识的理解，为后续的学习和应用打下很好的基础。

习题5

1．集合 $X=\{x, y, z\}$，$Y=\{1, 2, 3\}$，试判断下列 X 到 Y 的二元关系中，哪些能构成函数。

（1）$\{<x, 1>, <x, 2>, <y, 1>\}$。

（2）$\{<x, 1>, <x, 2>, <y, 2>, <z, 3>\}$。

（3）$\{<x, 1>, <y, 1>, <z, 1>\}$。

（4）$\{<x, 2>, <y, 3>, <z, 1>\}$。

2．设集合 $X=\{x, y, z\}$，请回答下列问题。

（1）X 到 X 可定义多少种不同的函数？

（2）$X\times X$ 到 X 可定义多少种不同的函数？

（3）X 到 $X\times X$ 可定义多少种不同的函数？

3．判断下列函数，哪些是单射函数、满射函数或双射函数。

（1）f：$Z\to Z$，$f(i)=i \bmod 3$。

（2）f：$N\to N$，$f(i)=\begin{cases}1 & i\text{是奇数}\\0 & i\text{是偶数}\end{cases}$。

（3）f：$N\to \{0, 1\}$，$f(i)=\begin{cases}1 & i\text{是奇数}\\0 & i\text{是偶数}\end{cases}$。

（4）f：$Z\to N$，$f(i)=|2i|+1$。

（5）f：$R\to R$，$f(i)=2i-15$。

4．设 X，Y 是集合，$|X|=m$，$|Y|=n$，问：

（1）当 m，n 满足什么条件时，存在从 X 到 Y 的单射函数，且有多少个不同的单射函数？

（2）当 m，n 满足什么条件时，存在从 X 到 Y 的满射函数，且有多少个不同的满射函数？

（3）当 m，n 满足什么条件时，存在从 X 到 Y 的双射函数，且有多少个不同的双射函数？

5．设集合 $A=\{0, 1\}$，f_1，f_2，f_3，f_4 是 A 到 A 的函数，其中

$$f_1(0)=0，f_1(1)=1$$

$$f_2(0)=1，f_2(1)=0$$

$$f_3(0)=0，f_3(1)=0$$

$$f_4(0)=1，f_4(1)=1$$

证明$f_2 \circ f_3 = f_4$，$f_3 \circ f_2 = f_3$，$f_1 \circ f_4 = f_4$。

6．设函数$f(x)=2x+1$，$g(x)=x^2-2$，计算复合函数$f \circ g$和$g \circ f$。

7．设函数f：$X \to Y$，g：$Y \to Z$，证明：

（1）如果f，g是双射的，则复合函数$g \circ f$也是双射的。

（2）如果$g \circ f$是满射的，则g是满射的。

8．设函数f：$R \times R \to R \times R$，$f$定义为：$f(<x，y>)=<x+y，x-y>$。

（1）证明f是单射的。

（2）证明f是满射的。

（3）求逆函数f^{-1}。

（4）求复合函数$f^{-1} \circ f$和$f \circ f^{-1}$。

9．将下述置换表示成不相交的轮换之积，并给出这些置换的逆置换。

（1）$\begin{pmatrix} 1 & 2 & 3 & 4 & 5 & 6 \\ 2 & 4 & 6 & 1 & 3 & 5 \end{pmatrix}$。

（2）$\begin{pmatrix} 1 & 2 & 3 & 4 & 5 & 6 \\ 6 & 5 & 4 & 1 & 2 & 3 \end{pmatrix}$。

（3）$\begin{pmatrix} 1 & 2 & 3 & 4 & 5 & 6 \\ 3 & 2 & 6 & 1 & 4 & 5 \end{pmatrix}$。

第 6 章　集合的基数

集合的基数就是指集合中元素的个数，由此我们划分了有限集和无限集。由于无限集无法用确切的个数来描述，因此如何描述无限集的基数和比较无限集之间的大小要在本章中进一步讨论。通过本章的学习，读者应掌握以下内容:

- 有限集和无限集
- 集合的基数
- 集合的等势
- 可数集和不可数集
- 集合基数的比较

6.1　基数的概念

在前面，我们用集合的基数简单地定义了有限集和无限集，为了进一步明确这一概念，这里首先需要引进自然数集合。

自然数虽然是大家十分熟悉的概念，但在数学中如何定义呢？20 世纪初，冯・诺依曼用集合的方式成功地解决了这一问题。他提出了序列用$\varnothing$，$\{\varnothing\}$，$\{\varnothing, \{\varnothing\}\}$，$\{\varnothing, \{\varnothing\}, \{\varnothing, \{\varnothing\}\}\}$，……来定义自然数，具体为:

（1）$\varnothing \in \mathrm{N}$;

（2）如果 $n \in \mathrm{N}$，则 $n^+ = n \cup \{n\} \in \mathrm{N}$。

按照集合中元素的个数，可用数字来代替集合，即

$0=\varnothing$

$1=\{\varnothing\}=\{0\}$

$2=\{\varnothing, \{\varnothing\}\}=\{0, 1\}$

……

$n=\{0, 1, 2, 3, \cdots, n-1\}$

……

$\mathrm{N}=\{0, 1, 2, 3, \cdots\}$

从上述的定义可以看到，任意一个自然数都可看作是一个集合，其元素的个数与常用的记法一致，该自然数集合是无限集的一个典型代表。下面我们引入集合等势的概念。

定义 6.1.1 设 X、Y 为两个集合，如果存在从 X 到 Y 的双射函数，则称 X 和 Y 是等势的，记作 $X \approx Y$。

显然，$X \approx Y$ 时，不一定有 $X=Y$，但反之成立。

例 6.1.1 证明以下集合之间的等势。

（1）设有集合 $O^+=\{x \mid x \in N，x$ 是奇数$\}$，证明：$O^+ \approx N$。

（2）设 R 为实数集合，证明：$(0，1) \approx R$。

证明

（1）由于存在函数 f：$N \to O^+$，且 $\forall n \in N$，$f(n)=2n+1$，不难证明，f 是双射函数，因而，$O^+ \approx N$ 成立。

（2）令 f：$(0，1) \to R$

$$f(x)= tg(\pi(2x-1)/2) \quad （其中 x \in (0，1)）$$

显然，f 是双射函数，因而，$(0，1) \approx R$。

定理 6.1.1 设 X、Y、Z 为任意的集合，则

（1）$X \approx X$；

（2）若 $X \approx Y$，则 $Y \approx X$；

（3）若 $X \approx Y$，$Y \approx Z$，则 $X \approx Z$。

证明过程略。

定义 6.1.2 如果有一个从集合$\{0，1，\cdots，n-1\}$到 X 的双射函数，即 X 与某个自然数 n 等势，则称集合 X 是有限的，否则称集合 X 是无限的。

定理 6.1.2 自然数集合 N 是无限的。

证明过程略。

定义 6.1.3 设 X 为任意集合，称 card X 为集合 X 的基数，并作以下规定：

（1）对于任意的集合 X 和 Y，规定 card X = card Y，当且仅当 $X \approx Y$；

（2）对于任意有限集合 X，规定与 X 等势的那个唯一的自然数 n 为 X 的基数，记作

$$\text{card } X=n$$

（3）对于自然数集合 N，规定

$$\text{card } N=\aleph_0 \text{（读作阿列夫零）}$$

（4）对于开区间(0，1)，规定

$$\text{card}(0,1)=\aleph \text{（读作阿列夫）}$$

从基数的定义可知，有限集合的基数就是其元素的个数，这里约定空集的基数为 0。同时，如果在两个集合之间建立双射函数，这两个集合应具有相同的基数。

例如，集合 $X=\{a, b, c\}$，$Y=\{\{a\}, \{a, b\}, \{a, b, c\}\}$，$O^+=\{x \mid x\in N, x$ 是奇数$\}$，以及 R，按照以上的规定

$$\text{card } X=\text{card } Y=3,\ \text{card } O^+ = \text{card } N=\aleph_0,\ \text{card } R=\text{card}(0,1)=\aleph。$$

例 6.1.2 证明区间[0，1]与(0，1)基数相同。

证明 显然只需证明[0，1]≈(0，1)，

定义函数 f: [0，1]→(0，1)，对于任意 $x\in[0,1]$，有

$$f(x)=\begin{cases} \dfrac{1}{4} & x=0 \\ \dfrac{1}{2} & x=1 \\ \dfrac{1}{2^{n+2}} & x=\dfrac{1}{2^n}, n\geqslant 1 \\ x & \text{其他} \end{cases}$$

可证 f 是双射函数，因而，[0，1]与(0，1)基数相同。

6.2 可数集和不可数集

6.2.1 可数集

在上节中，我们提到了自然数集 N 是无限的，但是并非所有的无限集合都可以与自然数集合等势。

定义 6.2.1 凡是与自然数集 N 等势的集合，称为可数集，其基数记为：$\aleph_0$。

例如，$X=\{1, 4, 9, 16, \cdots, n^2, \cdots\}$

$Y=\{1, 1/2, 1/3, \cdots, 1/n, \cdots\}$

$Z=\{x \mid x\in N, x$ 是素数$\}$

均为可数集。

我们也把有限集和可数集统称为至多可数集。

定理 6.2.1 集合 X 为可数集的充分必要条件是可以排列成

$$X=\{x_1, x_2, \cdots, x_n, \cdots\}$$

的形式。

证明

若 X 可排成上述形式，那么将 X 中元素 x_n 与它的下标 n 对应，就可得到 X 与自然数集合 N 之间的一一对应关系，因此 X 是可数集。

反之，若 X 为可数集，那么在 X 与 N 之间就存在一种一一对应关系，由对应关系可知 n 的对应元素为 x_n，因此 X 就可写为$\{x_1, x_2, \cdots, x_n, \cdots\}$的形式。

定理 6.2.2 任一无限集必含有可数子集。

证明 设 X 为无限集，现从 X 中任意取出一个元素，记为 x_1，因为 X 是无限的，显然 $X-\{x_1\}$还是无限集，然后从 $X-\{x_1\}$中再取出一元素，记为 x_2，而 $X-\{x_1, x_2\}$还是无限的，所以又可再取一元素 x_3，如此重复这一过程，就可得到 X 的可数子集。

定理 6.2.3 任一无限集必与其某一真子集等势。

证明

设 X 为无限集，根据定理 6.2.2，X 必含有可数子集 $A=\{a_1, a_2, \cdots, a_n, \cdots\}$，设 $B=X-A$，定义函数 f: $X\to X-\{a_1\}$，使得 $f(a_n)=a_{n+1}$（$n=1, 2, \cdots$），而对于任意元素 $b\in B$，有 $f(b)=b$，显然 f 是双射函数，定理得证。

这个定理也可用图 6.1 来说明。

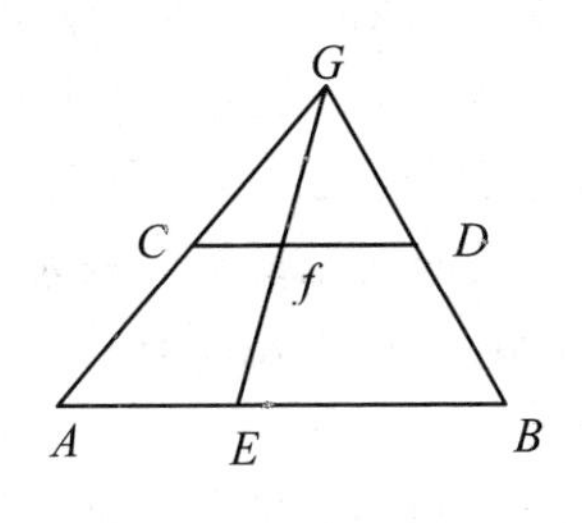

图 6.1

设有线段 AB，其上任取线段 CD，则可建立线段 AB 和 CD 上所有点的一一对应关系。具体做法是：把 CD 移出与 AB 平行，连接 AC 和 BD 并延长交于 G 点，则 AB 上的任意点 E 与 G 的连线 EG 必交于 CD 上的一点 f。

反之，CD 上的任意点 f，与 G 的连线 fG 延长后也必交于 AB 上某点 E，上述的做法，证明了 $AB\approx CD$。

定理 6.2.4 可数集的任何无限子集是可数的。

证明

设 X 为可数集，$Y\subseteq X$ 为一无限子集。现将 X 中的元素排列成 $x_1, x_2, \cdots, x_n, \cdots$，从 x_1 开始，向后检查，依次将 Y 中的元素删去，这些元素就组成了一个新的序列

x_{i1}，x_{i2}，…，x_{in}，…，它与自然数一一对应，所以 Y 是可数的。

定理 6.2.5 可数个可数集的并集仍然是一可数集。

证明

设 S_1，S_2，S_3，……是可数个可数集，分别表示为：

$$S_1=\{a_{11}，a_{12}，a_{13}，…，a_{1n}，…\}$$
$$S_2=\{a_{21}，a_{22}，a_{23}，…，a_{2n}，…\}$$
$$S_3=\{a_{31}，a_{32}，a_{33}，…，a_{3n}，…\}$$
…………

令 $S= S_1 \cup S_2 \cup S_3 \cup \cdots$，对 S 中的元素作以下排列：

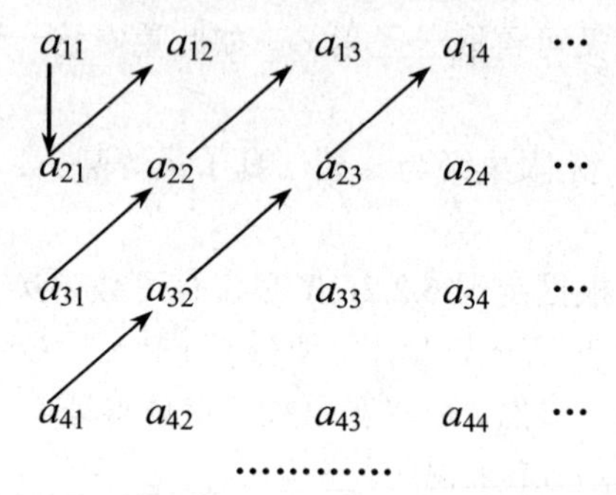

…………

在上述元素的排列中，对于任意的 a_{ij}，称 $i+j$ 为 a_{ij} 的层次，按各元素的层次的由小到大依次排列，层次相同者按 i 值的由大到小再依次排列，并规定，如果再排序中发现当前出现的元素与以前已经排好序的某元素相同时，就将当前出现的元素删除，故 $S= S_1 \cup S_2 \cup S_3 \cup \cdots$的元素可排列为：

$$a_{11}，a_{21}，a_{12}，a_{31}，a_{22}，a_{13}，……$$

故 S 是可数的，定理得证。

定理 6.2.6 设自然数集 N，则 N×N 是可数集。

证明过程略。

定理 6.2.7 有理数集 Q 是可数集。

证明过程略。

6.2.2 不可数集

在无限集合中，除了可数集之外还有没有其他类型的集合呢？答案是肯定的。事实上开区间(0，1)就不是一个可数集。

定理 6.2.8 开区间(0，1)是不可数的。

证明

令(0，1) $=X=\{x|x \in \mathrm{R}，0<x<1\}$，下面用反证法来证明。

假设 X 是可数集，则 X 必可排列表示为：$X=\{x_1, x_2, x_3, \cdots\cdots\}$，其中，$x_i$ 是(0，1)间的任一实数。

设 $x_i=0.a_1a_2\cdots$，其中 $a_i\in\{0, 1, 2, 3, 4, 5, 6, 7, 8, 9\}$（例如，0.12 和 0.123 可记为 0.119999……和 0.1229999……），

设
$$x_1=0.a_{11}a_{12}a_{13}\cdots a_{1n}\cdots$$
$$x_2=0.a_{21}a_{22}a_{23}\cdots a_{2n}\cdots$$
$$x_3=0.a_{31}a_{32}a_{33}\cdots a_{3n}\cdots$$
$$\cdots\cdots$$

其次，我们再构造一个实数 $r=0.b_1b_2b_3\cdots$，使得

$$b_j=\begin{cases}1 & a_{jj}\neq 1\\ 2 & a_{jj}=1\end{cases}\quad j=1,2\cdots\cdots$$

这样，这个实数 r 与所有的实数 x_i 都不同，因为它与 x_1 在位置 1 上不同，与 x_2 在位置 2 上不同，……。这就证明了存在 $r\notin X$，产生矛盾，因此(0，1)是不可数的。

同理，由于(0，1)≈R，显然实数集 R 也是不可数的。对于类似于这样的集合，我们给出另外一个定义。

定义 6.2.2　开区间(0，1)称为不可数集，凡是与(0，1)等势的集合都是不可数集，其基数为$\aleph$。

例如，[0，1]和 R 都是不可数集，且 card R=card[0，1]=$\aleph$。

定理 6.2.9　设 X 是无限集，则 P(X)是不可数集。

证明过程略。

6.3　基数的比较

上一节我们讨论了可数集和不可数集的基数的概念。但为了证明两个集合的基数相等，就必须构造它们之间的一个双射函数，对很多的集合来说，这显然是非常困难的。下面我们来介绍一个证明基数相等的较为简单的方法，先来说明如何来比较两个集合间基数的大小。

定义 6.3.1　设 X、Y 为任意两个集合，

（1）若存在函数 f: $X\to Y$，且 f 是单射的，则称 Y 优势于 X，或称 X 劣势于 Y，记作 $X\preccurlyeq\cdot Y$，同时，我们也称 X 的基数不大于 Y 的基数，记作 card $X\preccurlyeq\cdot$ card Y。

（2）若 $X\preccurlyeq\cdot Y$ 且 X 与 Y 之间不存在双射函数，则称 Y 绝对优势于 X，或称 X 绝对劣势于 Y，记作 $X\prec\cdot Y$，同样，我们也称 X 的基数小于 Y 的基数，记作 card

$X \prec \cdot$ card Y。

定理 6.3.1　设 X、Y 为两个集合，则 $X \preccurlyeq \cdot Y$ 当且仅当存在 $Z \subseteq Y$，使得 $X \approx Z$。

证明　先证必要性。因为 $X \preccurlyeq \cdot Y$，所以必存在函数 f: $X \rightarrow Y$。现令 f': $X \rightarrow \operatorname{ran} f$，则显然 f' 是双射函数，所以 $X \approx \operatorname{ran} f$。因此可取 $Z = \operatorname{ran} f \subseteq Y$。

再证充分性。设 $Z \subseteq Y$，且 $X \approx Z$，则必存在双射函数 g：$X \rightarrow Z$。现构造一函数 g'：$X \rightarrow Y$，其中对于 X 中任意元素 x，都有 $g'(x)=g(x)$，则显然 g' 是单射函数，所以 $X \preccurlyeq \cdot Y$。

推论　设 X、Y 为两个集合，

（1）若 $X \subseteq Y$，则 $X \preccurlyeq \cdot Y$；

（2）若 $X \approx Y$，则 $X \preccurlyeq \cdot Y$ 且 $Y \preccurlyeq \cdot X$。

以上我们给出了两个集合之间比较的定义，对于它们的基数之间的大小关系，我们同样也可得出如下定义。

定义 6.3.2　设 κ、λ 为二基数，X、Y 为两个集合，其中 card X=κ，card Y=λ，则规定：

（1）$\kappa \preccurlyeq \lambda$ 当且仅当 $X \preccurlyeq \cdot Y$；

（2）$\kappa \prec \lambda$ 当且仅当 $X \prec \cdot Y$。

定理 6.3.2　设 X、Y 为任意两个集合，则以下 3 条中恰有一条成立。

（1）card $X \prec \cdot$ card Y；

（2）card $Y \prec \cdot$ card X；

（3）card X=card Y。

证明过程略。

定理 6.3.3　设 X、Y 为任意两个集合，如果 card $X \preccurlyeq \cdot$ card Y，card $Y \preccurlyeq \cdot$ card X，则 card X=card Y。

证明过程略。

有了这个定理之后，我们再证明两个集合的基数相等问题时就有了更有效的方法。只要我们能构造一个单射函数 f: $X \rightarrow Y$，就说明了 card$X \preccurlyeq \cdot$ card Y，另外，再构造一个单射函数 g: $Y \rightarrow X$，就有 card $Y \preccurlyeq \cdot$ card X，根据定理，就证明了 card X= card Y。

例 6.3.1　证明[0，1]和(0，1)有相同的基数。

证明

根据定理 6.3.3，我们只需构造两个单射函数：

$$f\text{: }(0,1) \rightarrow [0,1],\ f(x)=x$$

$$g: [0, 1] \rightarrow (0, 1), \; g(x)=\frac{x}{2}+\frac{1}{3}$$

即可证明两集合有相同的基数。

例 6.3.2 设 $X=N$，$Y=(0, 1)$，card $X=\aleph_0$，card $Y=\aleph$，证明：card $(X\times Y)=\aleph$。

解 设 R^+为正实数集合，现定义一个函数 f：$X\times Y\rightarrow R^+$，其中 $f(n, x)=n+x$，显然，f 是单射函数，且 card $R^+=\aleph$，所以 card $(X\times Y)\preccurlyeq\aleph$。

再定义一个函数 g：$(0, 1)\rightarrow X\times Y$，其中 $g(x)=<0, x>$，显然，g 也是单射函数，所以，$\aleph\preccurlyeq$card $(X\times Y)$。因此，card $(X\times Y)=\aleph$。

定理 6.3.4 设 X 是有限集，则 card $X\prec\cdot\aleph_0\prec\cdot\aleph$。

证明 设 card $X=n$，则 $X\approx\{0, 1, 2, \cdots, n-1\}$，定义函数 f：$\{0, 1, 2, \cdots, n-1\}\rightarrow N$，其中，$f(x)=x$，易知 f 是单射的，因此，card $X\preccurlyeq\cdot\aleph_0$。又由于 N 是无限集合，所以 N 与 X 之间不可存在双射函数，故 card $X\neq\aleph_0$，因此 card $X\prec\cdot\aleph_0$ 得证。

再定义函数 g: $N\rightarrow[0, 1]$，其中 $g(x)=1/(x+1)$，显然，g 是单射函数，故$\aleph_0\preccurlyeq\cdot\aleph$。而 N 与$[0, 1]$之间不能一一对应，故$\aleph_0\neq\aleph$，因此$\aleph_0\prec\cdot\aleph$，定理得证。

定理 6.3.5 设 X 是无限集，则$\aleph_0\preccurlyeq\cdot$ card X。

证明 根据定理 6.2.2 可知，X 中必包含一个可数无限子集 X'，作函数 f：$X'\rightarrow X$，其中 $f(x)=x$，易知，f 是单射的，故 card $X'\preccurlyeq\cdot$ card X，由于 X'是可数的，故 card $X'=\aleph_0$，因此，$\aleph_0\preccurlyeq\cdot$ card X。

尽管我们已经证明了$\aleph_0\prec\cdot\aleph$，以及$\aleph_0\preccurlyeq\cdot$ card X，但目前为止，还没能证明是否有一无限集，其基数严格介于$\aleph_0$与$\aleph$之间。

最后，我们再介绍以下定理。

定理 6.3.6 设 X、Y 是集合，其中，$Y=P(X)$，则 card $X\prec\cdot$ card Y。

证明过程略。

由定理可知，没有最大的基数，也没有最大的集合。

本章小结

本章首先介绍了自然数的概念，由集合的等势给出有限集、无限集以及集合基数的概念，然后，详细介绍了可数集和不可数集，最后，讲述了两个集合间基数大小的比较，并给出了证明集合基数相等的简单方法。

习题6

1．设 A、B、C、D 是集合，若 $A\approx C$ 和 $B\approx D$，证明：$A\times B\approx C\times D$。

2．求下列集合的基数。

（1）$A=\{a, b, c, \cdots, x, y, z\}$。

（2）$B=\{1, -3, 5, 11, -20\}$。

（3）$C=\{x \mid x\in N, x^2=5\}$。

（4）$D=\{10, 20, 30, 40, \cdots\}$。

（5）$E=\{6, 7, 8, 9, \cdots\}$。

3．证明整数集合 Z 的基数为 $\aleph_0$。

4．证明有限个可数集的并集仍为可数集。

5．设 A 是非空有限集，B 是可数集合，证明：B^A 是可数集。

6．对下述每组集合 X 和 Y，证明 X 和 Y 的基数相同。

（1）$X=(0, 1)$，$Y=(0, 2)$。

（2）$X=N$，$Y=N\times N$。

（3）$X=N\times N$，$Y=I\times I$。

（4）$X=R$，$Y=(0, \infty)$。

（5）$X=[0, 1]$，$Y=(\frac{1}{4},\frac{1}{2})$。

7．设 N 为自然数集，证明 $\mathrm{card}(\rho(N))=\aleph$。

8．证明若从 A 到 B 存在一个满射函数，则 $\mathrm{card}\, B\preccurlyeq\cdot\, \mathrm{card}\, A$。

第三部分　图论

图论是一门古老又新兴的学科，它起源于一些游戏难题。近几十年来，图论的研究得到了飞速发展。很多研究成果已经在各个科技领域中得到了广泛应用，如在计算机科学中的开关理论和逻辑设计、人工智能、形式语言、计算机图像以及信息的组织和检索等方面都有重要用途。

本书第 7 章至第 9 章为图论内容，介绍图论的初步知识，为今后计算机相关学科的学习和研究，提供一个以图论的基础知识作为工具的方法和手段。

第7章　图

本章主要介绍图的基本概念和定理。在前面章节中介绍过二元关系的图形表示，即关系图。在关系图中，我们主要关心研究对象之间是否有连线（图论中称为边），这样的图正是图论的主要研究对象。图论中还根据实际需要，将此类图进行了推广，并且把它当作一个抽象的数学系统来进行研究。通过本章的学习，读者应该掌握以下内容：

- 无向图、有向图的定义，图的基本术语
- 子图、生成子图的概念
- 补图、图的同构的概念
- 通路、简单通路、初级通路的概念及相关定理
- 回路、简单回路、初级回路的概念及相关定理
- 无向连通图及有向连通图的有关概念
- 图的矩阵表示
- 带权图及其应用：最短路径问题和关键路径问题

7.1　图的基本概念

7.1.1　图论的发展

图论是一个古老的数学分支，关于图论的最早论文是1736年欧拉（Leonhard Euler）所写的。这篇论文给出了一个一般的理论，其中包括现在被称为哥尼斯堡七桥问题的解。哥尼斯堡城在18世纪时属东普鲁士，它位于普雷格尔（Pregel）河畔，河中有两个小岛，通过7座桥彼此相连，如图7.1（a）所示。

当时城中的居民热衷于一个问题：游人从4块陆地区域中任何一块出发，怎样做到每座桥穿行一次且仅穿行一次，最后返回到出发地点？问题看来很简单，但谁也解决不了。

欧拉仔细研究了这个问题，他将上述4块陆地与7座桥的关系用一个抽象图

描述之，见图 7.1（b），其中 4 块陆地分别用 4 个顶点来表示，陆地之间用桥相联的则用连接两个点的边来表示。这样，上述的哥尼斯堡问题，就变成对由顶点和边所组成的图的研究问题。具体地说就是这样一个问题：从图中任意一点出发，通过每条边一次且仅一次而返回出发点的回路是否存在？也可以这样说，能否一笔把这个图形画下来？在此基础上，欧拉找到了存在这样一条回路的充分而且必要的条件，并由此判断出一笔根本画不出这样一个图形，即哥尼斯堡问题是没有解的。欧拉的研究奠定了图论和拓扑学的基础。

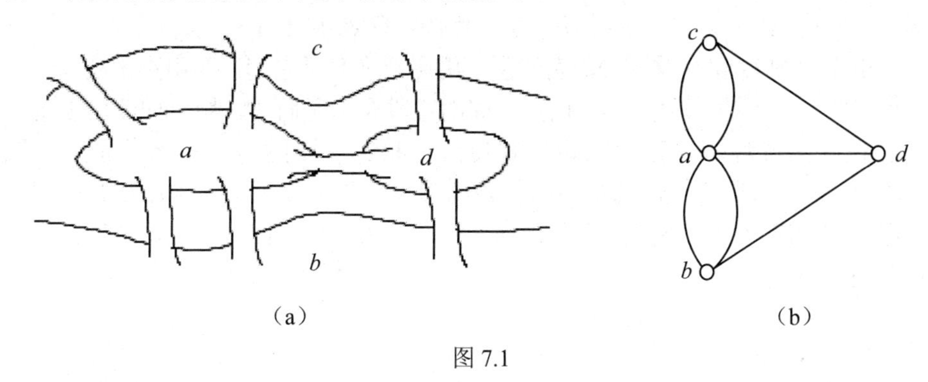

（a）　　　　　（b）

图 7.1

到了 20 世纪，图论这一古老数学分支得到了更加蓬勃的发展。尤其是近 50 年来，图论的研究非常活跃，很多研究成果已经在各个科技领域中得到了广泛应用，如在计算机科学中的开关理论和逻辑设计、人工智能、形式语言、计算机图像以及信息的组织和检索等方面都有重要用途。

7.1.2　图的基本概念

现实生活中许多状态是由图形来描述的。一个图由一些顶点和连接两个顶点之间的连线组成，至于连线的长度、曲直及顶点的位置是无关紧要的。如图 7.2（a）和 7.2（b）表示同一个图。

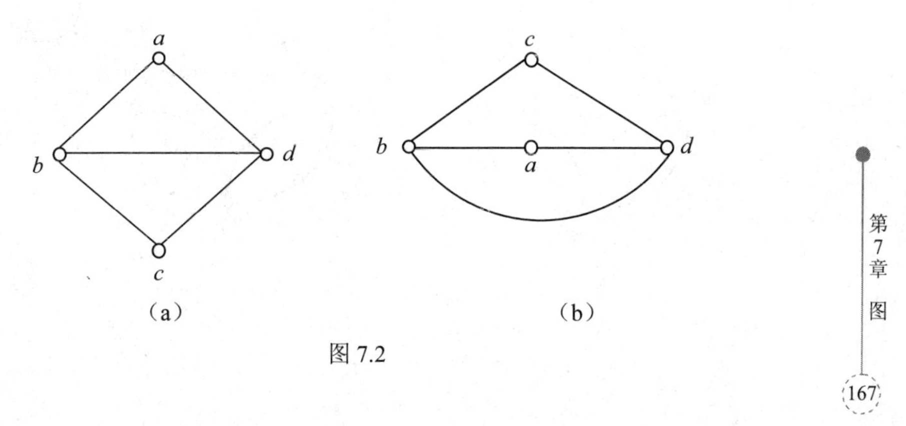

（a）　　　　　（b）

图 7.2

定义 7.1.1 无向图 G 由一个顶点（结点）集合 V（$\neq\varnothing$）和边（弧）集合 E 构成，并且每条边 $e\in E$ 连接一个无序的顶点对。如果边 e 连接顶点 u 和 v，那么就记作 $e=(v,\ u)$ 或 $e=(u,\ v)$。

有向图 D 由一个顶点（结点）集合 V（$\neq\varnothing$）和边（弧）集合 E 构成，并且每条边 $e\in E$ 连接一个有序的顶点对。如果边 e 连接顶点 u 和 v 的有序对，那么就记作 $e=<u,v>$，表示一条从顶点 u 到顶点 v 的边。

如果图 G（无向图或有向图）由顶点集合 V 和边集合 E 组成，就记作 $G=<V,\ E>$。在定义中，常用 G 表示无向图，D 表示有向图。

对于无向图 G 和有向图 D，人们总是用图形来表示它们。即用小圆圈（有的书上也用实心点）表示顶点，用顶点之间的线段表示无向边，用有向线段表示有向边。在画图过程中，顶点的位置和边的形状都比较随意。反之给定一个图 $G=<V,\ E>$ 的图形表示，也很容易将该图的顶点集和边集写出来。在有些图中顶点不标定顺序，只用小圆圈表示，称这样的图为非标定图。自然地，称顶点标定顺序的图为标定图。

例 7.1.1 画出下面二图的图形。

（1）无向图 $G=<V,\ E>$，其中

$V=\{v_1,v_2,v_3,v_4,v_5\}$，

$E=\{(v_1,v_1),(v_1,v_2),(v_1,v_4),(v_2,v_3),(v_3,v_2),(v_3,v_4),(v_4,v_3)\}$

（2）有向图 $D=<V,E>$，其中

$V=\{v_1,v_2,v_3,v_4,v_5\}$

$E=\{<v_1,v_2>,<v_3,v_2>,<v_3,v_2>,<v_3,v_4>,<v_4,v_3>,<v_4,v_1>,<v_5,v_5>\}$

解 （1）的图形如图 7.3（a）所示，（2）的图形如图 7.3（b）所示。

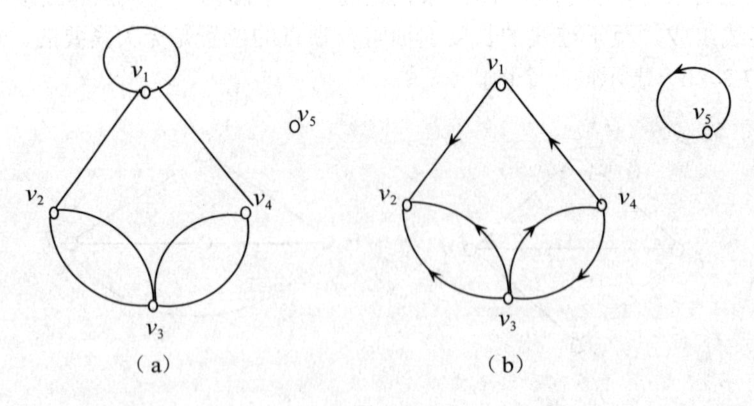

图 7.3

为方便起见，有时用 $V(G)$、$E(G)$分别表示图 G 的顶点集和边集；用 $V(D)$、$E(D)$分别表示有向图 D 的顶点集和边集。另外，用$|V(G)|$和$|E(G)|$及$|V(D)|$和$|E(D)|$分别表示 G 和 D 的顶点数和边数，若$|V(G)|$（或$|V(D)|$）为 n，则称 G（或 D）为 n 阶图（或 n 阶有向图）。

对于图 G 来说，若$|V(G)|$和$|E(G)|$均为有限数，则称 G 为有限图，本书只研究有限图。

若 $E=\varnothing$，则称 G 为零图。特别是又有$|V(G)|=1$，则称 G 为平凡图。图 7.4（a）所示为零图，图 7.4（b）所示为平凡图。

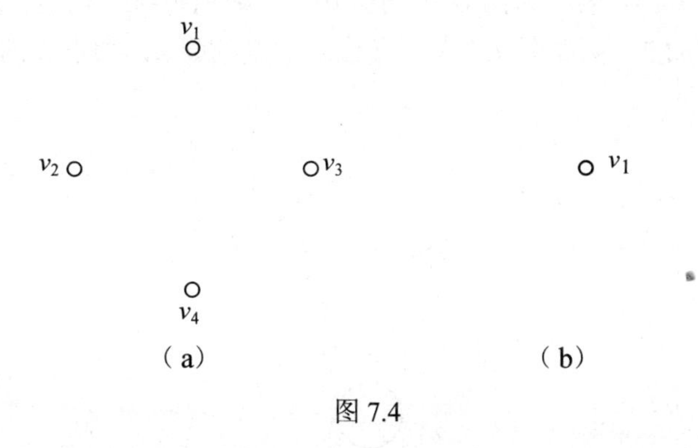

图 7.4

在无向图和有向图的定义中，都规定顶点集合为非空集合，但在图的运算当中，可能产生顶点集为空集的运算结果，为此规定，顶点集为$\varnothing$ 的图为空图，记为$\varnothing$。

定义 7.1.2 设无向图 $G=<V, E>$，$u,v \in V$，$e_k,e_l \in E$，

（1）如果在顶点 u 和顶点 v 之间存在一条边，即若存在$e \in E$ 且$e=(u,v)$，则称顶点 u 和顶点v是彼此相邻的，简称相邻的，并称顶点 u 和顶点v是边 e 的端点，e 与 u（或 e 与 v）是彼此关联的。

（2）若e_k,e_l至少有一个公共端点，则称边e_k,e_l是彼此相邻的，简称相邻的。

以上定义对有向图也是类似的，只是这时，若$e=<u,v>$，除称 u，v 是e的端点外，还称 u 是 e 的始点，v 是 e 的终点，u 邻接到 v，v 邻接于 u。

无论在无向图还是在有向图中，无边关联的顶点均称为孤立点；若边所关联的两个顶点重合，则称此边为环。如图 7.3（a）中 v_1 与 v_2 是彼此相邻的，v_5 是孤立点，图 7.3（b）中 v_5 所关联的边是环。

在定义 7.1.1 中允许不同的边与相同的顶点对连接。我们把连接于同一对顶点间的多条边，称为平行边，有向图的平行边要求始点、终点相同。如图 7.3（a）中的边(v_2,v_3)，(v_3,v_2) 是平行的，图 7.3（b）中的$<v_2,v_3>$，$<v_3,v_2>$是平行的。

定义 7.1.3 含有平行边的图，称为多重图。

定义 7.1.4 一个没有环又没有平行边的图，称为简单图。

定义 7.1.5 设无向图$G=<V, E>$，对于任意的$v\in V$，将所有与v关联的边的条数，称为v的度数，简称度，记作$d_G(v)$，简记为$d(v)$。

设有向图$D=<V, E>$，对于任意的$v\in V$，将v作为D中边的始点的边的条数，称为v的出度，记作$d_D^+(v)$，简记为$d^+(v)$；将v作为D中边的终点的边的条数，称为v的入度，记作$d_D^-(v)$，简记为$d^-(v)$；称$d^+(v)+d^-(v)$为v的度数，记作$d_D(v)$，简记为$d(v)$。

从定义容易看出，若v为图G中的孤立点，则$d(v)=0$。约定：每个环对其对应顶点的度数增加2。例如图7.5中，顶点a的度数为3，顶点b的度数为3，而顶点c的度数为4。

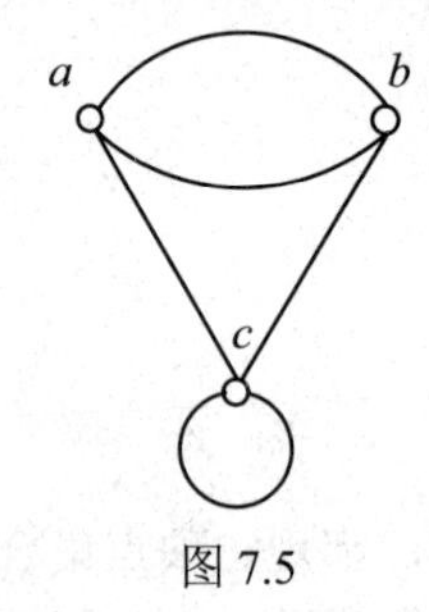

图 7.5

设G为无向图，记$\Delta(G)=\max\{d(v)|v\in V(G)\}$，$\delta(G)=\min\{d(v)|v\in V(G)\}$，分别称为无向图$G=<V, E>$的最大度和最小度。例如在图7.5中，$\Delta(G)=4$，$\delta(G)=3$。

设D为一个有向图，类似可定义D中的最大度$\Delta(D)$和最小度$\delta(D)$。

另外，令
$$\Delta^+(D)=\max\{d^+(v)|v\in V(D)\}$$
$$\delta^+(D)=\min\{d^+(v)|v\in V(D)\}$$
$$\Delta^-(D)=\max\{d^-(v)|v\in V(D)\}$$
$$\delta^-(D)=\min\{d^-(v)|v\in V(D)\}$$

分别称$\Delta^+(D)$、$\delta^+(D)$、$\Delta^-(D)$、$\delta^-(D)$为D的最大出度、最小出度、最大入度、最小入度。

定理 7.1.1 设$G=<V, E>$是有m条边的图，则$\sum\limits_{v\in V}d(v)=2m$。

该定理是由欧拉在1736年给出的，称为图论的基本定理或握手定理，其证明如下：

证明

因为 G 中每一条边（包括环）均有两个端点，而一条边恰好关联两个（可能相同）顶点。因此，在一个图中，顶点度数的总和等于边数的两倍。

推论 在任何图（无向图或有向图）中，度为奇数的顶点的个数为偶数。

证明

设 V_1 和 V_2 分别是 G 中奇数度数和偶数度数的顶点集，则由定理 7.1.1 有

$$\sum_{v \in V_1} d(v) + \sum_{v \in V_2} d(v) = \sum_{v \in V} d(v) = 2m \quad (m \text{ 为 } G \text{ 的边数})$$

由于 $\sum_{v \in V_2} d(v)$ 和 $2m$ 均为偶数，所以 $\sum_{v \in V_1} d(v)$ 必为偶数，即 $|V_1|$ 为偶数。

对于有向图来说，有下面的定理。

定理 7.1.2 任何有向图 $D=\langle V, E\rangle$ 中，所有顶点的入度之和等于所有顶点的出度之和。

证明

设有向图 D 有 m 条边，因为每一条有向边为始点提供一个出度，为终点提供一个入度，而所有各顶点的入度之和及出度之和均由 m 条有向边提供，所以定理得证。

以上两定理及推论都是非常重要的。

定义 7.1.6 设 $V=\{v_1, v_2, \cdots, v_n\}$ 为图 G 的顶点集，称（$d(v_1)$，$d(v_2)$，…，$d(v_n)$）为 G 的度数序列。对于顶点标定的无向图，它的度数序列是惟一的。反之，对于给定的非负整数列 d=（d_1，d_2，…，d_n），若存在以 $V=\{v_1, v_2, \cdots, v_n\}$ 为顶点集的 n 阶无向图 G，使得 $d(v_i)=d_i$，则称 d 是可图化的。

例如，图 7.3（a）的度数序列为(4，3，4，3)。非负整数列 d=(d_1，d_2，…，d_n)在什么条件下是可图化的呢？

定理 7.1.3 设非负整数列 d=(d_1，d_2，…，d_n)，当且仅当 $\sum_{i=1}^{n} d_i$ 为偶数时，d 是可图化的。

证明

必要性显然。下面证明充分性。

由于 $\sum_{i=1}^{n} d_i$ 为偶数，所以 d 中有偶数个奇数，设奇数个数为 $2k$（$0 \leqslant k \leqslant \left\lfloor \frac{n}{2} \right\rfloor$），不妨设它们分别为 d_1，d_2，…，d_k，d_{k+1}，d_{k+2}，…，d_{2k}。可用如下的方法作出无向图 $G=\langle V, E\rangle$，$V=\{v_1, v_2, \cdots, v_n\}$。首先在顶点 v_r 和 v_{r+k} 之间连边，r=1，2，…，k。若 d_i 为偶数时，则令 $d_i'=d_i$，若 d_i 为奇数时，令 $d_i'=d_i-1$，得 $d'=(d_1', d_2', \cdots, d_n')$，则 d_i' 均为偶数。再在 v_i 处作出 $d_i'/2$ 条环，i=1，2，…，n，将所

得边集合到一起组成边集 E，则 G=<V，E>的度数序列为 d。其实，在 G 中，若 d_i 为偶数，则 $d(v_i)=2\cdot d_i'/2=2\cdot d_i/2=d_i$，若 d_i 为奇数，则 $d(v_i)=1+2\cdot d_i'/2=1+d_i-1=d_i$，所以 d 是可图化的。

例 7.1.2 整数列(5，4，3，5)和(3，2，1，1，4)可图化吗？

解 由于这两个序列中，$\sum_i d_i$ 均为奇数，由定理 7.1.3 可知，它们都不可图化。

定义 7.1.7 设 G=<V，E>是 n 阶无向简单图，若 G 中任何顶点均与其余 $n-1$ 个顶点相邻，则这样的图称为 n 阶无向完全图，记作 K_n。

易证，在 n 阶无向完全图中有 $|E|=\dfrac{n(n-1)}{2}$。

设 D=<V，E>为 n 阶有向简单图，若对于任意顶点 $u,v\in V(u\neq v)$，既有有向边 $<u,v>$，又有有向边 $<v,u>$，则称 D 是 n 阶有向完全图。

如图 7.6 所示，（a）和（b）均为 4 阶完全图。

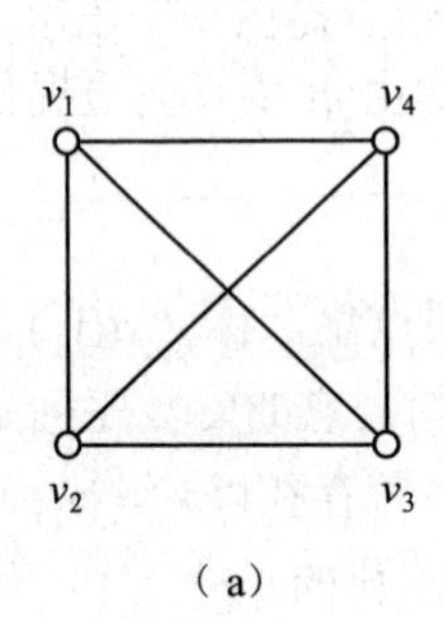

（a）

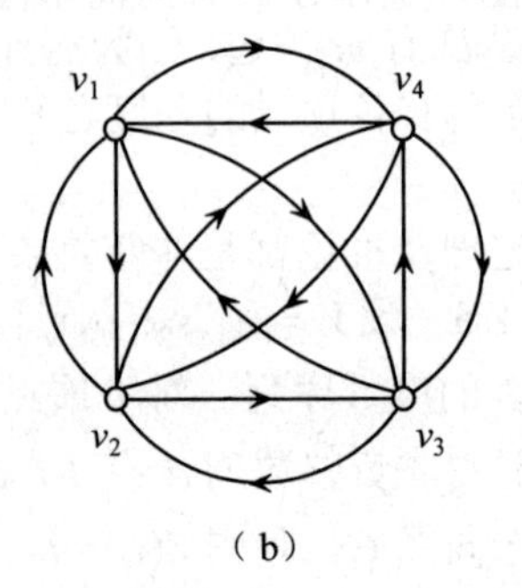

（b）

图 7.6

定义 7.1.8 设 G=<V，E>，$G'=<V',E'>$ 是两个图，若 $V'\subseteq V$ 且 $E'\subseteq E$，则称 G' 是 G 的子图，G 是 G' 的母图，记作 $G'\subseteq G$。若 $G'\subseteq G$ 且 $G'\neq G$（即 $V'\subset V$ 或 $E'\subset E$），则称 G' 是 G 的真子图。

如图 7.7 所示，（a）是（b）的子图且是真子图。

若 $G'\subseteq G$ 且 $V'=V$，则称 G' 是 G 的生成子图（或支撑子图）。

如图 7.7 中，（a）是（b）的一个生成子图。

设 G=<V，E>为任意图，$V_1\subset V$ 且 $V_1\neq\varnothing$，把以 V_1 为顶点集，以 G 中两个端点都在 V_1 中的边组成边集 E_1 的图，称为 G 的 V_1 导出的子图，记作 $G[V_1]$。

又设 $E_1\subset E$ 且 $E_1\neq\varnothing$，把以 E_1 为边集，以 E_1 中的边关联的顶点为顶点集 V_1 的图，称为 G 的 E_1 导出的子图，记作 $G[E_1]$。

注意：每个图都是它本身的子图。

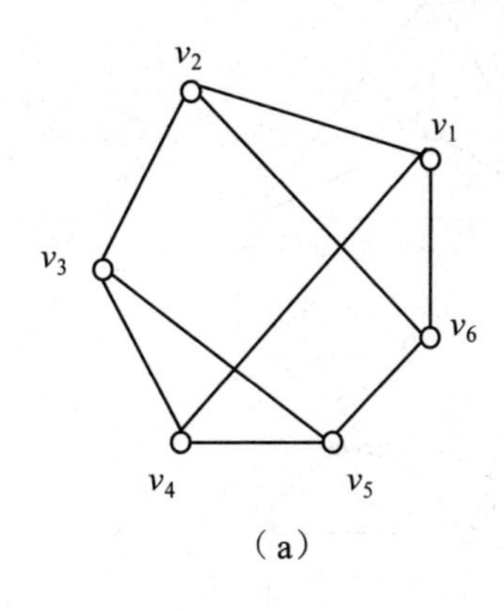

(a)

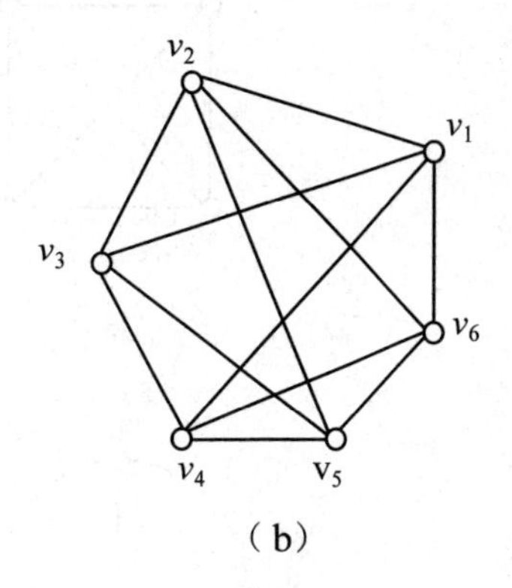

(b)

图 7.7

定义 7.1.9 设 $G=<V, E>$是 n 阶无向简单图，将以 V 为顶点集和所有能使 G 成为完全图 K_n 的添加边组成的集合为边集的图，称为 G 相对于完全图 K_n 的补图，简称 G 的补图，记作 $\overline{G}$ 。有向简单图的补图可类似定义。

如图 7.8 所示，（b）为（a）的补图。

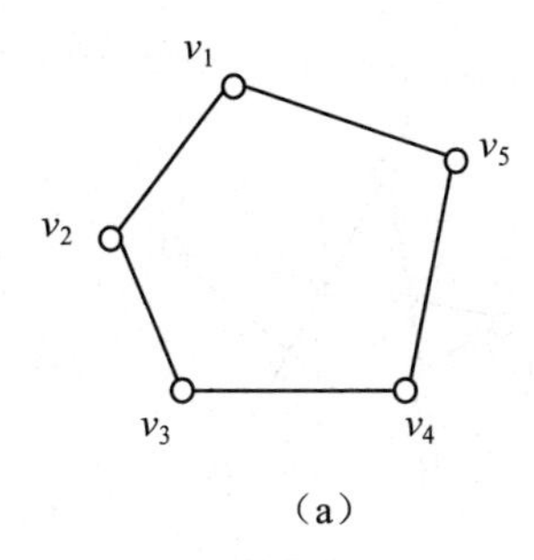

（a）

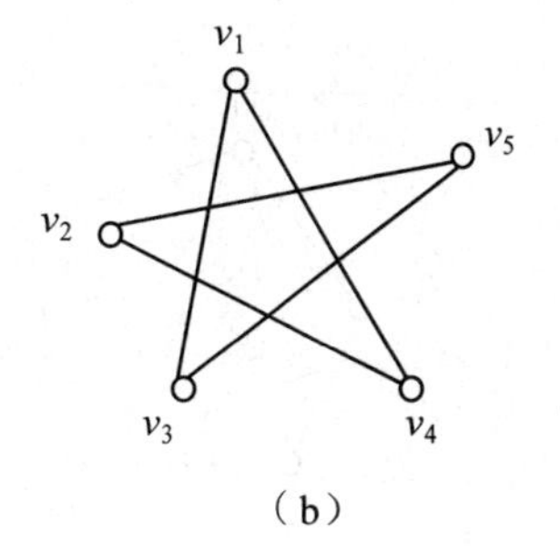

（b）

图 7.8

一个图可用一定的图形刻划，对于图形，我们关心的是它的顶点与边之间的相互关系，而不是它的几何外观。因此，一个图可以有多个图形，不但如此，有时它们的顶点与边还可标以不同的符号，图 7.9 给出了一个图的 4 个图形，所有这些图，它们表面上不同而实质上是相同的。我们称这种具有相同性质的不同图形是同构的。

定义 7.1.10 设有图 $G=<V, E>$与 $G'=<V', E'>$，如果它们的顶点间存在一一对应关系，而且这种对应关系也反映在表示边的顶点对中（如果是有向边则对应的顶点对还保持相同的顺序），则称 G 与 G' 是同构的，记作 $G \cong G'$ 。

在图 7.10 中，（a）和（b）同构，（c）和（d）同构。

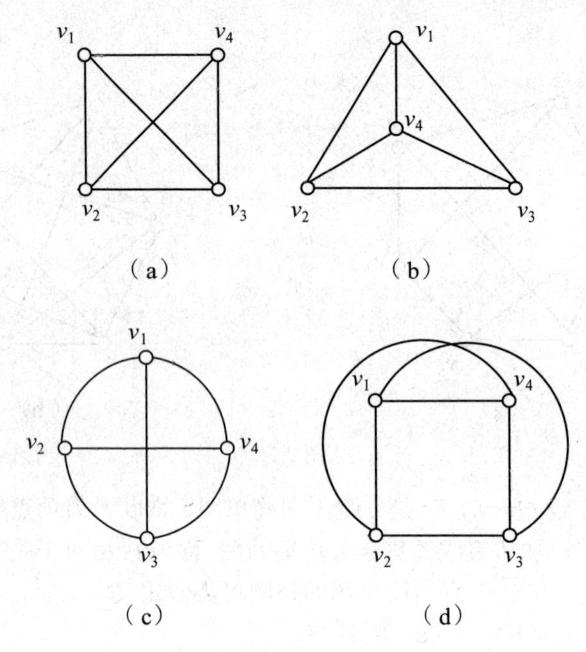
v_1
v_4
v_2
v_3
（a）
v_1
v_4
v_2
v_3
（b）
v_1
v_2
v_4
v_3
（c）
v_1
v_4
v_2
v_3
（d）

图 7.9

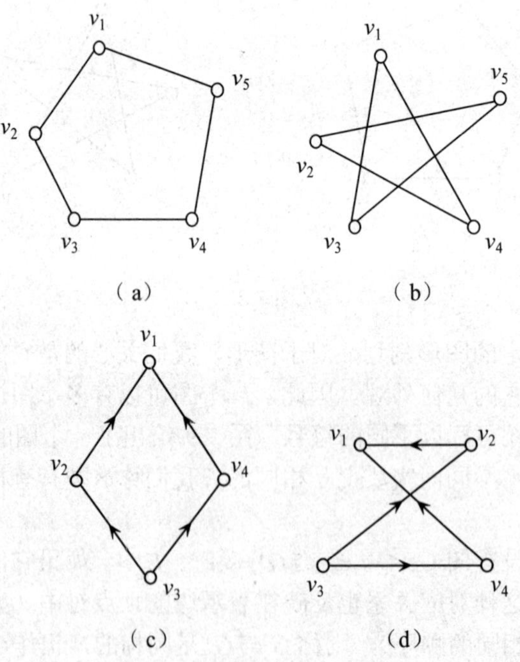
v_1
v_5
v_2
v_3
v_4
（a）
v_1
v_5
v_2
v_3
v_4
（b）
v_1
v_2
v_4
v_3
（c）
v_1
v_2
v_3
v_4
（d）

图 7.10

7.2 通路与回路

通路与回路是图论中两个重要的概念。本节所述定义一般说来既适合无向图，也适合有向图，若差别较大，则给出了相应的说明或分开定义。

定义 7.2.1 给定图 G=<V，E>，设 $\Gamma = v_0 e_1 v_1 e_2 v_2 \cdots e_n v_n$ 为图 G 中一个顶点与边的交替序列，若 $e_i = (v_{i-1}, v_i)$，i=1,2,⋯,n（在有向图中，要求 $e_i = < v_{i-1}, v_i >$），则称 Γ 为顶点 v_0 到 v_n 的通路。v_0 到 v_n 分别称为此通路的起点和终点。Γ 中的边数 n 称为 Γ 的长度。当 $v_0 = v_n$ 时，此通路称为回路。

若 Γ 中的所有边 $e_1, e_2, \cdots, e_n$ 互不相同，则称 Γ 为简单通路或一条迹。若回路中的所有边均不相同，称此回路为简单回路或一条闭迹。

若通路的所有顶点 $v_0, v_1, \cdots, v_n$ 互不相同，从而通路的所有边也各异，则称此通路为初级通路（或基本通路、或一条路径）。若回路中，除 $v_0 = v_n$ 外，其余顶点各不相同，所有边也各不相同，则称此回路为初级回路（或基本回路，或圈），并将长度为奇数的圈称为奇圈，长度为偶数的圈称为偶圈。

有边重复出现的通路称为复杂通路，有边重复出现的回路称为复杂回路。

由定义可知，初级通路（回路）是简单通路（回路），但反之不真。

在定义中，将通路（回路）表示成了顶点与边的交替序列，还可用以下简便方法表示通路与回路。

（1）用边的序列表示通路（回路）。

例如定义 7.2.1 中的 $\Gamma = v_0 e_1 v_1 e_2 v_2 \cdots v_n e_n$ 可以表示成 $(e_1, e_2, \cdots, e_n)$。

（2）在不存在平行边时，也可用顶点序列表示通路（回路）。

此时定义 7.2.1 中的 Γ 也可表示为 $(v_0, v_1, \cdots, v_n)$。

例 7.2.1 在图 7.11 中开始于顶点 1 结束于顶点 3 的通路是

P_1：(1，2，3)　　　　P_2：(1，4，3)

P_3：(1，2，4，3)　　　　P_4：(1，2，4，1，3)

P_5：(1，2，4，1，2，3)

P_6：(1，4，3，3，2，3)

P_6 是简单通路，但不是初级通路；P_5 既不是初级通路也不是简单通路。

在图 7.11 中有以下回路：

C_1：(3，3)　　　　C_2：(3，2，4，3)

C_3：(3，2，1，4，3)　　　　C_4：(3，2，1，2，3)

C_5：(3，2，1，2，1，3)

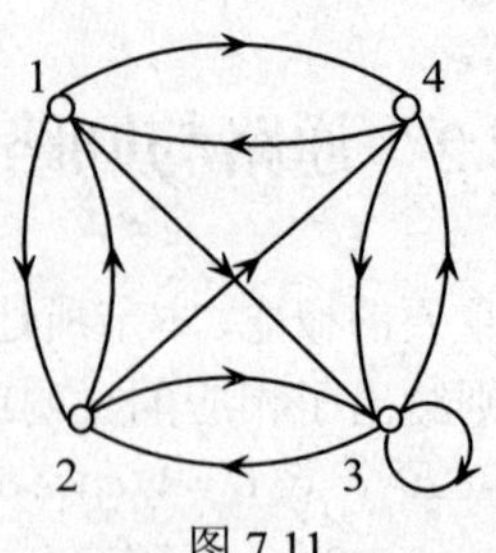

图 7.11

由定义可知，C_1、C_2、C_3是初级回路（当然也是简单回路）；C_4是简单回路，但不是初级回路，而 C_5既不是初级回路也不是简单回路。

P_1是长度为 2 的初级通路，P_6是长度为 5 的简单通路。C_1是长度为 1 的初级回路，C_4是长度为 4 的简单回路。

在无向图中，环和两条平行边构成的回路，分别是长度为 1 和 2 的初级回路（圈），而在有向图中，环和两条方向相反的边构成的回路，分别为长度为 1 和 2 的初级回路（圈）。

在任一通路中，如果删去所有回路，则必得初级通路，同理，在任一回路中删去其中间的所有其余回路必得初级回路。如图 7.11 中 P_5若删去回路(1，2，4，1)，就可得初级通路 P_1。

下面给出关于通路和回路的定理和推论。

定理 7.2.1　在一个 n 阶图中，若从顶点 u 到 $v(u\neq v)$存在通路，则从 u 到 v 存在长度不大于 $n-1$ 的初级通路。

证明　设从 u 到 v 存在的通路为$(u，\cdots，v)$，若其中有相同的顶点 v_k，如$(u，\cdots, v_k, \cdots v_k, \cdots, v)$，两个 v_k之间构成回路，则删去两个 v_k之间的这些边，它仍是从 u 到 v 的通路，如此反复进行，直到没有重复顶点为止，此时所得的通路就是 u 到 v 的初级通路。由于 1 条初级通路的长度比此通路中顶点数少 1，而图中仅有 n 个顶点，故此初级通路的长度不大于 $n-1$。

类似可证明下面的定理。

定理 7.2.2　在一个 n 阶图中，若存在 v 到自身的回路，则从 v 到自身存在长度不大于 n 的初级回路。

7.3　图的连通性

7.3.1　无向图的连通性

定义 7.3.1　设 $G=<V，E>$为无向图，顶点 $u, v\in V$，若 u，v 之间存在通路，

则称顶点 u 和 v 是连通的，记作 $u \sim v$，并规定 u 与自身是连通的。

由定义易看出，无向图中顶点之间的连通关系：

$\sim = \{<u,v>| u,v \in V$ 且 u,v 之间存在通路$\}$是 V 上的等价关系。对应这个等价关系，就可以对顶点集 V 作出一个划分，把 V 分成非零子集 $V_1, V_2, \cdots, V_m$，使得两个顶点 u 和 v 是连通的，当且仅当它们属于同一个 V_i。把子图 $G(V_1)$，$G(V_2)$，…，$G(V_m)$，称为图 G 的连通分支，把图 G 的连通分支数，记作 $W(G)$。

定义 7.3.2 若无向图 $G=<V, E>$是平凡图或 G 中任意两个顶点都是连通的，则称 G 是连通图，否则，称 G 为非连通图或分离图。

其实，由连通分支定义可知，连通图也可作如下定义：若无向图 $G=<V, E>$ 只有一个连通分支，则称 G 是连通图。

由此易知，完全图 $K_n(n \geqslant 1)$ 都是连通图；而零图 $N_n(n \geqslant 2)$ 都是非连通图。

如图 7.12 所示，（a）和（b）是连通图，（c）则是具有两个连通分支的非连通图。

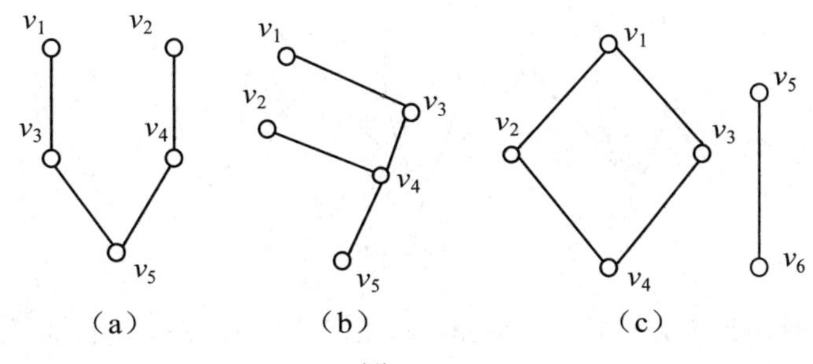

图 7.12

定义 7.3.3 设 $G=<V, E>$为无向图，顶点 $u,v \in V$，若 u，v 连通，则称 u，v 之间长度最短的通路为 u，v 之间的短程线，短程线的长度称为 u，v 之间的距离，记作 $d(u,v)$，当 u，v 不连通时，规定 $d(u,v)=\infty$。

距离有如下性质：

（1）$d(u,v) \geqslant 0$，$u=v$ 时，等号成立。

（2）对称性：$d(u,v)=d(v,u)$

（3）三角不等式：$\forall u,v,w \in V(G)$，则 $d(u,v)+d(v,w) \geqslant d(u,w)$。

定义 7.3.4 设 $G=<V, E>$为无向图，称 $\max\{d(u,v) | u,v \in V\}$ 为 G 的直径，记作 $d(G)$。

易知，若 $G=K_n(n \geqslant 2)$，则 $d(G)=1$；若 G 是长度为 n 的初级回路，则 $d(G)=[\frac{n}{2}]$；若 G 是平凡图，则 $d(G)=0$；若 G 是零图，则 $d(G)=\infty$。

下面讨论无向图的连通程度。

定义 7.3.5 设无向图 $G=<V,E)$ 是连通图，若存在顶点集 $V'\subset V$，且 $V'\neq\varnothing$，使得图 G 删除 V' 中的所有顶点后，所得的子图是非连通图，而删除 V' 的任何真子集中的顶点后，所得的子图仍是连通图，则称 V' 是 G 的一个点割集。特别地，若某一个顶点构成一个点割集，则称该顶点为割点。

在图 7.13 中，$\{v_3\},\{v_4,v_5\},\{v_6\}$ 为点割集，其中，v_3,v_6 为割点。

如果 G 不是完全图，定义 $\kappa(G)=\min\{|V'||V'$是 G 的点割集$\}$为 G 的点连通度，简称连通度。点连通度 $\kappa(G)$是使一个连通图产生一个非连通图所需删除顶点的最小数目。从而存在割点的连通图的点连通度为 1。规定：完全图 $K_n(n\geqslant 1)$ 的点连通度为 $n-1$，非连通图的点连通度为 0。又若 $\kappa(G)\geqslant k$，则称 G 是 k-连通图，k 为非负整数。

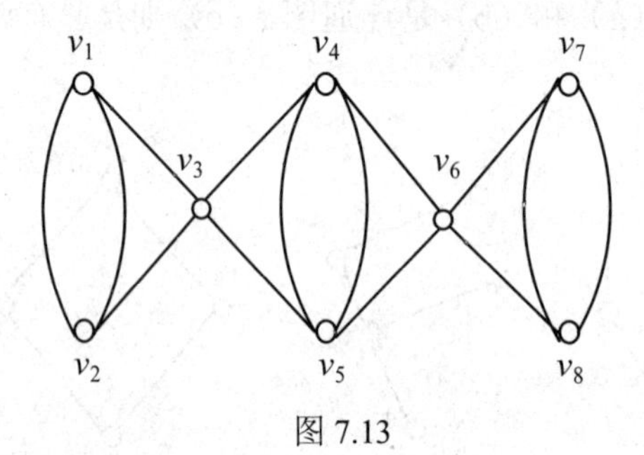

图 7.13

$\kappa(G)$有时简记为 κ（读作[kappa]）。在图 7.13 中图的点连通度为 1，因此该图为 1-连通图。由于 $\kappa(K_4)=3$，所以 K_4 是 1-连通图，2-连通图，3-连通图。

定理 7.3.1 一个无向连通图 G 中的顶点 v 是割点的充分必要条件是存在两个顶点 u 和 w，使得在 u 和 w 之间的每一条通路都通过 v。

证明

设顶点 v 是无向连通图 G 的割点。若删去 v 得到子图 G'，由割点定义知 G' 是非连通图，则 G'至少包含两个连通分支。设其为 $G_1=<V_1, E_1>$，$G_2=<V_2, E_2>$，任取 $u\in V_1$，$w\in V_2$，因为 G 是连通图，这样在 G 中 u 和 w 间必存在一条通路 C，但 u 和 w 在 G'中属于两个不同的连通分支，故必不连通，因此通路 C 必通过 v，故 u 和 w 间的任意一条通路都通过 v。

反之，若无向连通图 G 中某两个顶点间的每条通路都通过 v，删去 v 后得到子图 G'，在 G'中这两个顶点必不连通，因此 v 是割点。

定义 7.3.6 设无向图 $G=<V, E>$是连通图，若存在边集 $E'\subset E$，且 $E'\neq\varnothing$，使得图 G 删除 E' 中的所有边后，所得的子图是非连通图，而删除 E' 的任何真子集中的边后，所得的子图仍是连通图，则称 E' 是 G 的一个边割集。特别地，若某一个边构成一个边割集，则称该边为割边（或称为桥）。

与点连通度相类似，定义 $\lambda(G)=\min\{|E'| \mid E'$ 是 G 的边割集$\}$为 G 的边连通度。连通度 $\lambda(G)$是使一个连通图产生一个不连通图所需删除边的最小数目。于是存在割边的连通图其边连通度为 1。规定一个非连通图的边连通度为 0。又若 $\lambda(G)\geqslant r$，则称 G 是 r 边－连通图，r 为非负整数。

在图 7.14 中，$\{e_1,e_2\}$，$\{e_2,e_3\}$，$\{e_4\}$，$\{e_5,e_6\}$ 等都是边割集，其中 e_4 是桥。它的边连通度 $\lambda=1$，因而该图只是 1 边－连通图。

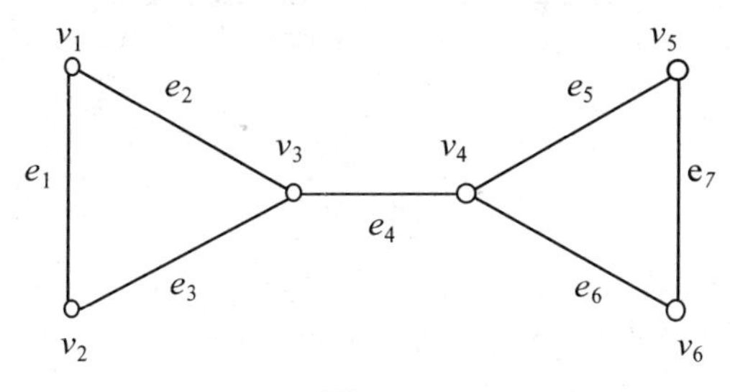

图 7.14

定理 7.3.2 一个无向连通图 G 中的一条边 e 是割边，当且仅当 e 不包含在 G 的任何回路中。

由割边定义很容易证得。

定理 7.3.3 对于任何无向图 G，都有下面不等式成立：

$$\kappa \leqslant \lambda \leqslant \delta$$

其中，κ、λ、δ 分别为 G 的点连通度、边连通度和顶点的最小度数。

证明从略。

推论 若无向图 G 是 k-连通图，则 G 一定是 k 边－连通图。

7.3.2 有向图的连通性

定义 7.3.7 设 $D=\langle V, E\rangle$为有向图，$u,v\in V$，若从顶点 u 到顶点 v 存在通路，则称 u 可达 v，记作 $u\to v$，并规定 u 可达自身。若 $u\to v$ 且 $v\to u$，则称 u 与 v 互达，记作 $u\leftrightarrow v$。规定 u 与自身互达。

定义 7.3.8 设 $D=\langle V, E\rangle$为有向图，如果忽略其边的方向后得到的无向图是连通图，则称 D 是弱连通图，简称连通图；如果其任意两顶点间至少有一个顶点到另一个顶点是可达的，即任意 $u,v\in V$，$u\to v$ 或 $v\to u$ 至少成立其一，则称图 D 是单向连通的（或单侧连通的）；如果其任何两顶点间均是相互可达的，即任意 $u,v\in V$ 均有 $u\leftrightarrow v$，则称 D 是强连通的。

显然，若 D 是强连通的，则它一定是单向连通的；如若 D 是单向连通的，则一定也是弱连通的。但反之则不真。

图 7.15 的（a）、（b）、（c）、（d）分别给出了有向图的弱连通图、单向连通图、强连通图及非连通图的 4 个实例。

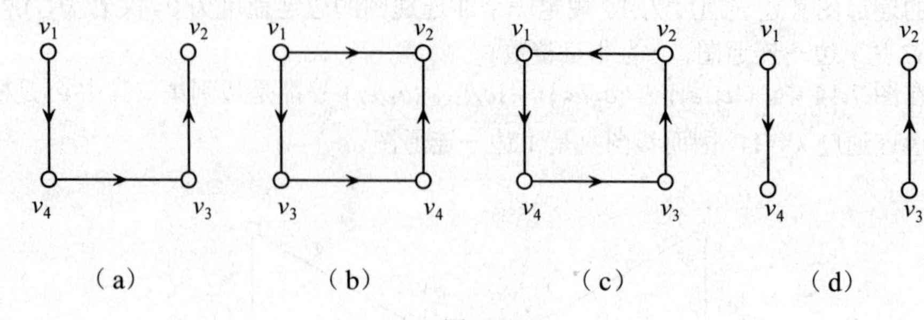

图 7.15

下面给出强连通图与单向连通图的判别定理。

定理 7.3.4 一个有向图 $D=<V, E>$是强连通的，当且仅当 D 中有一个回路，它经过 D 中每个顶点至少一次。

证明

充分性是显然的，下面证明必要性。如果有向图 D 是强连通的，则任意两个顶点是相互可达的。因此可作一回路经过图中所有顶点。否则，必有一回路 C 不经过某顶点 v，且 v 与回路 C 上的各顶点不是相互可达的，这样与强连通条件矛盾。

定理 7.3.5 一个有向图 $D=<V, E>$是单向连通的，当且仅当 D 中有一个通路，它经过 D 中每个顶点至少一次。

证明从略。

定义 7.3.9 设 G 是有向图，G'是其子图，若 G'是强连通的（单向连通的，弱连通的），且没有包含 G'的更大的强连通（单向连通，弱连通）子图，则称 G'是 G 的极大强连通子图（极大单向连通子图，极大弱连通子图），也称为强分支（单向分支，弱分支）。

例如，在图 7.16（a）中由点集$\{v_1, v_2, v_3, v_4\}$或$\{v_5\}$导出的子图是强分支，由点集$\{v_1, v_2, v_3, v_4, v_5\}$导出的子图是单向分支也是弱分支。在图 7.16（b）中，由点集$\{v_1\}$导出的子图是强分支，由点集$\{v_1, v_2, v_4\}$，$\{v_2, v_3, v_4\}$导出的子图是单向分支，由点集$\{v_1, v_2, v_3, v_4\}$导出的子图是弱分支。

定理 7.3.6 在有向图 $G=<V, E>$中，它的每一个顶点位于且仅位于一个强分支中。

证明从略。

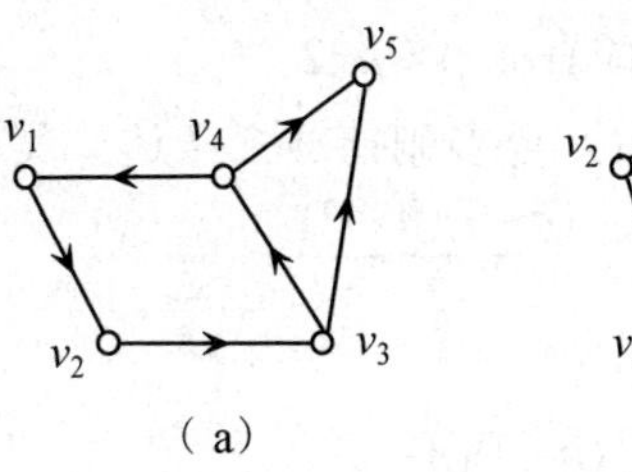

（a）

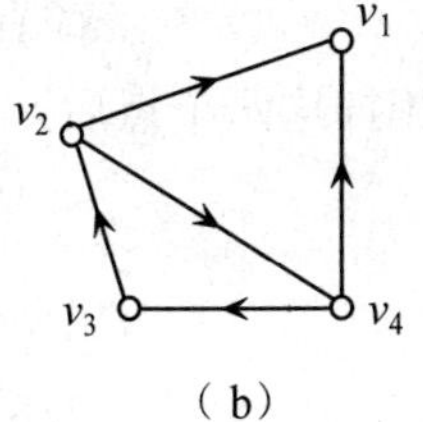

（b）

图 7.16

例 7.3.1　设图 G 是 n 阶无向简单图，且图 G 中任意不同的两个顶点的度数之和大于等于 n−1，证明图 G 是连通图。

证明

用反证法。

假设图 G 不是连通图，则 G 是由多个连通分支构成，不妨设有 k 个连通分支 G_1，G_2，…，G_k 构成，并设连通分支 G_1 中含有 n_1 个顶点，连通分支 G_2 中含有 n_2 个顶点，……，连通分支 G_k 中含有 n_k 个顶点。显然

$$n_1+n_2+\cdots+n_k=n$$

如果在连通分支 G_1 中任取一点 u，由于连通分支 G_1 是简单图，G_1 中任意一点的度数小于等于 n_1-1，所以有

$$d(u)\leqslant n_1-1$$

再在连通分支 G_2 中任取一点 v，同理有

$$d(v)\leqslant n_2-1$$

于是有

$$\begin{aligned}d(u)+d(v)&\leqslant n_1-1+n_2-1\\&=(n_1+n_2)-2\\&\leqslant n-2\end{aligned}$$

这与题设："图 G 中任意不同的两个顶点的度数之和大于等于 $n-1$" 相矛盾，所以图 G 是连通图。

例 7.3.2　设图 G 是 n 阶无向简单图，如果图中含有 m 条边，且 $m>\dfrac{(n-1)(n-2)}{2}$，证明图 G 是连通图。

证明

首先证明满足题设条件的图 G，其任意两个不同的顶点度数之和大于等于 $n-1$，由此利用例 7.3.1 的证明结果，即可证得图 G 是连通图。

用反证法。假设图 G 中存在着两个顶点 v_i 和 v_j，其度数之和不大于等于 $n-1$，即

$$d(v_i)+d(v_j)\leqslant n-2$$

如果在图 G 中删掉这两个点后，至多删掉 $n-2$ 条边。又由题设可知

$$m>\frac{(n-1)(n-2)}{2}$$

或者有

$$m\geqslant\frac{(n-1)(n-2)}{2}+1$$

由此可得

$$m-(n-2)\geqslant\frac{(n-1)(n-2)}{2}+1-(n-2)$$
$$=\frac{(n-2)(n-3)}{2}+1$$

于是可知，在图 G 中，删掉 v_i 和 v_j 后，所得的图为具有 $n-2$ 个顶点，且至少有 $\frac{(n-2)(n-3)}{2}+1$ 条边。但这样的无向简单图是不存在的，因为具有 $n-2$ 个顶点的无向简单图最多有 $\frac{(n-2)(n-3)}{2}$ 条边（完全图 K_{n-2} 才有 $\frac{(n-2)(n-3)}{2}$ 条边），与假设矛盾。

由此证得图 G 中任意不同的两点的度数之和大于等于 $n-1$，由例 7.3.1 可知图 G 是连通图。

例 7.3.3 设图 G 是无向简单图，$\overline{G}$是其补图，证明在图 G 和补图$\overline{G}$中至少有一个图是连通图。

证明 如果图 G 是连通图，则结论得证。

如果图 G 不是连通图，不妨设图 G 由 k 个连通分支 G_1，G_2，…，G_k 构成。现证补图$\overline{G}$是连通图。

在补图$\overline{G}$中任取两点 u 和 v，由于补图$\overline{G}$和图 G 有相同的顶点，所以 u 和 v 也是图 G 的点。下面分两种情况讨论。

第一种情况，u 和 v 分别是不同的连通分支 G_i 和 G_j 的点。如图 7.17（a）所示，连接 u 和 v 的边在补图$\overline{G}$中，即在补图$\overline{G}$中，u 和 v 之间有通路相连。

第二种情况，u 和 v 是同一连通分支 G_i 中的点，如图 7.17（b）所示，可在另一个连通分支 G_j 中任取一点 w，易见边(u, w)和边(v, w)是补图 $\overline{G}$ 中的边，由此可知点 u 和 v 之间在补图 $\overline{G}$ 中有通路(u, w, v)相连。

所以，补图 $\overline{G}$ 是连通图。结论得证。

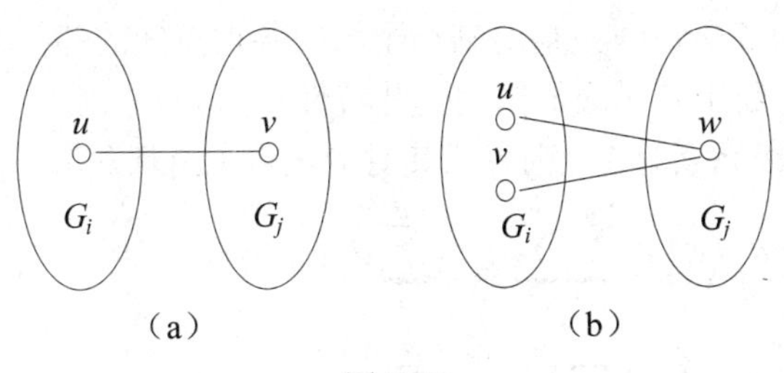

图 7.17

7.4 图的矩阵表示

图的图形表示法，在较为简单的情况下，由于比较直观明了，因此有一定的优越性，但是较复杂的图用这种表示法不太方便。目前多用矩阵方法来表示图。图的矩阵表示法的优点是，可用矩阵代数中各种运算来研究图的结构特征及性质，进而对图的研究可借助于计算机得到解决。

由于矩阵的行和列有固定的次序，在使用矩阵表示时，需要给图的顶点或边安排某种次序，按照这种次序给图的顶点或边标上号码或带号码下标的字母。

7.4.1 图的邻接矩阵

定义 7.4.1 设 $D=\langle V, E\rangle$是一个 n 阶有向图，其中 $V=\{v_1,v_2,\cdots,v_n\}$，令 a_{ij} 为 v_i 邻接到 v_j 的边的个数，称$[a_{ij}]_{n\times n}$为 D 的邻接矩阵，记作 $A(D)$，简记为 A。

如图 7.18 所示有向图的邻接矩阵为 $A(D)$。

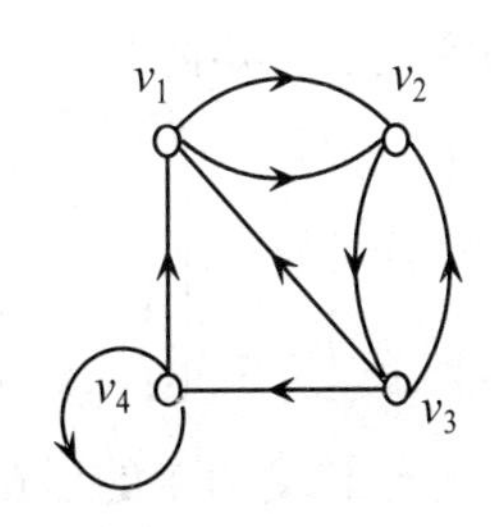

图 7.18

$$A(D)=\begin{pmatrix} 0 & 2 & 0 & 0 \\ 0 & 0 & 1 & 0 \\ 1 & 1 & 0 & 1 \\ 1 & 0 & 0 & 1 \end{pmatrix}$$

一个有向图的邻接矩阵完整地刻划了图中各顶点间的邻接关系。不仅如此，还可由邻接矩阵判断出其对应的图的一些特性。

（1）某对角线元素为1，则表示其对应顶点上有环。

（2）$\sum_{j=1}^{n} a_{ij} = d^{+}(v_i)$，$\sum_{i=1}^{n}\sum_{j=1}^{n} a_{ij} = \sum_{i=1}^{n} d^{+}(v_i) = m$；

$\sum_{i=1}^{n} a_{ij} = d^{-}(v_i)$，$\sum_{j=1}^{n}\sum_{i=1}^{n} a_{ij} = \sum_{j=1}^{n} d^{-}(v_j) = m$。

（3）$\sum_{i=1}^{n}\sum_{j=1}^{n} a_{ij}$ 为 D 中边的总数，也可看成 D 中长度为1的通路总数，而 $\sum_{i=1}^{n} a_{ii}$ 为 D 中环的个数，即 D 中长度为1的回路总数。

（4）令 $C = A^{l}$，则此时 c_{ij} 表示从 v_i 到 v_j 长度为 l 的通路数，c_{ii} 为 v_i 到自身长度为 l 的回路数。而 $\sum_{i=1}^{n}\sum_{j=1}^{n} c_{ij}$ 为 D 中长度为 l 的通路总数，$\sum_{i=1}^{n} c_{ii}$ 为 D 中始于（或终于）各顶点的长度为 l 的回路总数。

在很多实际问题中，人们经常关心的是有向图的一个顶点 v_i 到另一个顶点 v_j 是否存在通路。若利用图 G 的邻接矩阵 A，可以计算 A，A^2，A^3，…，A^n，…，若其中的某个 A^r 的 $a_{ij}^{(r)} \geqslant 1$，说明顶点 v_i 到 v_j 可达。但是用这种方法比较烦琐，且 A^r 不知道计算到何时为止。已知，如果有向图 G 有 n 个顶点 $V = \{v_1, v_2, \cdots, v_n\}$，点 v_i 到 v_j 有通路，则必有一条长度不超过 n 的通路，因此只要计算到 $a_{ij}^{(r)}$ 就可以了，其中 $1 \leqslant r \leqslant n$。

例如，如图7.18所示有向图的邻接矩阵为

$$A(D) = \begin{pmatrix} 0 & 2 & 0 & 0 \\ 0 & 0 & 1 & 0 \\ 1 & 1 & 0 & 1 \\ 1 & 0 & 0 & 1 \end{pmatrix} \quad \text{经计算 } A^2 = \begin{pmatrix} 0 & 0 & 2 & 0 \\ 1 & 1 & 0 & 1 \\ 1 & 2 & 1 & 1 \\ 1 & 2 & 0 & 1 \end{pmatrix} \quad A^3 = \begin{pmatrix} 2 & 2 & 0 & 2 \\ 1 & 2 & 1 & 1 \\ 2 & 3 & 2 & 2 \\ 1 & 2 & 2 & 1 \end{pmatrix}。$$

观察各矩阵发现，D 中 v_3 到 v_4 长度为1的通路有1条，长度为2的通路有1条，长度为3的通路有2条。而 D 中 v_3 到自身长度为1的回路不存在，但长度为2的回路有1条，长度为3的回路有2条。请读者根据上述矩阵再找出一些结论。

定义 7.4.2 设 $G=\langle V, E\rangle$ 是一个 n 阶无向简单图，其中 $V = \{v_1, v_2, \cdots, v_n\}$，令

$$a_{ij} = \begin{cases} 1 & v_i\text{与}v_j\text{相邻，}i \neq j \\ 0 & \text{否则} \end{cases}$$

称$[a_{ij}]_{n\times n}$为 G 的邻接矩阵，记为 $A(G)$，简记为 A。

不难看出，无向图的邻接矩阵有如下性质：

（1）A 是对称矩阵；

（2）$\sum_{j=1}^{n} a_{ij} = d(v_i)$；

（3）$\sum_{i=1}^{n}\sum_{j=1}^{n} a_{ij} = \sum_{i=1}^{n} d(v_i) = 2m$，其中 m 为边数，也为 G 中长度为 1 的通路数；

（4）令 $M = A^k$，则此时 m_{ij}（$=m_{ji}$）（$i \neq j$）表示 G 中 v_i 到 v_j（v_j 到 v_i）长度为 k 的通路数，m_{ii} 为 v_i 到自身长度为 k 的回路数。

例如，如图 7.19 所示无向图的邻接矩阵为

$$A(G) = \begin{pmatrix} 0 & 1 & 1 & 1 \\ 1 & 0 & 1 & 1 \\ 1 & 1 & 0 & 0 \\ 1 & 1 & 0 & 0 \end{pmatrix}$$

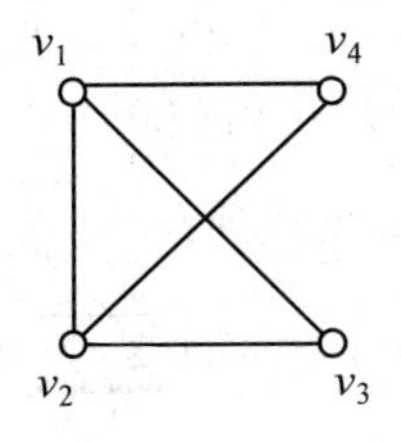

图 7.19

经计算 $A^2 = \begin{pmatrix} 3 & 2 & 1 & 1 \\ 2 & 3 & 1 & 1 \\ 1 & 1 & 2 & 2 \\ 1 & 1 & 2 & 2 \end{pmatrix}$ $\qquad A^3 = \begin{pmatrix} 4 & 5 & 5 & 5 \\ 5 & 4 & 5 & 5 \\ 5 & 5 & 2 & 2 \\ 5 & 5 & 2 & 2 \end{pmatrix}$。

观察各矩阵发现，D 中 v_2 到 v_4 长度为 1 的通路有 1 条，长度为 2 的通路有 1 条，长度为 3 的通路有 5 条。而 D 中 v_2 到自身长度为 2 的回路有 3 条，长度为 3 的回路有 4 条。

7.4.2 图的关联矩阵

定义 7.4.3 设 D=<V，E>是一个无环有向图，其中 $V = \{v_1, v_2, \cdots, v_n\}$，$E$=$\{e_1, e_2, \cdots, e_m\}$，令

$$m_{ij}=\begin{cases}1 & v_i\text{是}e_j\text{的始点}\\ 0 & v_i\text{与}e_j\text{不关联}\\ -1 & v_i\text{是}e_j\text{的终点}\end{cases}$$

称$[m_{ij}]_{n\times m}$为 D 的关联矩阵，记作 $M(D)$。

例如，如图 7.20 所示有向图的关联矩阵为

$$M(D)=\begin{matrix} & e_1 & e_2 & e_3 & e_4 & e_5 & e_6 \\ v_1 & 1 & -1 & 0 & 0 & 0 & 1 \\ v_2 & -1 & 1 & 1 & 0 & 0 & 0 \\ v_3 & 0 & 0 & -1 & -1 & 1 & 0 \\ v_4 & 0 & 0 & 0 & 1 & -1 & -1 \end{matrix}\text{。}$$

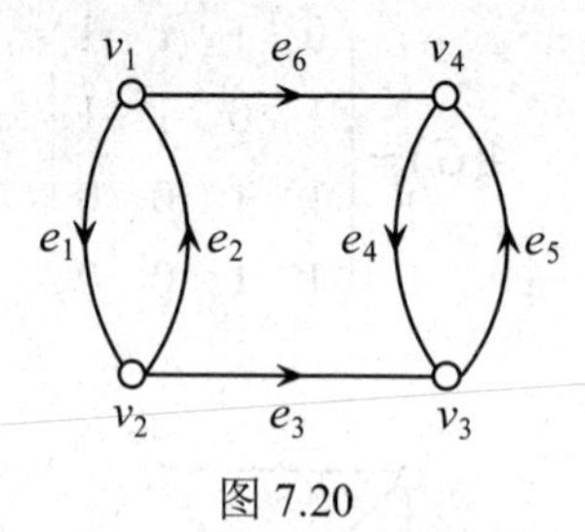

图 7.20

有向图的关联矩阵 $M(D)$有如下性质：

（1）$\sum\limits_{i=1}^{n}m_{ij}=0\ (j=1,2,\cdots,m)$，从而$\sum\limits_{j=1}^{m}\sum\limits_{i=1}^{n}m_{ij}=0$，这说明 $M(D)$中所有元素之和为 0；

（2）$M(D)$中−1 的个数与 1 的个数相等，都等于边数 m；

（3）第 i 行中 1 的个数等于$d^+(v_i)$，−1 的个数等于$d^-(v_i)$，而第i行元素绝对值之和等于$d(v_i)$；

（4）平行边所对应的列相同。

定义 7.4.4 设 G=<V，E>是一个无环无向图，其中$V=\{v_1,v_2,\cdots,v_n\}$，E=$\{e_1,e_2,\cdots,e_m\}$，令

$$m_{ij}=\begin{cases}1 & v_i\text{与}e_j\text{彼此关联}\\ 0 & \text{否则}\end{cases}$$

则称$[m_{ij}]_{n\times m}$为 G 的关联矩阵，记作 $M(G)$。

例如，如图 7.21 所示无向图的关联矩阵为：

$$M(G)=\begin{array}{c} \\ v_1 \\ v_2 \\ v_3 \\ v_4 \end{array}\begin{array}{c} \begin{matrix} e_1 & e_2 & e_3 & e_4 & e_5 & e_6 \end{matrix} \\ \begin{pmatrix} 1 & 0 & 0 & 1 & 0 & 0 \\ 1 & 1 & 1 & 0 & 0 & 0 \\ 0 & 1 & 0 & 1 & 1 & 1 \\ 0 & 0 & 1 & 0 & 1 & 0 \end{pmatrix} \end{array}$$

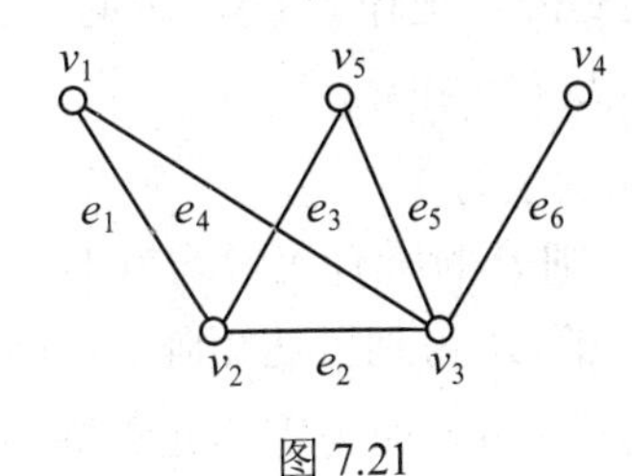

图 7.21

无向图的关联矩阵 $M(G)$有以下性质：

（1）$\sum_{i=1}^{n} m_{ij} = 2\ (j = 1,2,\cdots,m)$，即 $M(G)$每列元素之和均为 2，这正说明每条边关联两个顶点；

（2）$\sum_{j=1}^{n} m_{ij} = d(v_i)$，即 $M(G)$第 i 行元素之和为 v_i 的度数，$i = 1,2,\cdots,n$；

（3）$\sum_{i=1}^{n} d(v_i) = \sum_{i=1}^{n}\sum_{j=1}^{m} m_{ij} = \sum_{j=1}^{m}\sum_{i=1}^{n} m_{ij} = \sum_{j=1}^{m} 2 = 2m$，这个结果正是握手定理的内容，即各顶点的度数之和等于边数的 2 倍；

（4）平行边所对应的列相同；

（5）若一行中的元素全为 0，则其对应的顶点为孤立点；

（6）同一个图，当顶点或边的编序不同时，其对应的 $M(G)$仅有行序、列序的差别。

定理 7.4.1 如果一个连通图 G 有 n 个顶点，则其关联矩阵 $M(G)$的秩为 $n-1$。

推论 设图 G 有 n 个顶点，s 个最大连通分支，则图 G 的关联矩阵 $M(G)$的秩为 $n-s$。

利用关联矩阵还可以判断哪些边是割边，哪些顶点是割点。在关联矩阵中去掉该边所在的列，若所得矩阵比原矩阵的秩小，则该边是割边；若删掉该顶点后所得的关联矩阵比原矩阵的秩小，则该顶点是割点。

7.4.3 有向图的可达矩阵

定义 7.4.5 设 $D=<V, E>$是一个有向图，其中$V=\{v_1, v_2, \cdots, v_n\}$，令

$$P_{ij}=\begin{cases}1 & v_i \text{可达} v_j \\ 0 & \text{否则}\end{cases}$$

则称$[P_{ij}]_{n\times n}$为 D 的可达矩阵，记作 $P(D)$，简记为 P。

有向图的可达矩阵 $P(D)$有下列性质：

（1）$P(D)$的主对角线元素全为 1；

（2）若 D 是强连通图，则 P 的所有元素均为 1；

（3）可由图 D 的邻接矩阵 A 得到可达矩阵 P，即令 $B_n = A + A^2 + \cdots + A^n$，再从 B_n 中将不为零的元素均换为 1，而为零的元素则不变，这个变换后的矩阵即为可达矩阵 P。

例 7.4.1 求有向图 $D=<V, E>$的可达矩阵，其中

$V=\{v_1, v_2, v_3, v_4\}$，

$E=\{<v_1, v_2>, <v_2, v_3>, <v_2, v_4>, <v_3, v_2>, <v_3, v_4>, <v_3, v_1>, <v_4, v_1>\}$。

解 图 D 的邻接矩阵为

$$A=\begin{bmatrix}0&1&0&0\\0&0&1&1\\1&1&0&1\\1&0&0&0\end{bmatrix}$$

经计算 $A^2=\begin{bmatrix}0&0&1&1\\2&1&0&1\\1&1&1&1\\0&1&0&0\end{bmatrix}$ $A^3=\begin{bmatrix}2&1&0&1\\1&2&1&1\\2&2&1&2\\0&0&1&1\end{bmatrix}$ $A^4=\begin{bmatrix}1&2&1&1\\2&2&2&3\\3&3&2&3\\2&1&0&1\end{bmatrix}$

故

$B_4=\begin{bmatrix}3&4&2&3\\5&5&4&6\\7&7&4&7\\3&2&1&2\end{bmatrix}$ 从而可达矩阵 $P=\begin{bmatrix}1&1&1&1\\1&1&1&1\\1&1&1&1\\1&1&1&1\end{bmatrix}$。

由可达矩阵可知，图 G 的任意两顶点间均可达，并且每个顶点均有回路通过，这个图是一个强连通图。此结果与图 7.22 所表示的图形直接观察到的结果是一样的。

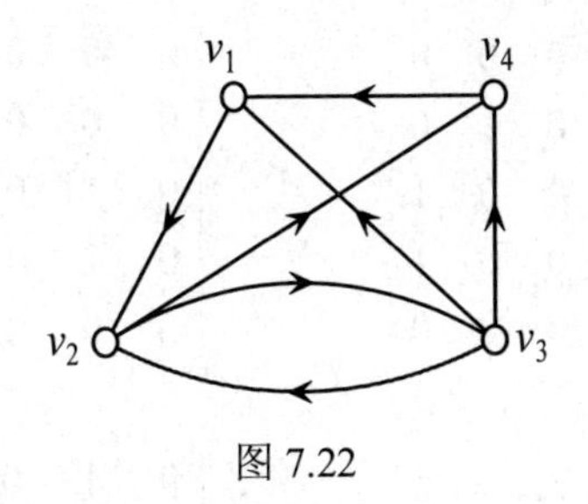

图 7.22

上述通过计算 B_n 而得到可达矩阵的方法比较复杂，这主要是由于 B_n 的计算比较复杂所致。利用后面 11.3 节布尔代数的相关知识，还有一个比较简单的求可达矩阵的方法。

如果一个矩阵的元素均为 0 或 1，矩阵中的加法与乘法对应布尔代数中的并和交，此种矩阵运算称为布尔矩阵运算。在这种意义下，有

$$P=A\vee A^{(2)}\vee A^{(3)}\vee\cdots\vee A^{(n)}$$

其中 $A^{(i)}$表示在布尔矩阵运算意义下的 A 的 i 次幂。

例 7.4.2 图 D 如图 7.23 所示，求可达矩阵 P。

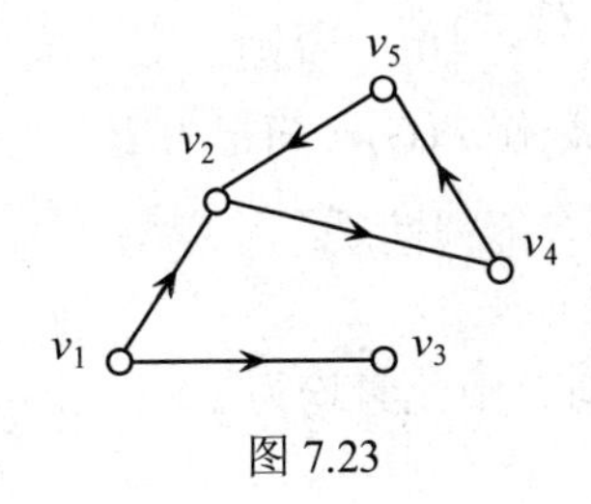

图 7.23

解 图 D 的邻接矩阵为

$$A=\begin{bmatrix}0&1&0&0&0\\0&0&0&1&0\\1&0&0&0&0\\0&0&0&0&1\\0&1&0&0&0\end{bmatrix}$$

经计算 $A^{(2)}=\begin{bmatrix}0&0&0&1&0\\0&0&0&0&1\\0&1&0&0&0\\0&1&0&0&0\\0&0&0&1&0\end{bmatrix}$ $A^{(3)}=\begin{bmatrix}0&0&0&0&1\\0&1&0&0&0\\0&0&0&1&0\\0&0&0&1&0\\0&0&0&0&1\end{bmatrix}$

$$A^{(4)}=\begin{bmatrix}0&1&0&0&0\\0&0&0&1&0\\0&0&0&0&1\\0&0&0&0&1\\0&1&0&0&0\end{bmatrix}\quad A^{(5)}=\begin{bmatrix}0&0&0&1&0\\0&0&0&0&1\\0&1&0&0&0\\0&1&0&0&0\\0&0&0&1&0\end{bmatrix}$$

从而可达矩阵

$$P=A\vee A^{(2)}\vee A^{(3)}\vee A^{(4)}\vee A^{(5)}=\begin{bmatrix}0&1&0&1&1\\0&1&0&1&1\\1&1&0&1&1\\0&1&0&1&1\\0&1&0&1&1\end{bmatrix}$$

上述可达矩阵等概念可以推广到无向图中，只需将无向图中每条无向边看成是具有相反方向的两条边，这样无向图就可以看作是有向图。无向图的邻接矩阵是一个对称矩阵，其可达性矩阵称为连通矩阵，也是对称的。

定义 7.4.6 设 $G=<V, E>$是一个无向简单图，其中$V=\{v_1,v_2,\cdots,v_n\}$，令

$$P_{ij}=\begin{cases}1 & v_i\text{与}v_j\text{连通}\\0 & \text{否则}\end{cases}$$

称$[P_{ij}]_{n\times n}$为 G 的连通矩阵，记作 $P(G)$，简记为 P。

无向图的连通矩阵 $P(G)$有下列性质：

（1）$P(G)$的主对角元素均为 1；

（2）若 G 是连通图，则 P 中元素均为 1。

7.5 图的应用

从实际问题抽象出来的图中，顶点和边往往带有某种信息，如在交通网络图中，每个城市可以作为顶点上的信息，城市 a 和 b 之间的公路长度则可作为边(a, b)上的信息。常称这种信息为权，含有信息的图为带权图（或赋权图）。

定义 7.5.1 对于有向图或无向图 $G=<V, E>$的每条边 e 都指定一个实数 $l(e)$与之对应，称 $l(e)$为边 e 上的权。如果$e\notin E$，则令 $l(e)=+\infty$。G 连同各边上的权称为带权图。

7.5.1 带权图的最短通路

定义 7.5.2 设带权图 $G=<V, E>$，G 中每条边的权都大于等于 0，如果 C 为 G 中的一条通路，称 C 所经过的各条边的权之和为通路 C 的长度。

定义 7.5.3 设带权图 $G=<V, E>$，u，v 为 G 中任意两个顶点，从 u 到 v 的所有通路中长度最小的通路称为 u 到 v 的最短通路。

由于各边的权均大于等于 0，所以两个顶点之间的最短通路若存在一定是路径（初级通路），因而最短通路常称为最短路径。

最短路径问题有许多实际应用。例如，如果用顶点表示城市，边的长度表示从一个城市到另一个城市的运输线路的里程，则从 u 到 v 的最短路径就表示从城市 u 到城市 v 的里程最短的运输线路。如果边的长度表示花费的时间或运费，则相应的最短通路表示运输时间最短或运费最低的运输线路等。

如图 7.24 所示是一个带权图。图中顶点表示各个城市，边表示城市间的公路，边上的权表示城市间公路的里程数，这就是一个公路交通网络图。

如果自点 v_1 出发，目的地是点 v_5，那么如何寻找一条从点 v_1 到点 v_5 的最短路径呢？关于这个问题已有不少算法，这里仅介绍著名的狄克斯特拉算法。

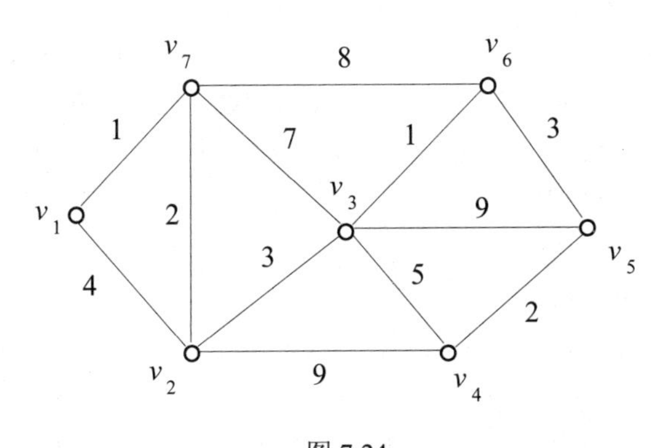

图 7.24

假定无向带权图 $G=<V, E>$有 n 个顶点，要求从 v_1 到其余各顶点的最短路径，狄克斯特拉算法的基本思想是：

（1）将顶点集合 V 分成两部分：一部分称为具有 P（永久性）标号的集合，另一部分称为具有 T（临时性）标号的集合。初始时，$P=\{v_1\}$，$T=V-P$。

（2）对 T 中每一个元素 t 计算 $D(t)$，根据 $D(t)$值找出 T 中距 v_1 最短的一个顶点，写出 t 到 v_1 的最短路径的长度 $D(t)$。

（3）令 $P=P\cup\{t\}$，$T=T-\{t\}$，如果 $P=V$ 或 $T=\varnothing$，则停止，否则转到（2）。

在（2）中，$D(t)$表示从 v_1 到 t 的不包含 T 中其他顶点的最短通路的长度，但 $D(t)$不一定是从 v_1 到 t 的最短距离，因为从 v_1 到 t 的更短通路可能包含 T 中另外的顶点。

首先证明"若 t 是 T 中具有最小 D 值的顶点，则 $D(t)$是从 v_1 到 t 的距离"，用反证法证明。若有另外一条含 T 中顶点的更短通路，不妨设这个通路中第一个属于 $T-\{t\}$的顶点是 v，于是 $D(v)<D(t)$，但这与题设矛盾。这就证明了论断正确。

其次，说明计算 $D(t)$的方法。初始时，$D(t)=d(v_1, t)$，如果$(v_1, t)\notin E$，则 $D(t)=\infty$，现在假设对 T 中的每一个 t 计算了 D 值。设 v 是 T 中 D 值最小的一个顶点，记 $P'=P\cup\{v\}$，$T'=T-\{v\}$，令 $D'(t)$表示 T'中顶点 t 的 D 值，则

$$D'(v)=\min\{D(v), D'(t)+d(t, v)\}$$

下面分情况证明上式：

（1）如果从 v_1 到 v 有一条最短路径，它不包含 T'中的其他顶点，也不包含 t 点，则 $D'(v)=D(v)$。

（2）如果从 v_1 到 v 有一条最短路径，它不包含 T'中的顶点，但包含边(v, t)，这种情况下，$D'(v)=D'(\mathrm{t})+d(t, v)$。

除了这两种情况外不再有其他更短的不包含 T'中外顶点的路径了。

例 7.5.1 计算图 7.24 中 v_1 到 v_5 的最短路径。

解 初始 $P=\{v_1\}$，$T=\{v_2, v_3, v_4, v_5, v_6, v_7\}$，$D(v_2)=4$，$D(v_3)=\infty$，$D(v_4)=\infty$，$D(v_5)=\infty$，$D(v_6)=\infty$，$D(v_7)=1$。因为 $D(v_7)=1$ 是 T 中最小的 D 值，所以将 v_7 加入到 P 中，即 $P=\{v_1, v_7\}$，$T=\{v_2, v_3, v_4, v_5, v_6\}$，然后计算 T 中各顶点的 D 值：

$D(v_2)=\min\{4, 1+2\}=3$；

$D(v_3)=\min\{\infty, 1+7\}=8$；

$D(v_4)=\min\{\infty, \infty\}=\infty$；

$D(v_5)=\min\{\infty, \infty\}=\infty$；

$D(v_6)=\min\{\infty, 1+8\}=9$；

$D(v_2)$是 T 中最小的 D 值，将 v_2 加入到 P 中，即 $P=\{v_1, v_7, v_2\}$，$T=\{v_3, v_4, v_5, v_6\}$，然后计算 T 中各顶点的 D 值：

$D(v_3)=\min\{8, 3+3\}=6$；

$D(v_4)=\min\{\infty, 3+9\}=12$；

$D(v_5)=\min\{\infty, \infty\}=\infty$；

$D(v_6)=\min\{9, \infty\}=9$；

$D(v_3)$是 T 中最小的 D 值，将 v_3 加入到 P 中，即 $P=\{v_1, v_7, v_2, v_3\}$，$T=\{v_4, v_5, v_6\}$，然后计算 T 中各顶点的 D 值：

$D(v_4)=\min\{12, 6+5\}=11$；

$D(v_5)=\min\{\infty, 6+9\}=15$；

$D(v_6)=\min\{9, 6+1\}=7$；

$D(v_6)$是 T 中最小的 D 值，将 v_6 加入到 P 中，即 $P=\{v_1, v_7, v_2, v_3, v_6\}$，$T=\{v_4, v_5\}$，然后计算 T 中各顶点的 D 值：

$D(v_4)$=min{11，∞}=11；

$D(v_5)$=min{15，7+3}=10；

$D(v_5)$是 T 中最小的 D 值，所以，v_1 到 v_5 的最短距离是 10，如果每次在求 T 中最小的 D 值时，把各点通过的通路记录下来，就能得到最短通路所经过的顶点。本例中 v_1 到 v_5 的最短通路是(v_1，v_7，v_2，v_3，v_6，v_5)。

在熟悉了狄克斯特拉算法后，还可用列表法来求最短通路，它使求解过程显得十分简洁，并可求出最短通路所经过的顶点。

仍以图 7.24 为例。

用 $D_i^{(r)}/v_j$ 表示在第 r 步 v_i 获得 T 中的最小 D 值 $D_i^{(r)}$，且在 v_1 到 v_i 的最短通路上，v_i 的前驱是 v_j，则算法可用表格的形式给出，如表 7.1 所示，第 0 行是算法的开始。

表 7.1　求最短通路

	v_1	v_2	v_3	v_4	v_5	v_6	v_7
0	$\boxed{0}$	4	∞	∞	∞	∞	1
1		3	8	∞	∞	9	$\boxed{1}/v_1$
2		$\boxed{3}/v_7$	6	12	∞	9	
3			$\boxed{6}/v_2$	11	15	7	
4				11	10	$\boxed{7}/v_3$	
5				11	$\boxed{10}/v_6$		
6				$\boxed{11}/v_3$			
	0	3	6	11	10	7	1

由表 7.1 可知，

v_1 到 v_2 的最短通路的长度为 3，最短通路为(v_1，v_7，v_2)。

v_1 到 v_3 的最短通路的长度为 6，最短通路为(v_1，v_7，v_2，v_3)。

v_1 到 v_4 的最短通路的长度为 11，最短通路为(v_1，v_7，v_2，v_3，v_4)。

v_1 到 v_5 的最短通路的长度为 10，最短通路为(v_1，v_7，v_2，v_3，v_6，v_5)。

v_1 到 v_6 的最短通路的长度为 7，最短通路为(v_1，v_7，v_2，v_3，v_6)。

v_1 到 v_7 的最短通路的长度为 1，最短通路为(v_1，v_7)。

狄克斯特拉算法对有向图同样适用。

7.5.2　带权图的关键路径

在现实生活中，有许多问题是要在一个带权图中求从一个顶点到另一个顶点的最长路径，即关键路径。例如工程的计划评审图。首先给出计划评审图的概念。

定义 7.5.4 设 $G=<V, E>$ 是 n 阶有向简单带权图，G 中没有回路，其中有一个顶点的入度为 0，称为发点，有一个顶点的出度为 0，称为收点，对任意的除发点、收点外的顶点，都在从发点到收点的某条路径上，则称图 G 为计划评审图。

在计划评审图中，每条边表示一个活动或一道工序，若有向边 $<v_i, v_j>$，$<v_j, v_k>$ 相邻，则表示活动 $<v_j, v_k>$ 必须在活动 $<v_i, v_j>$ 结束后才能开始，发点表示整个工程的开始，收点表示整个工程的结束，图中各边上的权表示完成相应活动所需的时间，因而各边上的权都大于等于零。

定义 7.5.5 在计划评审图中，关键路径是从发点到收点的通路中权和最大的路径。处于关键路径上的顶点，称为关键状态；处于关键路径上的边，称为关键活动或关键工序。

由计划评审图的含义可知，任何计划评审图中的关键路径都是存在的，但关键路径可以不只一条，要想使整个工期缩短，必须将每条关键路径上的至少一条边的权缩小。

下面可以通过求图中各顶点的最早完成时间、最晚完成时间和缓冲时间来计算关键路径。

定义 7.5.6 设有计划评审图 G，任意的 $v_i \in V(G)$，从发点沿着权和最大的路径到达 v_i 所需的时间，称为 v_i 的最早完成的时间，记作 $TE(v_i)$。

从定义可以看出，$TE(v_i)$ 是以 v_i 为起点的各活动的最早可能开工时间，因而称为 v_i 的最早完成时间，它是发点到 v_i 的关键路径的权和。显然，发点的最早完成时间为 0，收点的最早完成时间为关键路径的长度（权和）。设 v_1 为发点，v_n 为收点，最早完成时间的计算公式如下：

$$\begin{cases} TE(v_1)=0, \\ TE(v_i)=\max\limits_{v_j \in \Gamma^-(v_i)} \{TE(v_j)+w_{ji}\},\ i \neq 1 \end{cases}$$

其中，$\Gamma^-(v_i)$ 为 v_i 的先驱元素集合，w_{ji} 为边 $<v_j, v_i>$ 的权值。

定理 7.5.1 设 $P_E=\{v|TE(v)\text{已经算出}\}$，$T_E=V-P_E$，若 $T_E \neq \varnothing$，则存在 $u \in T_E$，使得

$$\Gamma^-(u) \subseteq P_E$$

从定理7.5.1可知，能够求出图中各顶点的最早完成时间，直到收点。

定义 7.5.7 在保证收点 v_n 的最早完成时间 $TE(v_n)$ 不增加的条件下，自发点 v_1 最迟到达 v_i 所需要的时间，称为 v_i 的最晚完成时间，记作 $TL(v_i)$。

其实，$TL(v_i)$ 是 $TE(v_n)$ 与 v_i 沿关键路径到达收点 v_n 所需时间之差，$TL(v_i)$ 是关联于 v_i 的各项活动所允许的最迟开工时间，其计算公式为：

$$\begin{cases} TL(v_n) = TE(v_n), \\ TL(v_i) = \min\limits_{v_j \in \Gamma^+(v_i)} \{TL(v_j) - w_{ij}\}, i \neq n. \end{cases}$$

其中$\Gamma^+(v_i)$为v_i的后继元素集合，w_{ij}为边$<v_i, v_j>$的权值。

定理 7.5.2 设$PL=\{v|TL(v)$已经算出$\}$，$TL=V-PL$，若$TL\neq\varnothing$，则存在$v\in TL$，使得

$$\Gamma^+(v)\subseteq PL。$$

从定理7.5.2可知，能够求出图中各顶点的最晚完成时间。

定义 7.5.8 称$TL(v_i)$与$TE(v_i)$的差为v_i的缓冲时间或松弛时间，记为$TS(v_i)$。

从上面的定义可以看出$TS(v_i)\geqslant 0$，$i=1$，2，…，n。

定理 7.5.3 $TS(v_i)=0$当且仅当v_i处于关键路径上。

从定理 7.5.3 可以求出关键路径。

例 7.5.2 计算图 7.25 中各顶点的最早完成时间、最晚完成时间及缓冲时间，并求出所有关键路径。

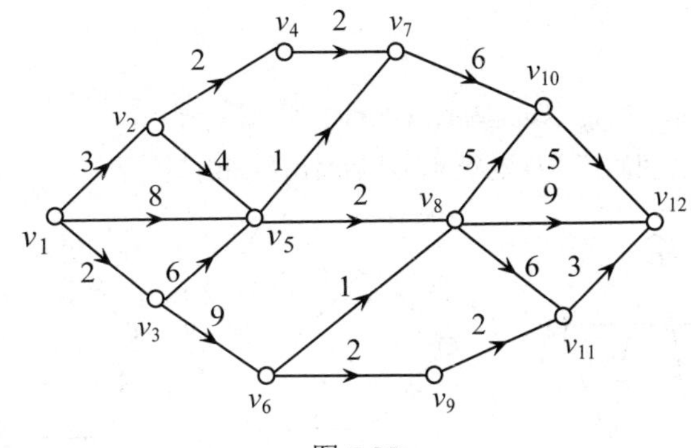

图 7.25

解 表 7.2 给出了各顶点的最早完成时间、最晚完成时间及缓冲时间。

表 7.2 各点的最早、最晚及缓冲时间

v_i	TE（v_i）	TL（v_i）	TS（v_i）	v_i	TE（v_i）	TL（v_i）	TS（v_i）
v_1	0	0	0	v_7	9	11	2
v_2	3	6	3	v_8	12	12	0
v_3	2	2	0	v_9	13	17	4
v_4	5	9	4	v_{10}	17	17	0
v_5	8	10	2	v_{11}	18	19	1
v_6	11	11	0	v_{12}	22	22	0

关键路径只有一条：(v_1，v_3，v_6，v_8，v_{10}，v_{12})，其长度为 22。

本章小结

本章详细介绍了图的基本概念、通路、回路、握手定理、连通图的相关概念和定理，以及图的矩阵表示，最后介绍了带权图和它的两个应用，用以求图的最短路径和关键路径。

习题7

1．给定下面二图的集合表示，画出它们的图形表示。

（1）无向图 $G=\langle V, E\rangle$，其中

$V=\{v_1,v_2,v_3,v_4,v_5,v_6\}$，

$E=\{(v_1,v_2),(v_2,v_3),(v_3,v_4),(v_4,v_5),(v_5,v_1),(v_6,v_1),(v_6,v_2),(v_6,v_3),(v_6,v_4),(v_6,v_5)\}$。

（2）有向图 $D=\langle V, E\rangle$，其中

$V=\{v_1,v_2,v_3,v_4\}$，

$E=\{\langle v_1,v_2\rangle,\langle v_2,v_1\rangle,\langle v_2,v_3\rangle,\langle v_3,v_2\rangle,\langle v_1,v_3\rangle,\langle v_3,v_1\rangle,\langle v_4,v_4\rangle\}$。

2．先将图 1 中各图的顶点标定顺序，然后写出各图的集合表示。

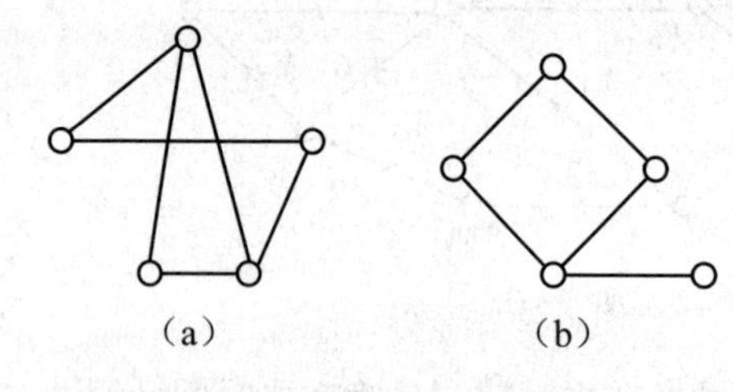

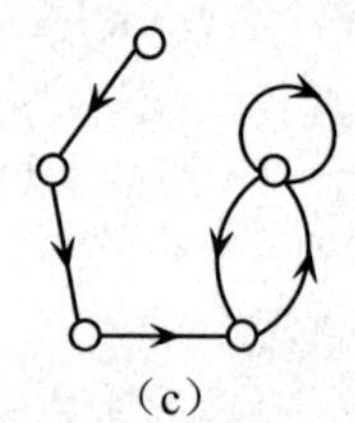

（a）　　（b）　　（c）

图 1

3．写出图 1 中各图的度数序列，对有向图还要写出出度序列和入度序列。

4．下列各组整数数列中，哪些是可图化的？

（1）(1，1，1，2，3)；

（2）(2，2，2，2，2)；

（3）(3，3，3，3)；

（4）(1，2，3，4，5)；

（5）(1，3，3，3)。

5．设(d_1，d_2，…，d_n)为一正整数数列，d_1，d_2，…，d_n 互不相同，问此序列能构成 n 阶

无向简单图的度数序列吗？为什么？

6．下面各无向图中有几个顶点？

（1）12 条边，每个顶点都是 2 度顶点。

（2）21 条边，3 个 4 度顶点，其余的都是 3 度顶点。

（3）24 条边，各顶点的度数都是相同的。

（4）24 条边，各顶点的度数互不相同且成连续正整数数列。

7．一个图如果同构于它的补图，则该图称为自补图。试给出一个 5 个顶点的自补图。

8．画出无向完全图 K_4 的所有非同构的子图，指出哪些是生成子图，哪些是自补图。

9．有无向图如图 2 所示，试求：

（1）从 v_1 到 v_6 的所有初级通路。

（2）从 v_1 到 v_6 的所有简单通路。

（3）从 v_1 到 v_6 的距离。

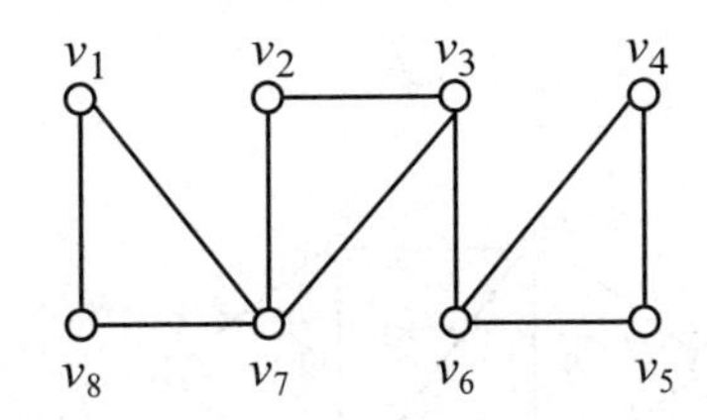

图 2

10．试寻找 3 个 5 阶有向简单图 D_1，D_2，D_3，使得 D_1 为强连通图，D_2 为单向连通图，但不是强连通图；而 D_3 为弱连通图，但不是单向连通的，更不是强连通的。

11．设 V' 和 E' 分别为无向连通图 G 的点割集和边割集。$G-E'$ 的连通分支个数一定为几？$G-V'$ 的连通分支个数也是确定的数吗？

12．有向图 D 如图 3 所示，

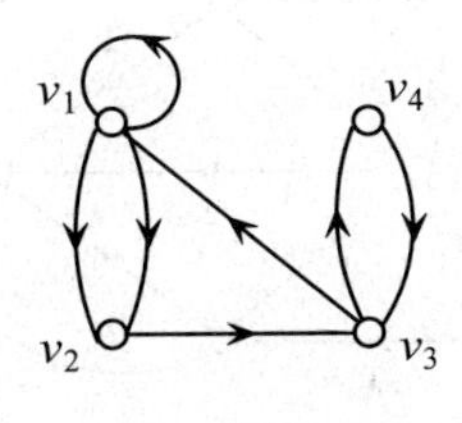

图 3

（1）D 中 v_1 到 v_4 长度为 1，2，3，4 的通路各为几条？

（2）D 中 v_1 到 v_1 长度为 1，2，3，4 的回路各为几条？

（3）D 中长度为 4 的通路（不含回路）有多少条？长度为 4 的回路有多少条？

（4）D 中长度小于或等于 4 的通路有多少条？其中有多少条为回路？

13．求有向图 D=<V，E>的可达矩阵，其中

$V=\{v_1,v_2,v_3,v_4\}$，

$E=\{<v_1,v_2>,<v_1,v_4>,<v_2,v_4>,<v_3,v_2>,<v_3,v_4>,<v_4,v_3>\}$。

14．求图 4 所示带权图中，v_1 到 v_9 的最短路径。

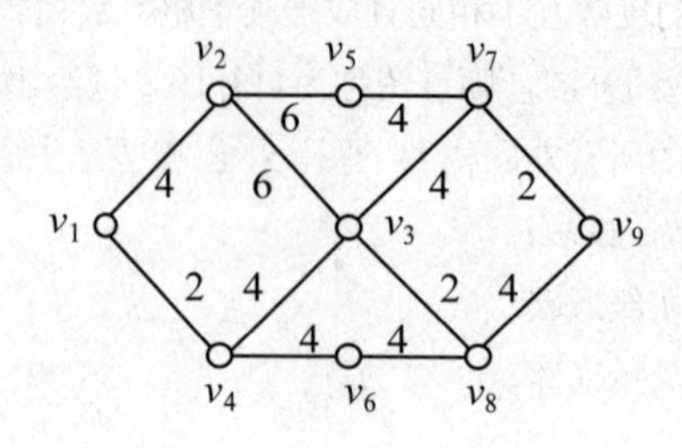

图 4

15．求图 5 所示带权图中，v_1 到各顶点的最短路径。

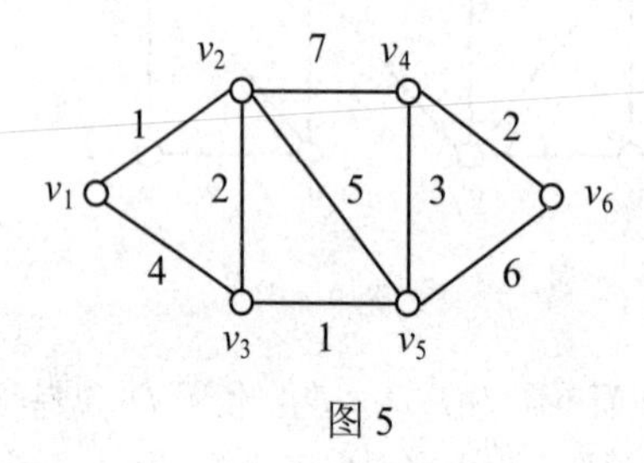

图 5

16．求图 6 所示的有向带权图中，v_1 到 v_7 的最短路径。

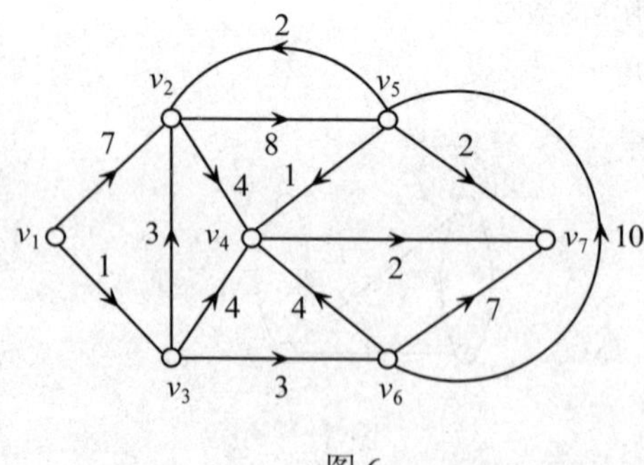

图 6

17．求图 7 所示的有向带权图中各顶点的最早完成时间、最晚完成时间、缓冲时间，并求关键路径。

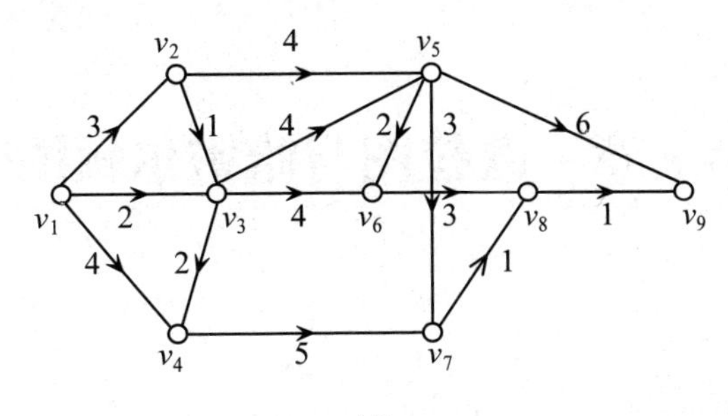

图 7

第 8 章　欧拉图与哈密尔顿图

本章主要介绍了从实际问题引出的两个特殊的图：欧拉图和哈密尔顿图。通过本章的学习，读者应该掌握以下内容：

- 欧拉通路、欧拉回路、欧拉图和半欧拉图的概念
- 欧拉图和半欧拉图的判定准则
- 求欧拉回路的算法
- 哈密尔顿通路、哈密尔顿回路、哈密尔顿图和半哈密尔顿图的概念
- 哈密尔顿图和半哈密尔顿图的判定准则

8.1　欧拉图

8.1.1　欧拉图的定义

欧拉解决哥尼斯堡七桥问题的过程奠定了图论的基础。哥尼斯堡七桥问题可以抽象为这样一个问题：给定一个无向图 G，能否找到一个行遍所有顶点的回路，它通过图 G 的每条边一次且仅一次？

为了得到答案，下面给出一些定义及定理。

定义 8.1.1

（1）通过图中所有边一次且仅一次行遍所有顶点的通路，称为欧拉通路；

（2）通过图中所有边一次且仅一次行遍所有顶点的回路，称为欧拉回路；

（3）具有欧拉回路的图，称为欧拉图；

（4）具有欧拉通路但无欧拉回路的图，称为半欧拉图。

以上定义既适合无向图也适合有向图。其实，欧拉通路是经过所有边的简单通路并且是生成通路（经过所有顶点的通路）；同样地，欧拉回路是经过所有边的简单生成回路。另外规定：平凡图为欧拉图。

在图 8.1 中，（a）存在欧拉通路，但不存在欧拉回路，因而它不是欧拉图。而（b）中存在欧拉回路，所以（b）是欧拉图。

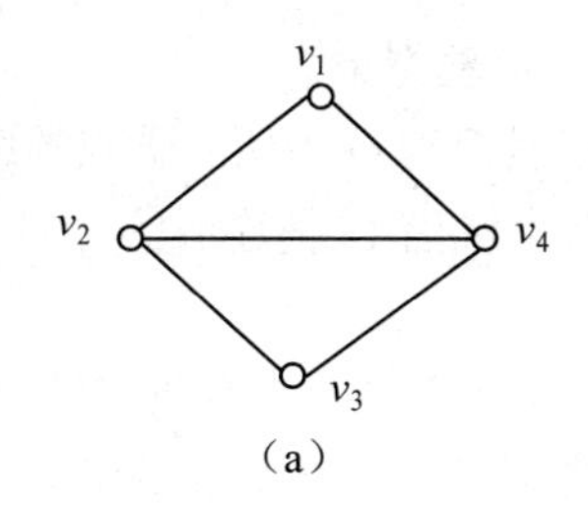

（a）

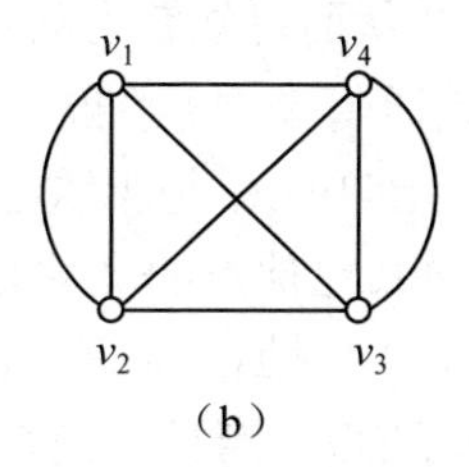

（b）

图 8.1

8.1.2　欧拉图的判定

首先给出无向图是否为欧拉图的判定方法。

定理 8.1.1　无向图 G 是欧拉图，当且仅当 G 是连通的，且 G 中所有顶点的度数都是偶数。

证明　若图 G 为平凡图，则定理显然成立。下面给出非平凡图的证明。

先证必要性。设 G 是欧拉图，显然 G 是连通图。设 Γ 为 G 的欧拉回路，则当 Γ 通过 G 的一个顶点时，该顶点总有进出两个方向的边，把该顶点的度数增加 2。在 Γ 中因 G 的每条边仅出现一次，故每个顶点的度数必为 2 的倍数，即所有顶点的度数都是偶数。

充分性。设无向图 G 是连通的，且其每个顶点的度数都是偶数，则 G 中必含有回路。从前面的知识可知，在任一回路中删去其中间的所有其余回路必得初级回路，而初级回路必为简单回路，故图 G 中必至少存在一条简单回路。设图 G 中长度最大的简单回路是 $\Gamma=(v_0,v_1,\cdots,v_{k-1},\cdots,v_0)$，下面给出 Γ 是欧拉回路的证明：

假设 Γ 不是欧拉回路，则 Γ 中至少存在一个顶点（设其为 v_i），它与回路 Γ 关联的边数小于此顶点的度数。因为如果 Γ 中每个顶点与 Γ 中关联的边数等于此顶点的度数，则由于 Γ 不是欧拉回路，故必在 G 中至少存在一条边不属于 Γ，设此边为 e，不妨令 e=(v_1', v_2')，而 v_1' 与 v_2' 均不属于回路 Γ，这样，v_1'、v_2' 必不与 Γ 中任意顶点连通，这与 G 是连通的相矛盾，故知与 Γ 中关联的边数小于其度数的顶点 v_i 是存在的。令 $v_i=u_0$，故至少存在边 $e_1'=(u_0,u_1)$ 不属于 Γ。由于 u_1 的度数为偶数，增加边 e_1' 后，必至少存在另一条不属于 Γ 的边与其相关联，设此边为 e_2'，不妨令 $e_2'=(u_1,u_2)$，因为只有这样才能使 u_1 的度数为偶数。依次类推，有 $e_3'=(u_2,u_3)$，$e_4'=(u_3,u_4)$，…，最后可有 $e_m'=(u_{m-1},u_0)$。由于 u_0 中出现过边 e_1'，故存在另一条不属于 Γ 的边与其相关联，由此，得到一条新的简单回路 Γ' =(u_0, u_1, $\cdots$, u_{m-1},u_0)。由回路 Γ 及 Γ' 还可得欧拉回路 Γ''，即 $\Gamma''=(v_0,\ v_1,\cdots,v_i=u_0,\ u_1,\cdots,u_{m-1},\ u_0=v_i,v_{i+1},\cdots,v_{k-1},v_0)$，且回路 Γ'' 的长度大于

Γ'，与假设矛盾，从而可知Γ为欧拉回路，定理得证。

推论 无向连通图G中存在欧拉回路，当且仅当G中所有顶点的度数都是偶数。

定理 8.1.2 无向图G是半欧拉图，当且仅当G是连通的，且只有两个顶点的度数为奇数，而其他顶点的度数为偶数。

证明 在图G中附加一条新边(u, v)，从而形成一个新图G'。于是，G有一条u与v间的欧拉通路，当且仅当G'有一条欧拉回路。这也就是说，G有一条u与v间的欧拉通路，当且仅当G'是连通的，且所有顶点的度数都是偶数，从而当且仅当G是连通的，且只有u，v的度数为奇数，而其余顶点的度数均为偶数。

推论 无向连通图G中顶点u与v间存在欧拉通路，当且仅当G中u与v的度数为奇数，而其他顶点的度数为偶数。

根据欧拉回路和欧拉通路的判别准则，哥尼斯堡七桥问题得到了确切的否定答案。七桥问题所对应的图如图 8.2 所示，由于$d(a)=5$，$d(b)=d(c)=d(d)=3$，故不存在欧拉回路，图 8.2 不是欧拉图，这说明仅经过 7 座桥一次，最后又回到出发地点是不可能的。显然，七桥图也不是半欧拉图。

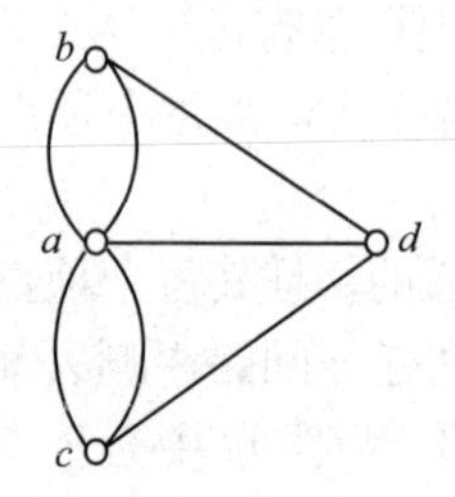

图 8.2

与七桥问题相类似的情况还有一笔画的判别。要判定一个图G是否可一笔画出，有两种情况：一是从图G中某一顶点出发，经过图G的每一边一次且仅一次到达另一个顶点；另一种就是从图G的某个顶点出发，经过图G的每一边一次且仅一次再回到该顶点。上述两种情况分别可由欧拉通路和欧拉回路的判定条件予以解决。

例如在图 8.3（a）中，因为$d(v_3)=d(v_4)=3$，$d(v_1)=d(v_2)=d(v_5)=d(v_6)=2$，故必有$v_3$到$v_4$的一笔画。图 8.3（b）中所有顶点的度数均为偶数，所以可以从任一顶点出发，一笔画回到原出发点。

类似于对无向图的讨论，再给出有向图是否为欧拉图的判定方法。

定理 8.1.3 有向图D是欧拉图，当且仅当D是强连通的，且D中每个顶点的入度都等于出度。

本定理的证明类似于定理 8.1.1，证明过程从略。

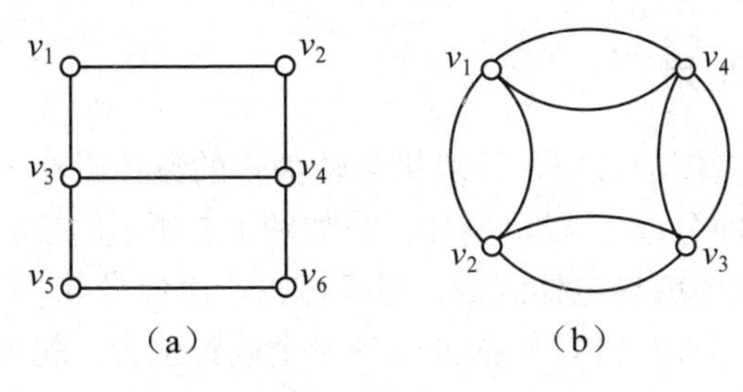

图 8.3

定理 8.1.4 有向图 D 是半欧拉图，当且仅当 D 是单向连通的，且 D 中恰有两个奇度顶点，其中一个的入度比出度大 1，另一个的出度比入度大 1，而其他顶点的入度都等于出度。

本定理的证明从略。

8.1.3 求欧拉回路的算法

设 G 为欧拉图，一般说来，G 中存在若干条欧拉回路，下面介绍一种求欧拉回路的算法——*Fleury* 算法。算法如下：

（1）任取 $v_0 \in V(G)$，令 $P_0 = v_0$；

（2）设 $P_i = v_0 e_1 v_1 e_2 \cdots e_i v_i$ 已经行遍，按下面方法从 $E(G)-\{e_1, e_2, \cdots, e_i\}$ 中选取 e_{i+1}；

（*a*）e_{i+1} 与 v_i 相关联；

（*b*）除非无别的边可供行遍，否则 e_{i+1} 不应该为 $G_i = G-(e_1 e_2 ... e_i)$ 中的割边（桥）；

（3）当（2）不能再进行时，算法停止。

可以证明，当算法停止时，所得的简单通路 $P_m = v_0 e_1 v_1 e_2 \cdots e_m v_m (v_m = v_0)$ 为 G 中的一条欧拉回路。

例如在图 8.4 中，$P_{12}=v_1e_1v_2e_2v_3e_3v_4e_4v_5e_5v_6e_6v_7e_7v_8e_9v_2e_{10}v_4e_{11}v_6e_{12}v_8e_8v_1$ 就是图 G 的一条欧拉回路。

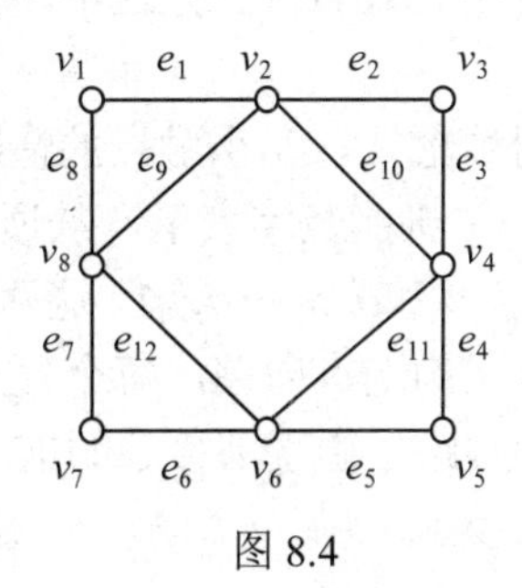

图 8.4

8.1.4 欧拉图的应用

下面介绍一个欧拉图的应用，计算机旋转鼓轮的设计原理。

将旋转鼓轮的表面分成 2^n 段，例如，将如图 8.5 所示的旋转鼓轮的表面分成 2^4=16 段，每段由绝缘体或导电体组成，绝缘体将给出信号 0，导电体将给出信号 1。鼓轮的表面还有 4 个触点 0，根据鼓轮的一个确定位置，就可读出一个 4 位二进制序列。在图 8.5 中，按当时确定的位置，读出的数为 1101，鼓轮按顺时针方向旋转一格后读数为 1010。

我们要设计这样的旋转鼓轮表面，当鼓轮旋转一周后，能够读出 0000～1111 的 16 个不同的二进制数。

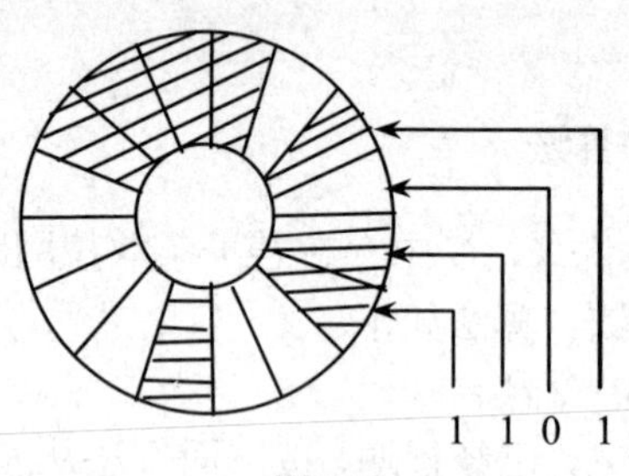

图 8.5

现在构造一个有向图 G，G 有 8 个顶点，每个顶点分别表示 000～111 的一个二进制数。设 $\alpha_i \in \{0,1\}$，从顶点 $\alpha_1\alpha_2\alpha_3$ 引出两条有向边，其终点分别为 $\alpha_2\alpha_3 0$ 和 $\alpha_2\alpha_3 1$，这两条边分别为 $\alpha_1\alpha_2\alpha_3 0$ 以及 $\alpha_1\alpha_2\alpha_3 1$。按照此种方法，八个顶点的有向图共有 16 条边，在这个图的任意一条通路中，其邻接的边必是 $\alpha_i\alpha_j\alpha_k\alpha_t$ 和 $\alpha_j\alpha_k\alpha_t\alpha_s$ 的形式，即前一条有向边的后 3 位与后一条有向边的前 3 位相同。因为图中的 16 条边被记成不同的 4 位二进制信息，即对应于图中的一条欧拉回路。在图 8.6 中，每个顶点的入度等于 2，出度等于 2，所以在图中至少存在一条欧拉回路，如 $(e_0e_1e_2e_4e_9e_3e_6e_{13}e_{10}e_5e_{11}e_7e_{15}e_{14}e_{12}e_8)$，根据邻接边的标记方法，这 16 个二进制数可写成对应的二进制序列 0000100110101111。把这个序列排成环状，即与所求的鼓轮相对应。

可以把上面的例子推广到鼓轮具有 n 个触点的情况。只要构造 2^{n-1} 个顶点的有向图，设每个顶点由 n−1 位二进制数字表示，从顶点 $\alpha_1\alpha_2\alpha_3\cdots\alpha_{n-1}$ 引出两条有向边，其终点分别为：$\alpha_2\alpha_3\cdots\alpha_{n-1}0$ 和 $\alpha_2\alpha_3\cdots\alpha_{n-1}1$，这两条边分别为：$\alpha_1\alpha_2\alpha_3\cdots\alpha_{n-1}0$ 与 $\alpha_1\alpha_2\alpha_3\cdots\alpha_{n-1}1$，按照此种方法构造有向图，每个顶点的入度、出度都等于 2，所以在图中至少存在一条欧拉回路，由于邻接边的前一条有向边的后 n−1 位与后一条有向边的前 n−1 位相同。为此存在一个 2^n 个二进制数的循环序列，其中 2^n

个由 n 位二进制数组成的子序列全不相同，它与所求的鼓轮相对应。

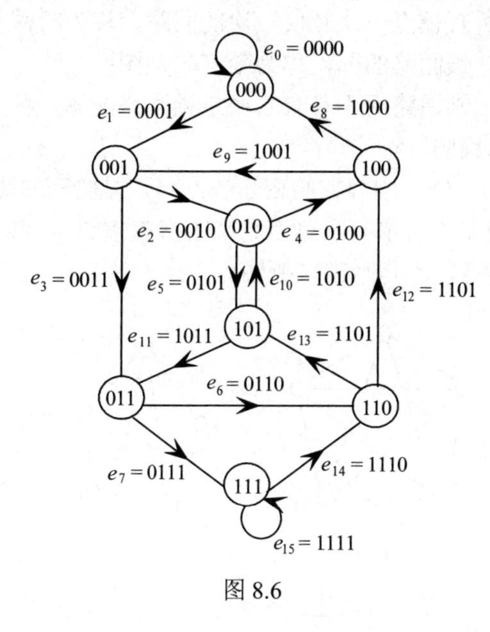

图 8.6

8.2 哈密尔顿图

8.2.1 哈密尔顿图

1859 年爱尔兰数学家威廉·哈密尔顿（William Hamilton）提出一个问题：用一个正十二面体的 20 个顶点代表 20 个大城市（见图 8.7），能否沿着正十二面体的棱，从一个城市出发，经过每一个城市恰好一次，然后回到出发点？哈密尔顿将这个问题称为“周游世界问题”。

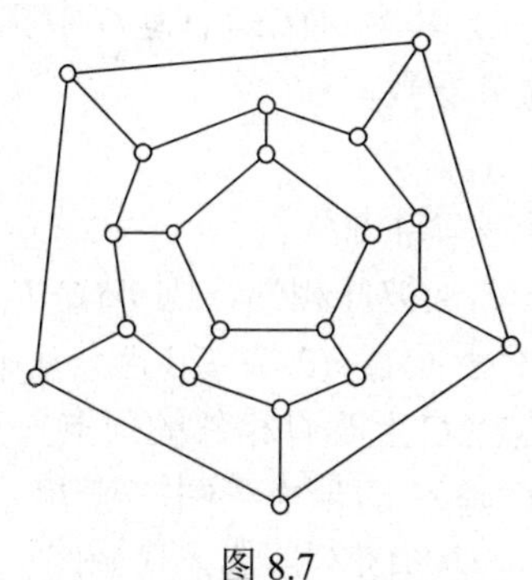

图 8.7

定义 8.2.1 （1）经过图中所有顶点一次且仅一次的通路，称为哈密尔顿通路；

（2）经过图中所有顶点一次且仅一次的回路，称为哈密尔顿回路；

（3）具有哈密尔顿回路的图，称为哈密尔顿图；

（4）具有哈密尔顿通路而不具有哈密尔顿回路的图，称为半哈密尔顿图。

平凡图是哈密尔顿图。

在图 8.8 中，（a）、（b）中存在哈密尔顿回路，是哈密尔顿图；（c）中存在哈密尔顿通路，但不存在哈密尔顿回路，是半哈密尔顿图；（d）中既无哈密尔顿回路，也无哈密尔顿通路，不是哈密尔顿图。

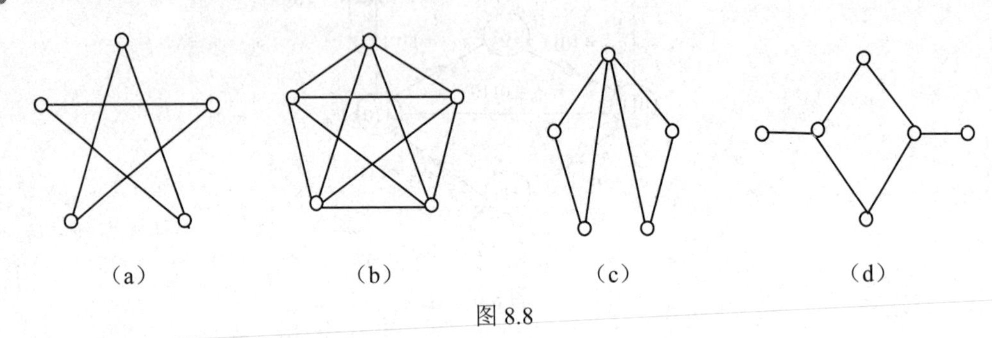

图 8.8

8.2.2 哈密尔顿图的判定

虽然哈密尔顿问题和欧拉问题在形式上很相似，但实际上它们之间不仅没有联系，而且差异极大。到目前为止，一个图是否为哈密尔顿图的充分必要判别准则还没有发现，在大多数情况下，还是采用尝试的方法，这已成为图论中的难题之一。

由定义不难看出，一个 n 阶简单图是哈密尔顿图，要求边数 $m \geqslant n$。下面将分别介绍一个图是哈密尔顿图的必要条件和充分条件。

定理 8.2.1 设无向图 $G=<V, E>$是哈密尔顿图，则对于顶点集的任意非空子集 V_1 均有 $W(G-V_1) \leqslant |V_1|$成立。其中 $W(G-V_1)$为 G 中删除 V_1（删除 V_1 中各顶点及关联的边）后所得图的连通分支数。

证明

设 C 为 G 中的一条哈密尔顿回路。

（1）若 V_1 中的顶点在 C 上彼此相邻，则 $W(C-V_1)=1 \leqslant |V_1|$。

（2）设 V_1 中的顶点在 C 上共有 $r(2 \leqslant r \leqslant |V_1|)$个互不相邻，则 $W(C-V_1)=r \leqslant |V_1|$。

一般说来，V_1 中的顶点在 C 上既有相邻的顶点，又有不相邻的顶点，因而总有 $W(C-V_1) \leqslant |V_1|$。又因为 C 是 G 的生成子图，故 $W(G-V_1) \leqslant W(C-V_1) \leqslant |V_1|$。

利用定理 8.2.1 可以判定某些图不是哈密尔顿图。

设图 8.9（a）为 G，取 $V_1=\{v\}$，则 $W(G-V_1)=2>|V_1|=1$，$G-V_1$ 如图 8.9（b）所示，由定理 8.2.1 可知，G 不是哈密尔顿图。

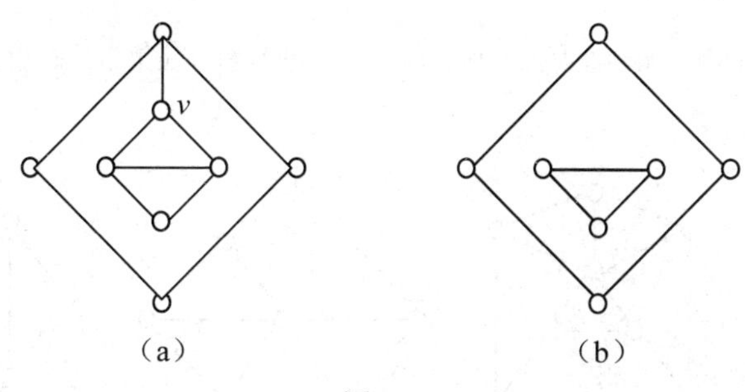

图 8.9

需注意，定理 8.2.1 给出的条件是哈密尔顿图的必要条件，不是充分条件。下面给出一些特殊情况下的哈密尔顿图和半哈密尔顿图的充分条件。

定理 8.2.2 设 G 是 $n(n\geqslant 3)$ 阶无向简单图，如果 G 中任何一对不相邻的顶点的度数之和都大于等于 $n-1$，则 G 中存在哈密尔顿通路，即 G 是半哈密尔顿图。

推论 设 G 是 $n(n\geqslant 3)$ 阶无向简单图，如果 G 中任何一对不相邻的顶点的度数之和都大于等于 n，则 G 存在哈密尔顿回路，即 G 为哈密尔顿图。

定理 8.2.2 及推论给出的是充分条件，而不是存在哈密尔顿通路及回路的必要条件。

例 8.2.1 假定现有 7 门课要考试，每天考一门，7 天考完，但要求同一个老师给出的两门考试不得安排在相邻的两天中，且一个教师最多给出 4 门课的考试，问能否安排？

解 可以安排。

每门考试用一个顶点表示，若两门考试不是由同一个教师给出的，则在相应的两个顶点间连一条边，这样得到一个含有 7 个顶点的无向图 G。显然，G 的每个顶点的度数至少是 3，因此 G 的任意两顶点的度数之和大于或等于 $7-1=6$。于是，根据定理 8.2.2 可知，G 中存在一条哈密尔顿通路，这条哈密尔顿通路正好对应于一个 7 门考试的适当安排。

本章详细介绍了两种特殊的连通图：欧拉图和哈密尔顿图，给出了它们的判定定理，并介绍了求欧拉回路的算法。

习题8

1．给出的图1中，哪些图是欧拉图，哪些是半欧拉图，如果是，画出它的欧拉回路与欧拉通路。

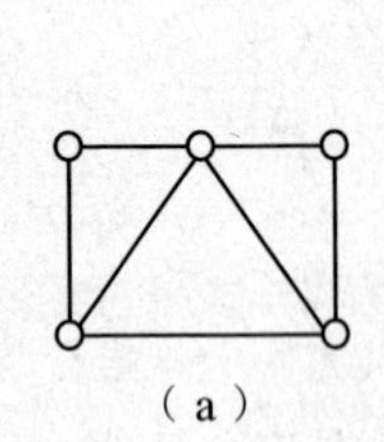
（a）

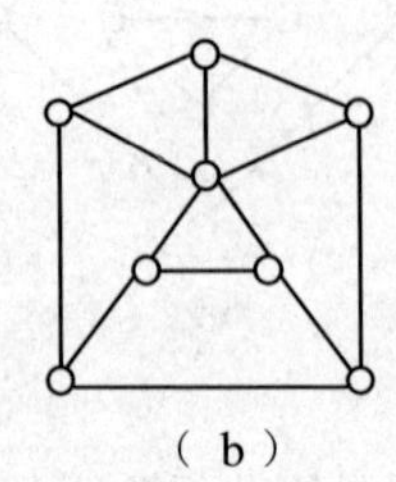
（b）

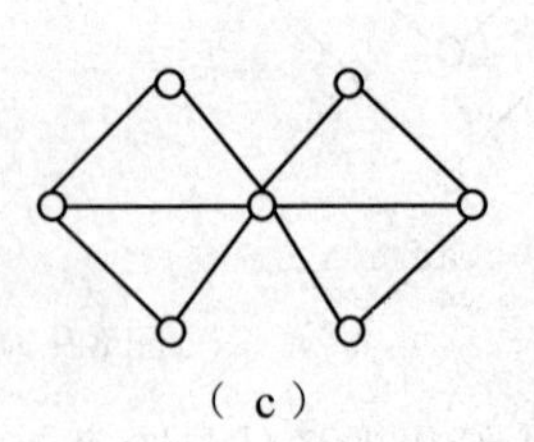
（c）

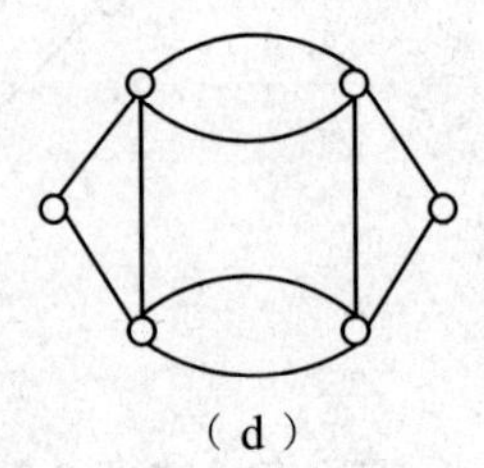
（d）

图1

2．画出满足下列条件的无向简单图各一个。

（1）具有偶数个点，偶数条边的欧拉图。

（2）具有奇数个点，奇数条边的欧拉图。

（3）具有奇数个点，偶数条边的欧拉图。

（4）具有偶数个点，奇数条边的欧拉图。

3．证明：若有向图 D 是欧拉图，则 D 是强连通的。并回答其逆命题是否成立？

4．在什么条件下无向完全图 K_n 为哈密尔顿图？又在什么条件下为欧拉图？

5．画出满足下列条件的无向简单图各一个。

（1）既是欧拉图又是哈密尔顿图。

（2）是欧拉图但不是哈密尔顿图。

（3）是哈密尔顿图但不是欧拉图。

（4）既不是欧拉图也不是哈密尔顿图。

6．证明在无向完全图 K_n（$n\geqslant 3$）中任意删去 $n-3$ 条边后所得到的图是哈密尔顿图。

7．设 G 是无向哈密尔顿图，证明可以适当地在各边添加方向，使所得的有向图为强连通图。

8．今有 a，b，c，d，e，f，g 七个人，已知下列事实：

a：会讲英语；

b：会讲英语和汉语；

c：会讲英语、意大利语和俄语；

d：会讲日语和汉语；

e：会讲德语和意大利语；

f：会讲法语、日语和俄语；

g：会讲法语和德语。

试问这 7 个人应如何排座位，才能使每个人都能和他身边的人交谈？

9．某工厂生产由 6 种不同颜色的纱织成的双色布。已知在每个品种中，每种颜色至少分别和其他 5 种颜色中的 3 种颜色搭配，证明可以挑出 3 种双色布，它们恰有 6 种不同的颜色。

10．设简单图 $G=<V, W>$且$|V|=v$，$|W|=e$，若有 $e \geqslant C_{v-1}^{2}+2$，则 G 是哈密尔顿图。

第 9 章　特殊图

上一章介绍了两种特殊图：欧拉图和哈密尔顿图。本章将介绍另 3 种特殊的图：树、二部图和平面图。通过本章的学习，读者应该掌握以下内容：

- 树的定义
- 生成树、最小生成树的定义
- 求最小生成树的方法
- 求最优树的方法
- 有向树与根树
- 二部图
- 平面图的概念及有关性质
- 平面图的对偶的概念
- 图的着色问题

9.1　树

树是图论中的很重要的内容之一，因为它具有非常简单的结构及许多重要的性质，大量的图论问题和实际问题最后都归结为对树的研究。在图论的历史上，树的概念曾由不同的科学家独立地建立过，最后由数学家约当（Jordan）给出了树的准确定义。

首先指出，本章中所谈回路均指简单回路或初级回路。

9.1.1　无向树

定义 9.1.1　（1）连通而不含回路的无向图称为无向树，简称树，常用 T 来表示；

（2）连通分支数大于等于 2，且每个连通分支均是树的非连通无向图称为森林；

（3）平凡图称为平凡树；

（4）设 $T=<V, E>$为一棵无向树，$v \in V$，若 $d(v)=1$，则称 v 为 T 的树叶，若 $d(v) \geqslant 2$，则称 v 为 T 的分支点。

若 T 为平凡图，则 T 既无树叶，也无分支点。

在图 9.1 中，（a）是树，因为它连通且不含回路，但（b）和（c）不是树，因为（b）虽连通但有回路，（c）无回路但不连通。

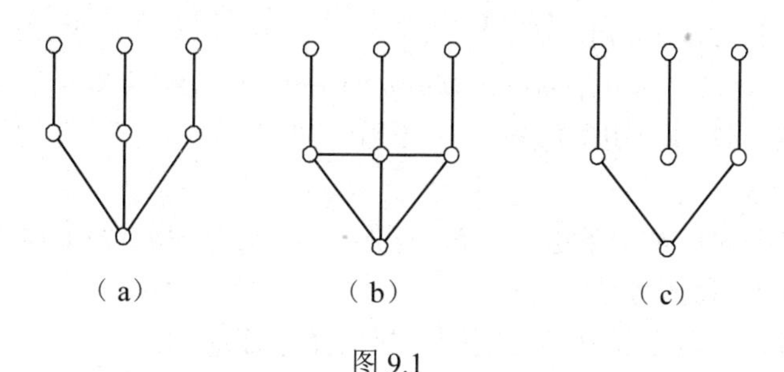

图 9.1

定理 9.1.1 设 $T=<V, E>$是 n 阶 m 条边的无向图，则下面各命题是等价的：

（1）T 是树（连通无回路）；

（2）T 的每对顶点之间有一条且仅有一条通路；

（3）T 中无回路且 $m=n-1$；

（4）T 是连通的且 $m=n-1$；

（5）T 是连通的，但删去任意一条边后，则变成不连通图；

（6）T 中无回路，但在 G 中任意两个不同顶点之间增加一条边，就形成惟一的一条初级回路（圈）。

证明

（1）⇒（2）

由 T 的连通性可知，对任意的 $u, v \in V$，u 与 v 之间有通路，则通路是惟一的，否则构成图 T 的回路，与已知条件矛盾。

（2）⇒（3）

首先证明 T 中没有环，若 T 中存在关联顶点 v 的环，则 v 到 v 有两条通路，长度分别为 0 和 1，这与已知条件矛盾。若 T 中存在长度大于等于 2 的回路，则回路上任何两个不同顶点之间都存在两条不同的通路，这与已知条件矛盾。

下面用归纳法证明 $m=n-1$。

当 $n=1$ 时，因为 T 中没有回路，因而 $m=0$，此时 T 为平凡图，故结论为真。

设 $n=k$ 时结论成立，设 $n=k+1$，此时 T 中至少有一条边，设 $e=(u, v)$为 T 中一条边，则 $T-e$ 必有两个连通分支 T_1，T_2（否则 $T-e$ 中 u 到 v 还有通路，因而 T 中含过 u，v 的回路，则 T 中出现回路）。设 n_i，m_i 分别为 T_i 中的顶点数和边数，

则 $n_i \leqslant k$，$i=1$，2。由归纳假设知 $m_i=n_i-1$，因此，$m=m_1+m_2+1=n_1-1+n_2-1+1=n_1+n_2-1=n-1$。

（3）⇒（4）

只需证明 T 是连通的即可。用反证法。假设 T 是不连通的并有 $k(k\geqslant 2)$个连通分支 T_1，T_2，…，T_k，T_i 中没有回路，即它们都是树。设 $m_i=n_i-1(m_i$，n_i 分别为 T_i 的边数和顶点数，$i=1$，2，…，$k)$，则

$$m=m_1+m_2+\cdots+m_k=n_1+n_2+\cdots+n_k-k=n-k$$

由于 $k\geqslant 2$，这与已知条件 $m=n-1$ 矛盾。

（4）⇒（5）

设 e 为 T 中的任意一条边，则$|E(T-e)|=n-2$。具有 $n(n\geqslant 2)$个顶点，$n-2$ 条边的图是不连通的。用数学归纳法证明。

当 $n=2$ 时，为两个孤立顶点的图，显然是不连通的。

设图有 $k(k\geqslant 2)$个顶点，$k-2$ 条边时，是不连通的。再添加一个新的顶点，使图成为 $k+1$ 阶图，要使当前图为连通图，则至少添加两条边，即有 $k+1$ 个顶点，$(k+1)-2$ 条边的图是不连通的。

（5）⇒（6）

由于删去 T 中任意一条边，都变成不连通图。因而 T 中不可能有回路，又因为 T 是连通的，所以 T 是树。由（1）⇒（2）可知，对任意的 u，$v\in V$，u 与 v 之间的通路是惟一的，设通路为 $P(u, v)$，则 $P(u, v)\cup(u, v)$为图中惟一的初级回路（圈）。

（6）⇒（1）

只需证明 T 是连通的。由于对任意的 u，$v\in V$，$u\neq v$，$T\cup(u, v)$产生惟一的初级回路 C，则 $C-(u, v)$为 u 到 v 的惟一的通路，因此 u，v 连通，由 u，v 的任意性知 T 是连通的。

定理 9.1.2 任意非平凡的无向树至少有两片树叶。

证明

设 $T=\langle V, E\rangle$是树，且$|V|=n$，$|E|=m$，则由定理 9.1.1 可知，$m=n-1$。又由于图 T 连通，所以对于任意的 $v\in V$ 有 $d(v)\geqslant 1$，由握手定理可知，$\sum\limits_{v\in V}d(v)=2m=2(n-1)=2n-2$。若 T 中每个顶点的度数都大于等于 2，则 $\sum\limits_{v\in V}d(v)\geqslant 2n$，得出矛盾；若 T 中只有一个顶点度数为 1，其他顶点度数都大于等于 2，则 $\sum\limits_{v\in V}d(v)\geqslant 2(n-1)+1=2n-1$，也得出矛盾。故 T 中至少有两个顶点度数为 1，即 T 中至少有两片树叶。

9.1.2 生成树与最小生成树

定义 9.1.2 设 $G=<V, E>$是无向连通图，T是 G 的生成子图，并且 T 是树，则称 T 是 G 的生成树。图 G 在 T 中的边称为 T 的树枝，图 G 不在 T 中的边称为 T 的弦。T 的所有弦的集合称为 T 的补。T 的所有弦的集合的导出子图称为 T 的余树。

图 9.2 中（b）为（a）的一棵生成树，记为 T，其中 e_1，e_2，e_3，e_4，e_5，e_6 都是生成树 T 的树枝，e_7，e_8 是生成树 T 的弦，$\{e_7, e_8\}$是生成树 T 的补；（c）是生成树 T 的余树，注意余树不一定是树。

一个无向连通图，如果它本身不是树，那么它的生成树并不惟一，图 9.2（d）也为（a）的一棵生成树。

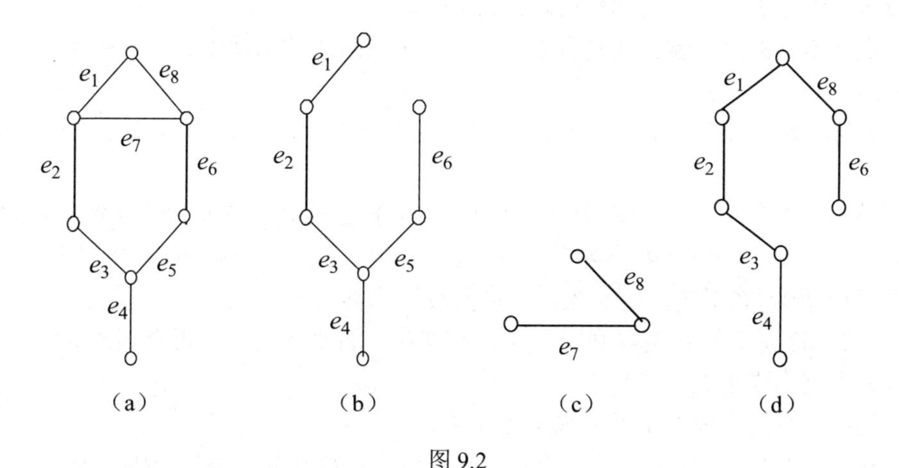

图 9.2

定理 9.1.3 任何连通图 G 至少有一棵生成树。

证明

若连通图 G 无回路，由定义可知 G 是树。若 G 中存在回路 C，则删除 C 上任意的一条边，不影响图的连通性，若还有回路，就再删除此回路上的一条边，直到图中无回路为止，最终得到一个与 G 有同样顶点集的连通图 H，H 连通无回路，是 G 的一棵生成树。

推论 1 设 G 为 n 阶 m 条边的无向连通图，则 $m \geqslant n-1$。

推论 2 设 T 是 n 阶 m 条边的无向连通图 G 的一棵生成树，则 T 的余树 T' 有 $m-n+1$ 条边。

在图 9.3（a）中，相继删除边 e_2，e_3 和 e_6，就得到生成树 T_1，如图 9.3（b）所示，若相继删除图 9.3（a）图的边 e_5，e_6，e_7，可得生成树 T_2，如图 9.3（c）所示。

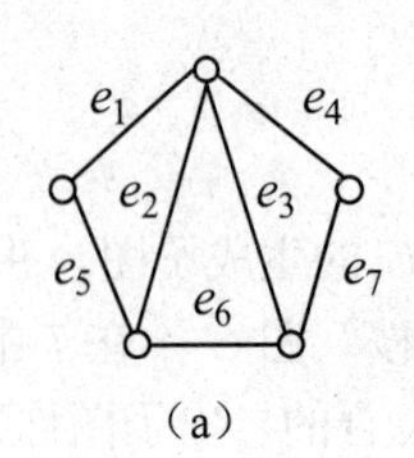

（a）

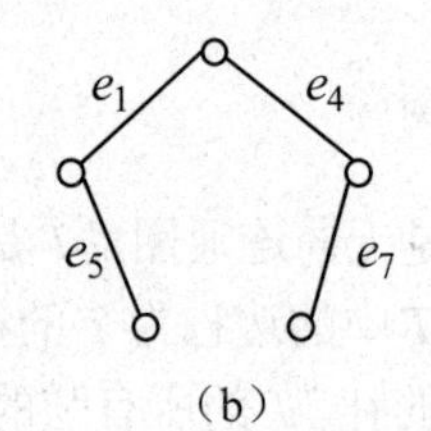

（b）

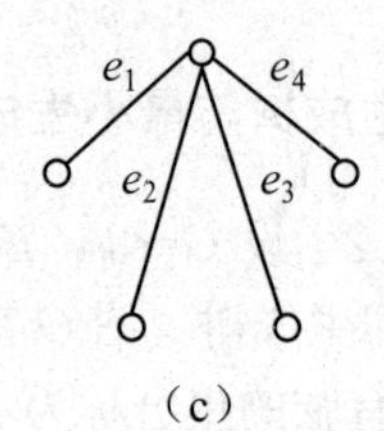

（c）

图 9.3

下面讨论一般的带权图的情况。

假定 G 是具有 n 个顶点的连通图。对应于 G 的每一条边 e，指定一个正数 $C(e)$，把 $C(e)$ 称为边 e 的权（可以是长度、运输量、费用等）。G 的生成树 T 的所有边的权的和称为树 T 的权，简称树权。记为 $C(T)$。

定义 9.1.3 在图 G 的所有生成树中，树权最小的那棵生成树，称作最小生成树。

怎样求出最小生成树呢？算法很多，这里介绍一种算法——避圈法（Kruskal 算法）。

设 n 阶无向连通带权图 $G=<V, E>$ 中有 m 条边 $e_1, e_2, \cdots, e_m$，它们带的权分别为 $a_1, a_2, \cdots, a_m$，不妨设 $a_1 \leqslant a_2 \leqslant \cdots \leqslant a_m$，

（1）取 e_1 在 T 中（e_1 非环，若 e_1 为环，则弃去 e_1）；

（2）若 e_2 不与 e_1 构成回路，取 e_2 在 T 中，否则弃去 e_2，再查 e_3，继续这一过程，直到形成生成树 T 为止。

用以上算法生成的 T 即为最小生成树。

在图 9.4 中，实边所示的生成树均是由避圈法得到的最小生成树。图（a）中的 $C(T)=57$，图（b）中的 $C(T)=15$。

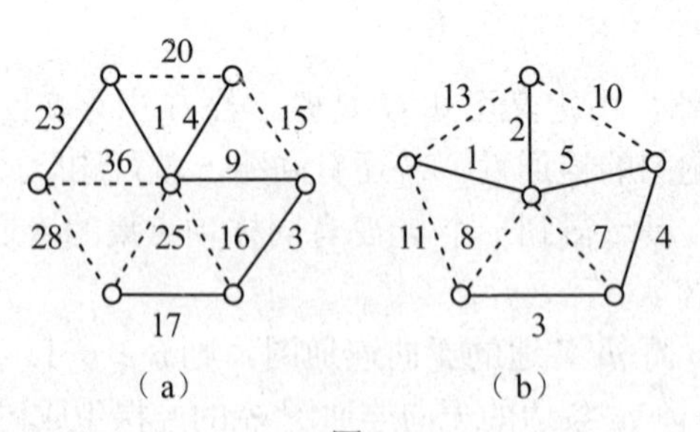

图 9.4

9.1.3 有向树与根树

下面讨论有向图中的树。

定义 9.1.4 如果有向图 D 略去有向边的方向所得的无向图是一棵树，那么就称 D 为有向树。

如图 9.5 所示为一棵有向树。

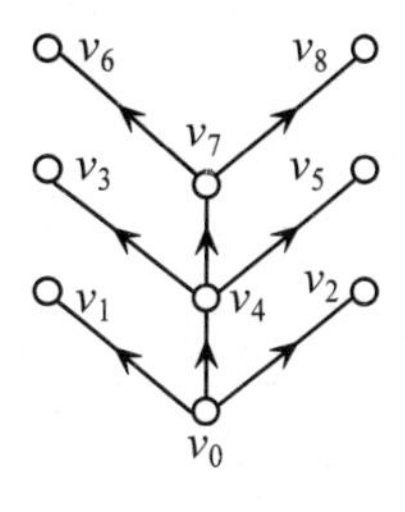

图 9.5

定义 9.1.5 一棵非平凡的有向树，如果有一个顶点的入度为 0，其余所有顶点的入度都为 1，则称此有向树为根树。入度为 0 的顶点称为树根；入度为 1、出度为 0 的顶点称为树叶；入度为 1、出度大于 0 的顶点称为内点，内点和树根统称为分支点；从树根到顶点 v 的通路长度称为 v 的层数，记为 $l(v)$；层数最大的顶点的层数称为树高。树根 T 的树高记为 $h(T)$。

图 9.5 也是一棵根树，v_0 为树根，v_1,v_2,v_3,v_5,v_6,v_8 为树叶，v_4,v_7 为内点，v_0,v_4,v_7 均为分支点；且 v_1、v_2、v_4 的层数为 1，v_3、v_5、v_7 的层数为 2，v_6、v_8 的层数为 3；树高为 3。

在根树中，由于各有向边的方向是一致的，所以画根树时可以省去各边上的箭头，并将树根画在最上方。

一棵根树可以看成一棵家族树，家族中成员之间的关系可由下面的定义给出。

定义 9.1.6 设 T 为一棵非平凡的根树，任意 $u,v \in V(T)$，若 u 可达 v，则 u 为 v 的祖先，v 为 u 的后代；若 u 邻接到 v（即 $<u,v> \in E(T)$），则称 u 为 v 的父亲，v 为 u 的儿子。若 u，v 的父亲相同，则称 u 与 v 是兄弟。

很多实际问题可用根树表示。

例 9.1.1 可用根树表示表格结构，一般说来，表是由表元素的序列所组成的，而表元素是原子或是表，我们可用小写拉丁字母表示原子，并用逗号分割表元素，用括号括住的表元素序列构成一张表，如下面的序列所示的即是一张表；(a，(b，c)，d，(e，f，g))。这张表可用根树表示，如图 9.6 所示。

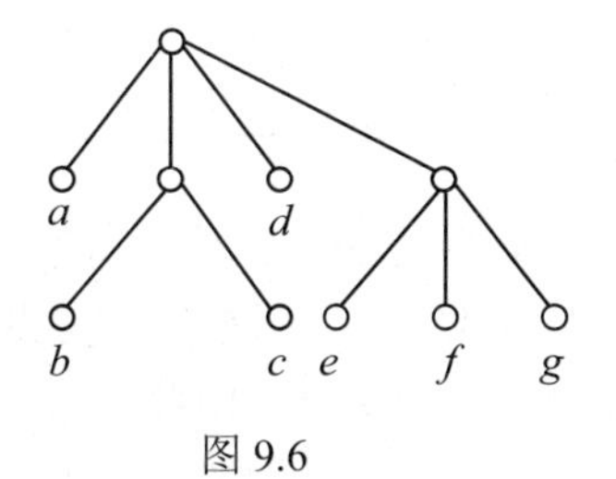

图 9.6

例 9.1.2 设小王（W）和小张（Z）两人进行乒乓球比赛，规定若谁先连胜两局，或总共取胜 3 次者得奖。图 9.7 的根树指出了竞赛可能进行的各种途径，图中的 10 个树叶分别对应竞赛中可能出现的 10 种情况：它们分别是 WW、$WZWW$、

WZWZW、*WZWZZ*、*WZZ*、*ZWW*、*ZWZWW*、*ZWZWZ*、*ZWZZ*、*ZZ*。*W* 表示小王得胜，*Z* 表示小张得胜。

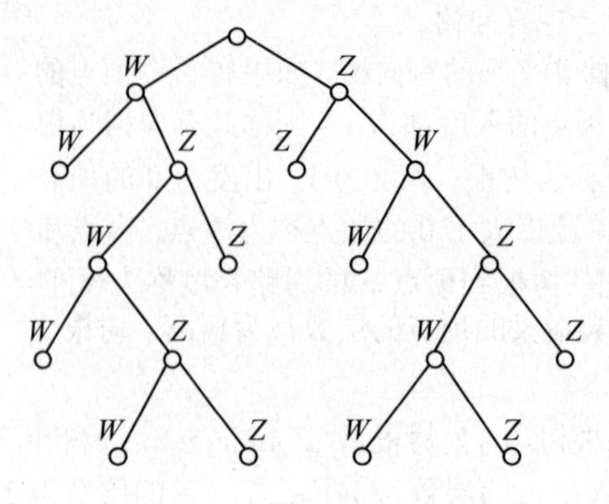

图 9.7

定义 9.1.7 在根树中，如果每一个顶点的出度都小于或等于 k，则称这棵树为 k 叉树。若每一个顶点的出度恰好等于 k 或零，则称这棵树为完全 k 叉树，若所有树叶的层次相同，称这棵树为正则 k 叉树。当 k=2 时，称为二叉树。

例如，在图 9.8 中（a）是 4 叉树，（b）是完全 4 叉树，（c）是正则 3 叉树。

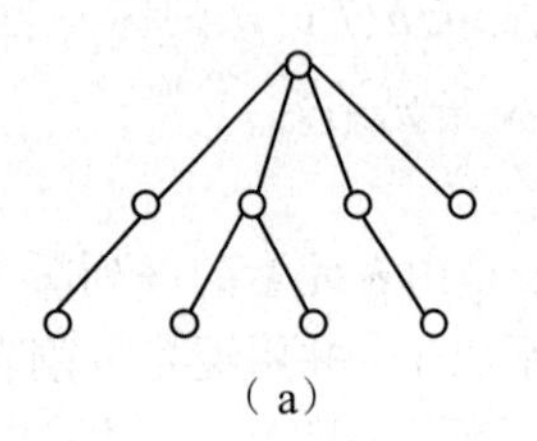
（a）

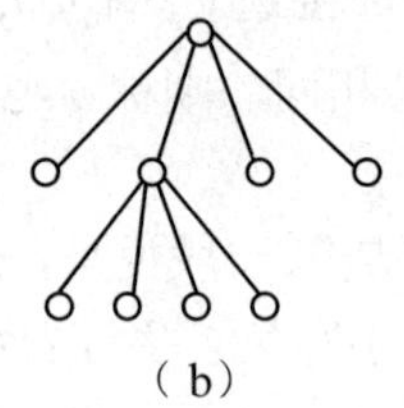
（b）

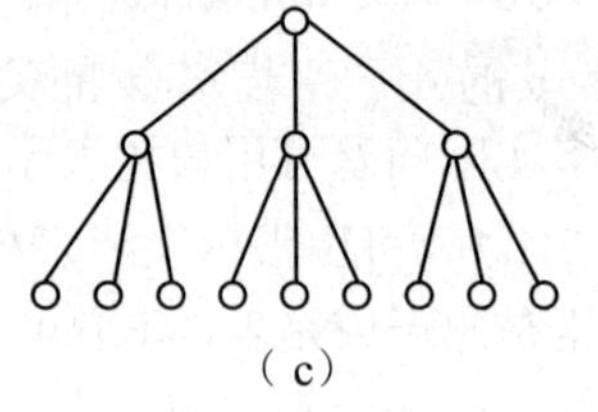
（c）

图 9.8

当 T 为完全 k 叉树时，如果其分支点数为 m，树叶数为 n，则存在着如下公式：

$$m=\frac{n-1}{k-1}。$$

因为任何有向树 D 略去有向边的方向后所得的无向图是一棵无向树，所以在有向树中同样有“边数比顶点数少 1”的结论。易见，在完全 k 叉树中，边数为 km，顶点数为 $m+n$，于是有 $m+n=km+1$，由此可得

$$m=\frac{n-1}{k-1}。$$

例如，当 k=2 时，m=n−1，m+n=2n−1，这说明完全二叉树有奇数个顶点。

定义 9.1.8 在根树中，如果每一个顶点的儿子都规定次序（一般采用自左到

右），则称此树为有序树。

如果两棵树是同构的，但点的次序不同，则看作是两个不同的有序树。

二叉有序树和二叉正则有序树，在数据结构中占有很重要的地位。在二叉有序树中，常把分支点的两个儿子分别画在分支点的左下方和右下方，并分别称为左儿子和右儿子。当分支点只有一个儿子时，将儿子画在左下方或右下方也被认为是不同的。

在数据结构中，经常需要遍访二叉有序树的每一个顶点，称作遍历二叉有序树。常用的算法有 3 种：前序、中序、后序遍历算法。现分别介绍如下。

1. *前序遍历算法*

设需要遍历的二叉树为 T，其左子树为 T_1，右子树为 T_2，则前序遍历算法的递归定义为：

（1）访问 T 的根；

（2）用前序遍历算法遍历左子树 T_1；

（3）用前序遍历算法遍历右子树 T_2。

例如，在如图 9.9 所示的二叉树 T 中，用前序遍历算法，首先应当处理 T 的根 a，即首先访问 a。然后处理其左子树 T_1，在处理左子树 T_1 时，仍然首先访问其根，易见 b 是左子树 T_1 的根，因此 b 是第 2 个被访问的顶点；然后处理 T_1 的左子树，即 d，因此 d 是第 3 个被访问的顶点；再处理 T_1 的右子树，e 是 T_1 的右子树的根，因此 e 是第 4 个被访问的顶点；而 h 则是第 5 个被访问的顶点。处理完了 T 的左子树 T_1 后，应处理 T 的右子树 T_2，c 是右子树 T_2 的根，因此 c 是第 6 个被访问的顶点；然后处理 T_2 的左子树，即 f，因此 f 是第 7 个被访问的顶点；再处理 T_2 的右子树，易见 g 是 T_2 的右子树的根，因此 g 是第 8 个被访问的顶点；而 i 和 j 则是第 9 和第 10 个被访问的顶点。

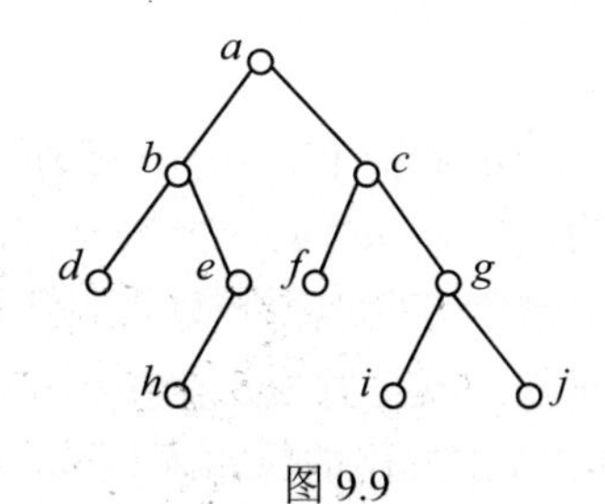

图 9.9

由此可知，用前序遍历算法，二叉树 T 中各顶点的访问顺序为

$$a \to b \to d \to e \to h \to c \to f \to g \to i \to j$$

2. *中序遍历算法*

其递归定义如下：

（1）用中序遍历算法遍历 T 的左子树 T_1；

（2）访问 T 的根；

（3）用中序遍历算法遍历 T 的右子树 T_2。

例如，对于图 9.9 所示的二叉树 T，由中序遍历算法可知，T 中各个顶点的访问顺序为

$$d \to b \to h \to e \to a \to f \to c \to i \to g \to j$$

3. *后序遍历算法*

其递归定义如下：

（1）用后序遍历算法遍历 T 的左子树 T_1；

（2）用后序遍历算法遍历 T 的右子树 T_2；

（3）访问 T 的根。

例如，对于图 9.9 所示的二叉树 T，由后序遍历算法可知，T 中各个顶点的访问顺序为

$$d \to h \to e \to b \to f \to i \to j \to g \to c \to a$$

在算术表达式中，乘方是最优先的运算，其次是乘和除，最后是加和减，括号可以改变运算的优先规则。在算术表达式求值过程中，要判断括号和运算符的优先级，从而给计算机处理带来很大的不便。波兰数学家鲁加实维支提出了算术表达式的“前缀式”表示（常称为波兰表示法），即把运算符写在运算对象的前面。例如 $a+b$ 写成 $+ab$，$a-b$ 写成 $-ab$，$a\times b$ 写成 $\times ab$，a/b 写成 $/ab$ 等。由此可使算术表达式不再需要使用圆括号（同样也可把运算符写在运算对象的后面，如 $ab+$，$ab\times$ 等，称之为“后缀式”表示）。

例如，$(a+b)c$ 用波兰表示法可写成 $\times+abc$。又如，$(a+3b)c-4d$，用波兰表示法可写成：$-\times+a\times 3bc\times 4d$。

例 9.1.3 写出算术表达式 $((a-4b)c-(7d+b))/(c+5a)$ 的“前缀式”表示。

解 其“前缀式”表示为：$/-\times-a\times 4bc+\times 7db+c\times 5a$

利用二叉树的前序遍历算法能方便地得到算术表达式的波兰表示。

首先用二叉树来表示算术表达式，其方法是用树中的分支点表示运算符，树叶表示运算对象。如对于例 9.1.3 中提出的算术表达式，其对应的二叉树如图 9.10 所示。

对此二叉树经前序遍历算法后，即得：$/-\times-a\times 4bc+\times 7db+c\times 5a$。它正是例 9.1.3 中算术表达式的波兰表示。

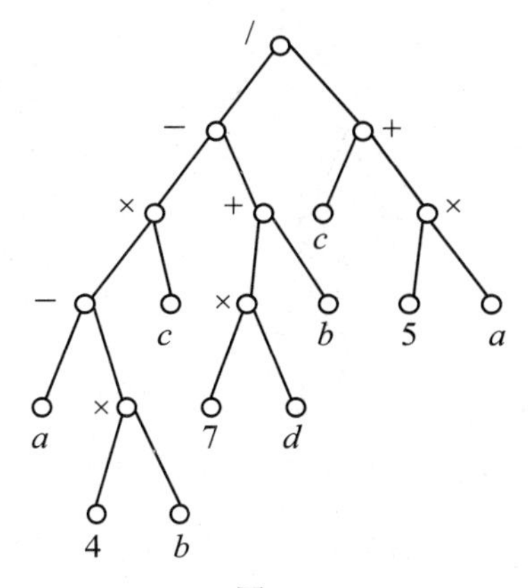

图 9.10

同理，可写出算术表达式的后缀表示形式。

9.1.4　最优二叉树及其应用

二叉树的一个重要应用就是最优树问题。

定义 9.1.9　在根树中，一个顶点的通路长度，是指从树根到此顶点所经过的分支数。把分支点的通路长度称为内部通路长度，树叶的通路长度称为外部通路长度。根树的路径长度是从树根到树中每一顶点的路径长度之和。显然，在结点数目相同的二叉树中，完全二叉树的路径长度最短。

给定一组权值 wl，w2，…，wn，不妨设 wl≤w2≤…≤wn。设有一棵二叉树，共有 n 片树叶，分别带权 wl，w2，…，wn，称该二叉树为带权二叉树。

定义 9.1.10　在带权二叉树中，若带权为 w_i 的树叶其通路长度为 $L(w_i)$，把 $W(T)=\sum_{i=1}^{n} w_i L(w_i)$（n 为带权二叉树中叶子数目）称为带权二叉树的权。在所有带权 wl，w2，…，wn 的二叉树中，W(T)最小的那棵二叉树称为最优二叉树，也称为哈夫曼树（Huffman）。

例如图 9.11 所示 3 棵带权二叉树 T1，T2，T3 都有 4 个叶子结点，带权分别为 7，5，2 和 4，它们的权分别为：

（1）W(T1)=7*2+5*2+2*2+4*2=36

（2）W(T2)=7*3+5*3+2*1+4*2=46

（3）W(T3)=7*1+5*2+2*3+4*3=35

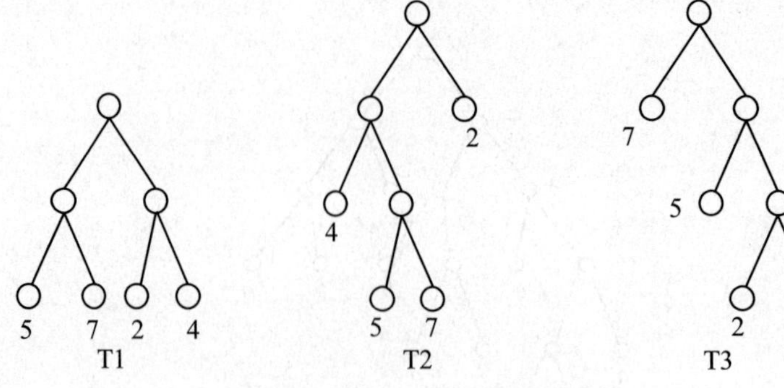

图 9.11　具有不同权值的二叉树

其中 T3 树的 $W(T)$最小，可以验证，它就是哈夫曼树。

如何找到带权路径长度最小的二叉树呢？根据赫夫曼树的定义，一棵二叉树要使其权值最小，必须使权值越大的叶结点越靠近根结点，而权值越小的叶结点越远离根结点。

赫夫曼依据这一特点提出了一种方法，这种方法的基本思想是：

（1）由给定的 n 个权值$\{W_1, W_2, \ldots, W_n\}$构造 n 棵只有一个叶结点的二叉树，从而得到一个二叉树的集合 $F=\{T_1, T_2, \ldots, T_n\}$；

（2）在 F 中选取根结点的权值最小和次小的两棵二叉树作为左、右子树构造一棵新的二叉树，这棵新的二叉树根结点的权值为其左、右子树根结点权值之和；

（3）在集合 F 中删除作为左、右子树的两棵二叉树，并将新建立的二叉树加入到集合 F 中；

（4）重复（2）（3）两步，当 F 中只剩下一棵二叉树时，这棵二叉树便是所要建立的赫夫曼树。

例如，设有 6 个权值{2，3，5，6，7，9}，构造相应的最优二叉树。

解：首先组合 2 和 3，寻找{5，5，6，7，9} 的最优二叉树；然后组合 5 和 5，依次类推，此过程为：

2，3，5，6，7，9

5，5，6，7，9

10，6，7，9

10，13，9

13，19

32

对应的最优二叉树如图 9.12 所示。

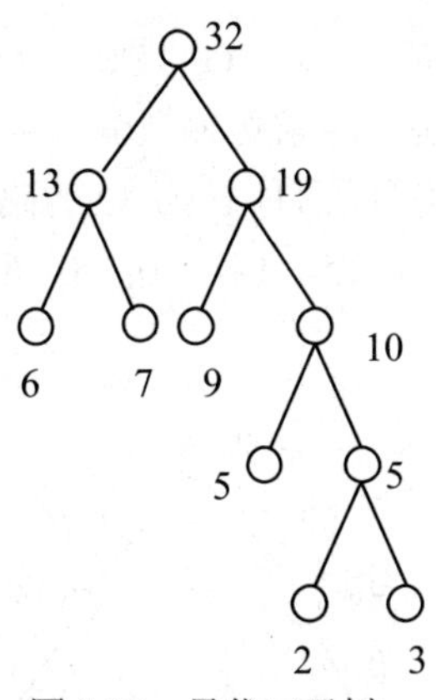

图 9.12　最优二叉树

在数据通信中，经常需要将传送的文字转换成由二进制字符 0，1 组成的二进制串，称之为编码。假设字符集只含有 4 个字符 A，B，C，D，用二进制两位表示的编码分别为 00，01，10，11。若现在有一段电文为：ABACCDA，则应发送二进制序列：00010010101100，总长度为 14 位。当接收方接收到这段电文后，将按两位一段进行译码。这种编码的特点是译码简单且具有唯一性，但编码长度并不是最短的。在这种编码方案中，四种字符的编码均为两位，是一种等长编码。

如果在编码时考虑字符出现的频率，让出现频率高的字符采用尽可能短的编码，出现频率低的字符采用稍长的编码，构造一种不等长编码，则电文的代码就可能更短。如当字符 A，B，C，D 采用的编码为 0，110，10，111 时，上述电文的代码为 0110010101110，长度仅为 13。不等长编码的好处是，可以使传送电文的字符串的总长度尽可能得短。但在实用的不等长编码中，任意一个字符的编码都不能是另一个字符的编码的前缀，这种编码称为前缀码。

可以利用二叉树来设计二进制的前缀编码。

定理　任意一棵二叉树的树叶可对应一个前缀码。

证明　给定一棵二叉树，从每个分支点引出两条边，约定左分支标定 0，右分支标定 1，叶子标定为一个 0，1 序列，它是从根到每个叶子所经过的路径分支组成的 0 和 1 序列。显然，没有一片树叶的标定序列是另一片树叶标定序列的前缀，因此，任何一棵二叉树的树叶都对应一个前缀码。

若以字符出现的次数为权，构造一棵赫夫曼树，由此得到的二进制前缀编码便为“最优前缀编码”，即赫夫曼编码。对所有其它前缀编码而言，以这组编码传送电文可使电文总长最短。

例 9.1.4　在通信中，已知字母 A，B，C，D，E，F，G，H 出现的频率如下：

A：20%　　　B：5%　　　C：22%　　　D：14%

E：15%　　　　F：10%　　　　G,：8%　　　　H：6%

求传输它们的最佳前缀码，并求传输 10n（n≥2）个按上述比例出现的字母需要多少个二进制数字？若用等长的（长为 3）的码传输需要多少个二进制数字？

解　（1）求带权 22，20，15，14，10，8，6，5 的最优二叉树，如图 9.13 所示。

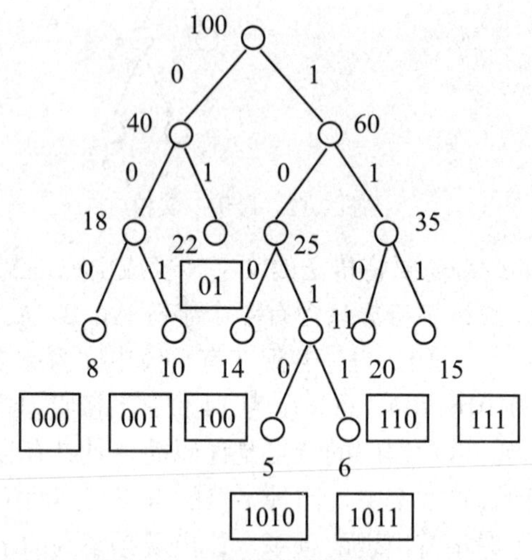

图 9.13　最优树和前缀码

（2）它产生的前缀码为：

A：110　　　　B：1010　　　　C：01　　　　D：100

E：111　　　　F：001　　　　G：000　　　　H：1011

（3）传送 100 个按上述频率出现的字母所用二进制数字个数为：

$$2\times22+3\times(8+10+14+15+20)+4\times(5+6)=289$$

传送 10n 个题中给定频率出现的字母需要 10n-2×289=2.89×10n 个二进制数字。而用长度为 3 的定长字符串传送 10n 个上述频率字母需要 3×10n 个二进制数字。

9.2　二部图

本节讨论的图均为无向图。

定义 9.2.1　若能将无向图 G=<V, E>的顶点集 V 划分成两个子集：V_1 和 V_2，它们满足 $V_1 \cup V_2 = V$，$V_1 \cap V_2 = \varnothing$，且使得图 G 的每一边的一个端点属于 V_1，另一个端点属于 V_2，则称 G 为二部图（或偶图）。V_1 和 V_2 称为互补顶点子集，此时

可将 G 记作 $G=<V_1, V_2, E>$。

若 V_1 中任意顶点与 V_2 中每个顶点均有且仅有一条边相关联，则称二部图 G 为完全二部图，记作$K_{r,s}$，其中$|V_1|=r$，$|V_2|=s$。

在图 9.14 中，（a）为一个二部图，它的互补顶点集为 $V_1=\{v_1,v_2,v_3\}$，$V_2=\{v_4, v_5\}$。（b）为一个完全二部图，可记为$K_{3,3}$，它是一个重要的二部图。

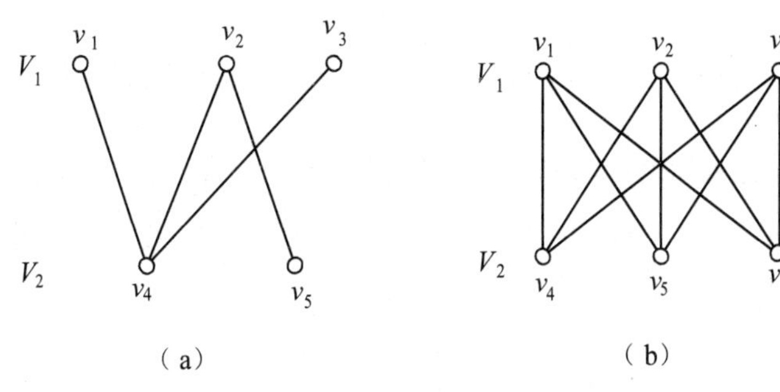

（a）　　（b）

图 9.14

给定一个图，如何判定它为二部图呢？下面给出判定定理。

定理 9.2.1　一个无向图 G 是二部图的充分必要条件是 G 中所有回路的长度为偶数。

证明　必要性。设 G 是一个二部图，故它的顶点集合 V 被划分为 V_1，V_2。设回路 $P=(v_{i_0},v_{i_1},v_{i_2},\cdots,v_{i_{t-1}},v_{i_0})$是 G 中的长度为 t 的一个回路。如果$v_{i_0}\in V_1$，而$v_{i_2},v_{i_4},\cdots\in V_1$，$v_{i_1},v_{i_3},\cdots\in V_2$，这样 t-1 必为奇数，而 t 必为偶数。

充分性。假设连通图 G 的每一个回路的长度为偶数，定义 V 的两个子集 V_1 和 V_2：

$$V_1=\{v_i|v_i\text{与某一固定顶点 }v\text{ 间的长度为偶数}\}；V_2=V-V_1。$$

如果存在一条边(v_i, v_j)，其中 v_i，$v_j\in V_1$，于是由 v 与 v_i 间的通路（长度为偶数）以及边(v_i, v_j)，再加上 v_j 与 v 间的通路（长度为偶数）所组成的回路，其长度为奇数，故与假设矛盾。如果 v_i，$v_j\in V_2$，则有类似的结果。

由此可知，对于 G 的每一条边（v_i，v_j），必有 v_i，v_j 属于不同的子集 V_1 和 V_2。由此定理得证。

例：如图 9.15 所示的三个图中，（a）和（c）不是二部图，（b）是二部图。

定义 9.2.2　设 $G=<V, E>$是一个二部图，如果 E 的一个子集 M 中的任意两条边均不相邻，则称 M 为二部图 G 的一个匹配（或边独立集）。匹配 M 中的边所关联的顶点称为 M 的饱和顶点，称 G 的其他顶点为 M 的非饱和顶点。

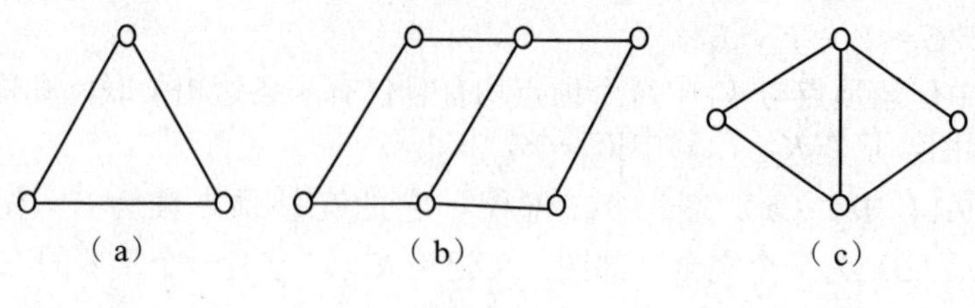

图 9.15

若在 M 中再加入一条边后 M 不再匹配，则称 M 为极大匹配。边数最多的极大匹配称为最大匹配。

在图 9.14（a）所示的二部图中，边集 $\{(v_1,v_4)\}$、$\{(v_2,v_4)\}$、$\{(v_1,v_4),(v_2,v_5)\}$ 都是匹配，而且 $\{(v_2,v_4)\}$、$\{(v_1,v_4),(v_2,v_5)\}$ 是极大匹配，$\{(v_1,v_4),(v_2,v_5)\}$ 是最大匹配。

注意，最大匹配可能不是惟一的。如图 9.14（b）所示的二部图中，边集 $\{(v_1,v_4),(v_2,v_5),(v_3,v_6)\}$、$\{(v_1,v_6),(v_2,v_4),(v_3,v_5)\}$ 等都是最大匹配。

许多实际问题可由二部图的匹配来解决，例如工作分配问题就经常使用它来解决。有这样的一个问题。某教研室有 5 位教师 x_1,x_2,x_3,x_4,x_5，要开设 5 门课程 y_1, y_2, y_3, y_4, y_5。已知 x_1 能讲授 y_1 和 y_2；x_2 能讲授 y_2 和 y_3；x_3 能讲授 y_2 和 y_5；x_4 只能讲授 y_3；x_5 能讲授 y_3、y_4 和 y_5。问：能否通过适当安排，使每位教师只讲一门课程，且每门课程也只有一位教师讲授？这实际是求二部图的一个匹配问题。当教师 x_i 能讲授 y_j 时，就在 x_i 和 y_j 之间连一条边，把所有的边都画出来，就得到一个具有互补顶点子集 $V_1=\{x_1,x_2,x_3,x_4,x_5\}$ 和 $V_2=\{y_1,y_2,y_3,y_4,y_5\}$ 的二部图（见图 9.16）。我们只要求这个二部图的一个匹配即可（如图 9.17 所示）。

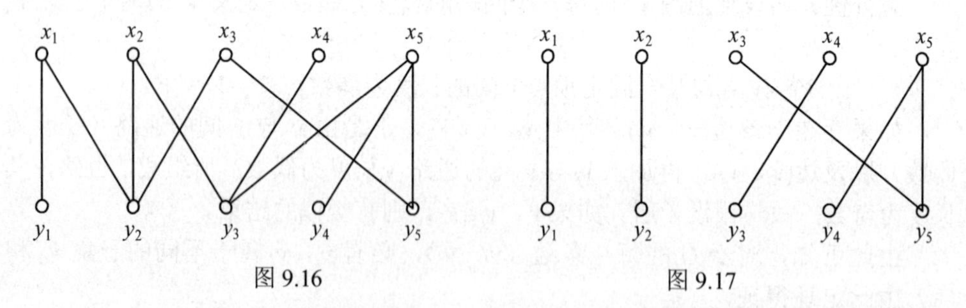

图 9.16　　图 9.17

定义 9.2.3　设 M 是二部图 G 的一个匹配，若 G 中每个顶点都是 M 的饱和顶点，则称 M 为 G 中的完美匹配。

定义 9.2.4　设 $G=<V_1, V_2,E>$ 为一个二部图，$|V_1|\leqslant|V_2|$，M 为 G 中最大匹配，若 $|M|=|V_1|$，则称 M 为 V_1 到 V_2 的一个完备匹配。

很显然，在上面定义中如果 $|V_1|=|V_2|$，这时的完备匹配 M 就是 G 中的完美匹配。

像教师任课一类工作安排问题，可归结为求 V_1 到 V_2 的一个完备匹配。现在以图 9.13 为例，说明如何求 V_1 到 V_2 的一个完备匹配，其基本步骤如下：

（1）任找一个初始匹配：$M=\{(x_1,y_1),(x_3,y_5),(x_5,y_3)\}$；

（2）在 V_1 中任找一个非饱和顶点，如 x_2，检查与 x_2 相邻的顶点中是否有非饱和顶点。y_2 是 x_2 的一个非饱和顶点，将边(x_2,y_2)变为匹配的边，原匹配调整为 $M=\{(x_1,y_1),(x_2,y_2),(x_3,y_5),(x_5,y_3)\}$；

（3）继续寻找 V_1 中的非饱和顶点，x_4 是 V_1 的非饱和顶点，检查与 x_4 相邻的顶点中是否有非饱和顶点，经检查，只有一个饱和顶点 y_3 与其相邻，而在 M 中有 x_5 与 y_3 彼此相邻，令 $E=\{(x_4,y_3),(x_5,y_3),(x_5,y_4)\}$；

（4）进行匹配调整，令 $(M\cup E)-(M\cap E)$ 替代 M，于是新匹配为 $M=\{(x_1,y_1),(x_2,y_2),(x_3,y_5),(x_4,y_3),(x_5,y_4)\}$；

（5）若 V_1 中的顶点还有非饱和顶点，则重复（2）、（3）、（4）过程。如全为饱和顶点，则终止。现已全为饱和顶点，此时 M 即为所求。图 9.17 即为所求匹配。

9.3 平面图

9.3.1 平面图的定义

在现实生活中，常常要画一些图形，希望边与边之间尽量减少相交的情况，例如印刷线路板上的布线，交通道路的设计等。

定义 9.3.1 设 $G=<V, E>$是一个无向图，如果能够把 G 在一个平面上画出且它的任意两条边除顶点外无其他交点，则称 G 是一个平面图，或称图 G 是可平面的。

图 9.18（a）和图 9.18（b）都是平面图。

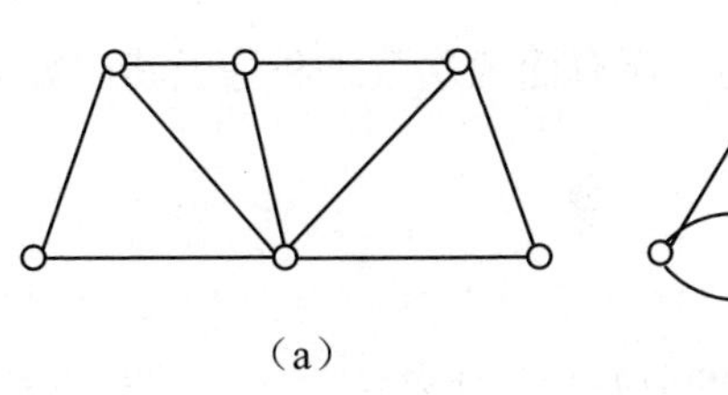

（a）

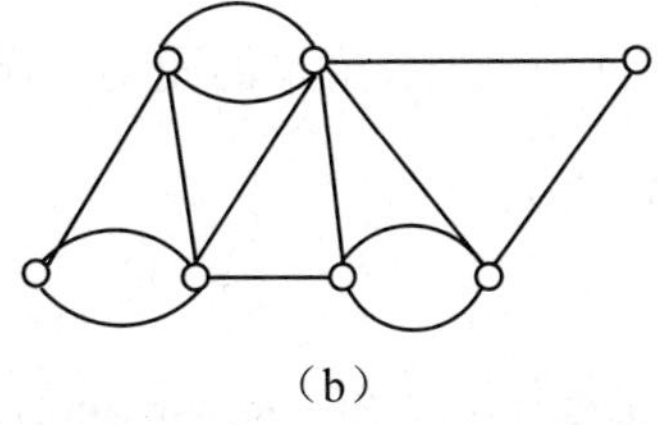

（b）

图 9.18

注意：有些图形从表面上看有边相交，但不能就此断定它不是平面图。例如图 9.16（a）虽然表面看有边相交，但如把它画成图 9.19（b），则可看出它是平面图。

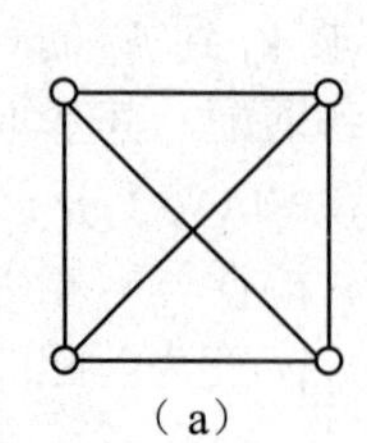
（a）

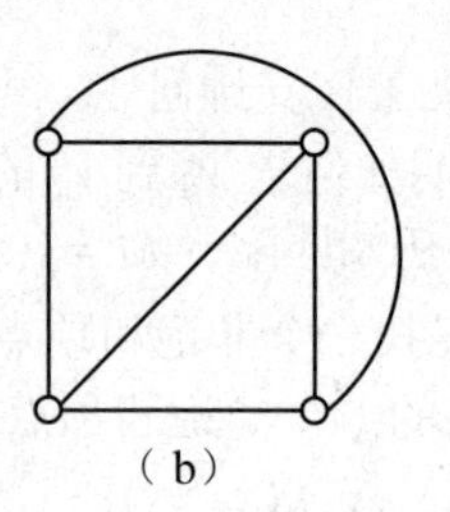
（b）

图 9.19

9.3.2 欧拉公式

定义 9.3.2 设 G 是一个连通平面图，G 的边将 G 所在的平面划分成若干个区域，每个区域称为 G 的一个面，其中面积无限的区域称为无限面或外部面，面积有限的区域称为有限面或内部面。包围面 R 的诸边所构成的回路称为这个面的边界，边界的长度称为该面的次数，记为 $\deg(R)$。

如图 9.20 所示为一连通平面图，具有 5 个顶点和 8 条边，它把平面划分为 5 个面，如图所示为 R_0、R_1、R_2、R_3、R_4，由图可知 $\deg(R_0)=4$，$\deg(R_1)=\deg(R_2)=\deg(R_3)=\deg(R_4)=3$。

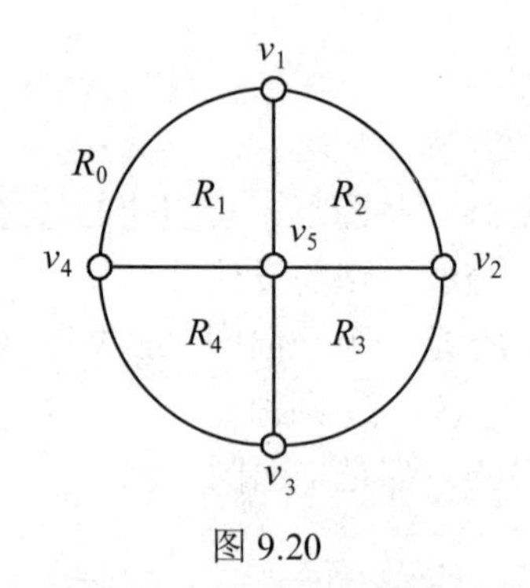

图 9.20

定理 9.3.1 一个有限平面图 G，所有面的次数之和等于其边数 m 的两倍，即 $\sum_{i=1}^{r}\deg(R_i)=2m$。

证明

因 G 中每条边无论作为两个面的公共边，还是作为一个面的边界，在计算面的总次数时，都被重复计算两次，故面的次数之和等于其边数的两倍。

如图 9.20 所示，$\sum_{i=0}^{4}\deg(R_i)=16$，正好是边数 8 的两倍。

平面图的重要性质是满足欧拉公式。

定理 9.3.2　设 G 是一个连通平面图，共有 n 个顶点 m 条边和 r 个平面，则有 $n-m+r=2$ 成立。

公式 $n-m+r=2$ 称为欧拉公式。

证明

用归纳法证明，对图的边数进行归纳。

当 G 为一个平凡图时，n=1，m=0，r=1，欧拉公式自然成立。

当 G 有一条边时，它有两种情况，一是由两个顶点和一条关联这两个顶点的边构成。易知，n =2，m =1，r =1（仅有一个无限区域），所以欧拉公式 $n–m+r$=2 成立；另一种是由一条自回路构成的图，这时 n =1，m =1，r =2，所以欧拉公式也成立。

设 G 具有 k 条边时，欧拉公式成立，现证明对于具有 k+1 条边的连通平面图，欧拉公式也成立。

易见，一个具有 k+1 条边的连通平面图，可以由 k 条边的连通平面图添加一条边构成。为一个含有 k 条边的连通平面图添加一条边时，可能有 3 种不同的情况：

（1）加上一个新的顶点，该顶点与图中顶点相连，如图 9.21（a）所示，此时顶点数和边数都增加 1，而面数不变，故 $n–m+r$ =2。

（2）把图中的两个顶点相连，如图 9.21（b）所示，此时边数和面数都增加 1，而顶点数不变，故 $n–m+r$ =2。

（3）在图中的某个顶点上增加一个自回路，如图 9.21（c）所示，此时边数和面数都增加 1，而顶点数不变，故 $n–m+r$ =2。

综上所述，对于连通平面图欧拉公式 $n–m+r$=2 成立。

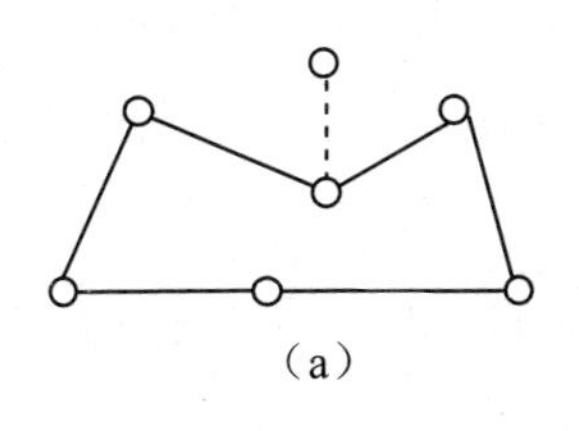
（a）

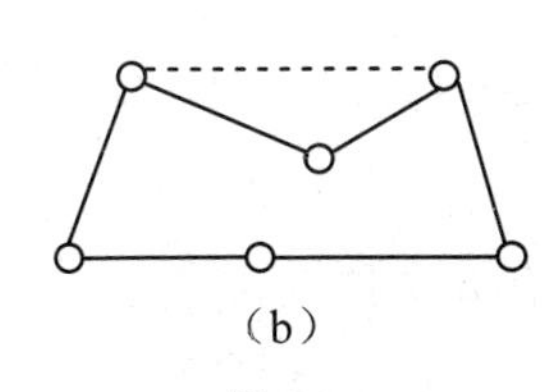
（b）

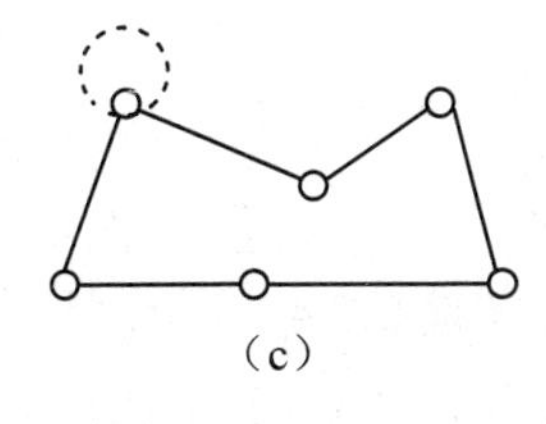
（c）

图 9.21

定理 9.3.3　设 G 是一个有 n 个顶点 m 条边的连通简单平面图，若 n≥3，则 $m \leqslant 3n-6$。

证明

设连通平面图 G 的面数为 r，当 n=3，m=2 时上式显然成立，除此之外，当 m≥3，则每一面的次数不小于 3，由定理 9.3.1 知各面的次数之和为 $2m$，所以

$2m \geqslant 3r$，或 $r \leqslant \frac{2m}{3}$，从而 $n-m+r \leqslant n-m+\frac{2m}{3}$。把欧拉公式 $n-m+r=2$ 代入得 $2 \leqslant n-m+\frac{2m}{3}$，化简可得 $m \leqslant 3n-6$。

由于每一个连通简单平面图都应满足上述不等式，因此这个不等式可以作为判断一个图是否是平面图的必要条件。

例 9.3.1　设图 G 如图 9.22（a）所示，是具有 5 个顶点的无向完全图，称该图为 K_5 图，由于顶点数 $n=5$，边数 $m=10$，$3n-6=9<m=10$，不满足平面图的必要条件。所以 K_5 是非平面图。

不等式 $m \leqslant 3n-6$，仅是平面图的必要条件，而非充分条件。如在完全二部图 $K_{3,3}$ 中，如图 9.22（b）所示，其顶点数 $n=6$，边数 $m=9$，于是有 $3n-6=12>m$。虽然完全二部图 $K_{3,3}$ 满足不等式 $m \leqslant 3n-6$，但根据下面的例题可知它却是非平面图。

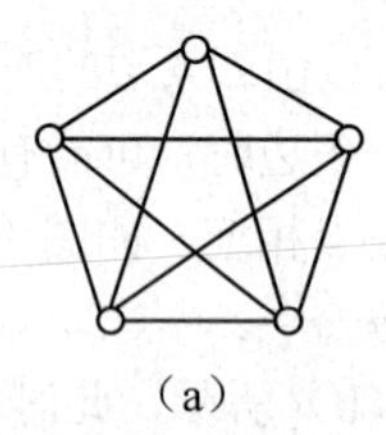
（a）

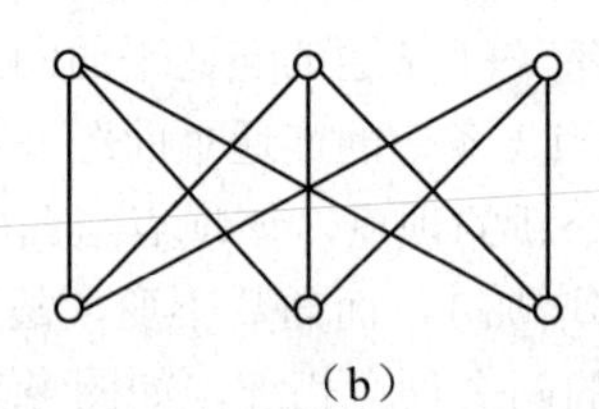
（b）

图 9.22

例 9.3.2　证明 $K_{3,3}$ 是非平面图。

证明

由于 $K_{3,3}$ 是完全二部图，因此每条回路有偶数条边组成，而 $K_{3,3}$ 又是简单图，所以，若 $K_{3,3}$ 是平面图，则其每一个面至少由 4 条边围成，于是有 $2m \geqslant 4r$ 或 $r \leqslant \frac{m}{2}$。代入欧拉公式后可得 $2n-4 \geqslant m$。由于 $K_{3,3}$ 中，$n=6$，$m=9$，不满足上述不等式，所以 $K_{3,3}$ 是非平面图。

定理 9.3.4　设 G 是一个有 n 个顶点 m 条边 r 个面的连通平面图，且 G 的每个面至少由 k（$k \geqslant 3$）条边围成，则 $m \leqslant \frac{k(n-2)}{k-2}$。

证明

因为 $\sum_{i=1}^{r} \deg(R_i) = 2m$，而 $\deg(R_i) \geqslant k(1 \leqslant i \leqslant r)$，故 $2m \geqslant kr$，即 $r \leqslant \frac{2m}{k}$，而 $n-m+r=2$，故 $n-m+\frac{2m}{k} \geqslant 2$，从而 $m \leqslant \frac{k(n-2)}{k-2}$。

例 9.3.3 证明彼得森图不是平面图，如图 9.23 所示。

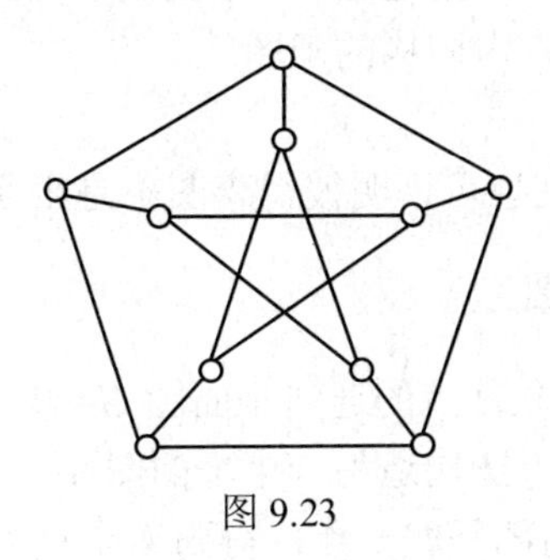

图 9.23

证明

彼得森图的每个面至少由 5 条边组成，k=5，m=15，n=10，这样 $m \leqslant \dfrac{k(n-2)}{k-2}$ 不成立。根据定理 9.3.4 彼得森图不是平面图。

9.3.3 库拉托夫斯基定理

1930 年波兰数学家库拉托夫斯基对两个基本的非平面图 K_5（顶点数最少的非平面图）和 $K_{3,3}$（边数最少的非平面图）作充分的研究后，揭示了任何非平面图与 K_5，$K_{3,3}$ 的内在联系，从而给出了一个图是否是平面图的充分必要条件，使平面图的研究得到进一步发展。为此，常把 K_5 和 $K_{3,3}$ 称为库拉托夫斯基图。

在介绍库拉托夫斯基定理之前，首先介绍与之有关的图的“二度同构”的概念。

可以看到在给定图 G 的边上，插入新的度数为 2 的顶点，使一条边分成两条边，或者对于关联于一个度数为 2 的顶点的两条边，去掉这个顶点，使两条边化为一条边，这些操作不会影响图的平面性，如图 9.24（a）和（b）所示。

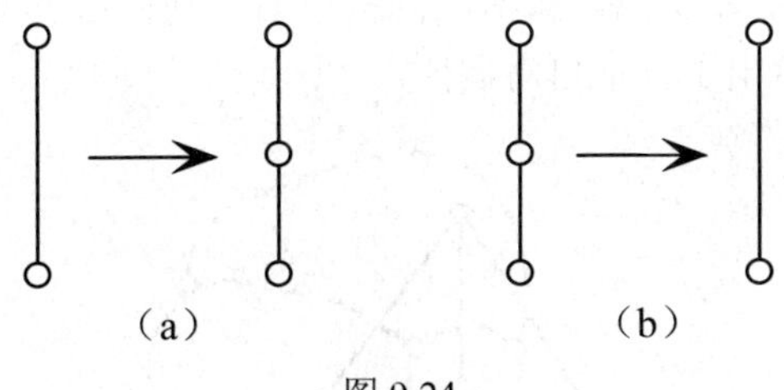

图 9.24

定义 9.3.3 若两个图是由同一个图的边上插入或删除度数为 2 的顶点后得到的，则称这两个图是在二度顶点内同构的。

下面介绍著名的库拉托夫斯基定理。

定理 9.3.5 （库拉托夫斯基定理）一个图是平面图的充分必要条件是该图不包含与 K_5 或 $K_{3,3}$ 在二度顶点内同构的子图。

证明从略。

利用库拉托夫斯基定理也可证明彼得森图不是平面图，请读者试证之。

9.3.4 平面图的对偶图

定义 9.3.4 给定无孤立顶点的连通平面图 $G=<V, E>$，它有 k 个面 $F_1, F_2, \cdots, F_k$（包含无限面），用下述方法构造另一个平面图 $\tilde{G}$，称 $\tilde{G}$ 为 G 的对偶图。

（1）在 G 的每个面内部任取一点，得到 k 个点为 f_1，f_2，…，f_k，把这 k 个点作为图 $\tilde{G}$ 的顶点。

（2）若图 G 的两个面 F_i 和 F_j 有公共边界，则在图 $\tilde{G}$ 中对应两个顶点 f_i 和 f_j 之间存在且仅存在一条边。

（3）若 F_i 的边界是一条自回路，则顶点 f_i 处有一条度数为 1 的边。

例如，图 9.25（a）所示的平面图，其对偶图为 9.25（b）中虚线所示的图。

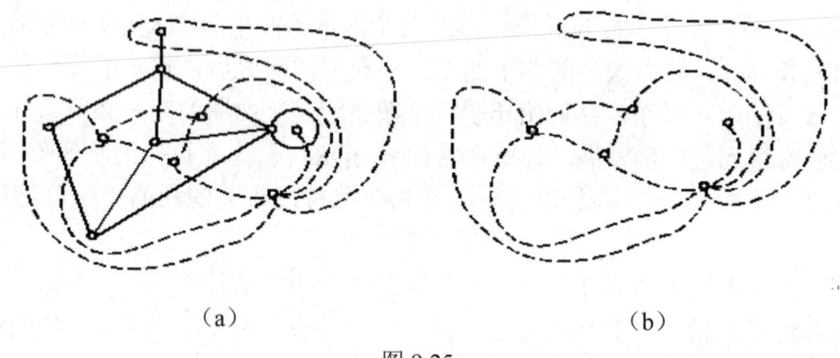

图 9.25

定义 9.3.5 如果图 G 的对偶图 $\tilde{G}$ 同构于 G，则称 G 是自对偶图。

例如，图 9.26 给出了一个自对偶图。

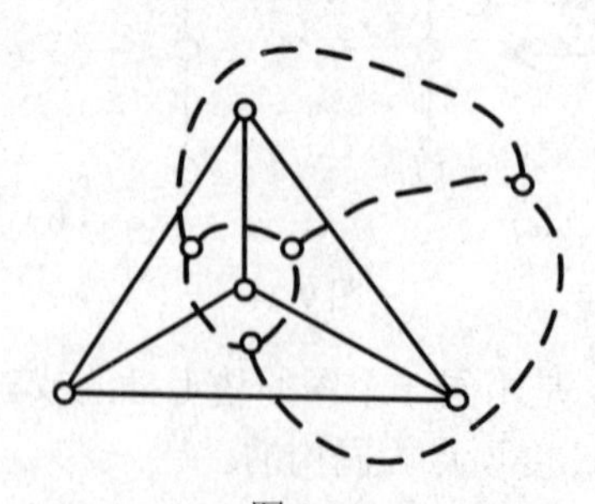

图 9.26

一个平面图在平面上可以有不同的画法，从而有可能得到不同的对偶图。一个平面图只有当它在平面上已确定位置时，它的对偶图才有意义。因此常把一个平面图已在平面上有确定位置的情况称为平面图在平面上的嵌入。

与平面图有密切关系的一个图论的应用是图形的着色问题，此问题最早起源于地图的着色，把一个地图中相邻国家着以不同颜色，那么最少需要多少种颜色？一百多年前，英国人格瑟理（Guthrie）提出了用 4 种颜色对地图着色的猜想，1879 年，肯普（Kempe）给出了这个猜想的第一个证明，到了 1890 年希伍德（Hewood）发现肯普证明是错误的，但他指出肯普的方法虽然不能证明地图着色用 4 种颜色就够了，但可以证明用 5 种颜色够用，即五色定理成立。此后四色猜想一直成为科学家感兴趣而未能解决的难题。直到 1976 年美国数学家阿普尔（K.I.Apple）和黑肯（W.Haken）用计算机证明了四色猜想是成立的。所以，从 1976 年以后就把四色猜想改为四色定理了。

图 G 的正常着色是指对它的每一个顶点指定一种颜色，使得没有两个邻接的顶点有相同颜色。如果图 G 在着色时用了 n 种颜色，称 G 为 n-色的。

对图 G 着色时，需要的最少颜色数称为 G 的着色数，记作 $x(G)$。

研究地图的着色问题，就是研究平面图面的着色问题，通过其对偶图，可以把平面图的区域着色问题转化为图的顶点的着色问题。

定理 9.3.6 对于 n 个顶点的完全图 K_n，有 $x(K_n)=n$。

证明 因为完全图的任意两个顶点都相邻，所以 n 个顶点的着色数不少于 n，又 n 个顶点的着色数至多为 n，因此，$x(K_n)=n$。

定理 9.3.7 设 G 为一个至少具有三个顶点的简单连通平面图，则 G 中必有一个顶点 v，使得 $\deg(v)\leqslant 5$。

证明

设 $G=<V, E>$，$|V|=n$，$|E|=m$，若 G 的每一个顶点 u，都有 $\deg(u)\geqslant 6$，但因 $\sum_{i=1}^{n}\deg(v_i)=2n$。故 $2m\geqslant 6n$，所以 $m\geqslant 3n>3n-6$，与定理 9.3.3 矛盾。

定理 9.3.8 （五色定理）任何简单平面图 G，都有 $x(G)\leqslant 5$。

定理 9.3.9 （四色定理）对于任何平面图 G，都有 $x(G)\leqslant 4$。

例 9.3.4 设图 G 是自对偶图，且有 n 个顶点，m 条边，证明：

（1）$m=2n-2$。

（2）若自对偶图 G 是简单图，则图 G 中至少有 4 个 3 度点。

证明

（1）由欧拉公式可知 $n-m+r=2$，由于图 G 是自对偶图，则有 $n=r$，从而 $2n-m=2$，

即得 $m=2n-2$。

（2）首先说明，当图 G 是简单连通平面图且又是自对偶图时，图 G 中不可能有 1 度和 2 度顶点。

如果图 G 中有 1 度顶点，则由对偶图的定义可知，其对偶图必有自回路，所以对偶图不是简单图，因此它不可能和简单图 G 同构，即 G 不可能是自对偶图。

如果图 G 中有 2 度顶点，则由对偶图的定义可知，其对偶图必有平行边，所以对偶图不是简单图，因此它不可能和简单图 G 同构，即图 G 不可能是自对偶图。

由以上分析可知，简单连通平面图如果是自对偶图，其各顶点的度数至少为 3。

由（1）可知，在自对偶图中有 $m=2n-2$，或写成 $2m=4n-4$。

又由于图中各顶点的度数之和为边数的两倍，也即有 $\sum_{i=1}^{n}\deg(v_i)=4n-4$。

我们已经知道，当简单平面图 G 为自对偶图时，其各个顶点的度数至少为 3 度，因此利用上面的式子容易证明自对偶图 G 中至少有 4 个 3 度顶点。用反证法证明。

设图 G 中至多有 3 个 3 度顶点，则图 G 中其他顶点的度数应大于等于 4，由此可得 $\sum_{i=1}^{n}\deg(v_i)\geqslant 4(n-3)+3\times 3=4n-3$。这与 $\sum_{i=1}^{n}\deg(v_i)=4n-4$ 矛盾，所以 n 阶简单连通平面图若是自对偶图，图中至少有 4 个 3 度顶点。

本章小结

本章主要介绍了 3 个特殊的图：树、二部图和平面图。首先介绍了树、生成树、最小生成树、有向树与根树的定义，并给出最小生成树的求法以及树的遍历算法，然后介绍了二部图，最后给出平面图的概念及有关性质，以及相关定理。

习题 9

1．画出所有具有 6 个顶点的无向树，它们均不同构。

2．给定下列序列：

（1）1，1，1，1，1，1

（2）1，2，3，4，5，6

（3）1，1，2，2，3，3

（4）1，1，1，2，2，3

说明以上序列中，哪些可以作为无向树顶点的度数序列。

3．设无向树 T 中有 13 片树叶，一个 3 度顶点，两个 4 度顶点，其余都是 5 度顶点，求 5 度顶点的个数。

4．设无向树 T 中有两个 2 度顶点，3 个 3 度顶点，其余都是树叶，问 T 中有几片树叶？

5．设无向树 T 中有两个 2 度顶点，一个 3 度顶点，3 个 4 度顶点，其余都是树叶，问 T 中有几片树叶？

6．求图 1 中（a）和（b）的最小生成树。

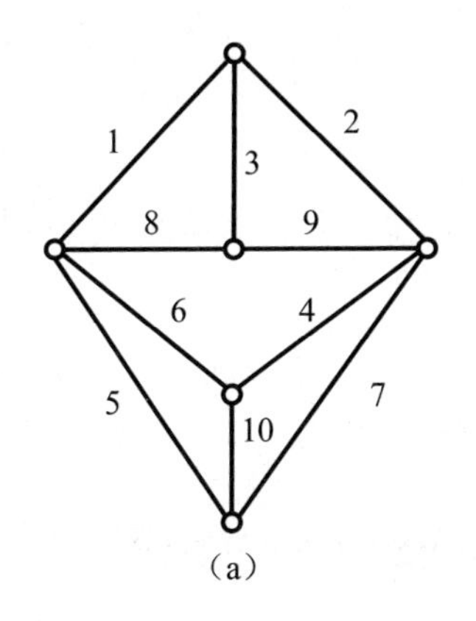

（a）

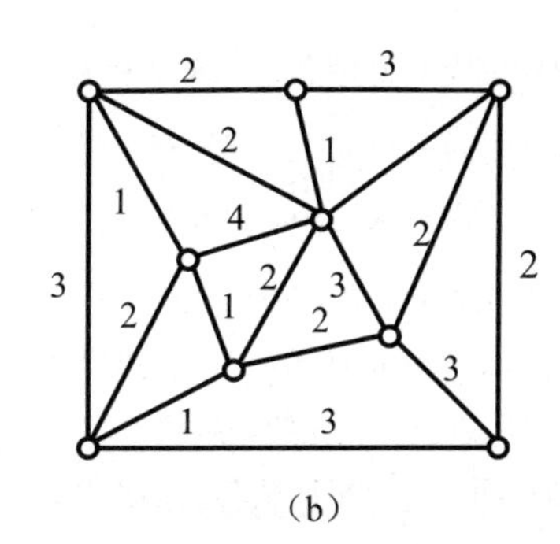

（b）

图 1

7．画出所有非同构的 $n(1\leqslant n\leqslant 5)$阶根树。

8．证明在完全二叉树中，边数 $m=2(t-1)$，其中 t 为树叶数。

9．证明完全 3 叉树有奇数片树叶。

10．从简单有向图的邻接矩阵怎样判定它为根树。如果是根树，怎样判定它的树根和树叶。

11．给定权 1，4，9，16，25，36，49，64，81，100，求一棵最优二叉树。

12．在通信中，以下 7 个字母出现的频率为：

a：35%　b：20%　c：15%　d：10%　e：10%　f：5%　g：5%

用赫夫曼算法求传送它们的最佳前缀码。要求画出最优树，指出每个字母对应的编码。并指出传送 $10^n(n\geqslant 2)$个按上述频率出现的字母需要多少个二进制数字，比等长编码少传送多少个二进制数字。

13．如图 2 所示的二叉树表示一个算术表达式。

（1）用中序遍历法还原算术表达式。

（2）用前序遍历法写出该算术表达式的波兰式符号法表示，即前缀形式。

（3）用后序遍历法写出该算术表达式的逆波兰式符号表示，即后缀形式。

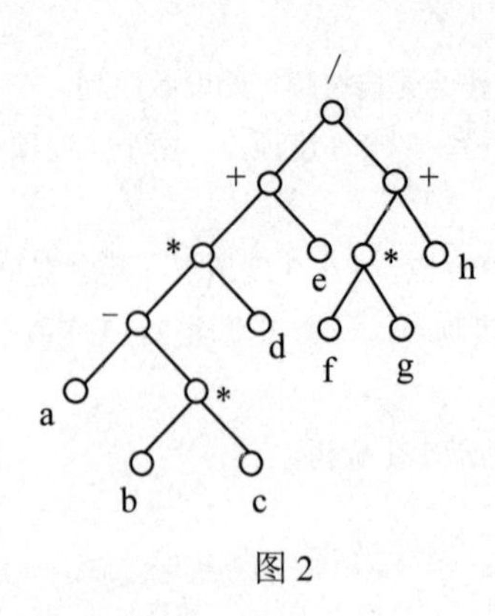

图 2

14．画出完全二部图 $K_{1,3}$、 $K_{2,5}$ 和 $K_{2,2}$ 。

15. 设 G 为 $n(n\geqslant1)$阶二部图，至少用几种颜色给 G 的顶点染色，使相邻的顶点颜色不同？

16．完全二部图 $K_{r,s}$ 中，边数 m 为多少？

17．今有工人甲、乙、丙要完成三项任务 a、b、c。已知工人甲能胜任 a、b、c 三项任务；工人乙能胜任 a、b 两项任务；工人丙能胜任 b、c 两项任务。你能给出一种安排方案，使每个工人各完成一项他们能胜任的任务吗？

18．指出图 3 所示平面图各面的次数，并验证各面次数之和等于边数的两倍。

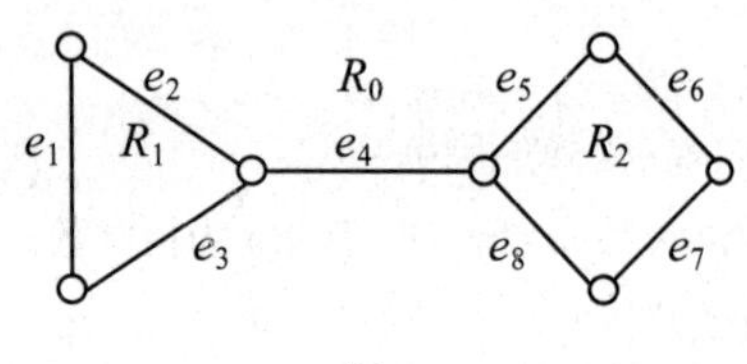

图 3

19．利用库拉托夫斯基定理证明彼得森图不是平面图。

20．求图 4 所示平面图 G 的对偶图 G^*，再求 G^* 的对偶图 G^{**}， G^{**} 与 G 同构吗？

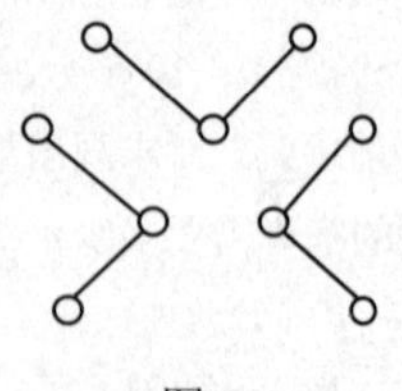

图 4

21．证明：平面图 G 的对偶图 G^* 是欧拉图当且仅当 G 中每个面的次数均为偶数。

22．证明一个无向图能被两种颜色正常着色，当且仅当它不包含长度为偶数的回路。

第四部分 代数系统

一般地说，“系统”是指在一个相对独立或封闭的环境中汇集在一起的一些对象及其性质、行为和联系。数学上，系统指具有某种性质的数学结构。代数系统也称为代数结构，或称抽象代数，它是用代数方法构造的数学模型，这种数学模型对研究各种数学问题及许多实际问题有很大的用处。它对计算机科学也有很大的实用意义。

第 10 章　代数结构

在一个非空集合上定义某种运算法则和运算规律，称之为具有了代数结构。本章将从一般代数系统的引入出发，研究一些特殊的代数系统，而这些代数系统中的运算具有某些性质，从而确定了这些代数系统的数学结构。本章所讲的代数系统是指抽象的概念，即不具体指哪一个系统，运算也不具体是指哪一种运算，一旦抽象的系统性质被证实，那么这些结论和方法将用于实际。

在计算机科学里，很多的知识和代数结构的理论有关系，比如，加法器、纠正码、形式语言和推理机等，因此，学好该部分内容，就为学习其他计算机课程打下了基础。

通过本章的学习，读者应该掌握以下内容:

- 二元运算的相关概念和性质
- 半群和独异点的概念及其判定
- 群和子群的概念及其性质
- 阿贝尔群和循环群的概念和性质
- 置换群的概念和伯恩赛德定理
- 陪集、正规子群和商群的概念以及拉格朗日定理
- 群的同态与同构的概念及其判定

10.1　二元运算及其性质

10.1.1　二元运算

数学中，运算是个很基本、很普遍的概念和方法，这是大家比较熟悉的。比如，通常使用的四则运算，线性代数中 n 维向量的运算、矩阵的运算和线性变换的运算。对这里讨论的代数系统——具有运算的集合来说，运算是它的决定性因素。因此，首先要明确运算概念。

定义 10.1.1　设 A，B，C 为集合，如果 f 是 $A\times B$ 到 C 的一个映射，则称 f

是 $A\times B$ 到 C 的一个代数运算。

例如，A={所有整数}，B={所有不等于零的整数}，C={所有有理数}，则

$$f\text{：} A\times B\to C, \quad (\mathrm{a,b})\to \frac{a}{b}$$

是一个 $A\times B$ 到 C 的代数运算。

$A\times B$ 到 C 的一般代数运算用得比较少，最常用的代数运算是 $A\times A$ 到 A 的代数运算。在这样的一个代数运算下，对 A 的任意两个元素运算的结果还在 A 里面。

定义 10.1.2 设 A 为集合，如果 f 是 $A\times A$ 到 A 的代数运算，则称 f 是 A 上的一个二元运算，也称作集合 A 对于代数运算 f 来说是封闭的。

例 10.1.1 （1）整数集合 Z 上的加法、减法和乘法都是 Z 上的二元运算，而除法不是。

（2）实数集合 R 上的加法、减法和乘法都是 R 上的二元运算，但除法不是。

（3）非零实数集 R^* 上的乘法、除法都是 R^* 上的二元运算，但加法和减法不是。

（4）集合 A 的幂集 $P(A)$ 上的集合的并、交都是 $P(A)$ 上的二元运算。

（5）设 $M_n(R)$ 表示所有 n 阶 $(n\geqslant 2)$ 实矩阵的集合，则矩阵的加法和乘法都是 $M_n(R)$ 上的二元运算。

例 10.1.2 （1）设 A={1，2}，则

$$f\text{：}(1, 1)\to 1, (2, 2)\to 2, (1, 2)\to 2, (2, 1)\to 1$$

是 A 上的一个二元运算。

（2）设 R 为实数集合，

$$f\text{：}(a, b)\to a+ab$$

是 R 上的二元运算。

通常用$\circ$，$*$，$\bullet$ 等符号表示二元运算，称为算符。一个二元运算常用$\circ$表示，就可以写成

$$\circ\text{：}(a, b)\to d=\circ(a, b)\text{。}$$

为方便起见，$\circ(a, b)$可写为 $a\circ b$，则前面的映射关系简记为 $a\circ b=d$。

例 10.1.3 设 A 为正整数，如下定义 A 上的二元运算$*$：

$$\forall x, y\in A, x*y=x^y$$

计算 3*2，2*3。

解 $3*2=3^2=9$，$2*3=2^3=8$。

类似于二元运算，也可以定义集合 A 上的 n 元运算。

定义 10.1.3 设 A 为集合，n 为正整数，$A^n=\underbrace{A\times A\times A\cdots\times A}_{n\text{个}}$ 表示 A 的 n 阶笛卡尔积。

映射 f：$A^n\to A$ 称为 A 上的一个 n 元代数运算，简称 n 元运算。

例 10.1.4 （1）求一个数的绝对值是整数集 Z，有理数集 Q，实数集 R 上的一元运算。

（2）求一个数的相反数是整数集 Z，有理数集 Q，实数集 R 上的一元运算。

（3）求一个 $n(n\geqslant 2)$阶实矩阵的转置矩阵是 $M_n(R)$上的一元运算。

（4）R 为实数集，令 f：$R^n\to R$，$(x_1, x_2, \cdots, x_n)\to x_1$，则 f 是 R 上的 n 元运算。

当 A 为有穷集时，A 上的二元运算可以用运算表来给出。设 $A=\{a_1, a_2, \cdots, a_n\}$，$\circ$为 A 上的二元运算，它的运算表如表 10.1 所示。

表 10.1

$\circ$	a_1	a_2	…	a_n
a_1	$a_1\circ a_1$	$a_1\circ a_2$	…	$a_1\circ a_n$
a_2	$a_2\circ a_1$	$a_2\circ a_2$	…	$a_2\circ a_n$
…				
a_n	$a_n\circ a_1$	$a_n\circ a_2$	…	$a_n\circ a_n$

例如，例 10.1.2（1）的运算表如表 10.2 所示。

表 10.2

$\circ$	1	2
1	1	2
2	2	1

10.1.2 二元运算的性质

下面讨论二元运算的性质。

定义 10.1.4 设$\circ$为集合 A 上的二元运算，若对任意 $x, y\in A$，都有 $x\circ y=y\circ x$，则称该二元运算是可交换的，也称运算$\circ$在 A 上满足交换律。

例 10.1.5 设 Z 是整数集合，$\circ$是 Z 上的二元运算，对任意的 a，$b\in Z$，$a\circ b=2^{a+b}$，问运算$\circ$是否可交换？

解 因为

$$a\circ b=2^{a+b}=2^{b+a}=b\circ a,$$

所以$\circ$是可交换的。

定义 10.1.5 设$\circ$为集合 A 上的二元运算，若对任意 $x, y, z\in A$，都有$(x\circ y)\circ z=x\circ(y\circ z)$，则称该二元运算是可结合的，也称运算$\circ$在 A 上满足结合律。

例 10.1.6 设 A 为非空集合，$\circ$为集合 A 上的二元运算，对任意的 a，$b\in A$，$a\circ b=a$，证明$\circ$是可结合的。

证明

因为对于任意的 a，b，$c\in A$，

$$(a\circ b)\circ c=a\circ c=a，而\ a\circ(b\circ c)=a\circ b=a，$$

所以有$(a\circ b)\circ c=a\circ(b\circ c)$，因此运算$\circ$是可结合的。

例 10.1.7 设 R 为实数集，$\circ$为集合 R 上的二元运算，对任意的 a，$b\in R$，$a\circ b=a+2b$，问这个运算满足交换律、结合律吗？

解 因为 $2\circ 3=2+2\times 3=8$，而 $3\circ 2=3+2\times 2=7$，$2\circ 3\neq 3\circ 2$，故该运算不满足交换律。

又因为$(2\circ 3)\circ 4=(2+2\times 3)+2\times 4=16$，而$2\circ(3\circ 4)=2+2\times(3+2\times 4)=23$，$(2\circ 3)\circ 4\neq 2\circ(3\circ 4)$，故该运算也不满足结合律。

定义 10.1.6 设$\circ$，$*$为集合 A 上的两个二元运算，若对任意 x，y，$z\in A$，有$x\circ(y*z)=(x\circ y)*(x\circ z)$和$(y*z)\circ x=(y\circ x)*(z\circ x)$成立，则称运算$\circ$对运算$*$是可分配的，或称运算$\circ$对运算$*$满足分配律。

例 10.1.8 实数集 R 上的乘法对加法是可分配的，但加法对乘法不满足分配律。因为：

$$a\times(b+c)=a\times b+a\times c \qquad a+(b\times c)\neq(a+b)\times(a+c)$$

定义 10.1.7 设$\circ$，$*$为集合 A 上的两个可交换二元运算，若对任意 x，$y\in A$，都有 $x\circ(x*y)=x$ 和 $x*(x\circ y)=x$，则称运算$\circ$和运算$*$是可吸收的，或称运算$\circ$和运算$*$满足吸收律。

例 10.1.9 设 X 为非空集合，$P(X)$为 X 的幂集，$P(X)$上的二元运算交$\cap$和并$\cup$满足吸收律：$\forall A$，$B\in P(X)$，有 $A\cap(A\cup B)=A$，$A\cup(A\cap B)=A$。

定义 10.1.8 设$\circ$为集合 A 上的二元运算，若对任意 $x\in A$，都有 $x\circ x=x$，则称该二元运算$\circ$是等幂的，或称运算$\circ$在 A 上满足幂等律。

例 10.1.10 非空集合 X 的幂集 $P(X)$对于集合的交运算$\cap$和并运算$\cup$都是等幂的。

定义 10.1.9 设$\circ$为集合 A 上的二元运算，

（1）若存在 $e_l\in A$（或 $e_r\in A$），使得对任意 $x\in A$ 都有 $e_l\circ x=x$（或 $x\circ e_r=x$），则称 e_l（或 e_r）是 A 中关于运算$\circ$的左（或右）单位元。若 $e\in A$ 关于运算$\circ$既为左单位元又为右单位元，则称 e 为 A 中关于运算$\circ$的单位元。在有的书中称单位元为幺元。

（2）若存在$\theta_l\in A$（或$\theta_r\in A$），使得对任意 $x\in A$ 都有$\theta_l\circ x=\theta_l$（或$x\circ\theta_r=\theta_r$），则称θ_l（或θ_r）是 A 中关于运算$\circ$的左（或右）零元。若$\theta\in A$ 关于运算$\circ$既为左零元又为右零元，则称θ为 A 中关于运算$\circ$的零元。

例 10.1.11 对于实数集合 R 上的普通加法运算来说，0 是单位元，没有零元；

对于乘法运算来说，1是单位元，0是零元。

例 10.1.12 设有一个由有限个字母组成的集合 X，叫字母表，在 X 上构造任意长的字母串，叫做 X 上的句子或串，串中字母的个数叫做这个串的长度，且当一个串的长度 $n=0$ 时用符号$\wedge$表示，称作空串。这样构造出了一个在 X 上的所有串的集合 X^*。

在 X^*上定义一个运算“$\circ$”，并置运算为：设α，$\beta\in X^*$，则$\alpha\circ\beta=\alpha\ \beta$。显然$\circ$是 X^*上的二元运算。X^*关于运算$\circ$的单位元是空串$\wedge$，没有零元。

关于单位元和零元存在以下定理。

定理 10.1.1 设$\circ$为集合 A 上的二元运算，若 A 中存在左单位元 e_l 和右单位元 e_r，则 $e_l=e_r=e$，且 A 中的单位元 e 是唯一的。

证明

存在性：因为 e_l 和 e_r 分别是 A 中关于$\circ$的左单位元和右单位元，所以

$$e_l=e_l\circ e_r=e_r=e。$$

唯一性：假设另有一单位元 e'，则

$$e'=e'\circ e=e,$$

由此可知，单位元是唯一的。

定理 10.1.2 设$\circ$为集合 A 上的二元运算，若 A 中存在左零元θ_l和右零元θ_r，则$\theta_l=\theta_r=\theta$，且 A 中的零元θ是唯一的。

这个定理的证明与定理 10.1.1 的证明相似，这里不再证明。

定理 10.1.3 设集合 A 中至少含有两个元素，e 和θ分别为 A 中关于运算$\circ$的单位元和零元，则$e\neq\theta$。

证明

假设 $e=\theta$，则对任意 $x\in A$，有

$$x=x\circ e=x\circ\theta=\theta,$$

与 A 中至少包含两个元素矛盾。

定义 10.1.10 设$\circ$为集合 A 上的二元运算，且 e 是 A 中关于运算$\circ$的单位元。如果对于 A 中的一个元素 x，存在 $y_l\in A$（或 $y_r\in A$），使得 $y_l\circ x=e$（或 $x\circ y_r=e$），则称 y_l（或 y_r）是 x 关于运算$\circ$的左（或右）逆元。如果元素 y 既是 x 的左逆元，又是 x 的右逆元，则称 y 是 x 的一个逆元。

显然，如果 y 是 x 的逆元，那么 x 也是 y 的逆元，此时简称 x 和 y 互为逆元。

一般来说，一个元素的左逆元并不一定等于该元素的右逆元，而且一个元素可以有左逆元而没有右逆元，甚至一个元素的左逆元可以不唯一。

例 10.1.13 设集合 $A=\{1，2，3，4\}$，定义在 A 上的二元运算*如表 10.3 所示。

表 10.3

*	1	2	3	4
1	1	2	3	4
2	2	3	4	1
3	3	1	2	1
4	4	1	2	2

通过上面的运算表可以看出，元素 1 是单位元，元素 2 和 4 互为逆元，2 和 3 是 4 的左逆元，3 和 4 是 2 的左逆元，2 和 4 是 3 的右逆元，但 3 没有左逆元。

关于逆元存在以下定理。

定理 10.1.4 设$\circ$为集合 A 上可结合的二元运算，且单位元为 e，对于 A 中任意元素 x，若存在 x 的关于运算$\circ$的左逆元 y_l 和右逆元 y_r，则有 $y_l=y_r=y$，且 y 是 x 关于运算$\circ$的唯一的逆元。

证明

存在性：y_l 和 y_r 分别是 x 的关于运算$\circ$的左逆元和右逆元，则有

$$y_l\circ x=e，x\circ y_r=e。$$

由于运算$\circ$是可结合的，故有

$$y_l = y_l\circ e= y_l\circ(x\circ y_r)= (y_l\circ x)\circ y_r=e\circ y_r= y_r。$$

令 $y= y_l=y_r$，则 y 是 x 关于运算$\circ$的逆元。

唯一性：假设 y，z 均是 x 的逆元，则有

$$y=y\circ e=y\circ(x\circ z)=(y\circ x)\circ z=e\circ z=z，$$

所以 x 关于运算$\circ$的逆元是唯一的。

根据这个定理，以后，把一个元素 x 的逆元记为 x^{-1}。

下面给出关于二元运算的最后一条性质——消去律。

定义 10.1.11 设$\circ$为集合 A 上的二元运算，若对任意 x，y，$z\in A$（x 不是运算$\circ$的零元），都有

$$x\circ y=x\circ z\Rightarrow y=z，$$

$$y\circ x=z\circ x\Rightarrow y=z，$$

则称运算$\circ$在 A 中适合消去律。

例 10.1.14 （1）整数集 Z，有理数集 Q，实数集 R 上的普通加法和乘法适合消去律。

（2）$n(n\geqslant 2)$阶实矩阵集合 $M_n(R)$上的矩阵加法适合消去律，但矩阵乘法不适合消去律。

10.2 代数系统

定义 10.2.1 非空集合 A 和 A 上 k 个一元或二元运算 f_1，f_2，…，f_k 组成的系统称为一个代数系统，简称代数，记作$(A，f_1，f_2，…，f_k)$。

由定义可知，一个代数系统需要满足下面 3 个条件：

（1）有一个非空集合 A；

（2）有一些建立在集合 A 上的运算；

（3）这些运算在集合 A 上是封闭的。

注意：有的书上对代数系统定义时不要求运算的封闭性，而是把具有封闭性的代数系统定义为一个新的概念——广群。本书规定：代数系统的运算是封闭的。

例 10.2.1 （1）一个在整数集 Z 上且带有加法运算“+”的系统构成一个代数系统$(Z，+)$。

（2）一个在实数集 R 上且带有加法运算“+”与乘法运算“×”的系统构成一个代数系统$(R，+，\times)$。

（3）$n(n\geqslant 2)$阶实矩阵的集合 $M_n(R)$及矩阵加法运算“+”和矩阵乘法运算“•”的系统构成一个代数系统$(M_n(R)，+，\bullet)$。

例 10.2.2 在例 10. 1.12 中得到的集合 X^*及并置运算“∘”构成一个代数系统$(X^*，\circ)$。若令 $X^+=X^*-\{\wedge\}$，则$(X^+，\circ)$也是一个代数系统。这两种代数系统都是计算机科学中经常要用到的代数系统。

例 10.2.3 设有一计算机，它的字长是 32 位，并有定点加、减、乘、除以及逻辑加、逻辑乘等多种运算指令，这时在该计算机中由 2^{32} 个不同的数字所组成的集合 S 及计算机的运算型机器指令构成了一个代数系统。

例 10.2.4 设代数系统$(A，*)$，其中 $A=\{x，y，z\}$，*是 A 上的一个二元运算。对于表 10.4 中所确定的几个运算，试分别讨论它们的交换性、等幂性，并且讨论在 A 中关于*是否有零元及单位元，如果有单位元，那么 A 中的元素是否有逆元。

表 10.4

*	x	y	z
x	x	y	z
y	y	z	x
z	z	x	y

（a）

*	x	y	z
x	x	y	z
y	y	x	z
z	z	z	z

（b）

*	x	y	z
x	x	y	z
y	x	y	z
z	x	y	z

（c）

*	x	y	z
x	x	y	z
y	y	y	z
z	z	z	y

（d）

解 (a) 具有交换性，但不具有等幂性。没有零元，x 为单位元。每个元素均有逆元，$x^{-1}=x$，$y^{-1}=z$，$z^{-1}=y$。

(b) 具有交换性，但不具有等幂性。z 为零元，x 为单位元，z 没有逆元，x 和 y 有逆元，分别为 x，y。

(c) 不具有交换性，但具有等幂性。x，y，z 均为右零元，同时也都是左单位元。

(d) 具有交换性，但不具有等幂性。没有零元，x 为单位元。$x^{-1}=x$，但 y，z 没有逆元。

通过代数系统$(A, \circ)$的运算可判别运算的一些性质：

(1) 运算$\circ$具有封闭性，当且仅当运算表中的每个元素都属于 A。

(2) 运算$\circ$具有可交换性，当且仅当运算表中元素关于主对角线成对称分布。

(3) 运算$\circ$具有等幂性，当且仅当运算表的主对角线上的元素排列与运算表的表头元素的排列顺序相同。

对于其他性质，如结合律或者涉及到两个运算表的分配律和吸收律，在运算表中没有明显的特征，只能针对所有可能的元素 x，y，z 等来验证相关的性质是否成立。

(4) A 关于运算$\circ$有零元，当且仅当该元素所在的行和列的元素都与该元素相同。

(5) A 关于运算$\circ$有单位元，当且仅当该元素所在的行和列的元素排列都与运算表的表头元素的排列顺序相同。

(6) 设 A 中有单位元，a 和 b 互逆，当且仅当位于 a 所在行，b 所在列的元素以及 b 所在行，a 所在列的元素都是单位元。

如果元素 x 所在的行或者所在的列没有单位元，那么 x 必不是可逆元素。易看出，单位元 e 一定是可逆元，且 $e^{-1}=e$，而零元 θ 不是可逆元。

10.3 群的定义

10.3.1 半群

定义 10.3.1 设$(S, \circ)$是一个代数系统，其中 S 是非空集合。“$\circ$”是二元运算，如果运算$\circ$满足结合律，即对任意的 a，b，$c \in S$，有$(a \circ b) \circ c=a \circ (b \circ c)$，则称代数系统$(S, \circ)$是半群。

如果半群$(S, \circ)$满足交换律，即对任意 a，$b \in S$，有 $a \circ b= b \circ a$，则称$(S, \circ)$为交换半群。

如果半群$(S, \circ)$存在单位元$e \in S$，即对任意$a \in S$有$a \circ e = e \circ a = a$，则称$(S, \circ)$是独异点。

注意：一个半群可能有单位元也可能没有。

例 10.3.1 （1）整数集Z，有理数集Q，实数集R关于普通加法都可以构成半群、交换半群和独异点，0为单位元。

（2）正整数集Z^+关于普通加法构成半群和交换半群，但没有单位元，不是独异点。

（3）$n(n \geqslant 2)$阶实矩阵的集合$M_n(R)$关于矩阵加法或矩阵乘法都能构成半群和独异点。n阶全零矩阵和n阶单位矩阵分别为关于矩阵加法和矩阵乘法的单位元。$M_n(R)$关于矩阵加法构成交换半群，关于乘法不够成交换半群。

（4）幂集$P(B)$关于集合的并可以构成半群和独异点，空集$\varnothing$为其单位元；$P(B)$关于集合的交也可以构成半群和独异点，集合B为其单位元。

例 10.3.2 设$\circ$为正整数集Z^+的二元运算，对于任意的$a, b \in Z^+$，$a \circ b = [a, b]$，即$a \circ b$表示a和b的最小公倍数，则$(Z^+, \circ)$是半群，同时也是独异点。

证明

显然$(Z^+, \circ)$是代数系统。

对于任意的$a, b, c \in Z^+$，

$$(a \circ b) \circ c = [[a, b], c] = [a, b, c] = [a, [b, c]] = a \circ (b \circ c),$$

因此$(Z^+, \circ)$是半群。

又存在$1 \in Z^+$，对任意的$a \in Z^+$，有

$$a \circ 1 = [a, 1] = a = [1, a] = 1 \circ a,$$

故1是$(Z^+, \circ)$中的单位元，所以$(Z^+, \circ)$是独异点。

例 10.3.3 设$A = \{a, b\}$，A的运算$\circ$由表10.5定义。

表 10.5

$\circ$	$\boldsymbol{a}$	$\boldsymbol{b}$
$\boldsymbol{a}$	a	a
$\boldsymbol{b}$	a	a

显然，$(A, \circ)$是半群，但没有单位元。

由于独异点存在单位元，由此我们可以得到一些半群所没有的性质。比如独异点满足下面性质：

定理 10.3.1 设$(S, \circ)$是一个独异点，则在关于$\circ$的运算表中每行（列）内容均不相同。

证明

设 S 中关于运算$\circ$的单位元是 e。任取 a，$b\in S$，$a\neq b$，则有 $a\circ e=a\neq b=b\circ e$，故运算表中任何两行不相同。类似地，也可以证明任何两列也不相同。

这个定理对半群不一定存在，这个定理的成立完全是由于单位元的存在。例如，例 10.3.2 的运算表中任何两行或两列都不相同，但例 10.3.3 的运算表就不满足定理 10.3.1。

10.3.2　群

定义 10.3.2　设$(G，\circ)$是一个代数系统，其中 G 是非空集合，$\circ$是 G 上一个二元运算，如果满足下列条件：

（1）运算$\circ$满足结合律，即对任意 a，b，$c\in G$ 有$(a\circ b)\circ c= a\circ(b\circ c)$；

（2）存在单位元 $e\in G$；

（3）对于每一个元素 $a\in G$，存在它的唯一逆元 $a^{-1}\in G$；

则称此代数系统$(G，\circ)$是群。

例 10.3.4　（1）$(Z，+)$是一个群，称为整数加群，其中 Z 是整数集，运算+是普通加法。0 是其单位元，对于任意 $x\in Z$，$-x$ 是 x 的逆元。但正整数集 Z^{+}关于普通加法不构成群。

（2）$(Z_n，\oplus)$是群，称为模 n 整数加群，其中 $Z_n=\{0，1，\cdots，n-1\}$，规定对任意 x，$y\in Z_n$，$x\oplus y=(x+y)\bmod n$。0 是其单位元，对于任意 $i\in Z_n$，$n-i$ 是 i 的逆元。

（3）设 $n\geqslant 2$，$(M_n(R)，+)$是群，称为 n 阶实矩阵加群，其中 $M_n(R)$为 n 阶实矩阵的全体，运算+是矩阵的加法。n 阶零矩阵是其单位元，$-M$ 是矩阵 M 的加法逆元。

（4）设 $n\geqslant 2$，$(GL_n(R)，\cdot)$是群，其中 $GL_n(R)$为 n 阶可实逆矩阵的全体，运算$\cdot$是矩阵的乘法。n 阶单位矩阵 I_n 是其单位元，逆矩阵 A^{-1} 是矩阵 A 的逆元。

例 10.3.5　设 $G=\{e\}$，G 对于乘法 $e\circ e=e$ 来说构成一个群。$\overline{G}$={所有奇数}，但$\overline{G}$对于普通乘法来说不构成群，因为任意奇数，在$\overline{G}$中不一定存在单元。

定义 10.3.3　设$(G，\circ)$是一个群，如果 G 是有限集，那么称$(G，\circ)$是有限群，G 中元素的个数通常称为该有限群的阶数，记为$|G|$；如果 G 是无限集，则称$(G，\circ)$是无限群。

可见，整数加群$(Z，+)$、n 阶实矩阵加群$(M_n(R)，+)$都是无限群，而模 n 整数加群$(Z_n，\oplus)$是有限群。

由于群 G 对运算$\circ$满足结合律，因此，在 G 中任意取定 n 个元素 $a_1, a_2, \cdots, a_n$ 后，不管怎样加括号，其结果都是相等的，所以 $a_1\circ a_2\circ\cdots\circ a_n$ 总有意义，它是 G 中一个确定的元素。

任取 $a\in G$，n 是一个正整数，规定：

$$a^0=e,\ a^n=\underbrace{a\circ a\circ\cdots\circ a}_{n\text{个}},\ a^{-n}=(a^{-1})^n=\underbrace{a^{-1}\circ a^{-1}\circ\cdots\circ a^{-1}}_{n\text{个}}。$$

定义 10.3.4 设 a 为群 $(G,\circ)$ 的一个元素，使 $a^n=e$ 的最小正整数 n，叫做元素 a 的阶。

如果这样的 n 不存在，则称 a 的阶为无限（或称是零）。元素 a 的阶常用 $|a|$ 表示。

由此可知，群中单位元的阶是 1，而其他任何元素的阶都大于 1。

例 10.3.6 设 $H=\left\{\begin{pmatrix}1&0\\0&1\end{pmatrix},\begin{pmatrix}-1&0\\0&-1\end{pmatrix},\begin{pmatrix}1&0\\0&-1\end{pmatrix},\begin{pmatrix}-1&0\\0&1\end{pmatrix}\right\}$，试证 H 对矩阵的乘法"·"构成群。

分析：该例需按群的定义逐条验证，为此，最好写出运算表，因为有些条件可以从表中直接看出。

证明

按矩阵乘法列运算表如表 10.6 所示。

表 10.6

·	$\begin{pmatrix}1&0\\0&1\end{pmatrix}$	$\begin{pmatrix}-1&0\\0&-1\end{pmatrix}$	$\begin{pmatrix}1&0\\0&-1\end{pmatrix}$	$\begin{pmatrix}-1&0\\0&1\end{pmatrix}$
$\begin{pmatrix}1&0\\0&1\end{pmatrix}$	$\begin{pmatrix}1&0\\0&1\end{pmatrix}$	$\begin{pmatrix}-1&0\\0&-1\end{pmatrix}$	$\begin{pmatrix}1&0\\0&-1\end{pmatrix}$	$\begin{pmatrix}-1&0\\0&1\end{pmatrix}$
$\begin{pmatrix}-1&0\\0&-1\end{pmatrix}$	$\begin{pmatrix}-1&0\\0&-1\end{pmatrix}$	$\begin{pmatrix}1&0\\0&1\end{pmatrix}$	$\begin{pmatrix}-1&0\\0&1\end{pmatrix}$	$\begin{pmatrix}1&0\\0&-1\end{pmatrix}$
$\begin{pmatrix}1&0\\0&-1\end{pmatrix}$	$\begin{pmatrix}1&0\\0&-1\end{pmatrix}$	$\begin{pmatrix}-1&0\\0&1\end{pmatrix}$	$\begin{pmatrix}1&0\\0&1\end{pmatrix}$	$\begin{pmatrix}-1&0\\0&-1\end{pmatrix}$
$\begin{pmatrix}-1&0\\0&1\end{pmatrix}$	$\begin{pmatrix}-1&0\\0&1\end{pmatrix}$	$\begin{pmatrix}1&0\\0&-1\end{pmatrix}$	$\begin{pmatrix}-1&0\\0&-1\end{pmatrix}$	$\begin{pmatrix}1&0\\0&1\end{pmatrix}$

从表中可以看出：

（1）矩阵乘法是 H 的二元运算，是封闭的；

（2）$\begin{pmatrix}1&0\\0&1\end{pmatrix}$ 为单位元；

（3）每个元素都有逆元，其逆元是其本身。

由线性代数内容可知，矩阵的乘法满足结合律，所以 H 关于矩阵的乘法也满足结合律。综上所述(H，•)是群。

这个群是有限群，其阶是 4。还可以验证$\begin{pmatrix}1 & 0\\0 & 1\end{pmatrix}$的阶是 1，而其他元素的阶都是 2。

现在，可概括一下群、独异点、半群、代数系统之间的关系：

{群}⊂{独异点}⊂{半群}⊂{代数系统}。

10.3.3 群的性质

由群的定义，我们可得到群所具有的一些性质。

性质 1 设(G，∘)是群，对任意 a，$b\in G$ 有

（1）$(a^{-1})^{-1}=a$

（2）$(a\circ b)^{-1}=b^{-1}\circ a^{-1}$

（3）$a^n\circ a^m=a^{n+m}\quad m，n\in Z$

（4）$(a^n)^m=a^{nm}\quad m，n\in Z$

证明

（1）因为 $a\circ a^{-1}=a^{-1}\circ a=e$，据逆元是相互的性质，$a^{-1}$ 的逆元是 a，即$(a^{-1})^{-1}=a$。

（2）$(a\circ b)\circ(b^{-1}\circ a^{-1})=a\circ(b\circ b^{-1})\circ a^{-1}=a\circ e\circ a^{-1}=a\circ a^{-1}=e$。

同理可证，$(b^{-1}\circ a^{-1})\circ(a\circ b)=e$，由逆元定义$(a\circ b)^{-1}=b^{-1}\circ a^{-1}$。

（3）只需考虑 n，m 异号的情况，不妨设 $n<0$，$m>0$，则 $n=-n_1$，$n_1>0$。

$$a^n\circ a^m=a^{-n_1}\circ a^m=\underbrace{a^{-1}\circ\cdots\circ a^{-1}}_{n_1\text{个}}\circ\underbrace{a\circ\cdots\circ a}_{m\text{个}}$$

$$=\begin{cases}a^{m-n_1} & m\geqslant n_1\\ \left(a^{-1}\right)^{n_1-m} & m<n_1\end{cases}$$

$$=a^{n+m}$$

（4）留作练习，自己证明。

性质 2 一个阶大于 1 的群一定没有零元。

证明

设群(G，∘)有零元 θ，单位元 e，则 $\theta\neq e$，否则$|G|=1$ 与已知阶大于 1 矛盾。

对任意 $x\in G$，有

$$x\circ\theta=\theta\circ x=\theta\neq e,$$

因此零元 θ 不存在逆元，这与(G，∘)是群相矛盾，故阶大于 1 的群一定没有零元。

性质 3 （等幂性）群中不存在单位元以外的元素具有等幂性。

证明

使用反证法，假设存在元素 $a\in G$，$a\neq e$，有 $a\circ a=a$，则必有

$$e=a^{-1}\circ a=a^{-1}\circ(a\circ a)=(a^{-1}\circ a)\circ a=e\circ a=a$$

与 $a\neq e$ 矛盾。

性质 4 设$(G,\circ)$是群，对任意 a，$b\in G$，方程 $a\circ x=b$ 和 $y\circ a=b$ 在 G 中有解且有唯一解。

证明

先证存在性，对任意 a，$b\in G$，因为有

$$a\circ(a^{-1}\circ b)=(a\circ a^{-1})\circ b=e\circ b=b,$$

所以 $x=a^{-1}\circ b$，同理可得 $y=b\circ a^{-1}$。

其次证明唯一性：如果方程 $a\circ x=b$ 有另一解 x'，则必有 $a\circ x'=b$。因此

$$x'=e\circ x'=(a\circ a^{-1})\circ x'=a^{-1}\circ(a\circ x')=a^{-1}\circ b=x。$$

同理可证 $y\circ a=b$ 在 G 中有唯一解。

我们也可以利用这条性质来重新定义群。

定理 10.3.2 设$(G,\circ)$是一个代数系统，如果满足下列条件：

（1）运算满足结合律；

（2）如果任意 a，$b\in G$，方程 $a\circ x=b$ 和 $y\circ a=b$ 在 G 内有唯一解。

则$(G,\circ)$是群。

该定理仅供了解，证明从略。

性质 5 （消去律）设$(G,\circ)$是一个群，对任意 a，b，$c\in G$，如果 $a\circ b=a\circ c$ 或 $b\circ a=c\circ a$，那么可得 $b=c$。

证明

设 $a\circ b=a\circ c$，且 a 的逆元是 a^{-1}，则有

$$b=e\circ b=(a^{-1}\circ a)\circ b=a^{-1}\circ(a\circ b)=a^{-1}\circ(a\circ c)=(a^{-1}\circ a)\circ c=e\circ c=c。$$

同理，也可由 $b\circ a=c\circ a$，推得 $b=c$。

10.4 子群

10.4.1 子群

定义 10.4.1 设$(G,\circ)$是一个群，H 是 G 的非空子集，如果 H 对于 G 的运算$\circ$来说构成一个群，则称$(H,\circ)$是$(G,\circ)$的一个子群，简记作 $H\leqslant G$。

例 10.4.1 任意群$(G,\circ)$至少有下面两个子群：

（1）由 G 本身得到的群$(G, \circ)$。

（2）$(\{e\}, \circ)$，其中 e 为群$(G, \circ)$的单位元。

定义 10.4.2 设$(G, \circ)$是群，$(H, \circ)$是$(G, \circ)$的子群，如果 $H=G$ 或 $H=\{e\}$，则称$(H, \circ)$是$(G, \circ)$的平凡子群。

例 10.4.2 设$(Z, +)$是群，其中 Z 为整数集，+为普通加法。Z_0 为全体偶数组成的子集，则$(Z_0, +)$是$(Z, +)$的子群。

证明

由于全体整数对加法满足结合律，所以其部分亦满足，故 Z_0 对“+”满足结合律，又易证 0 是其单位元，对于每个偶数 $2n$，$n\in Z$，都有$-2n\in Z$，使 $2n+(-2n)=0$，即 Z_0 中每个元素都有逆元。故$(Z_0, +)$是$(Z, +)$的子群。

例 10.4.3 $(Z, +)$是$(Q, +)$、$(R, +)$的子群，其中 Z 为整数集，Q 为有理数集，R 为实数集，+为普通加法。

例 10.4.4 例 10.3.6 中，H 是 n 阶实矩阵的集合 $M_n(R)$的子集，且$(H, \cdot)$是群，所以$(H, \cdot)$是$(M_n(R), \cdot)$的子群。

定理 10.4.1 设$(G, \circ)$是群，$(H, \circ)$是$(G, \circ)$的子群，则子群 H 的单位元就是 G 中的单位元，H 中元素 a 在 H 中的逆元就是 a 在 G 中的逆元。

证明

设 e' 是子群$(H, \circ)$的单位元，e 是群 G 的单位元，则

$$e' \circ e' = e' = e' \circ e,$$

由消去律可知，$e'=e$。

同样，若 a' 是 a 在子群$(H, \circ)$中的逆元，a^{-1} 是 a 在群$(G, \circ)$中的逆元，则

$$a' \circ a = e = a^{-1} \circ a,$$

于是由消去律可知，$a'=a^{-1}$。

10.4.2 子群的判定

要看群的一个子集是不是构成一个子群，由下面定理可以判定，而不必再验算群的所有条件。

定理 10.4.2 设$(G, \circ)$是群，H 是 G 的非空子集，则$(H, \circ)$是$(G, \circ)$的子群，当且仅当

（1）$\forall a, b\in H$，有 $a\circ b\in H$；

（2）$\forall a\in H$，有 $a^{-1}\in H$。

证明

必要性是显然的，下面证明充分性。

由（1）知$(H, \circ)$是代数系统。又由于结合律在 G 中成立，故在 H 中自然成

立。H 非空，因此至少有一个元素 $a\in H$。

由（2）可知 $a^{-1}\in H$，所以由（1）得到 $a\circ a^{-1}=e\in H$，即 H 中有单位元 e。由（2）可知 H 中每一元素均有逆元。综上可知 $H\leqslant G$。

实际上，（1）、（2）可以合并为一个条件。

定理 10.4.3 设$(G,\circ)$是群，H 是 G 的非空子集，则$(H,\circ)$是$(G,\circ)$的子群，当且仅当$\forall a, b\in H$，有 $a\circ b^{-1}\in H$。

证明

设 $H\leqslant G$，$\forall a, b\in H$，由定理 10.4.1 可知 $b^{-1}\in H$，从而 $a\circ b^{-1}\in H$。

反之，设当 $a, b\in H$ 时有 $a\circ b^{-1}\in H$。则若 $a\in H$，便有 $a\circ a^{-1}=e\in H$，$e\circ a^{-1}=a^{-1}\in H$。于是当 a，$b\in H$ 时有 a，$b^{-1}\in H$，因此 $a\circ(b^{-1})^{-1}=a\circ b\in H$。故由定理 10.4.1 可知，$H\leqslant G$。

定理 10.4.4 设$(G,\circ)$是群，H 是 G 的有限非空子集，则$(H,\circ)$是$(G,\circ)$的子群，当且仅当$\forall a, b\in H$，有 $a\circ b\in H$。

证明

必要性显然，为证明充分性，只需证明对任意 $a\in H$ 有 $a^{-1}\in H$。

$\forall a\in H$，若 $a=e$ 则显然成立。假若 $a\neq e$，令 $S=\{a, a^2, \cdots, a^k, \cdots\}$，其中规定 $a^n=\underbrace{a\circ a\cdots\circ a}_{n}$，$n\in Z^+$。

由运算封闭性可知 $S\subseteq H$。由于 H 是有限的，必存在 $a^i=a^j$（$i<j$），由消去律得 $a^{j-i}=e$。由于 $a\neq e$，所以 $j-i\neq 1$，即 $j-i>1$，因此 $a^{j-i}=a^{j-i-1}\circ a=e$，即 $a^{-1}=a^{j-i-1}\in H$。

例 10.4.5 设 R 为实数集合，$G=\{(a, b)|a, b\in R$，且 $a\neq b\}$。定义 G 上的运算如下：$\forall(a, b), (c, d)\in G$，$(a, b)*(c, d)=(a\cdot c, b+d)$，其中“•”“+”分别为实数的乘法和加法。

试证明：（1）$(G, *)$是群；

（2）设 $H=\{(1, b)|b\in R\}$，则$(H, *)$是$(G, *)$的子群。

证明

（1）显然运算*是封闭的，即$(G, *)$是代数系统。

$\forall(a, b), (c, d), (e, f)\in G$，有：

$$\begin{aligned}(a, b)*((c, d)*(e, f))&=(a, b)*(c\cdot e, d+f)\\&=(a\cdot c\cdot e, b+d+f)\\&=(a\cdot c, b+d)*(e, f)\\&=((a, b)*(c, d))*(e, f)\end{aligned}$$

故运算*满足结合律。

按运算定义，$\forall(a, b)\in G$，有

$$(a，b)*(1，0)=(1，0)*(a，b)=(a，b)。$$

因此$(1，0)$是$(G，*)$的单位元。又

$$(a，b)*(\frac{1}{a}，-b)=(\frac{1}{a}，-b)*(a，b)=(1，0),$$

所以$(a，b)$有逆元$(\frac{1}{a}，-b)\in G$。综上所述，$(G，*)$是群。

（2）设$H=\{(1，b)|\ b\in R\}$，$\forall(1，a)$，$(1，b)\in H$，有$(1，b)^{-1}=(1，-b)$。因此，

$$(1，a)*(1，b)^{-1}=(1，a)*(1，-b)=(1，a-b)\in H。$$

根据定理 10.4.3 可知：$(H，*)$是$(G，*)$的子群。

10.5　阿贝尔群和循环群

10.5.1　阿贝尔群

定义 10.5.1　如果群$(G，\circ)$中的运算$\circ$满足交换律，即任意 $a,b\in G$ 均有 $a\circ b=b\circ a$，则称该群为阿贝尔（Abel）群，或交换群。

例 10.5.1　$(Z,\cdot)$，$(Q,\cdot)$，$(R,\cdot)$都是阿贝尔群，其中 Z 为整数集，Q 为有理数集，R 为实数集，$\cdot$ 为普通乘法。

例 10.5.2　设 $G=\{e，a，b，c\}$，“$\cdot$”为 G 上的二元运算，它由表 10.7 给出。不难知道，$(G,\cdot)$是一个群，且是一个阿贝尔群。e 为 G 中的单位元，G 中任何元素的逆元就是它自己，称这个群为 Klein 四元群，简称四元群。

表 10.7

$\cdot$	e	a	b	c
e	e	a	b	c
a	a	e	c	b
b	b	c	e	a
c	c	b	a	e

例 10.5.3　试证明如果群$(G，\circ)$的每个元素都满足方程 $x^2=e$，则$(G，\circ)$是阿贝尔群。

证明

$\forall x\in G$，有 $x^2=e$，即 $x\circ x=e$，因此 $x^{-1}=x$。

$\forall a，b\in G$，则 $a\circ b=a^{-1}\circ b^{-1}=(b\circ a)^{-1}=b\circ a$。因此$(G，\circ)$是阿贝尔群。

下面介绍有关阿贝尔群的一些定理。

定理 10.5.1 关于群$(G, \circ)$的下列说法是等价的。

（1）$(G, \circ)$是阿贝尔群；

（2）$\forall a, b \in G$，$(a \circ b)^2 = a^2 \circ b^2$；

（3）$\forall a, b \in G$，$(a \circ b)^{-1} = a^{-1} \circ b^{-1}$；

（4）$\forall a, b \in G$，$(a \circ b)^n = a^n \circ b^n$；

（5）$\forall a, b \in G$，存在 3 个相邻整数 n，使$(a \circ b)^n = a^n \circ b^n$。

证明

（1）⇒（2）

设$(G, \circ)$是阿贝尔群，则对$\forall a, b \in G$，有

$$a \circ b = b \circ a,$$

所以

$$(a \circ b)^2 = a \circ (b \circ a) \circ b = a \circ (a \circ b) \circ b = a^2 \circ b^2。$$

（2）⇒（3）

因为$(a \circ b)^2 = a^2 \circ b^2$，故

$$(a \circ b) \circ (a \circ b) = a \circ b \circ a \circ b = a^2 \circ b^2 = a \circ a \circ b \circ b,$$

由消去律，可得 $b \circ a = a \circ b$。因此$(a \circ b)^{-1} = (b \circ a)^{-1} = a^{-1} \circ b^{-1}$。

（3）⇒（4）

设$\forall a, b \in G$，有$(a \circ b)^{-1} = a^{-1} \circ b^{-1}$，又$(b \circ a)^{-1} = a^{-1} \circ b^{-1}$，因此$(a \circ b)^{-1} = (b \circ a)^{-1}$，根据群的性质$(x^{-1})^{-1} = x$，知 $a \circ b = b \circ a$，故归纳可得$(a \circ b)^n = a^n \circ b^n$。

（4）⇒（5）显然成立。

（5）⇒（1）

设$\forall a, b \in G$，有

$$(a \circ b)^n = a^n \circ b^n，(a \circ b)^{n+1} = a^{n+1} \circ b^{n+1}，(a \circ b)^{n+2} = a^{n+2} \circ b^{n+2},$$

则 $$a^{n+1} \circ b^{n+1} = (a \circ b)^{n+1} = (a \circ b)^n \circ (a \circ b) = a^n \circ b^n \circ a \circ b,$$

由消去律得 $a \circ b^n = b^n \circ a$；

同理 $$a^{n+2} \circ b^{n+2} = (a \circ b)^{n+2} = (a \circ b)^{n+1} \circ (a \circ b) = (a \circ b)^{n+1} \circ a \circ b,$$

由消去律得 $a \circ b^{n+1} = b^{n+1} \circ a$，于是有

$$a \circ b^{n+1} = (a \circ b^n) \circ b = (b^n \circ a) \circ b = b^n \circ a \circ b = b^{n+1} \circ a,$$

由消去律可得 $a \circ b = b \circ a$，因此$(G, \circ)$是阿贝尔群。

注意：显然 $n=0$，1 时总有$(a \circ b)^n = a^n \circ b^n$，故若把 3 个相邻整数换成两个，则由（5）不能推出（1）。

10.5.2 循环群

定义 10.5.2 设$(G, \circ)$是群，若存在元素 $a \in G$，使得 $G = \{a^n | n \in Z\}$，则称该

群为循环群。记作 $G=(a)$，并称元素 a 是循环群$(G, \circ)$的生成元。

例 10.5.4 整数加群$(Z, +)$是循环群，可验证 1 是其生成元。思考：除了元素 1 之外，还有其他的生成元吗？如果有是哪个？0 是什么性质的元素，它是生成元吗?

例 10.5.5 模 n 整数加群$(Z_n, \oplus)$是循环群，其中 $Z_n=\{0, 1, \cdots, n-1\}$，可验证 1 是其生成元。

定理 10.5.2 设 $G=(a)$关于运算$\circ$是无限循环群，则 G 只有两个生成元 a 和 a^{-1}。

证明

由 $G=(a)$，任取 $a^k\in G$，有 $a^k=(a^{-1})^{-k}$，从而 a^{-1} 也是 G 的生成元。

再证明 G 只有 a 和 a^{-1} 这两个生成元。假设 b 也是 G 的生成元，则 $G=(b)$，由 $a\in G$，可知存在整数 s 使得 $a=b^s$，又由 $b\in G=(a)$可知，存在一整数 t 使得 $b=a^t$，从而得到 $a=b^s=(a^t)^s=a^{ts}$。由群的消去律得 $a^{ts-1}=e$。因为 G 是无限群，必有 $ts-1=0$。从而证明 $t=s=1$ 或 $t=s=-1$，即 $b=a$ 或 $b=a^{-1}$。

定理 10.5.3 任何一个循环群必定是阿贝尔群。

证明

设$(G, \circ)$是一个循环群，它的生成元是 a。那么，对于任意的 $x, y\in G$，必有 $m, n\in Z$，使得 $x=a^m$ 和 $y=a^n$。又有 $x\circ y= a^m\circ a^n=a^{m+n}= a^n\circ a^m=y\circ x$，因此，$(G, \circ)$是一个阿贝尔群。

注意：*反之阿贝尔群不一定是循环群。例如，在矩阵乘法下，4 阶阿贝尔群*

$$G=\left\{\begin{pmatrix}1 & 0\\ 0 & 1\end{pmatrix},\begin{pmatrix}-1 & 0\\ 0 & 1\end{pmatrix},\begin{pmatrix}1 & 0\\ 0 & -1\end{pmatrix},\begin{pmatrix}-1 & 0\\ 0 & -1\end{pmatrix}\right\}$$

不是循环群。

定理 10.5.4 循环群的子群必是循环群。

证明

设$(G, \circ)$是一个循环群，它的生成元是 a，$(H, \circ)$是$(G, \circ)$的一个子群。

若 $H=\{e\}$，H 当然是循环群。下面假设 $H\neq\{e\}$。

由于 H 不空，故 H 含有某些 a^k，$k\neq 0$。当 $a^k\in H$，有 $a^{-k}=(a^k)^{-1}\in H$，从而 H 含有 a 的某些正整数幂。令 $A=\{k|k\geqslant 1, k\in Z, a^k\in H\}$，则 A 不空，从而有最小者，设为 m。

任取 $a^s\in H$，令 $s=mq+r$，$0\leqslant r<m$，则由于 a^s，$a^k\in H$，故

$$a^r=a^{s-mq}=a^s\circ(a^m)^{-q}\in H。$$

由于 m 是 A 中最小者，故 $r=0$，从而 $a^s=(a^m)^q$，即$(H, \circ)$也是循环群，a^m 是其生成元。

对于有限循环群，有下面的定理。

定理 10.5.5 设$(G, \circ)$是一个由元素$a \in G$生成的有限循环群。如果G的阶数是n，那么元素a的阶也是n，即$|G|=|a|$，且此时

$$G=\{a, a^2, \cdots, a^{n-1}, a^n=e\}。$$

证明

设元素a的阶是m，则$a, a^2, \cdots, a^m=e$各不相同，否则若有$a^i=a^j$，其中$1 \leqslant i < j \leqslant m$，就有$a^{j-i}=e$，且$1 \leqslant j-i<m$，与$a$的阶是$m$相矛盾。由于$a, a^2, \cdots, a^m$都是$G$中的元素，而$G$有限，因此$m \leqslant n$。

任取$b \in G=(a)$，则存在$k \in Z$，使得$b=a^k$，且$k=mq+r$，其中$q, r \in Z$，$0 \leqslant r < m$，这就有

$$b=a^k=a^{mq+r}=(a^m)^q \circ a^r=a^r。$$

这就导致G中每一个元素都可表示成a^r（$0 \leqslant r < m$），这样，G中最多有m个不同的元素，与$|G|=n$矛盾，所以$m=n$，即元素a的阶是n。

10.6 置换群与伯恩赛德定理

10.6.1 置换群

定义 10.6.1 非空集合A到它自身的映射$f: A \to A$称为A上的一个变换，若f是双射，则称f为A上的一个一一变换。

令$S=\{\psi \mid \psi 是 A 的变换\}$，$\circ$是变换的复合运算，设$\psi_1$，$\psi_2$是$A$的两个变换，那么$\psi_1 \circ \psi_2$也是$A$的一个变换，因此$(S, \circ)$是一个代数系统。

注意： 本节的复合运算均指左复合。

一般说来，$(S, \circ)$不能构成一个群，这是因为有的变换没有逆变换。

定理 10.6.1 设$E(A)$为A上的全体一一变换构成的集合，则$E(A)$关于变换的复合运算构成一个群。

证明比较简单，请读者试证之。

称$E(A)$为A的一一变换群，$E(A)$的子群称为A的变换群。

例 10.6.1 设A是平面内所有点的集合，那么平面绕一个定点的旋转是A的一一变换。设G是所有绕这个定点的旋转组成的集合，$\circ$是变换的复合运算，则$(G, \circ)$是一个变换群。

定义 10.6.2 当A是有限非空集合时，A上的一一变换称为A上的置换。当$|A|=n$时，称A上的置换为n元置换。

集合A的所有n元置换构成的集合记为S_n。根据定理 10.5.5，S_n关于变换的

复合运算∘也构成一个群。

定义 10.6.3 有限非空集合 A 的所有置换构成的集合 S_n，关于变换的复合运算∘构成的群，称为 n 元对称群。$(S_n, \circ)$的子群称为 n 元置换群。

在研究有限集合的置换时，对于有限集合中的元素是什么是无关紧要的。因此，为方便起见，集合中的元素常用数码 1，2，…，n 表示，这样就可以将 A 上的 n 元置换 σ 记作

$$\sigma=\begin{pmatrix} 1 & 2 & \cdots & n \\ \sigma(1) & \sigma(2) & \cdots & \sigma(n) \end{pmatrix}。$$

易见 $\sigma(1)$，$\sigma(2)$，…，$\sigma(n)$恰为 1，2，…，n 的一个排列。由此可知$|S_n|=n!$。

例 10.6.2 设 $A=\{1, 2, 3\}$，则 $S_3=\{\sigma_1, \sigma_2, \cdots, \sigma_6\}$，其中

$$\sigma_1=\begin{pmatrix} 1 & 2 & 3 \\ 1 & 2 & 3 \end{pmatrix}, \sigma_2=\begin{pmatrix} 1 & 2 & 3 \\ 1 & 3 & 2 \end{pmatrix}, \sigma_3=\begin{pmatrix} 1 & 2 & 3 \\ 2 & 1 & 3 \end{pmatrix}$$

$$\sigma_4=\begin{pmatrix} 1 & 2 & 3 \\ 2 & 3 & 1 \end{pmatrix}, \sigma_5=\begin{pmatrix} 1 & 2 & 3 \\ 3 & 1 & 2 \end{pmatrix}, \sigma_6=\begin{pmatrix} 1 & 2 & 3 \\ 3 & 2 & 1 \end{pmatrix}。$$

S_3 的运算表如表 10.8 所示。

表 10.8

∘	σ_1	σ_2	σ_3	σ_4	σ_5	σ_6
σ_1	σ_1	σ_2	σ_3	σ_4	σ_5	σ_6
σ_2	σ_2	σ_1	σ_5	σ_6	σ_3	σ_4
σ_3	σ_3	σ_4	σ_1	σ_2	σ_6	σ_5
σ_4	σ_4	σ_3	σ_6	σ_5	σ_1	σ_2
σ_5	σ_5	σ_6	σ_2	σ_1	σ_4	σ_3
σ_6	σ_6	σ_5	σ_4	σ_3	σ_2	σ_1

易见，$(\{\sigma_1, \sigma_2\}, \circ)$，$(\{\sigma_1, \sigma_3\}, \circ)$，$(\{\sigma_1, \sigma_4\}, \circ)$都是三元对称群$(S_3, \circ)$的子群，即都是 A 上的置换群。

定义 10.6.4 一个置换 σ，如果把数码 i_1 变成 i_2，i_2 变成 i_3，…，i_{k-1} 变成 i_k，又把 i_k 变成 i_1，但别的元素（如果还有的话）都不变，则称 σ 是一个 k-循环对换，简称为 k-循环或循环，并表示成

$$\sigma=(i_1\ i_2 \cdots i_k)=(i_2 i_3 \cdots i_k\ i_1)=\cdots=(i_k\ i_1 \cdots i_{k-1})。$$

例如$\begin{pmatrix} 1 & 2 & 3 \\ 3 & 1 & 2 \end{pmatrix}=(1\ 3\ 2)=(3\ 2\ 1)=(2\ 1\ 3)$。

为方便起见，把恒等置换叫做 1-循环，记为$(1)=(2)=\cdots=(n)$。

2-循环称为对换，无公共元素的循环称为不相连循环。

由置换的定义，可得：

定理 10.6.2 设σ，$\tau\in S_n$，若σ与τ是不相连循环，则$\sigma\circ\tau=\tau\circ\sigma$。

证明

设$\sigma=(i_1i_2\cdots i_k)$与$\tau=(j_1j_2\cdots j_s)$为两个不相连的循环，则由变换的复合运算可知，$\sigma\circ\tau$与$\tau\circ\sigma$都是集合{1，2，…，$n$}上的以下变换：

$i_1\to i_2$，$i_2\to i_3$，…，$i_{k-1}\to i_k$，$i_k\to i_1$，

$j_1\to j_2$，$j_2\to j_3$，…，$j_{k-1}\to j_k$，$j_k\to j_1$，

别的元素不变。

因此，$\sigma\circ\tau=\tau\circ\sigma$。

定理 10.6.3 每个置换都可表示为不相连循环的复合；每个循环都可表示为对换的复合，因此，每个置换都可表示为对换的复合。

证明

（1）任何一个置换都可以把构成一个循环的所有元素按连贯顺序紧靠在一起，而把不变的元素放在最后。例如

$$\begin{pmatrix}1&2&3&4&5&6&7\\2&5&6&4&1&3&7\end{pmatrix}=\begin{pmatrix}1&2&5&3&6&4&7\\2&5&1&6&3&4&7\end{pmatrix}=(1\ 2\ 5)(3\ 6)。$$

一般地，对任意置换σ有

$$\sigma=\begin{pmatrix}i_1i_2\cdots i_k\cdots j_1j_2\cdots j_sa\cdots b\\i_2i_3\cdots i_1\cdots j_2j_3\cdots j_1a\cdots b\end{pmatrix}=(i_1\ i_2\cdots i_k)(j_1j_2\cdots j_s)。$$

（2）由置换的复合可知

$$(i_1\ i_2\cdots i_k)=(i_1\ i_k)(i_1\ i_{k-1})\cdots(i_1\ i_3)(i_1\ i_2),$$

从而定理得证。

应注意，把一个置换表示成对换的复合时，表示法不是唯一的。例如

$$(1\ 3\ 4)=(1\ 4)(3\ 4)(3\ 4)(1\ 3)=(1\ 4)(1\ 3)。$$

用循环和循环的复合来表示置换，在书写时非常方便。

例 10.6.3 S_3的 6 个元素用循环表示出来就是(1)，(1 2)，(1 3)，(2 3)，(1 2 3)，(1 3 2)。

例 10.6.4 S_4的 24 个元素用循环或循环的复合表示出来就是

(1)；

(1 2)，(1 3)，(1 4)，(2 3)，(2 4)，(3 4)；

(1 2 3)，(1 2 4)，(1 3 2)，(1 3 4)，(1 4 2)，(1 4 3)，(2 3 4)，(2 4 3)；

(1 2 3 4)，(1 2 4 3)，(1 3 2 4)，(1 3 4 2)，(1 4 2 3)，(1 4 3 2)；

(1 2)(3 4)，(1 3)(2 4)，(1 4)(2 3)。

*10.6.2 伯恩赛德定理（Burnside）

通过研究发现，在一个置换群$(G, \circ)$中，一个元素 $a \in G$ 被置换成另一元素 $b \in G$ 是一种等价关系。这就是说：

（1）总有 G 的一个置换将 a 置换为它自己 a;

（2）若有置换把 a 映射成 b，就一定也有一置换把 b 映射为 a;

（3）若元素 a 被两个置换相继作用后，先后得到元素 b 和 c，那么一定有一个置换可将 a 直接置换成 c。

有时，需要知道一个等价关系诱导产生的所有等价类。可是当集合含有的元素数量较大时，通过等价关系来寻找等价类的尝试给人带来很大的麻烦，因为这样做的计算工作量相当大。下面给出的定理提供了一个解决这类问题的行之有效的方法。

定理 10.6.4 设 A 是非空集合，$(S_n, \circ)$是 A 上的对称群，又设$(G, \circ)$是 A 的一个置换群，构造 A 上的一个二元关系 $R=\{(a, b)|a, b \in A$，并且存在 $\tau \in G$ 使 $\tau(a)=b\}$，则此二元关系 R 是等价关系，并称该关系为由$(G, \circ)$所诱导的 A 上的等价关系。

证明

（1）自反性，设 $a \in A$，因为单位置换（也即 G 的单位元）$\tau_e \in G$，且 $\tau_e(a)=a$;

（2）对称性，设 a，$b \in A$，并且 $\tau \in G$，使得 $\tau(a)=b$。因为 τ 的逆置换 $\tau^{-1} \in G$，所以 $\tau^{-1}(b)=a$;

（3）传递性，设 a，b，$c \in A$，并且 τ_1，$\tau_2 \in G$，使得 $\tau_1(a)=b$，$\tau_2(b)=c$。因为 $\tau_2 \circ \tau_1 \in G$（群上运算是封闭的），令 $\tau_2 \cdot \tau_1=\tau$，那么 $\tau(a)= \tau_2 \circ \tau_1(a)=\tau_2(\tau_1(a))=\tau_2(b)=c$。

定义 10.6.5 设有集合 A，对任意元素 $a \in A$，若在 A 的一个置换 τ 下 a 并不改变，即 $\tau(a)=a$，则元素 a 叫做置换 τ 下的一个不变元。

例如，在集合 $A=\{1, 2, 3\}$的三元对称群 S_3 中有元素如下：

$$\sigma_1=\begin{pmatrix}1 & 2 & 3\\1 & 2 & 3\end{pmatrix},\ \sigma_2=\begin{pmatrix}1 & 2 & 3\\1 & 3 & 2\end{pmatrix},\ \sigma_3=\begin{pmatrix}1 & 2 & 3\\2 & 1 & 3\end{pmatrix}$$

$$\sigma_4=\begin{pmatrix}1 & 2 & 3\\2 & 3 & 1\end{pmatrix},\ \sigma_5=\begin{pmatrix}1 & 2 & 3\\3 & 1 & 2\end{pmatrix},\ \sigma_6=\begin{pmatrix}1 & 2 & 3\\3 & 2 & 1\end{pmatrix}。$$

通过观察，发现 σ_1 有 3 个不变元；而 σ_2，σ_3，σ_6 有一个不变元；然而 σ_4，σ_5 没有不变元。

置换群可以诱导等价关系，从而诱导等价类；根据前边学过的知识，等价类的数目如何计算呢？下面给出重要定理。

定理 10.6.5 （Burnside 定理）设 R 是非空集合 A 的置换群(G，$\circ$)所诱导的等价关系。R 的等价类的个数 m 等于

$$\frac{1}{|G|}\sum_{\tau\in G}\psi(\tau)$$

其中 $\psi(\tau)$ 表示置换 τ 的不变元的个数。

证明

设 $x\in A$，用 $\eta(x)$ 记群 G 中那些以 x 为不变元的置换的数目。显然，对 A 中每一元素逐一求出 $\eta(x)$ 并相加求和，其值一定等于 G 的每一置换下不变元数目之和，即

$$\sum_{x\in A}\eta(x)=\sum_{\tau\in G}\psi(\tau)$$

设 x，$y\in A$，且 x，y 同属一个等价类，即 xRy。不妨记这个等价类为 $[x]$。我们来证明 G 中恰有 $\eta(x)$ 个置换将 x 置换为 y。

事实上，因 xRy，所以有一个置换 $\tau\in G$，使 $\tau(x)=y$。设 $S=\{\tau_1, \tau_2, \cdots\}$ 是含有不变元 x 的 $\eta(x)$ 个置换，且两两互不相同，那么集合 $T=\{\tau\circ\tau_1, \tau\circ\tau_2, \cdots\}$ 就是将 x 置换成 y 的 $\eta(x)$ 个置换，这些置换互不相同。

因为，若不然，有 $\tau\circ\tau_1=\tau\circ\tau_2$，必有 $\tau_1=\tau_2$ 矛盾。

另外，可证明并不存在不属于集合 T 且 $\tau'(x)=y$ 的置换 τ'。因为若不然，以置换 τ 的逆 τ^{-1} 与之复合成 $\tau^{-1}\circ\tau'$，显然 $\tau^{-1}\circ\tau'$ 是一个以 x 为不变元的置换，于是 $\tau^{-1}\circ\tau'\in S$。但这是不可能的，因为若果真如此，就有 $\tau^{-1}\circ\tau'=\tau'\in T$。矛盾。

假设 x，y，z，…，w 是同属等价类 $[x]$ 的所有元素，现在对 G 的所有置换逐一清点把 x 映射为 x 的置换数目，把 x 映射为 y 的置换数目，……，把 x 映射为 w 的置换数目，并求和。因为上面实际已证明这里每一类置换的数目都恰好是 $\eta(x)$，所以

$$|G|=\eta(x)\cdot|[x]|$$

或者

$$\eta(x)=|G|/|[x]|$$

其中，$|[x]|$ 是等价类 $[x]$ 含有的元素个数。

同理，对等价类 $[x]$ 中的每一元素都有 $\eta(y)=\eta(z)=\cdots=\eta(w)=|G|/|[x]|$

于是

$$\sum_{x\in[x]}\eta(x)=|G|$$

以上这个等式，对 A 的由置换群 G 诱导的每一个等价类都是正确的。所以

$$\sum_{x\in A}\eta(x)=\sum_{\tau\in G}\psi(\tau)=m\cdot|G|$$

这样定理得证。

例 10.6.5 设 $A=\{1，2，3，4\}$的 3 个置换如下：

$$\tau_0=\begin{pmatrix}1&2&3&4\\1&2&3&4\end{pmatrix}，\tau_1=\begin{pmatrix}1&2&3&4\\1&3&4&2\end{pmatrix}，\tau_2=\begin{pmatrix}1&2&3&4\\1&4&2&3\end{pmatrix}。$$

令 $G=\{\tau_0，\tau_1，\tau_2\}$，通过直接验证可知$(G，\circ)$是置换群。试计算由以上置换群诱导的等价关系含有的等价类的数目。

解 计算每一置换的不变元的数目：

$$\sum_{\tau\in G}\psi(\tau)=4+1+1=6$$

现在$|G|=3$，所以等价类的个数是 6/3=2 个。观察可知，这两个等价类分别是$\{2，3，4\}$和$\{1\}$。

例 10.6.6 设有黄、蓝、白三色串珠，用它们穿成 5 粒珠子的手镯。问可以有多少不同颜色组合的手镯？

解 两个手镯，若其中之一在不翻面的情况下，通过旋转而成为与另一个一样的手镯，那么我们自然认为这两个手镯构造是无区别的（或称旋转等价的）。在不考虑旋转等价的情况下，由 5 粒串珠共可穿成 $3^5=243$ 只不同手镯。

设它们组成集合 A，令 $G=\{\tau_0，\tau_1，\tau_2，\tau_3，\tau_4\}$，其中 τ_0 表示每一手镯不作旋转而对应它自己的置换，其他 τ_i，$i=1，2，3，4$ 对应一只手镯按约定的方向（譬如，顺时针方向）旋转 i 粒珠子的位置而得到另一只手镯的置换。可以证明，$(G，\circ)$是 A 上的一个置换群。

因为连续两次旋转（置换的复合）的结果可以用一次旋转来代替，即旋转这种置换在 G 上是封闭的。事实上，$\tau_j\circ\tau_i$（连续转过 i 粒和 j 粒珠子）的效果，与一次转过 $k=(i+j)(\mathrm{mod}\ 5)$粒珠子的置换的效果是一样的。对于对称群$(S_{243}，\circ)$来说，它包含了 243!个置换，除以上 G 所含有的 5 种之外，全部都是不可用旋转实现的（例如纯白的手镯在某些置换下可以映射成全蓝色的手镯）。因为 G 是$(S_{243}，\circ)$的一个有限子集，且旋转置换是封闭的，所以按前面定理可知$(G，\circ)$是一个置换群。

现在，只要求出由 G 诱导的等价类的数目便是不同串珠的数目。因为同一等价类的串珠总可以通过旋转从其中一个重合到另一个上去，且使两手镯重合的珠子是同色的。

按伯恩赛德定理，先求出 G 上不变元的个数：τ_0 有 243 个不变元，τ_1 有 3 个不变元，它们分别对应 3 种纯色的手镯。同样 $\tau_2，\tau_3，\tau_4$ 也各有 3 个这样的不变元。所以最后算出在考虑旋转等价的情况下（即若一个手镯经旋转与另一个完全相同的话，它们就是同一种手镯），有(243+3+3+3+3)/5=51 种不同的手镯。

伯恩赛德定理告诉我们，一个由 A 的置换群$(G,\circ)$所诱导的等价关系，其等价类的数目等于 G 中所有置换的不变元数目之和（两个不同置换下相同的不变元重复计数）与群 G 的阶数$|G|$之商。

10.7　陪集与拉格朗日定理

陪集和指数是群的理论中最基本的概念，它们和群的阶之间有着密切的联系，这就是著名的拉格朗日定理。

10.7.1　陪集

定义 10.7.1　设$(H,\circ)$是群$(G,\circ)$的一个子群，$a\in G$。则称群$(G,\circ)$的子集

$$aH=\{a\circ h|h\in H\}$$

为群$(G,\circ)$关于子群$(H,\circ)$的一个左陪集。而称

$$Ha=\{h\circ a|h\in H\}$$

为群$(G,\circ)$关于子群$(H,\circ)$的一个右陪集。

由此可知，不管是左陪集还是右陪集，它们都是群的一种特殊的子集。

例 10.7.1　设 $H=\{(1),(1\ 2)\}$，$(H,\circ)$是三元对称群$(S_3,\circ)$的子群，则

$$(1\ 3)H=\{(1\ 3),(1\ 2\ 3)\},\ (2\ 3)H=\{(2\ 3),(1\ 3\ 2)\}$$

是子群$(H,\circ)$的两个左陪集，又

$$H(1\ 3)=\{(1\ 3),(1\ 3\ 2)\},\ H(2\ 3)=\{(2\ 3),(1\ 2\ 3)\}$$

是子群$(H,\circ)$的两个右陪集。

从这里看出，左陪集 aH 与右陪集 Ha 一般并不相等。但有时也可能相等，特别是当$(G,\circ)$是阿贝尔群时一定相等。

定理 10.7.1　设$(G,\circ)$是阿贝尔群，$(H,\circ)$是$(G,\circ)$的子群，对任意元素 $a\in G$，则有 $aH=Ha$，即左右陪集相等。

证明

任取元素 $a\circ h\in aH$，$h\in H$，显然 $a\circ h\in G$。

因为$(G,\circ)$是阿贝尔群，运算$\circ$满足交换律，所以 $a\circ h=h\circ a$。根据右陪集 Ha 的定义，$h\circ a\in Ha$，因此 $aH\subseteq Ha$。类似可证 $Ha\subseteq aH$，故 $aH=Ha$。

下面给出左陪集的性质。

定理 10.7.2　设$(G,\circ)$是群，$(H,\circ)$是$(G,\circ)$的子群，则

（1）$\forall a\in G$，有 $a\in aH$；

（2）$a\in H\Leftrightarrow aH=H$；

（3）$\forall a,b\in G$ 有 $b\in aH\Leftrightarrow aH=bH\Leftrightarrow a^{-1}\circ b\in H$（或 $b^{-1}\circ a\in H$）；

（4）$\forall a, b\in G$，若 $aH\cap bH\neq\varnothing$，则 $aH=bH$。

证明

（1）因为 $a=a\circ e\in aH$。

（2）设 $aH=H$，则由（1）可知，$a\in aH$，故 $a\in H$。

反之，设 $a\in H$，任取 $a\circ h\in aH$，$h\in H$，但$(H, \circ)$是子群，故 $a\circ h\in H$。从而 $aH\subseteq H$；又任取 $h\in H$，由$(H, \circ)$是子群可得 $a^{-1}\in H$，故 $a^{-1}\circ h\in H$。因此 $h=a\circ(a^{-1}\circ h)\in H$，从而又有 $H\subseteq aH$。故 $aH=H$。

（3）先证 $b\in aH\Rightarrow aH=bH$。

由 $b\in aH$，必存在 $h\in H$，使得 $b=a\circ h$，则由（1）可得

$$bH=(a\circ h)H=a(hH)=aH。$$

反之，设 $aH=bH$，则由（1）可知 $b\in bH$，故 $b\in aH$。

再证 $aH=bH\Rightarrow a^{-1}\circ b\in H$。

设 $aH=bH$，则 $b\in aH$，必存在 $h\in H$ 使得 $b= a\circ h$，从而

$$a^{-1}\circ b=h\in H，类似可证 b^{-1}\circ a\in H。$$

反之，设 $a^{-1}\circ b\in H$，则存在 $h\in H$ 使得 $a^{-1}\circ b= h$，从而 $b= a\circ h\in aH$。

由前面的结论可知 $aH=bH$。

（4）设 $c\in aH\cap bH$，则 $c\in aH$，$c\in bH$，于是由（3）知

$$aH=bH=cH。$$

注意：（4）说明对任意两个左陪集来说，要么相等，要么无公共元素（即其交集为空集）。这样，群$(G, \circ)$中每个元素必属于一个左陪集（即（1）），而且不能属于不同的左陪集（即（4））。因此，G 的全体不同的左陪集构成群$(G, \circ)$的元素的一个分类，而且两个元素 a 与 b 同在一类当且仅当 $a^{-1}\circ b\in H$。这样，$\bigcup\limits_{a\in G} aH = G$。

类似也可得到右陪集的性质，但应注意，性质（3）对于右陪集应改为

（3′）$\forall a, b\in G$ 有 $b\in Ha\Leftrightarrow Ha=Hb\Leftrightarrow a\circ b^{-1}\in H$（或 $b\circ a^{-1}\in H$）。

10.7.2 正规子群和商群

从上面的内容可知，对于群$(G, \circ)$的一个子群$(H, \circ)$来说，左陪集 aH 不一定与右陪集 Ha 相等，但也有一些子群对 G 中任意元素 a 都有 $aH=Ha$。具有这种性质的子群，在群论的研究中特别重要。

定义 10.7.2 设$(H, \circ)$是群$(G, \circ)$的一个子群，若对任意 $a\in G$，都由 $aH=Ha$，则称$(H, \circ)$是群$(G, \circ)$的正规子群（或不变子群），记作 $H\trianglelefteq G$。

就是说，正规子群的任何一个左陪集都是一个右陪集，因此可简称为陪集。

例 10.7.2 阿贝尔群的所有子群都是正规子群。

例 10.7.3 三元对称群(S_3，∘)有三个正规子群：({(1)}，∘)，({(1)，(1 2 3)，(1 3 2)}，∘)和(S_3，∘)，其余 3 个子群({(1)，(1 2)}，∘)，({(1)，(1 3)}，∘)和({(1)，(2 3)}，∘)都不是正规子群。

下面给出关于正规子群的判定定理。

定理 10.7.3 设(H，∘)是群(G，∘)的一个子群，则(H，∘)是(G，∘)的正规子群的充要条件是：对于任意的 $a\in G$，$h\in H$，有 $a\circ h\circ a^{-1}\in H$。

证明

先证必要性。任意 $h\circ a\in Ha$，$a\in G$，$h\in H$，则 $a^{-1}\in G$，于是有 $a^{-1}\circ h\circ(a^{-1})^{-1}\in H$，即 $a^{-1}\circ h\circ a\in H$。所以必存在 $h_1\in H$，使得 $h_1=a^{-1}\circ h\circ a$，从而 $h\circ a=a\circ h_1\in aH$。故有 $Ha\subseteq aH$。

同理对于 $a\circ h\in aH$，因为 $a\circ h\circ a^{-1}\in H$，所以必存在 $h_2\in H$，使得 $h_2=a\circ h\circ a^{-1}$，从而 $a\circ h=h_2\circ a\in Ha$。故有 $aH\subseteq Ha$。

综上所述，$aH=Ha$，从而(H，∘)是(G，∘)的正规子群。

再证充分性。

因为(H，∘)是(G，∘)的正规子群，故对于任意 $a\in G$，有 $aH=Ha$，所以对任意的 $a\circ h\in aH$，必存在 $h_1\in H$，使得 $a\circ h=h_1\circ a$，因此对于任意 $a\in G$，$h\in H$，有 $a\circ h\circ a^{-1}=h_1\circ a\circ a^{-1}=h_1\in H$。

例 10.7.4 设($GLn(R)$，·)是 $n(n\geqslant 2)$阶实可逆矩阵的全体关于矩阵的乘法作成的群，$H=\{A\in GLn(R)||A|=1\}$，试证(H，·)是($GLn(R)$，·)的正规子群。

证明

$\forall A$，$B\in H$，则$|A|=|B|=1$。从而有

$$|A\cdot B^{-1}|=|A|\cdot|B^{-1}|=1,$$

故 $A\cdot B^{-1}\in H$，因此(H，·)是($GLn(R)$，·)的子群。

$\forall M\in GLn(R)$，$\forall A\in H$，则有$|A|=1$。由于

$$|M\cdot A\cdot M^{-1}|=|M|\cdot|A|\cdot|M^{-1}|=|M|\cdot|A|\cdot|M|^{-1}=|M|\cdot|M|^{-1}\cdot|A|=1$$

故(H，·)是($GLn(R)$，·)的正规子群。

设(G，∘)是一个群，(H，∘)是(G，∘)的正规子群。我们用 G/H 来表示 H 的全体陪集组成的集合称为商集，即 $G/H=\{aH|a\in G\}$。在商集 G/H 中规定：$\forall aH$，$bH\in G/H$ 有 $aH\cdot bH=(a\circ b)H$。

那么，这样定义的乘法是否是 G/H 上的二元运算呢？如果是 G/H 上的二元运算，显然(G/H，·)就是一个代数系统。易证定义的乘法确实是 G/H 上的二元运算。请读者试证之。

定理 10.7.4 设(H，∘)是(G，∘)的正规子群，则代数系统(G/H，·)是群。

证明

逐条验证群定义中的3个条件。

（1）运算满足结合律，任取aH，bH，$cH\in G/H$，有

$$(aH\cdot bH)\cdot cH=(a\circ b)H\cdot cH=((a\circ b)\circ c)H=(a\circ b\circ c)H$$

$$aH\cdot(bH\cdot cH)=aH\cdot(b\circ c)H=(a\circ(b\circ c))H=(a\circ b\circ c)H$$

所以$(aH\cdot bH)\cdot cH=aH\cdot(bH\cdot cH)$

（2）存在单位元。事实上$H=eH$就是单位元，因为对任意$aH\in G/H$，都有$eH\cdot aH=(e\circ a)H=aH$。

（3）每个元素都有逆元。事实上，对任意$aH\in G/H$，有$a^{-1}H\in G/H$，使得

$$aH\cdot a^{-1}H=(a\circ a^{-1})H=eH=(a^{-1}\circ a)H=a^{-1}H\cdot aH。$$

综上所述，$(G/H,\cdot)$是群。

定义 10.7.3 设$(H,\circ)$是$(G,\circ)$的正规子群，则称群$(G/H,\cdot)$为G关于H的商群，简称为商群。

例 10.7.5 $(\{(1),(1\ 2\ 3),(1\ 3\ 2)\},\circ)$是三元对称群$(S_3,\circ)$的正规子群，令

$$H=\{(1),(1\ 2\ 3),(1\ 3\ 2)\},$$

则商群$S_3/H=\{(1)H,(1\ 2)H\}$，其运算表如表10.9所示。

表 10.9

$\cdot$	$(1)H$	$(1\ 2)H$
$(1)H$	$(1)H$	$(1\ 2)H$
$(1\ 2)H$	$(1\ 2)H$	$(1)H$

10.7.3 拉格朗日定理

从前面已经知道，对一个群$(G,\circ)$的子群$(H,\circ)$，可以用G中的元素来生成左陪集和右陪集，并且，不同的元素可以构成相同的陪集。那么，H的左陪集的个数与右陪集的个数是否相等呢？带着这个问题，我们看一下下面的定理。

定理 10.7.5 设$(H,\circ)$是群$(G,\circ)$的一个子群，令

$$L=\{aH|a\in G\},\ R=\{Ha|\ a\in G\},$$

则在L与R之间存在双射，左、右陪集的个数或者都无限或者有限且个数相等。

证明

在L与R之间建立映射：

$$\varphi：aH\rightarrow Ha^{-1}。$$

如果$aH=bH$，则$a^{-1}\circ b\in H$，即$a^{-1}\circ(b^{-1})^{-1}\in H$，故由定理10.7.2性质（3′）可知，$Ha^{-1}=Hb^{-1}$；反之，若$Ha=Hb$，可同样推出$a^{-1}H=b^{-1}H$。即$\varphi$为双方单值，从

而为双射。

定义 10.7.4 群$(G, \circ)$中关于子群$(H, \circ)$的左陪集个数（或右陪集个数）叫做H在G中的指数，记作$[G:H]$。

例如，在例 10.7.5 中有$[S_3:H]=2$。

定理 10.7.6 （Lagrange 定理）设$(H, \circ)$是有限群$(G, \circ)$的子群，则

$$|G|=|H|\cdot[G:H]。$$

证明

设$[G:H]=r$，且$G=a_1H\cup a_2H\cup\cdots\cup a_rH$，其中$a_1, a_2, \cdots, a_r$分别为$H$的 r 个陪集的代表元素。由定理 10.7.2（4）可知，$a_1H, a_2H, \cdots, a_rH$两两不相交。易知

$$\varphi: a_ih\to a_jh(h\in H)$$

是左陪集a_iH与a_jH的一个双射，从而$|a_iH|=|a_jH|$。于是$|a_1H|=\cdots=|a_rH|=|H|$。进而

$$|G|=|a_1H|+|a_2H|+\cdots+|a_rH|=|H|+|H|+\cdots+|H|=r|H|=[G:H]\cdot|H|。$$

根据拉格朗日定理，可得到以下几个推论。

推论 1 有限群中每个元素的阶都整除群的阶。

证明

设a是有限群$(G, \circ)$的一个n阶元素，令$H=\{e, a, \cdots, a^{n-1}\}$，则$(H, \circ)$是$(G, \circ)$的一个子群。由拉格朗日定理知$n\,\|G|$。

推论 2 阶为素数的群是循环群。

证明

设群$(G, \circ)$的阶为p，p是素数。由$p\geqslant 2$，G中必存在$a\in G$，$a\neq e$。

令$H=(a)$，则$(H, \circ)$是$(G, \circ)$的子群。根据拉格朗日定理知$|H|\,\big|\,|G|=p$，故$|H|=1$或$|H|=p$。

若$|H|=1$，则由$e\in H$可知$a=e$，与$a\neq e$矛盾，所以$|H|=p$。又由于$|G|=p$，必有$H=G$，从而$(G, \circ)$是循环群。

10.8 群的同态与同构

现在来研究两个群之间的关系。对于两个集合来说，它们之间的关系，当然就是指它们之间有些什么样的映射。然而对于群$(G_1, \circ)$和群$(G_2, *)$而言，我们只对G_1和G_2之间那些保持运算的映射感兴趣。

定义 10.8.1 设$(G_1, \circ)$和$(G_2, *)$是群，令$\varphi: G_1\to G_2$，若任意$a, b\in G$，都有

$$\varphi(a\circ b)=\varphi(a)*\varphi(b),$$

则称φ是群$(G_1, \circ)$到群$(G_2, *)$的一个同态映射，简称同态。

当φ又是单射时，称φ为单同态。

当φ是满射时，称φ为满同态，同时称群$(G_1, \circ)$与群$(G_2, *)$同态，记作 $G_1 \overset{\varphi}{\sim} G_2$，或简记为 $G_1 \sim G_2$。

当φ是一个双射时，称φ为同构，同时称群$(G_1, \circ)$与群$(G_2, *)$同构，记作 $G_1 \overset{\varphi}{\cong} G_2$，或简记为 $G_1 \cong G_2$。

例 10.8.1 设$(\mathrm{GLn}(R), \cdot)$是$n(n \geqslant 2)$阶实可逆矩阵的全体关于矩阵的乘法作成的群，$(R^*, \cdot)$是非零实数全体关于数的乘法作成的群。

（1）令φ: $\mathrm{GLn}(R) \to R^*$

$$A \mapsto |A| \text{（矩阵 } A \text{ 的行列式）}$$

易证，φ是一个满射，并保持运算$\varphi(A \cdot B)=|A \cdot B|=|A| \cdot |B|= \varphi(A) \cdot \varphi(B)$，故$\varphi$是一个满同态。

（2）令ψ：$R^* \to \mathrm{GLn}(R)$

$$r \mapsto rI_n \text{（} I_n \text{ 是 } n \text{ 阶单位矩阵）}$$

易证，ψ是一个单射，并保持运算，故ψ是一个单同态。

定义 10.8.2 设φ是群$(G_1, \circ)$到群$(G_2, *)$的同态，令

$$I_m \varphi = \{ \varphi(g) | g \in G_1 \},$$

称之为φ的象，或群$(G_1, \circ)$的同态象。令

$$\mathrm{Ker}\ \varphi = \{x \in G_1 | \varphi(x)=e_2, e_2 \text{ 是 } G_2 \text{ 中的单位元}\},$$

称之为φ的核。

显然，$I_m \varphi \subseteq G_2$，$\mathrm{Ker}\ \varphi \subseteq G_1$。

下面来考虑群同态的性质。

定理 10.8.1 设φ是群$(G_1, \circ)$到群$(G_2, *)$的同态，则有

（1）$\varphi(e_1)=e_2$，其中 e_1 和 e_2 分别为 G_1 和 G_2 的单位元。

（2）$\varphi(a^{-1})= \varphi(a)^{-1}$，$\forall a \in G_1$。

证明

（1）由 $e_2 * \varphi(e_1)= \varphi(e_1)= \varphi(e_1 \circ e_1)= \varphi(e_1) \circ \varphi(e_1)$，消去$\varphi(e_1)$便得 $e_2= \varphi(e_1)$。

（2）由 $e_2= \varphi(e_1)=\varphi(a \circ a^{-1})= \varphi(a) * \varphi(a^{-1})$

$$e_2= \varphi(e_1)=\varphi(a^{-1} \circ a)=\varphi(a^{-1}) * \varphi(a)$$

可知$\varphi(a^{-1})$是$\varphi(a)$的逆元，根据逆元的唯一性得$\varphi(a^{-1})= \varphi(a)^{-1}$。

定理 10.8.2 设φ是群$(G_1, \circ)$到群$(G_2, *)$的同态，则有

（1）$(I_m \varphi, *)$是群$(G_2, *)$的子群。

（2）$(\mathrm{Ker}\ \varphi, \circ)$是群$(G_1, \circ)$的正规子群。

证明

（1）由$\varphi(e_1)=e_2 \in I_m \varphi$可知，$I_m \varphi$是 G_2 的非空子集。

任取 h_1，$h_2 \in I_m\ \varphi=\{\varphi(g)|g\in G\}$，则必存在 g_1，$g_2\in G_1$，使得

$$h_1=\varphi(g_1)，h_2=\varphi(g_2)。$$

这时

$$h_1 * h_2^{-1}=\varphi(g_1) * \varphi(g_2)^{-1}=\varphi(g_1) * \varphi(g_2^{-1})=\varphi(g_1\circ g_2^{-1})\in I_m\ \varphi,$$

因此$(I_m\ \varphi，*)$是群$(G_2，*)$的子群。

（2）由于 $e_1\in \mathrm{Ker}\ \varphi$，故 $\mathrm{Ker}\ \varphi$是 G_1 的非空子集。

任取 g_1，$g_2\in \mathrm{Ker}\ \varphi$，则由 $\mathrm{Ker}\ \varphi$的定义可知

$$\varphi(g_1)=\varphi(g_2)=e_2。$$

因此，

$$\varphi(g_1\circ g_2^{-1})=\varphi(g_1) * \varphi(g_2^{-1})=\varphi(g_1) * \varphi(g_2)^{-1}=e_2 * e_2^{-1}=e_2,$$

所以 $g_1\circ g_2^{-1}\in \mathrm{Ker}\ \varphi$，从而$(\mathrm{Ker}\ \varphi，\circ)$是群$(G_1，\circ)$的子群；

再任取 $a\in G_1$，则有

$$\varphi(a\circ g_1\circ a^{-1})=\varphi(a) * \varphi(g_1) * \varphi(a^{-1})=\varphi(a) * e_2 * \varphi(a^{-1})=\varphi(a) * \varphi(a)^{-1}=e_2,$$

所以 $a\circ g_1\circ a^{-1}\in \mathrm{Ker}\ \varphi$，故$(\mathrm{Ker}\ \varphi，\circ)$是群$(G_1，\circ)$的正规子群。

下面来介绍群的同态定理。

定理 10.8.3　（群的同态基本定理）

（1）若群$(H，\circ)$是群$(G，\circ)$的正规子群，则 $G\sim G/H$，即任何群均与其商群同态，且其同态核为 H。

（2）设φ是群$(G，\circ)$到群$(\overline{G}，*)$的满同态，且 $H=\mathrm{Ker}\ \varphi$，则 $G/H\cong \overline{G}$。

证明

（1）在群$(G，\circ)$与商群 G/H 间建立映射：

$$\varphi:\ G\rightarrow G/H$$
$$g\ \mapsto gH$$

这显然φ是 G 到 G/H 的一个满射。

又任取 g_1，$g_2\in G$，则有

$$\varphi(g_1\circ g_2)=(g_1\circ g_2)H=g_1H\cdot g_2H=\varphi(g_1)\cdot\varphi(g_2),$$

则φ是 G 到 G/H 的一个同态满射，故 $G\sim G/H$。

由于 H 是商群 G/H 的单位元，所以 $\mathrm{Ker}\ \varphi=H$。

称$(G，\circ)$到商群$(G/H，\cdot)$的这个同态满射为$(G，\circ)$到商群$(G/H，\cdot)$的自然同态。

（2）令 $H=\mathrm{Ker}\ \varphi$，由定理 10.8.2（2）可知 $\mathrm{Ker}\ \varphi \trianglelefteq G$。设

$$\theta:\ G/H\rightarrow \overline{G}$$
$$gH\mapsto \varphi(g)。$$

首先验证 θ 是集 G/H 到 $\overline{G}$ 的一个映射：若 $g_1H=g_2H$，g_1，$g_2\in G$，则

$$g_1^{-1}\circ g_2\in H=\mathrm{Ker}\ \varphi,$$

即

$$\varphi(g_1^{-1}\circ g_2)=\bar{e}\text{，其中}\bar{e}\text{是}(\overline{G}\text{，}*)\text{的单位元，}$$

又由φ同态可知，

$$\varphi(g_1^{-1}*g_2)=\varphi(g_1^{-1})*\varphi(g_2)=\varphi(g_1)^{-1}*\varphi(g_2),$$

故$\varphi(g_1)=\varphi(g_2)$。即 gH 的象与 gH 的代表 g 的选择无关，所以θ是 G/H 到$\overline{G}$ 的一个映射。

再证θ是满射，任取$\bar{g}\in\overline{G}$，由于φ是满射，故有 $g\in G$ 使$\varphi(g)=\bar{g}$。从而有

$$gH\in G/H\text{，使}\theta(gH)=\theta(g)=\bar{g}\text{，}$$

即θ是满射。

然后证θ是单射，即要证：若$\varphi(g_1)=\varphi(g_2)$，则 $g_1H=g_2H$。由于

$$\varphi(g_1^{-1}\circ g_2)=\varphi(g_1^{-1})*\varphi(g_2)=\varphi(g_1)^{-1}*\varphi(g_2)=\varphi(g_1)^{-1}*\varphi(g_1)=\bar{e},$$

故 $g_1^{-1}\circ g_2\in\text{Ker }\varphi=H$，从而据定理 10.7.2（3）可知 $g_1H=g_2H$。

因此θ是 G/H 到$\overline{G}$ 的一个双射。

又由于

$$\theta(g_1H\cdot g_2H)=\theta(g_1\circ g_2H)=\varphi(g_1\circ g_2)=\varphi(g_1)*\varphi(g_2)=\theta(g_1H)*\theta(g_2H),$$

即θ保持运算，所以θ为同构映射，从而 $G/H\cong\overline{G}$。

本章小结

本章从二元运算的概念开始介绍，由浅入深地逐步引入了代数结构的相关知识。首先介绍了代数系统的概念，在此基础上进一步介绍了半群和独异点、群和子群的概念和性质、阿贝尔群和循环群以及置换群和陪集、正规子群、商群的概念，并重点介绍了拉格朗日定理，最后引入群的同态与同构的概念。通过本章的学习，能够对后续课程的学习打下很好的基础。

习题10

1．设 Z^+为正整数集，定义几个运算：

（1）$a*b=\max(a，b)$；

（2）$a*b$=大于等于 ab 的最小整数；

（3）$a*b=\gcd(a，b)$，a 与 b 的最大公因数；

（4）$a*b=\text{lcm}(a，b)$，a 与 b 的最小公倍数；

（5）$a*b=\ln a+\ln b$；

（6）$a*b=a-b$。

试问这几个运算是否为 Z^+上的二元运算？是否满足结合律？交换律？幂等律？哪一种运算在 Z^+上有单位元？若有，单位元是什么？是否存在零元？若有是什么？

2．定义 Z^+（正整数集）上两个运算 * 和 △，定义规则如下：对于任意的 x，$y \in Z^+$，有 $a * b = a^b$ 和 $a \triangle b = a \cdot b$（·是普通乘法）

试判断运算 * 对△是否可分配，如果是，给出证明；如果不是，给出原因。

3．设 X 表示任意集合，$P(X)$是其幂集，试求出半群$(P(X), \cap)$和$(P(X), \cup)$的所有零元，并判断它们是独异点吗？说明原因。

4．设$(S, *)$是一个半群，对于 $a \in S$，在 S 上定义二元运算△，对于任意的 m，$n \in S$，都有

$$m \triangle n = m * a * n$$

试证明：二元运算△是可结合的。

5．设 θ_l 是半群$(S, *)$的左零元，试证对任一 $x \in S$，$\theta_l * x$ 和 $x * \theta_l$ 也是左零元。

6．设$(\{a, b\}, *)$是一个半群，有 $a*a=b$。证明：

（1）$a*b=b*a$。

（2）$b*b=b$。

7．设$(X, *)$是交换半群，证明如果 $a*a=a$，$b*b=b$，则$(a*b)*(a*b)=a*b$。

8．设$(X, *)$是一个有限半群，证明该半群必有元素 a，使 $a*a=a$。

9．设 Z^+为正整数集，并规定 $a \circ b = a+b+ab$(a，$b \in Z^+$)，问：Z^+对所给的运算∘能否组成群？

10．设 $G=\{(a,b)|a,b$ 为实数且 $a \neq 0\}$，并规定$(a, b) \circ (c, d) = (ac, ad+b)$。证明：$G$ 对所规定的运算∘组成一个群。

11．令 $G=\{e, a, b\}$，且 G 有乘法表如下：

	e	a	b
e	e	a	b
a	a	b	e
b	b	e	a

证明：G 对此乘法组成一个群。

12．证明：有单位元且适合消去律的半群一定是群。

13．试证：独异点的所有有逆元的元素的集合，连同独异点上的运算构成一个群。

14．若$(G, *)$和$(H, *)$都是群$(X, *)$的子群，那么$(G \cup H, *)$是否一定也是$(X, *)$的子群？请说明理由。

15．设$(G, *)$是群，对任一个 $a \in G$，令

$$H=\{y|y*a=a*y, y \in G\}$$

证明：$(H, *)$是$(G, *)$的子群。

16．设$(G, *)$和$(H, \triangle)$是两个群，定义它们的笛卡尔积为代数系统$\langle G \times H, \cdot \rangle$，在这里·是 $G \times H$ 上的二元运算，它使任何$\langle x, y \rangle$，$\langle u, v \rangle \in G \times H$ 有

$$\langle x, y\rangle \cdot \langle u, v\rangle = \langle x*u, y \triangle v\rangle$$

证明：$(G\times H, \cdot)$是一个群。

17．设$(G, \circ)$是群，证明：对任意a，$b\in G$有$(a^n)^m=a^{nm}$，其中m，$n\in Z$。

18．设$(G, *)$是一个群，$|G|$是偶数，证明有一个$a\in G$，它的逆元是其自身，且a不是幺元。

19．设$(H, *)$和$(G, *)$都是群$(S, *)$的子群，令

$$HG=\{h*g \mid h\in H, g\in G\}$$

证明：$(HG, *)$是S的子群的充分必要条件是$HG=GH$。

20．设$(G, *)$是一个群，且存在$a\in G$使得

$$G=\{ a^k \mid k\in Z\}$$

证明：$(G, *)$是阿贝尔群。

21．证明：阶是素数的群必是循环群。

22．设$(G_1, \circ)$是循环群，φ是群$(G_1, \circ)$到群$(G_2, *)$的一个同态映射，证明：$(\varphi(G_1), *)$也是循环群。

23．设$\sigma=(1\quad 3\quad 2)$，$\tau=(1\quad 3)(2\quad 4)$。求$\sigma\circ\tau\circ\sigma^{-1}$和$\sigma^{-1}\circ\tau\circ\sigma$。

24．在S_5中设

$$\sigma=\begin{pmatrix}1 & 2 & 3 & 4 & 5\\ 5 & 3 & 2 & 1 & 4\end{pmatrix},\quad \tau=\begin{pmatrix}1 & 2 & 3 & 4 & 5\\ 4 & 3 & 1 & 5 & 2\end{pmatrix}$$

计算：

（1）$\sigma\circ\tau$，$\tau\circ\sigma$，σ^{-1}，τ^{-1}；

（2）将σ和τ分别表示成不相连的循环之积；

（3）将σ和τ分别表示成对换之积。

25．求解下列问题。

（1）用4种不同颜色中的一种或几种来涂一根6节的棍子，问有多少种不同的涂法？

（2）对2×2的棋盘，用白色或黑色涂在每个方格内，在考虑旋转等价的条件下，试确定每个格内涂上颜色的不同棋盘的数目。对于4×4的棋盘呢？

26．正六面体的6个面分别用红、蓝两种颜色着色，问有多少种不同方案？

27．证明：6阶群一定含有3阶元。

28．证明：每个阶小于6的群都是阿贝尔群。

29．证明：6阶群若不是循环群就同构于S_3。

30．设$(H, \circ)$是$(G, \circ)$的一个子群，若$[G:H]=2$，则$(H, \circ)$是群$(G, \circ)$的正规子群。

31．设$(G, \circ)$是一个阿贝尔群，其中$G=\{e, a_1, a_2, \cdots, a_{2n}\}$，$n$为正整数。证明：

$$a_1\circ a_2\circ\cdots\circ a_{2n}=e。$$

32．设$(G, \circ)$是一个有限阿贝尔群。如果G除了两个平凡子群外不再含有其他正规子群，则称G为单群。证明：当且仅当G的阶为素数，G为单群。

33．设 f 是群$(X, *)$到群$(Y, \triangle)$的同态映射，h 是群$(Y, \triangle)$到群$(Z, ◎)$的同态映射，证明 $h\circ f$ 是$(X, *)$到$(Z, ◎)$的同态映射。

34．设 f 是群$(X, *)$到群$(Y, \triangle)$的同构映射，证明：f^{-1} 是群$(Y, \triangle)$到群$(X, *)$的同构映射。

第 11 章　格与布尔代数

本章将介绍另外两个代数系统——格和布尔代数。格论大体形成于 20 世纪 30 年代，它是数学的一个分支，不仅在近代解析几何中有重要的作用，而且在计算机科学领域也有一定的用途；布尔代数是乔治·布尔（George Boole）于 1854 年提出的一种抽象代数系统，主要是研究和逻辑集合等运算有关的知识，在计算机科学理论中有着广泛的应用。

通过本章的学习，读者应掌握如下内容：

- 掌握格的定义和性质
- 掌握模格、分配格与有补格的概念和性质
- 掌握布尔代数的概念和性质
- 掌握布尔表达式的概念和性质，并掌握同构的概念及其判定

11.1　格的定义和性质

11.1.1　格的定义

在集合论中，已经学习了集合 S 上的偏序关系$\preccurlyeq$，偏序关系虽具有自反性、传递性和反对称性，但偏序集$(S, \preccurlyeq)$的任一子集 X，却未必一定存在上确界或下确界，只有一些特殊的偏序集才拥有此性质。本章所要学习的格的概念就是基于这一类偏序集的。

定义 11.1.1　设$(S, \preccurlyeq)$是一个偏序集，如果 S 中任意两个元素都有上确界（最小上界）和下确界（最大下界），则称$(S, \preccurlyeq)$为格。

把 S 中元素 a 和 b 的上确界和下确界，分别记为：$a \vee b$ 和 $a \wedge b$，即

$$a \vee b=\sup\{a, b\}, a \wedge b=\inf\{a, b\}。$$

$a \vee b$ 读作 a 并 b，$a \wedge b$ 读作 a 交 b。

例 11.1.1 正整数集合上整除关系就是一个偏序关系，对于正整数集合上的任意两个元素 a，b，一定有上确界和下确界。事实上，

$$a \vee b=[a,\ b],\ a \wedge b=(a,\ b),$$

其中，$[a,\ b]$、$(a,\ b)$分别为 a 与 b 的最小公倍数和最大公因数。这样正整数集合关于整除关系构成格。

例 11.1.2 设 S 是一个集合，$P(S)$是 S 的幂集，即 $P(S)$是由 S 的所有子集组成的集合，则 $P(S)$关于集合的包含关系构成一个格，称为 S 的幂集格。对于任意的 A，$B \in P(S)$，

$$A \vee B=A \cup B,\ A \wedge B=A \cap B,$$

其中$\cup$和$\cap$分别为集合的并与交。

当 S 是无限集时，令 $P_f(S)$是由 S 的所有有限子集组成的集合，则 $P_f(S)$关于集合的包含关系仍构成一个格。

例 11.1.3 设 V 是域 F 上的一个向量空间，维数可以有限也可以无限。令 $L(V)$是 V 的所有子空间组成的集合，则 $L(V)$关于集合的包含关系构成一个格。对于任意的 A，$B \in L(V)$，子空间 $A \cap B$ 是 A 与 B 的下确界 $A \wedge B$，由子集 $A \cup B$ 生成的子空间（包含 $A \cup B$ 的所有子空间的交）是 A 与 B 的上确界 $A \vee B$。

11.1.2 格的对偶原理

首先给出格中的对偶的概念。

定义 11.1.2 设$(S,\ \preccurlyeq)$是格，将关系式 P 中的$\preccurlyeq$与$\succcurlyeq$互换，$\vee$与$\wedge$互换得到关系式 P^*，其中$\succcurlyeq$定义为 $b \succcurlyeq a$ 当且仅当 $a \preccurlyeq b$，称 P^*为 P 的对偶式，简称对偶。

例如 P 是 $a \preccurlyeq a \vee b$，那么 P 的对偶式 P^*是 $a \succcurlyeq a \wedge b$。

定理 11.1.1 （格的对偶原理）在任何格$(S,\ \preccurlyeq)$上成立的关系式 P，其对偶式 P^*也成立。

证明

设$(S,\ \preccurlyeq)$为任意的格，只须证明 P^*对$(S,\ \preccurlyeq)$成立即可。

如下定义 S 上的二元关系$\preccurlyeq'$：任意 a，$b \in S$，有

$$a \preccurlyeq' b \Leftrightarrow a \succcurlyeq b。$$

易证$\preccurlyeq'$也是 S 上的偏序。

设任意 a，$b \in S$，集合$\{a,\ b\}$的上确界和下确界存在，分别记作 $a \vee' b$ 和 $a \wedge' b$，并且

$$a \vee' b=a \wedge b,\ a \wedge' b=a \vee b。$$

所以$(S,\ \preccurlyeq')$也是格，且 P^*在$(S,\ \preccurlyeq)$中成立，当且仅当 P 在$(S,\ \preccurlyeq')$中成立。

由于 P 在任何格$(S, \preccurlyeq)$中都成立，所以 P^*在$(S, \preccurlyeq)$中也成立。

由于许多格的性质都是以对偶的形式成对出现，因此我们只须证明其中一个成立即可。

11.1.3 格的性质

根据$\vee$与$\wedge$的定义，显然有

定理 11.1.2 设$(S, \preccurlyeq)$是格，对于任意 $a, b, c \in S$ 有

（1）$a \preccurlyeq a \vee b$，$b \preccurlyeq a \vee b$；

（2）$a \wedge b \preccurlyeq a$，$a \wedge b \preccurlyeq b$；

（3）若 $b \preccurlyeq a$，$c \preccurlyeq a$，则 $b \vee c \preccurlyeq a$；

（4）若 $a \preccurlyeq b$，$a \preccurlyeq c$，则 $a \preccurlyeq b \wedge c$ 。

设$(S, \preccurlyeq)$是格。对于任意的 $a, b \in S$，都有 $a \vee b, a \wedge b \in S$，即$\vee$与$\wedge$是 S 的两个代数运算。这样$(S, \vee, \wedge)$就构成了代数系统，称为由格 S 诱导的代数系统。下面讨论这个代数系统的性质。

定理 11.1.3 $(S, \preccurlyeq)$是一个格，由格$(S, \preccurlyeq)$所诱导的代数系统为$(S, \vee, \wedge)$，则对任意的 $a, b, c \in S$，下列性质成立：

（1）交换律 $a \vee b = b \vee a$，$a \wedge b = b \wedge a$；

（2）结合律 $(a \vee b) \vee c = a \vee (b \vee c)$，$(a \wedge b) \wedge c = a \wedge (b \wedge c)$；

（3）幂等律 $a \vee a = a$，$a \wedge a = a$；

（4）吸收律 $(a \vee b) \wedge a = a$，$(a \wedge b) \vee a = a$。

证明

根据格的对偶原理只须证明每条性质的前半部分。

（1）$a \vee b$ 是$\{a, b\}$的上确界，$b \vee a$ 是$\{b, a\}$的上确界，由集合定义的无序性有$\{a, b\} = \{b, a\}$，可得 $a \vee b = b \vee a$。

（2）因为

$$a \preccurlyeq a \vee b \preccurlyeq (a \vee b) \vee c,$$

$$b \preccurlyeq a \vee b \preccurlyeq (a \vee b) \vee c,$$

$$c \preccurlyeq (a \vee b) \vee c,$$

于是有

$$b \vee c \preccurlyeq (a \vee b) \vee c,$$

$$a \vee (b \vee c) \preccurlyeq (a \vee b) \vee c。$$

同理可证$(a \vee b) \vee c \preccurlyeq a \vee (b \vee c)$。根据$\preccurlyeq$的反对称性可知，$(a \vee b) \vee c = a \vee (b \vee c)$。

（3）显然 $a \preccurlyeq a \vee a$，又由 $a \preccurlyeq a$，a 是$\{a, a\}$的上界，所以 $a \vee a \preccurlyeq a$。根据$\preccurlyeq$的

反对称性，有

$$a\vee a=a。$$

（4）因为

$$a\preccurlyeq a\vee b，a\preccurlyeq a，$$

根据定理 11.1.2 有

$$a\preccurlyeq (a\vee b)\wedge a。$$

显然$(a\vee b)\wedge a\preccurlyeq a$。故根据$\preccurlyeq$的反对称性，有$(a\vee b)\wedge a=a$。

上述性质反过来也成立，即有下面的定理成立。

定理 11.1.4 设$(S，\vee，\wedge)$是具有两个二元运算的代数系统，并且$\vee$，$\wedge$满足交换律、结合律、幂等律和吸收律，如果规定对于任意 $a，b\in S$，

$$a\preccurlyeq b，当且仅当 a\vee b=b(或 a\wedge b=a)，$$

那么$(S，\preccurlyeq)$构成一个格，并且 $\sup\{a，b\}=a\vee b$，$\inf\{a，b\}=a\wedge b$。

证明

首先，证明对于任意 $a，b\in S$，$a\vee b=b$ 当且仅当 $a\wedge b=a$。

若 $a\vee b=b$，则由交换律和吸收律有

$$a\wedge b=b\wedge a=(a\vee b)\wedge a=a;$$

若 $a\wedge b=a$，则由交换律和吸收律有

$$a\vee b=(a\wedge b)\vee b=(b\wedge a)\vee b=b。$$

然后，证明规定的二元关系$\preccurlyeq$是偏序关系。

由$\vee$满足幂等律，即任意 $a\in S$ 有 $a\vee a=a$，可得 $a\preccurlyeq a$，故$\preccurlyeq$是自反的。

对任意 $a，b\in S$，若有 $a\preccurlyeq b$，$b\preccurlyeq a$，则有

$$a\vee b=b，b\vee a=a。$$

又由$\vee$满足交换律，$a\vee b=b\vee a$，可得 $a=b$，故$\preccurlyeq$是反对称的。

对任意 $a，b，c\in S$，若有 $a\preccurlyeq b$，$b\preccurlyeq c$，则有

$$a\vee b=b，b\vee c=c。$$

由$\vee$满足结合律，可得

$$a\vee c=a\vee(b\vee c)=(a\vee)b\vee c=b\vee c=c，$$

故$\preccurlyeq$是传递的。

因此，$\preccurlyeq$是 S 上的一个偏序关系。

最后，证明$(S，\preccurlyeq)$是一个格。

任取 $a，b\in S$，有 $a\vee b\in S$。由于

$$a\vee(a\vee b)=(a\vee a)\vee b=a\vee b，$$

$$b\vee(a\vee b)=(a\vee b)\vee b=a\vee b，$$

所以，$a \preccurlyeq a \vee b$，$b \preccurlyeq a \vee b$，即 $a \vee b$ 是$\{a, b\}$的上界。

假设 c 是$\{a, b\}$的任一上界，则有 $a \preccurlyeq c$，$b \preccurlyeq c$，因此 $a \vee c=c$，$b \vee c=c$。由于

$$(a \vee b) \vee c=a \vee (b \vee c)=a \vee c=c,$$

根据$\preccurlyeq$的规定，有 $a \vee b \preccurlyeq c$，因此 $a \vee b$ 是$\{a, b\}$的上确界，即

$$\sup\{a, b\}=a \vee b。$$

再根据$\vee$，$\wedge$满足吸收律和交换律，

$$(a \wedge b) \vee a=a,\ (a \wedge b) \vee b=(b \wedge a) \vee b=b,$$

可知，$a \wedge b \preccurlyeq a$，$a \wedge b \preccurlyeq b$，从而，$a \wedge b$ 是$\{a, b\}$的一个下界。

假设 d 是$\{a, b\}$的任一下界，则有 $d \preccurlyeq a$，$d \preccurlyeq b$，从而有 $d \vee a=a$，$d \vee b=b$。由前面的证明，进而有 $d \wedge a=d$，$d \wedge b=d$。于是，根据$\wedge$满足结合律，有

$$d \wedge (a \wedge b)=(d \wedge a) \wedge b=d \wedge b=d。$$

由前面的证明可知，

$$d \vee (a \wedge b)= a \wedge b,$$

从而 $d \preccurlyeq a \wedge b$，因此 $a \wedge b$ 是$\{a, b\}$的一个下确界，即 $\inf\{a, b\}=a \wedge b$。

由定义 11.1.1，$(S, \preccurlyeq)$是一个格。

注意：实际上，幂等律可由吸收律推出，因此幂等律在这个定理中不是必不可少的，请读者试证之。

根据定理 11.1.4，可以给出格的另一等价定义。

定义 11.1.3 设$(S, \vee, \wedge)$是一个代数系统，其中$\vee$和$\wedge$是 S 上的二元运算，若$\vee$和$\wedge$运算满足交换律、结合律、幂等律和吸收律，则称$(S, \vee, \wedge)$是一个格。

偏序的格和代数系统的格是等价的，下面的内容中不再加以区分，一律统称为格 S。下面继续讨论格的性质。

定理 11.1.5 设 S 是格，对于任意 $a, b, c, d \in S$，有

（1）若 $a \preccurlyeq b$，则 $a \vee c \preccurlyeq b \vee c$，$a \wedge c \preccurlyeq b \wedge c$；

（2）若 $a \preccurlyeq b$，$c \preccurlyeq d$，则 $a \vee c \preccurlyeq b \vee d$，$a \wedge c \preccurlyeq b \wedge d$。

证明

（1）是（2）的特例，只须证明（2）。

由于 $b \preccurlyeq b \vee d$，$d \preccurlyeq b \vee d$，而 $a \preccurlyeq b$，$c \preccurlyeq d$，根据$\preccurlyeq$的传递性，可得

$$a \preccurlyeq b \vee d,\ c \preccurlyeq b \vee d,$$

这就表明 $b \vee d$ 是$\{a, c\}$的一个上界。而 $a \vee c$ 是$\{a, c\}$的上确界，根据上确界的定义必有

$$a \vee c \preccurlyeq b \vee d。$$

同理可证 $a \wedge c \preccurlyeq b \wedge d$。

在上面的定理中，（1）说明格中运算$\vee$和$\wedge$具有保序性。

定理 11.1.6 设 S 是格，对于任意 a，b，$c\in S$，都有

$$a\vee(b\wedge c)\preccurlyeq(a\vee b)\wedge(a\vee c)，(a\wedge b)\vee(a\wedge c)\preccurlyeq a\wedge(b\vee c)。$$

证明

由前面的定理可知

$$a\preccurlyeq a\vee b \text{ 和 } a\preccurlyeq a\vee c，$$

根据前面定理和幂等性，可得

$$a=a\wedge a\preccurlyeq(a\vee b)\wedge(a\vee c)。$$

另外，由于

$$b\wedge c\preccurlyeq b\preccurlyeq a\vee b，b\wedge c\preccurlyeq c\preccurlyeq a\vee c，$$

所以

$$b\wedge c=(b\wedge c)\wedge(b\wedge c)\preccurlyeq(a\vee b)\wedge(a\vee c)。$$

因此

$$a\vee(b\wedge c)\preccurlyeq(a\vee b)\wedge(a\vee c)。$$

利用对偶原理，即得

$$(a\wedge b)\vee(a\wedge c)\preccurlyeq a\wedge(b\vee c)。$$

命题得证。

定理 11.1.7 设 S 是格，对于任意 a，b，$c\in S$，都有

$$a\preccurlyeq b\Leftrightarrow a\vee(c\wedge b)\preccurlyeq(a\vee c)\wedge b。$$

证明

必要性：由 $a\preccurlyeq b$ 可得 $a\vee b=b$，因此，有

$$a\vee(c\wedge b)\preccurlyeq(a\vee c)\wedge(a\vee b)=(a\vee c)\wedge b。$$

充分性：$a\preccurlyeq a\vee(c\wedge b)\preccurlyeq(a\vee c)\wedge b\preccurlyeq b$。

命题得证。

11.1.4 子格和格的同态

把格定义为代数系统，就可以自然地引入子格的概念。

定义 11.1.4 设 S 是一个格，L 是 S 的非空子集。如果 L 对于 S 的$\vee$和$\wedge$是封闭的，就称 L 是 S 的子格。

例 11.1.4 正整数集 Z^+关于整除关系构成格，令 $L=\{2^n|n\in Z^+\}$，则 L 是 Z^+的子格。

例 11.1.5 设 S 是无限集，幂集 $P(S)$关于集合的包含关系构成格，则 $P_f(S)$是 $P(S)$的子格。

从子格的定义可知，子格本身也是一个格。由于运算$\vee$和$\wedge$不一定在格的每一个子集都封闭，从而即使某一子集是偏序集，它也不一定是子格。

类似于群的同态，也可以定义格的同态。

定义 11.1.5 设 S 和 S'是两个格，它们的运算分别是$\vee$，$\wedge$和$\vee'$，$\wedge'$，而φ是 S 到 S'的映射，若任意 a，$b\in S$，有

$$\varphi(a\vee b)=\varphi(a)\vee'\varphi(b)\text{和}\varphi(a\wedge b)=\varphi(a)\wedge'\varphi(b),$$

则称φ是格 S 到 S'的同态映射，简称格同态。此外，若φ是单射，则称φ是单同态；若φ是满射，则称φ是满同态；若φ为双射，则称φ是同构。

定理 11.1.8 设φ是格$(S,\vee,\wedge)$到格$(S',\vee',\wedge')$的同态，并且 S 和 S'上的偏序关系分别是$\preccurlyeq$和$\preccurlyeq'$。则对任意 a，$b\in S$，如果 $a\preccurlyeq b$，必有$\varphi(a)\preccurlyeq'\varphi(b)$。

证明

由 $a\preccurlyeq b$，可知 $a\vee b=b$。因为φ是 S 到 S'的同态，有$\varphi(a\vee b)=\varphi(a)\vee'\varphi(b)$，又因为$\varphi(a\vee b)=b$，故$\varphi(a)\vee'\varphi(b)=\varphi(b)$，从而$\varphi(a)\preccurlyeq'\varphi(b)$。

这个定理表明了格同态具有保序性，但是其逆不一定为真。

图 11.1 给出了两个格 S_1 和 S_2。定义映射

φ: $S_1\to S_2$，$\varphi(a)=a_1$，$\varphi(b)=\varphi(c)=b_1$，$\varphi(d)=\varphi(e)=c_1$，$\varphi(f)=d_1$。

容易看出φ是保序映射，但不是同态映射。因为

$$\varphi(b\vee c)=\varphi(f)=d_1,\ \varphi(b)\vee\varphi(c)=b_1\vee b_1=b_1。$$

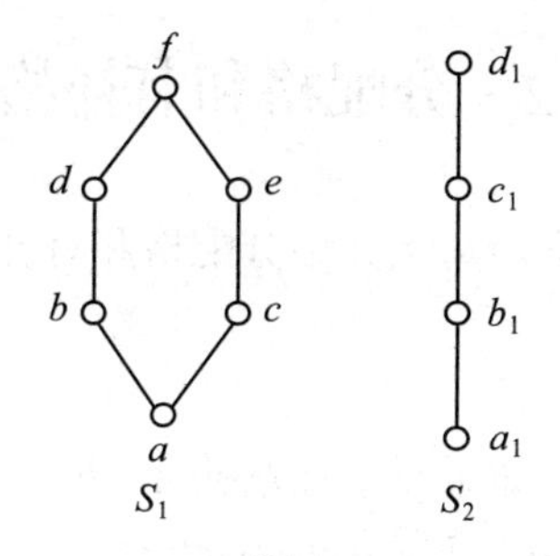

图 11.1

定理 11.1.9 设φ是格$(S,\vee,\wedge)$到格$(S',\vee',\wedge')$的双射，则φ是格 S 到 S'的同构，当且仅当对于任意 a，$b\in S$ 有

$$a\preccurlyeq b\Leftrightarrow\varphi(a)\preccurlyeq'\varphi(b)。$$

证明

必要性。

设φ是格 S 到 S'的同构，由定理 11.1.8 有 $a\preccurlyeq b\Rightarrow\varphi(a)\preccurlyeq'\varphi(b)$。反之，设$\varphi(a)\preccurlyeq'\varphi(b)$，则$\varphi(a)\vee'\varphi(b)=\varphi(b)$。因为$\varphi$是同态，有$\varphi(a\vee b)=\varphi(a)\vee'\varphi(b)=\varphi(b)$。再根据$\varphi$是单射得 $a\vee b=b$，从而 $a\preccurlyeq b$。

充分性。

已知对任意的 a，$b\in S$，$a\preccurlyeq b \Leftrightarrow \varphi(a)\preccurlyeq'\varphi(b)$。下面来证明 φ 是同态映射。

对于任意的 a，$b\in S$，$a\preccurlyeq a\vee b$，$b\preccurlyeq a\vee b$，由已知条件必有

$$\varphi(a)\preccurlyeq'\varphi(a\vee b),\ \varphi(b)\preccurlyeq'\varphi(a\vee b),$$

根据上确界定义有

$$\varphi(a)\vee'\varphi(b)\preccurlyeq'\varphi(a\vee b)。$$

再证 $\varphi(a\vee b)\preccurlyeq\varphi(a)\vee'\varphi(b)$。由 φ 是满射，$\varphi(a)\vee'\varphi(b)\in S'$，必存在 $c\in S$，使

$$\varphi(c)=\varphi(a)\vee'\varphi(b),$$

由于

$$\varphi(a)\preccurlyeq'\varphi(c),\ \varphi(b)\preccurlyeq'\varphi(c),$$

根据已知条件必有 $a\preccurlyeq c$，$b\preccurlyeq c$，因此 $a\vee b\preccurlyeq c$，从而

$$\varphi(a\vee b)\preccurlyeq'\varphi(c)=\varphi(a)\vee'\varphi(b),$$

故

$$\varphi(a\vee b)=\varphi(a)\vee'\varphi(b)。$$

类似地可证 $\varphi(a\wedge b)=\varphi(a)\wedge'\varphi(b)$。这样 φ 就是格 S 到 S' 的同构。

综上所述，该定理成立。

11.2 分配格和有补格

本节将介绍几种特殊的格，重点介绍分配格和有补格。

11.2.1 模格

定义 11.2.1 设 S 是格，如果对于任意的 a，b，$c\in S$，当 $b\preccurlyeq a$ 时，有

$$a\wedge(b\vee c)=b\vee(a\wedge c),$$

则称 S 为模格。

例 11.2.1 设 S 是一个集合，则 S 的幂集格 $(P(S),\subseteq)$ 是一个模格。因为对于任意的 A，B，$C\in P(S)$，当 $B\subseteq A$ 时，利用集合论中交对于并的分配律有

$$A\cap(B\cup C)=(A\cap B)\cup(A\cap C)=B\cup(A\cap C)。$$

例 11.2.2 图 11.2 给出了五个格 L_1，L_2，L_3，L_4，L_5，，不难验证 L_1，L_2，L_3 和 L_4 都是模格。但 L_5 不是模格，这是因为由 $c\preccurlyeq d$，可得 $d\wedge(c\vee b)=d$，$c\vee(d\wedge b)=c$，但 $d\neq c$。我们称 L_3 为钻石格，L_5 为五角格。

例 11.2.2 中的五角格是很重要的，可利用它来判断一个格是不是模格。

定理 11.2.1 一个格 S 是模格，当且仅当 S 中不含有与五角格同构的子格。

该定理的证明比较复杂，在这里略去，只要会利用即可。

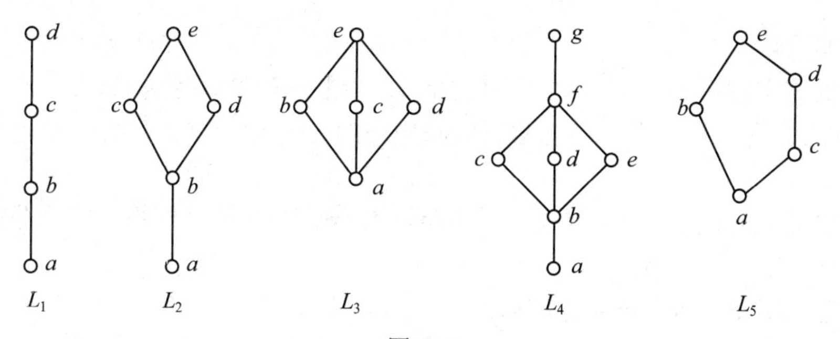

图 11.2

例 11.2.3 如图 11.3 所示的格 S 中，因为$\{a，b，g，e，c\}$是格 S 的子格，而这个子格是与例 11.2.2 中的五角格同构的，所以格 S 不是模格。

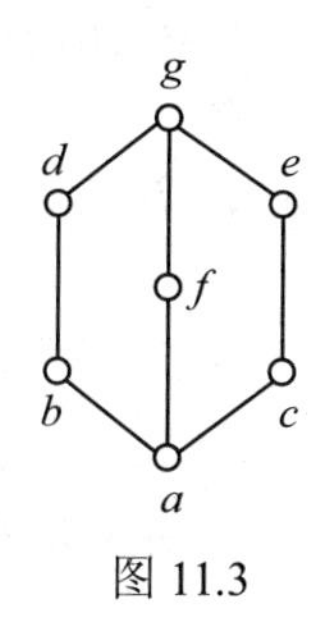

图 11.3

11.2.2 分配格

定义 11.2.2 设 S 是格，如果格 S 中的运算$\vee$和$\wedge$满足分配律，即对任意 a，b，$c\in S$，有

$$a\wedge(b\vee c)=(a\wedge b)\vee(a\wedge c),$$
$$a\vee(b\wedge c)=(a\vee b)\wedge(a\vee c),$$

则称 S 为分配格。

易见，上面两个等式互为对偶式。在证明 S 为分配格时，只须证明其中的任何一个等式成立即可。

显然，在例 11.2.1 中的幂集格$(P(S)，\subseteq)$是一个分配格，而例 11.2.2 中的 L_1 和 L_2 是分配格，但钻石格 L_3 和五角格 L_5 都不是分配格，这是因为在 L_3 中，$b\wedge(c\vee d)=b\wedge a=b$，而$(b\wedge c)\vee(b\wedge d)=a\vee a=a$。在 L_5 中，$b\wedge(c\vee d)=b\wedge d=e$，而$(b\wedge c)\vee(b\wedge d)=a\vee a=a$。

分配格也有类似模格的判定条件。

定理 11.2.2 一个格 S 是分配格，当且仅当 S 中不含有与钻石格或五角格同构的子格。

证明从略。

根据该定理可知，例 11.2.1 中的格 L_4 不是分配格，因为$\{b, c, d, e, f\}$是格 L_4 的子格，且这个子格与钻石格同构。同样，例 11.2.3 中的格 S 也不是分配格。

通过前面的例子，可以看到一个格不一定满足分配律，即不一定是分配格，但某些格一定是分配格。

定理 11.2.3 每个链是分配格。

证明

设偏序集$(S, \preccurlyeq)$是链。先证明$(S, \preccurlyeq)$是格。

任取 $a, b \in S$，根据链的定义，S 中任意两个元素都有偏序关系，即 $a \preccurlyeq b$ 或 $b \preccurlyeq a$。不妨设 $a \preccurlyeq b$，则 $a \vee b=b$，$a \wedge b=a$，所以 $a \vee b \in S$，$a \wedge b \in S$，从而$(S, \preccurlyeq)$是格。

下面证明$(S, \preccurlyeq)$是分配格。任取 $a, b, c \in S$，只要讨论以下两种情况：

（1）$b \preccurlyeq a$ 且 $c \preccurlyeq a$。

在此情况下，有 $b \vee c \preccurlyeq a$，$b \wedge c \preccurlyeq a$，因此 $a \wedge (b \vee c)=b \vee c$，$a \vee (b \wedge c)=a$。又因为 $b \preccurlyeq a$，$c \preccurlyeq a$，所以 $a \wedge b=b$，$a \wedge c=c$，$a \vee b=a$，$a \vee c=a$，从而$(a \wedge b) \vee (a \wedge c)=b \vee c$，$(a \vee b) \wedge (a \vee c)= a \wedge a=a$。于是有 $a \wedge (b \vee c)=(a \wedge b) \vee (a \wedge c)$，$a \vee (b \wedge c)=(a \vee b) \wedge (a \vee c)$。

（2）$a \preccurlyeq b$ 或 $a \preccurlyeq c$。

在此情形下，有 $a \preccurlyeq b \vee c$。不妨设 $a \preccurlyeq b$，则 $a \wedge (b \vee c)=a$，且 $a \wedge b=a$，于是有$(a \wedge b) \vee (a \wedge c)=a \vee (a \wedge c)=a$，从而 $a \wedge (b \vee c)=(a \wedge b) \vee (a \wedge c)$。又由 $a \preccurlyeq b$ 可得 $a \vee b=b$，$a \wedge b=a$，从而$(a \vee b) \wedge (a \vee c)=b \wedge (a \vee c)=(b \wedge a) \vee (b \wedge c)=a \vee (b \wedge c)$。

综上所述，$(S, \preccurlyeq)$是分配格。

定理 11.2.4 设 S 是一个分配格，那么，对于任意的 $a, b, c \in S$，如果有 $a \vee b=a \vee c$ 和 $a \wedge b=a \wedge c$ 成立，则必有 $b=c$。

证明

由于 S 是分配格，且已知 $a \vee b=a \vee c$，$a \wedge b=a \wedge c$，因此 $b=b \wedge (a \vee b)=b \wedge (a \vee c)= (b \wedge a) \vee (b \wedge c)= (a \wedge b) \vee (b \wedge c)= (a \wedge c) \vee (b \wedge c)=(a \vee b) \wedge c=(a \vee c) \wedge c=c$。即有 $b=c$，定理得证。

定理 11.2.5 分配格必定是模格。

证明

设 S 是一个分配格。对于任意的 $a, b, c \in S$，如果 $b \preccurlyeq a$，则 $a \wedge b=b$。因此 $a \wedge (b \vee c)=(a \wedge b) \vee (a \wedge c)=b \vee (a \wedge c)$，从而 S 是模格。

11.2.3 有界格

定义 11.2.3 设 S 是格，如果存在元素 $a \in S$，对于任意的 $x \in S$，都有 $a \preccurlyeq x$，则称 a 为格 S 的全下界；如果存在元素 $b \in S$，对于任意的 $x \in S$，都有 $x \preccurlyeq b$，则称 b 为格 S 的全上界。

定理 11.2.6 设 S 是格，若格 S 存在全下界或全上界，则一定是唯一的。

证明

先证明全下界若存在，则必定唯一。

假设格 S 有全下界 a 和 b，a，$b \in S$，根据全下界的定义有 $a \preccurlyeq b$ 和 $b \preccurlyeq a$。再根据偏序关系$\preccurlyeq$的反对称性，必有 $a=b$。即全下界唯一。

同理可证全上界若存在必唯一。

由于全上界和全下界的唯一性，一般将格 S 的全下界记为 0，全上界记为 1。

定义 11.2.4 设 S 是格，若 S 存在全下界和全上界，则称该格为有界格，并将 S 记为$(S, \vee, \wedge, 0, 1)$。

例 11.2.4 设 S 是一个集合，则 S 的幂集格 $P(S)$是有界格，其中空集$\varnothing$是全下界，集合 S 是全上界。

定理 11.2.7 设 S 是一个有界格，则对任意的 $a \in S$ 有

$$a \vee 1=1，a \wedge 1=a，a \vee 0=a，a \wedge 0=0。$$

证明

因为 $a \vee 1 \in S$，且 1 是全上界，所以 $a \vee 1 \preccurlyeq 1$，又因为 $1 \preccurlyeq a \vee 1$，因此 $a \vee 1=1$。

因为 $a \preccurlyeq a$，$a \preccurlyeq 1$，所以 $a \preccurlyeq a \wedge 1$，又因为 $a \wedge 1 \preccurlyeq a$，因此 $a \wedge 1=a$。

类似可证其余二式成立。

11.2.4 有补格

定义 11.2.5 设$(S, \vee, \wedge, 0, 1)$是一个有界格，$\vee$和$\wedge$是对应的二元运算，0 是其全下界，而 1 是其全上界，对于 $a \in S$，若存在 $b \in S$，使得 $a \vee b=1$ 和 $a \wedge b=0$ 成立，则称 b 是 a 的补元，记为 $\overline{a}$。

由定义易知，若 b 是 a 的补元，则 a 也是 b 的补元，即 a 和 b 互为补元。

例 11.2.5 在如图 11.4 所示的有界格中，0 是全下界，1 是全上界。显然 0 和 1 互为补元，a 和 c 都是 d 的补元，而 b 和 d 都是 c 的补元，但是 e 没有补元。

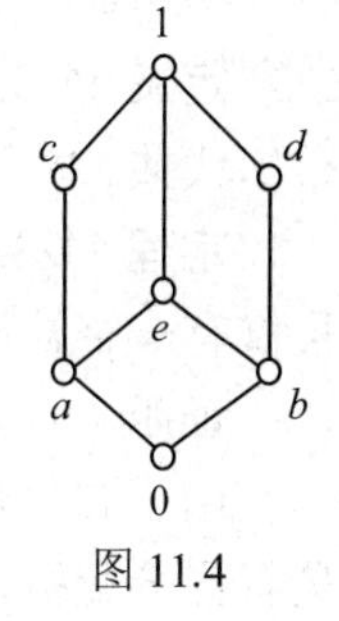

图 11.4

通过上例可以知道，并不是每个元素都有补元，且即使有补元也不一定唯一。

定义 11.2.6 设(S，$\vee$，$\wedge$，0，1)是有界格，如果 S 中每个元素都至少有一个补元，则称此格为有补格。

例 11.2.6 图 11.5 中给出了一些有补格。

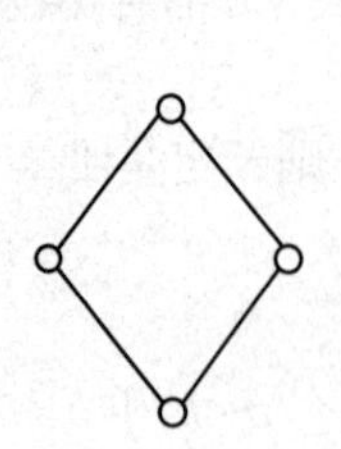
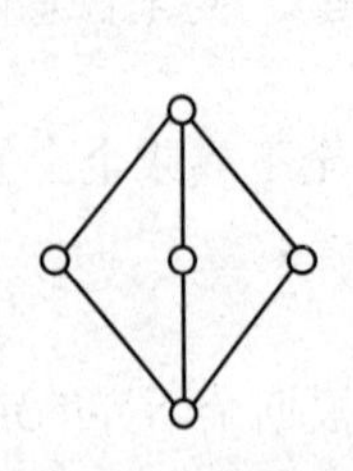
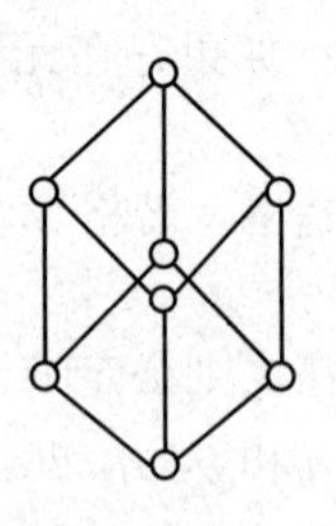
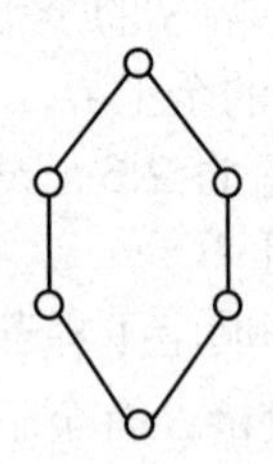

图 11.5

定理 11.2.8 设(S，$\vee$，$\wedge$，0，1)是有界分配格，若 S 中元素 a 存在补元，则其补元必是唯一的。

证明

设 b 和 c 都是元素 a 的补元，则有

$$a\vee b=1，a\wedge b=0；a\vee c=1，a\wedge c=0。$$

从而得到 $a\vee b=a\vee c$，$a\wedge b=a\wedge c$。由于 S 是分配格，根据定理 11.2.4 得 $b=c$，即元素 a 的补元是唯一的。

11.3 布尔代数

11.3.1 布尔代数的定义及性质

定义 11.3.1 一个有补分配格称为布尔格。

设(B，$\preccurlyeq$)是一个布尔格，由于布尔格既是有补格，又是分配格，因此对于(B，$\preccurlyeq$)中每个元素 a 都有补元 $\bar{a}$ 存在。所以我们就可以把求补运算看作是布尔格 B 上的一元运算，记作 $\bar{\ }$ 。

定义 11.3.2 由布尔格(B，$\preccurlyeq$)诱导出的代数系统(B，$\vee$，$\wedge$，$\bar{\ }$，0，1)称为布尔代数。

定理 11.3.1 设(B，$\vee$，$\wedge$，$\bar{\ }$，0，1)是布尔代数，则对任意元素 $a\in B$，有且仅有一个补元存在。

证明

由于布尔代数 B 是有补格，因此任意元素 $a\in B$ 都至少有一个补元。又因为 B 是有界分配格，根据定理 11.2.8 可知，元素 a 的补元是唯一的。

例 11.3.1 设 S 是一个非空有限集合，则幂集格$(P(S), \subseteq)$是一个布尔格。这是因为集合的交（并）对于并（交）是可分配的，这样格 $P(S)$是一个分配格；又 $P(S)$的全上界是 S，全下界是$\varnothing$，且对于任一集合 $T\in P(S)$，即 T 是 S 的子集，都有一个补元 $S\text{-}T\in P(S)$，因此格 $P(S)$又是一个有补格。综上，幂集格$(P(S), \subseteq)$是一个布尔格，由其诱导出的代数系统$(P(S), \cup, \cap, \sim, \varnothing, S)$是布尔代数。

布尔代数也可以看作布尔格，这样布尔代数就具有格、有补格和分配格的一切性质。归纳如下。

定理 11.3.2 设$(B, \vee, \wedge, \bar{\ }, 0, 1)$是布尔代数，对于任意的元素 a，b，$c\in B$，有如下性质：

（1）交换律　$a\vee b=b\vee a$，$a\wedge b=b\wedge a$；

（2）结合律　$(a\vee b)\vee c=a\vee(b\vee c)$，$(a\wedge b)\wedge c=a\wedge(b\wedge c)$；

（3）幂等律　$a\vee a=a$，$a\wedge a=a$；

（4）吸收律　$(a\vee b)\wedge a=a$，$(a\wedge b)\vee a=a$；

（5）分配律　$a\wedge(b\vee c)=(a\wedge b)\vee(a\wedge c)$，$a\vee(b\wedge c)=(a\vee b)\wedge(a\vee c)$；

（6）零一律　$a\vee 1=1$，$a\wedge 0=0$；

（7）同一律　$a\vee 0=a$，$a\wedge 1=a$；

（8）互补律　$a\vee \bar{a}=1$，$a\wedge \bar{a}=0$；

（9）对合律　$\bar{\bar{a}}=a$；

（10）德·摩根定律　$\overline{a\vee b}=\bar{a}\wedge\bar{b}$，$\overline{a\wedge b}=\bar{a}\vee\bar{b}$。

证明

只需验证性质（9）和性质（10）。

（9）$\bar{\bar{a}}$是$\bar{a}$的补元，又 a 也是$\bar{a}$的补元，根据定理 11.3.1 知，补元是唯一的，故有$\bar{\bar{a}}=a$。

（10）
$$\begin{aligned}(a\vee b)\vee(\bar{a}\wedge\bar{b})&=((a\vee b)\vee\bar{a})\wedge((a\vee b)\vee\bar{b})\\&=((b\vee a)\vee\bar{a})\wedge((a\vee b)\vee\bar{b})\\&=(b\vee(a\vee\bar{a}))\wedge(a\vee(b\vee\bar{b}))\\&=(b\vee 1)\wedge(a\vee 1)\\&=1\wedge 1\\&=1\end{aligned}$$

$$\begin{aligned}(a\vee b)\wedge(\bar{a}\wedge\bar{b})&=(a\wedge(\bar{a}\wedge\bar{b}))\vee(b\wedge(\bar{a}\wedge\bar{b}))\\&=((a\wedge\bar{a})\wedge\bar{b})\vee((b\wedge\bar{b})\wedge\bar{a})\\&=(0\wedge\bar{b})\vee(0\wedge\bar{a})\\&=0\vee 0\\&=0\end{aligned}$$

因此 $a\vee b$ 是 $\bar{a}\wedge\bar{b}$ 的补元，再根据定理 11.3.1 知补元是唯一的，可得 $\overline{a\vee b}=\bar{a}\wedge\bar{b}$。同理可证 $\overline{a\wedge b}=\bar{a}\vee\bar{b}$。

上面十条性质并不都是独立的，根据交换律、分配律、同一律和互补律就可推出其余 6 条性质，请读者试证之。这样，布尔代数实际上是满足交换律、分配律、同一律和互补律的代数系统。反过来，要验证一个代数系统是布尔代数，也只需证明满足这 4 条算律即可。

11.3.2 布尔代数的同构与同态

定义 11.3.3 设 $(A,\vee,\wedge,^{-},0,1)$ 和 $(B,\vee',\wedge',^{\sim},0',1')$ 是两个布尔代数，φ 是 A 到 B 的映射，若任意 $a,b\in A$，都有

$$\varphi(a\vee b)=\varphi(a)\vee'\varphi(b),\quad \varphi(a\wedge b)=\varphi(a)\wedge'\varphi(b),\quad \varphi(\bar{a})=\varphi(\tilde{a}),$$

则称 φ 是布尔代数 A 到 B 的同态映射，简称同态。若 φ 是单射，则称 φ 是单同态；若 φ 是满射，则称 φ 是满同态；若 φ 为双射，则称 φ 是同构。

布尔代数的同态具有下面的性质。

定理 11.3.3 设 $(A,\vee,\wedge,^{-},0,1)$ 和 $(B,\vee',\wedge',^{\sim},0',1')$ 是两个布尔代数，若 φ 是 A 到 B 的同态映射，则有

$$\varphi(0)=0',\quad \varphi(1)=1'。$$

证明

$\varphi(0)=\varphi(a\wedge\bar{a})=\varphi(a)\wedge'\varphi(\bar{a})=\varphi(a)\wedge'\widetilde{\varphi(a)}=0'$，

$\varphi(1)=\varphi(a\vee\bar{a})=\varphi(a)\vee'\varphi(\bar{a})=\varphi(a)\vee'\widetilde{\varphi(a)}=1'$。

定义 11.3.4 具有有限个元素的布尔代数称为有限布尔代数。

对于有限布尔代数，我们将得出以下的结论：对于每一正整数 n，必存在含有 2^n 个元素的布尔代数；反之，任一有限布尔代数，它的元素个数必为 2 的幂次。元素个数相同的布尔代数都是同构的。

定义 11.3.5 设 $(B,\vee,\wedge,^{-},0,1)$ 是一个布尔代数，$a\in B$ 且 $a\neq 0$，若任意 $x\in B$，有 $x\wedge a=a$ 或 $x\wedge a=0$，则称元素 a 为原子。

显然原子是 0 的覆盖，且若元素 a 覆盖 0，则 a 必是原子。

定理 11.3.4 设 $(B,\vee,\wedge,^{-},0,1)$ 是一个布尔代数，$a,b\in B$ 是 B 的原子。若 $a\neq b$，则 $a\wedge b=0$。

证明

假设 $a\wedge b\neq 0$，由于 a 是原子，所以 $a\wedge b=b\wedge a=a$。又 b 是原子，因此 $a\wedge b=b$，从而得到 $a=b$，与已知条件 $a\neq b$ 矛盾。

定理 11.3.5 设$(B, \vee, \wedge, \bar{\ }, 0, 1)$是一个有限布尔代数，任意 $b \in B$，若 $b \neq 0$，则至少存在一个原子 a，使得 $a \preccurlyeq b$。

证明

如果 b 是原子，那么由 $b \leqslant b$ 得证。

如果 b 不是原子，那么必存在b_1使得 $0 < b_1 < b$。如果b_1是原子，那么定理得证。否则，必存在b_2使得 $0 < b_2 < b_1 < b$。

由于 B 有限，且有全下界 0，故通过有限步骤总可找到一个原子b_i，使得 $0 < b_i < \cdots < b_2 < b_1 < b$。它是$(B, \preccurlyeq)$中的一条链，其中$b_i$是原子，且$b_i < b$。

定理 11.3.6 设$(B, \vee, \wedge, \bar{\ }, 0, 1)$是一个有限布尔代数，任意 $b \in B$，$b \neq 0$，令 $T(b)=\{a_1, a_2, \cdots, a_n\}$是 B 中所有小于等于 b 的原子构成的集合，则 $b=a_1 \vee a_2 \vee \cdots \vee a_n$，称这个表示式为 a 的原子表示，且是唯一的表示。这里的唯一性是指：若 $b=a_1 \vee a_2 \vee \cdots \vee a_n$，$b=b_1 \vee b_2 \vee \cdots \vee b_m$，则有

$$\{a_1, a_2, \cdots, a_n\}=\{b_1, b_2, \cdots, b_m\}。$$

证明

记 $a_1 \vee a_2 \vee \cdots \vee a_n=c$，因为 $a_i \preccurlyeq b(i=1, 2, \cdots, n)$，所以 $c \preccurlyeq b$。下面证明 $b \preccurlyeq c$。

假设 $b \wedge \bar{c} \neq 0$，则根据定理 11.3.5 知必存在一个原子 a，使得 $a \preccurlyeq b \wedge \bar{c}$。又因 $b \wedge \bar{c} \preccurlyeq b$ 和 $b \wedge \bar{c} \preccurlyeq \bar{c}$，由传递性可得 $a \preccurlyeq b$ 和 $a \preccurlyeq \bar{c}$。

因为 a 是原子，且满足 $a \preccurlyeq b$，所以 $a \in T(b)$，即存在 $a_i \in T(b)$，使得 $a=a_i$，因此 $a \preccurlyeq c$。又 $a \preccurlyeq \bar{c}$，所以 $a \preccurlyeq c \wedge \bar{c}$，即 $a \preccurlyeq 0$，这与 a 是原子相矛盾。因此，只能有 $b \wedge \bar{c}=0$。

由于布尔代数满足同一律、分配律，因此有 $c=0 \vee c=(b \wedge \bar{c}) \vee c=(b \vee c) \wedge (\bar{c} \vee c)=(b \vee c) \wedge 1=b \vee c$，又因 $b \preccurlyeq b \vee c$，因此 $b \preccurlyeq c$。综合上述得到 $b=a_1 \vee a_2 \vee \cdots \vee a_n$。

设 $b=b_1 \vee b_2 \vee \cdots \vee b_m$ 是 a 的另一个原子表示。任取$a_i \in \{a_1, a_2, \cdots, a_n\}$，假若$a_i \notin \{b_1, b_2, \cdots, b_m\}$，由定理 11.3.4 必有$a_i \wedge b_j=0$，$j=1, 2, \cdots, m$。由于$a_i \preccurlyeq b$，从而得到

$$\begin{aligned}a_i=a_i \wedge b &= a_i \wedge (b_1 \vee b_2 \vee \cdots \vee b_m) \\ &=(a_i \wedge b_1) \vee (a_i \wedge b_2) \vee \cdots \vee (a_i \wedge b_m) \\ &=0 \vee 0 \vee \cdots \vee 0=0,\end{aligned}$$

与a_i是原子矛盾。从而$a_i \in \{b_1, b_2, \cdots, b_m\}$。同理可证，任意$b_j \in \{b_1, b_2, \cdots, b_m\}$有$b_j \in \{a_1, a_2, \cdots, a_n\}$。于是

$$\{a_1, a_2, \cdots, a_n\}=\{b_1, b_2, \cdots, b_m\}。$$

定理 11.3.7 （Stone 表示定理）设$(B, \vee, \wedge, \bar{\ }, 0, 1)$是一个有限布尔代数，$S$ 是 B 中的所有原子的集合，则$(B, \vee, \wedge, \bar{\ }, 0, 1)$和 S 的幂集代数$(P(S), \cup, \cap, \sim, \varnothing, S)$同构。

证明

任意 $x\in B$，令 $T(x)=\{a \mid a\in B, a$ 是原子，$a\preccurlyeq x\}$，则 $T(x)\in P(S)$。

定义φ: $B\rightarrow P(S)$如下：$\forall x\in B$，$\varphi(x)=T(x)$。根据定理 11.3.6 可知φ是映射，且有$\varphi(1)=S$，$\varphi(0)=\varnothing$。下面证明φ是 B 到 $P(S)$的同构映射。

对任意 a，$b\in B$，设 $a=a_1\vee a_2\vee\cdots\vee a_n$，$b=b_1\vee b_2\vee\cdots\vee b_m$ 是 x 和 y 的原子表示，显然$\varphi(a)=\{a_1,a_2,\cdots,a_n\}$，$\varphi(b)=\{b_1,b_2,\cdots,b_m\}$，$a\vee b=a_1\vee a_2\vee\cdots\vee a_n\vee b_1\vee b_2\vee\cdots\vee b_m$，所以

$$\begin{aligned}\varphi(a\vee b)&=\{a_1,a_2,\cdots,a_n,b_1,b_2,\cdots,b_m\}\\&=\{a_1,a_2,\cdots,a_n\}\cup\{b_1,b_2,\cdots,b_m\}\\&=\varphi(a)\cup\varphi(b)。\end{aligned}$$

对任意 a，$b\in B$，取任意 $x\in\varphi(a\wedge b)$，则 x 必是满足 $x\preccurlyeq a\wedge b$ 的原子，又因为 $a\wedge b\preccurlyeq a$，$a\wedge b\preccurlyeq b$，所以 $x\preccurlyeq a$ 且 $x\preccurlyeq b$，因此 $x\in\varphi(a)$且 $x\in\varphi(b)$，故 $x\in\varphi(a)\cap\varphi(b)$，从而

$$\varphi(a\wedge b)\subseteq\varphi(a)\cap\varphi(b)。$$

反之，任意 $x\in\varphi(a)\cap\varphi(b)$，则 $x\in\varphi(a)$且 $x\in\varphi(b)$，所以 x 是满足 $x\preccurlyeq a$ 和 $x\preccurlyeq b$ 的原子，由此可推得 x 是满足 $x\preccurlyeq a\wedge b$ 的原子，所以 $x\in\varphi(a\wedge b)$，这就证明了

$$\varphi(a)\cap\varphi(b)\subseteq\varphi(a\wedge b)。$$

从而得到

$$\varphi(a\wedge b)=\varphi(a)\cap\varphi(b)。$$

任取 $a\in B$，存在$\bar{a}\in B$，使得 $a\vee\bar{a}=1$，$a\wedge\bar{a}=0$，因此有

$$\varphi(a)\cup\varphi(\bar{a})=\varphi(a\vee\bar{a})=\varphi(1)=S,$$
$$\varphi(a)\cap\varphi(\bar{a})=\varphi(a\wedge\bar{a})=\varphi(0)=\varnothing。$$

而 S 和$\varnothing$分别为 $P(S)$中的全上界和全下界，因此$\varphi(\bar{a})$是$\varphi(a)$在 $P(S)$中的补元，即

$$\varphi(\bar{a})=\widetilde{\varphi(a)}。$$

综上所述，φ是布尔代数 B 到 $P(S)$的同态。下面证明φ是双射。

若$\varphi(a)=\varphi(b)$，则 $T(a)=T(b)=\{a_1,a_2,\cdots,a_n\}$，由定理 11.3.6 有 $a=a_1\vee a_2\vee\cdots\vee a_n=b$，于是$\varphi$是单射。

任意$\{b_1,b_2,\cdots,b_m\}\in P(S)$，令 $a=b_1\vee b_2\vee\cdots\vee b_m$，则$\varphi(a)=T(a)=\{b_1,b_2,\cdots,b_m\}$，$\varphi$是满射。从而$\varphi$是布尔代数 B 到 $P(S)$的同构映射。

由定理 11.3.7 可得如下推论：

推论 1 有限布尔代数的元素个数必定等于 2^n，其中 n 是该布尔代数中所有原子的个数。

推论 2 任何一个具有 2^n 个元素的有限布尔代数都是同构的。

11.3.3 布尔代数的表示理论

到现在为止，我们讨论的都是一个布尔代数上的元素所满足的种种规律。可以把一个布尔代数上的所有元素看成是“常量”，而本小节要讨论的是一些含有变量的表达式。这些表达式由一些字母（变量）和代数系统上定义的运算以及括号按一定的规则组成，且每一变量在必要时可以用布尔代数的元素来取代。由布尔表达式又可构成一个新的布尔代数。

定义 11.3.6 设$(B, \vee, \wedge, \bar{}, 0, 1)$是一个布尔代数，并在这个布尔代数上定义布尔表达式如下：

（1）B 中任何元素是一个布尔表达式。

（2）任何变元是一个布尔表达式。

（3）若 a，b 是布尔表达式，则$\overline{a}$，$(a\vee b)$和$(a\wedge b)$都是布尔表达式。

（4）只有通过有限次运用规则（2）和（3）生成的符号串是布尔表达式。

我们常用希腊字母α，β，γ，…表示一个布尔表达式，若布尔表达式含有 n 个相异变元，也可将它包含的 n 个变元一并列出，表示成$\alpha(x_1, x_2, x_3, \cdots, x_n)$的形式。

如 1，x_3，$x_1\vee x_2$，$x_1\wedge x_2$，$(x_1\wedge x_2)\vee x_3$等都是布尔表达式的例子。

从形式上看，由 n 个变元组成的布尔表达式有无限多个。可是，像命题公式中的合式公式一样，本质上，无限个布尔表达式实际上仅仅属于有限个子类，而每一子类中的表达式在某种意义下是等价的。

定义 11.3.7 布尔代数$(B, \vee, \wedge, \bar{}, 0, 1)$上的一个含有 n 个变元的布尔表达式$\alpha(x_1, x_2, x_3, \cdots, x_n)$的值是指将 B 中的元素作为变元 $x_i(i=1, 2, \cdots, n)$的值来代替表达式中相应的变元（即对变元赋值），从而计算出表达式的值。

例 11.3.2 设布尔代数$(\{0, 1\}, \vee, \wedge, \bar{})$上的布尔表达式为

$$\alpha(x_1, x_2, x_3)=(x_1\wedge x_3)\vee(x_2\wedge x_3)\vee(\overline{x_1}\wedge\overline{x_2})。$$

如果为变元赋一组值为 $x_1=1$，$x_2=1$，$x_3=0$，那么便可求得

$$\alpha(1, 1, 0)=(1\wedge 0)\vee(1\wedge 0)\vee(\bar{1}\wedge\bar{1})=0\vee 0\vee 0=0。$$

定义 11.3.8 两个布尔表达式$\alpha(x_1, x_2, x_3, \cdots, x_n)$和$\beta(x_1, x_2, x_3, \cdots, x_n)$是等价（相等）的，当且仅当有限次利用布尔代数所满足的恒等式可将其中一个

表达式化作另一个。

若布尔表达式α与β等价，则记为$\alpha=\beta$。

例 11.3.3 在布尔代数$(\{0，1\}，\vee，\wedge，\bar{\ })$上的两个布尔表达式$\alpha(x_1，x_2，x_3)=(x_1\wedge\overline{x_2})\vee(x_1\wedge x_3)$，$\alpha(x_1，x_2，x_3)=x_1\wedge(\overline{x_2}\vee x_3)$是等价的。

显然，从定义可知，布尔代数的等价（相等）关系，是我们早已熟悉的关系的等价关系。因此，我们可以将所有（n 元）布尔表达式的每一个归类到相应的一个等价类中去。

对于布尔代数$(B，\vee，\wedge，\bar{\ })$上的任何一个布尔表达式$\alpha(x_1，x_2，x_3，\cdots，x_n)$，由于运算$\vee$，$\wedge$，$\bar{\ }$在 B 上的封闭性，所以对任意一组有序 n 元组$(x_1，x_2，x_3，\cdots，x_n)$，$x_i\in B$，可以对应着一个布尔表达式$\alpha(x_1，x_2，x_3，\cdots，x_n)$的值，这个值必属于 B。由此可见，我们可以说布尔表达式$\alpha(x_1，x_2，x_3，\cdots，x_n)$确定了一个由 B^n 到 B 的函数。

然而，对于任意一个由 B^n 到 B 的函数，却不一定能列出一个在$(B，\vee，\wedge，\bar{\ })$上的布尔表达式。例如，

例 11.3.4 $B=\{0，1，2，3\}$，如图 11.6 所示从 B^2 到 B 的函数 f 就不能列出一个在$(B，\vee，\wedge，\bar{\ })$上的布尔表达式。

x_1	x_2	f	x_1	x_2	f
0	0	0	2	0	2
0	1	0	2	1	0
0	2	0	2	2	1
0	3	0	2	3	1
1	0	0	3	0	3
1	1	0	3	1	0
1	2	0	3	2	0
1	3	0	3	3	2

图 11.6

因此，有下面的结论。

定义 11.3.9 设$(B，\vee，\wedge，\bar{\ })$是一个布尔代数，如果一个从 B^n 到 B 的函数能够用$(B，\vee，\wedge，\bar{\ })$上的 n 元布尔表达式来表示，那么，这个函数就称为布尔函数。

定理 11.3.8 对于两个元素的布尔代数$(\{0，1\}，\vee，\wedge，\bar{\ })$，任何一个从$\{0，1\}^n$到$\{0，1\}$的函数都是布尔函数。

证明

含有 n 个变元 x_1，x_2，x_3，…，x_n 的布尔表达式，如果它有形式 $\tilde{x}_1 \wedge \tilde{x}_2 \wedge \cdots \wedge \tilde{x}_n$，其中 $\tilde{x}_i$ 是 x_i 或 $\bar{x}_i$ 中的任一个，则我们称这个布尔表达式为小项。一个在($\{0,1\}$，$\vee$，$\wedge$，$\bar{\ }$)上的布尔表达式，如果它能表示成小项的并，则我们称这个布尔表达式为析取范式。对于一个从$\{0，1\}^n$到$\{0，1\}$的函数，先用那些使函数值为 1 的有序 n 元组分别构成小项 $\tilde{x}_1 \wedge \tilde{x}_2 \wedge \cdots \wedge \tilde{x}_n$，其中

$$\tilde{x}_i = \begin{cases} x_i, & \text{若 } n \text{ 元组中第 } i \text{ 个分量为 } 1 \\ \bar{x}_i, & \text{若 } n \text{ 元组中第 } i \text{ 个分量为 } 0 \end{cases}$$

然后，再由这些小项组成析取范式，它就是原来函数所对应的布尔表达式。

因此，任何一个从$\{0，1\}^n$到$\{0，1\}$的函数都是布尔函数。

本章先给出格的定义，然后再研究了格的性质，接着重点介绍了分配格和有补格，最后介绍了布尔代数和布尔表达式，这些知识，在计算机的理论和设计中起重要的作用，在数字电路、电子电路的简化和其他工程领域中也有重要的作用。

1．设 R 是闭区间[0，1]上的实数的集合，$\leqslant$是 R 上通常的“小于或等于”关系。证明(R，$\leqslant$)是格。问这个格上的“$\vee$”与“$\wedge$”运算各是什么？

2．对以下集合 S 构成的偏序集(S，$\leqslant$)，其中$\leqslant$定义为：对于 n_1，$n_2 \in S$，$n_1 \leqslant n_2$ 当且仅当 n_1 是 n_2 的因数。问其中哪些偏序集是格？

（1）$S=\{1，2，3，4，6，12\}$；

（2）$S=\{1，2，3，4，6，8，12，14\}$

（3）$S=\{1，2，3，4，5，6，7，8，9，10，11，12\}$

（4）$S=\{1，2，3，4，6，9，12，18，36\}$

（5）$S=\{1，2，2^2，\cdots，2^n\}$

3．设 S 是格，求以下公式的对偶式。

（1）$a \vee (b \wedge c) \leqslant (a \vee b) \wedge (a \vee c)$

（2）$a \leqslant a \vee (b \wedge c)$

4．图1所示偏序集是格吗？为什么？

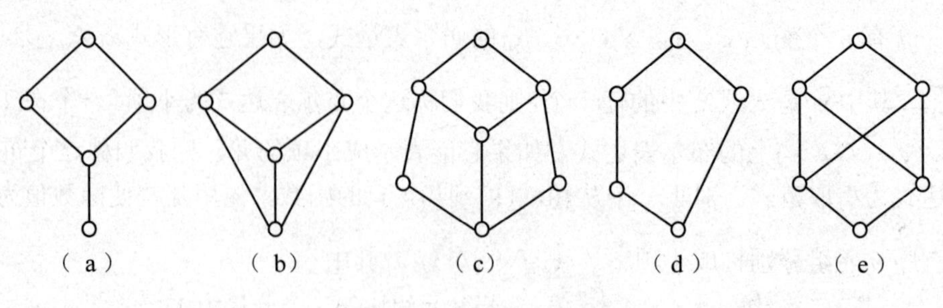

图1

5．设S是格，证明：$\forall a，b，c，d\in S$，有$(a\wedge b)\vee(c\wedge d)\preccurlyeq(a\vee c)\wedge(b\vee d)$。

6．设S是格，证明：$\forall a，b，c\in S$，若$a\preccurlyeq b\preccurlyeq c$，则

（1）$a\vee b=b\wedge c$。

（2）$(a\wedge b)\vee(b\wedge c)=b=(a\vee b)\wedge(a\vee c)$。

7．设I是格S的非空子集，如果：

（1）$\forall a，b\in I$，有$a\vee b\in I$；

（2）$\forall a\in I，\forall x\in S$有$x\preccurlyeq a\Rightarrow x\in I$。

则称I是格S的理想。

证明：格S的理想I是一个子格。

8．证明：在有界分配格中，所有具有补元的元素构成的集为一个子格。

9．设φ是格$(S，\vee，\wedge)$到格$(S'，\vee'，\wedge')$的同态，并且S和S'上的偏序关系分别是$\preccurlyeq$和$\preccurlyeq'$。证明：S的同态象$\varphi(S)$是S'的子格，其中$\varphi(S)=\{\varphi(x)|x\in S\}$。

10．设S是格，证明S是模格的充分必要条件是对任意$a，b，c\in S$，有

$$a\vee(b\wedge(a\vee c))=(a\vee b)\wedge(a\vee c)。$$

11．设S是模格，对任意$a，b，c\in S$，若有$a\wedge(b\vee c)=(a\wedge b)\vee(a\wedge c)$成立，证明：

（1）$b\wedge(a\vee c)=(b\wedge a)\vee(b\wedge c)$。

（2）$a\vee(b\wedge c)=(a\vee b)\wedge(a\vee c)$。

12．设S是一个分配格，对任意$a，b，c\in S$，证明：

（1）$(a\wedge b)\vee c\preccurlyeq a\wedge(b\vee c)$。

（2）$a\wedge b\preccurlyeq c\preccurlyeq a\vee b\Leftrightarrow c=(a\wedge c)\vee(b\wedge c)\vee(a\wedge b)$。

13．一个模格S是分配格当且仅当任意$a，b，c\in S$，有

$$(a\wedge b)\vee(b\wedge c)\vee(c\wedge a)=(a\vee b)\wedge(b\vee c)\wedge(c\vee a)。$$

14．设$(S，\preccurlyeq)$是一个分配格，对于任意的$a，b\in S$，且$a\preccurlyeq b$，证明

$$f(x)=(x\vee a)\wedge b$$

是一个从 S 到 S' 的同态映射，其中 $S'=\{x|x\in S$ 且 $a\preccurlyeq x\preccurlyeq b\}$。

15．证明：在有界格中，0 和 1 互为唯一的补元。

16．证明：若一个有界格，该格所对应的集合中含有元素个数大于 1，则该有界格一定不存在这样的元素，该元素以它自身为补元。

17．设 S 是有界格，证明：对于任意 a，$b\in S$，有下面的结论。

（1）若 $a\vee b=0$，则 $a=b=0$。

（2）若 $a\wedge b=1$，则 $a=b=1$。

18．设 $K=\{1，2，5，10，11，22，55，110\}$是 110 的所有正因子的集合，$(K，\preccurlyeq)$构成偏序集，其中$\preccurlyeq$为整除关系。证明：偏序集$(K，\preccurlyeq)$构成布尔代数。

19．设$(S，\vee，\wedge，\bar{}\ ，0，1)$是一个布尔代数。证明任意 a，$b\in S$，有

（1）$a\vee(\bar{a}\wedge b)=a\vee b$。

（2）$a\wedge(\bar{a}\vee b)=a\wedge b$。

20．设$(S，\vee，\wedge，\bar{}\ )$是一个布尔代数，a，$b\in S$，证明：$a\preccurlyeq b$ 当且仅当 $\bar{b}\preccurlyeq\bar{a}$。

21．设$(S，\vee，\wedge，\bar{}\ ，0，1)$是一个布尔代数，如果在 S 上定义二元运算$*$为

$$a*b=(a'\wedge b)\vee(b'\wedge a),$$

证明：$(S，*)$是一个阿贝尔群。

22．设$(S，\vee，\wedge，\bar{}\ ，0，1)$是一个布尔代数。证明任意 a，$b\in S$，有

（1）$a=b\Leftrightarrow(\bar{a}\wedge b)\vee(a\wedge\bar{b})=0$。

（2）$a=0\Leftrightarrow(\bar{a}\wedge b)\vee(a\wedge\bar{b})=b$。

（3）$a\preccurlyeq b\Rightarrow a\vee(b\wedge c)=b\wedge(a\vee c)$。

习题参考答案

习题 1

1．解：（1）、（3）、（5）、（6）、（7）、（8）、（9）、（10）、（11）、（15）是命题，其中（1）、（3）、（9）、（10）、（15）是简单命题。（5）、（6）、（7）、（8）、（10）、（11）是复合命题。

（2）、（4）、（12）、（13）、（14）不是命题，其中（2）中 x 为变量不能判断其真假。（4）、（12）、（14）是疑问句。（13）是祈使句。

2．解：（1）P：有最大的实数；

本题可表示为：$\neg P$。

P 为 0，则$\neg P$ 为 1。

（2）P：2 是偶数。　　Q：2 是素数。

本题可表示为：$P \wedge Q$

P 为 1，Q 为 1，则 $P \wedge Q$ 为 1。

（3）P：今天是礼拜天。　　Q：我没有上学。

本题可表示为：$P \rightarrow Q$

真值情况如下表所示。

P	Q	P→Q
0	0	1
0	1	1
1	0	0
1	1	1

（4）P：1+2=3。　　Q：4+5=9。

本题可表示为：$P \rightarrow Q$

P 为 1，Q 为 1，则 $P \rightarrow Q$ 为 1。

（5）P：今天是 3 月 2 日。　　Q：明天是 3 月 3 日。

本题可表示为：$P \leftrightarrow Q$

P 为 1，Q 为 1。P 为 0，Q 为 0。则 $P\leftrightarrow Q$ 为 1。

（6）P：他很忙。　　Q：他很充实。

本题可表示为：$P\rightarrow Q$

真值情况如下表所示。

P	Q	$P\rightarrow Q$
0	0	1
0	1	1
1	0	0
1	1	1

（7）P：天下雨。　　Q：我踢球。

本题可表示为：$P\rightarrow\neg Q$

真值情况如下表所示。

P	Q	$\neg Q$	$P\rightarrow\neg Q$
0	0	1	1
0	1	0	1
1	0	1	1
1	1	0	0

（8）P：天下雨。　　Q：我踢球。

本题可表示为：$\neg P\rightarrow Q$

真值情况如下表所示。

P	Q	$\neg P$	$P\rightarrow\neg Q$
0	0	1	0
0	1	1	1
1	0	0	1
1	1	0	1

（9）P：天下雨。　　Q：我踢球。

本题可表示为：$Q\rightarrow\neg P$

真值情况如下表所示。

P	Q	¬P	P→¬Q
0	0	1	1
0	1	0	1
1	0	1	1
1	1	0	0

（10）P：你努力学习。　　Q：你父母生活愉快。
本题可表示为：P→ Q
真值情况如下表所示。

P	Q	P→Q
0	0	1
0	1	1
1	0	0
1	1	1

3．解：（1）

P	Q	R	Q∨R	P→(Q∨R)
0	0	0	0	1
0	0	1	1	1
0	1	0	1	1
0	1	1	1	1
1	0	0	0	0
1	0	1	1	1
1	1	0	1	1
1	1	1	1	1

（2）

P	Q	R	¬Q	¬Q∧R	Q→R	(¬Q∧R)∨(Q→R)
0	0	0	1	0	1	1
0	0	1	1	1	1	1
0	1	0	0	0	0	0

续表

P	Q	R	¬Q	¬Q∧R	Q→R	(¬Q∧R)∨(Q→R)
0	1	1	0	0	1	1
1	0	0	1	0	1	1
1	0	1	1	1	1	1
1	1	0	0	0	0	0
1	1	1	0	0	1	1

（3）

P	Q	¬P	¬Q	¬(P∨Q)	¬P∧¬Q	¬(P∨Q)↔(¬P∧¬Q)
0	0	1	1	1	1	1
0	1	1	0	0	0	1
1	0	0	1	0	0	1
1	1	0	0	0	0	1

（4）

P	Q	R	P→Q	R→Q	P∧R	(P→Q)∧(R→Q)∧(P∧R)	(P→Q)∧(R→Q)∧(P∧R)→Q
0	0	0	1	1	0	0	1
0	0	1	1	0	0	0	1
0	1	0	1	1	0	0	1
0	1	1	1	1	0	0	1
1	0	0	0	1	0	0	1
1	0	1	0	0	1	0	1
1	1	0	1	1	0	0	1
1	1	1	1	1	1	1	1

4．解：（1）$P\vee(\neg P\vee(Q\wedge\neg Q))\Leftrightarrow P\vee(\neg P\vee 0)\Leftrightarrow P\vee\neg P\Leftrightarrow 1$，为永真式。

（2）$((P\to Q)\leftrightarrow(\neg Q\to\neg P))\wedge R\Leftrightarrow((\neg P\vee Q)\leftrightarrow(\neg\neg Q\vee\neg P))\wedge R\Leftrightarrow((\neg P\vee Q)\leftrightarrow(\neg P\vee Q))\wedge R\Leftrightarrow 1\wedge R\Leftrightarrow R$，为可满足式。

（3）$\neg(Q\to P)\wedge P\Leftrightarrow\neg(Q\to P)\wedge P\Leftrightarrow\neg(\neg Q\vee P)\wedge P\Leftrightarrow(Q\wedge\neg P)\wedge P\Leftrightarrow Q\wedge\neg P\wedge P\Leftrightarrow Q\wedge 0\Leftrightarrow 0$，为永假式。

（4）$P\to(P\vee Q\vee R)\Leftrightarrow\neg P\vee(P\vee Q\vee R)\Leftrightarrow\neg P\vee P\vee Q\vee R\Leftrightarrow 1$，为永真式。

（5）$(P\wedge(P\rightarrow Q))\rightarrow Q\Leftrightarrow\neg(P\wedge(P\rightarrow Q))\vee Q\Leftrightarrow\neg P\vee\neg(\neg P\vee Q)\vee Q$
$\Leftrightarrow(\neg P\vee Q)\vee\neg(\neg P\vee Q)\Leftrightarrow 1$，为永真式。

（6）$((P\rightarrow Q)\wedge(Q\rightarrow R))\rightarrow(P\rightarrow R)\Leftrightarrow((\neg P\vee Q)\wedge(\neg Q\vee R))\rightarrow(\neg P\vee R)$

$\Leftrightarrow\neg((\neg P\vee Q)\wedge(\neg Q\vee R))\vee(\neg P\vee R)$

$\Leftrightarrow\neg(\neg P\vee Q)\vee\neg(\neg Q\vee R)\vee(\neg P\vee R)$

$\Leftrightarrow\neg(\neg P\vee Q)\vee\neg P\vee\neg(\neg Q\vee R)\vee R$

$\Leftrightarrow(\neg(\neg P\vee Q)\vee\neg P)\vee(\neg(\neg Q\vee R)\vee R)$

$\Leftrightarrow((P\wedge\neg Q)\vee\neg P)\vee((Q\wedge\neg R)\vee R)$

$\Leftrightarrow((P\vee\neg P)\wedge(\neg Q\vee\neg P))\vee((Q\vee R)\wedge(\neg R\vee R))$

$\Leftrightarrow(\neg Q\vee\neg P)\vee(Q\vee R)$

$\Leftrightarrow(\neg Q\vee Q)\vee(\neg P\vee R)\Leftrightarrow 1$

5．证明：（1）左边$=P\rightarrow(Q\rightarrow P)\Leftrightarrow\neg P\vee(Q\rightarrow P)\Leftrightarrow\neg P\vee(\neg Q\vee P)\Leftrightarrow P\vee(\neg P\vee\neg Q)\Leftrightarrow\neg\neg P\vee(P\rightarrow\neg Q)\Leftrightarrow\neg P\rightarrow(P\rightarrow\neg Q)=$右边。

（2）左边$=P\rightarrow(Q\vee R)\Leftrightarrow\neg P\vee(Q\vee R)\Leftrightarrow(\neg P\vee Q)\vee R\Leftrightarrow\neg(P\wedge\neg Q)\vee R\Leftrightarrow\neg(P\wedge\neg Q)\vee R\Leftrightarrow(P\wedge\neg Q)\rightarrow R=$右边。

（3）左边$=(P\rightarrow R)\wedge(Q\rightarrow R)\Leftrightarrow(\neg P\vee R)\wedge(\neg Q\vee R)\Leftrightarrow(\neg P\wedge\neg Q)\vee R\Leftrightarrow\neg(P\vee Q)\vee R\Leftrightarrow(P\vee Q)\rightarrow R=$右边。

（4）左边$=\neg(P\leftrightarrow Q)\Leftrightarrow\neg((P\rightarrow Q)\wedge(Q\rightarrow P))\Leftrightarrow\neg((\neg P\vee Q)\wedge(\neg Q\vee P))\Leftrightarrow\neg(\neg P\vee Q)\vee\neg(\neg Q\vee P)\Leftrightarrow(P\wedge\neg Q)\vee(Q\wedge\neg P)$

$\Leftrightarrow((P\wedge\neg Q)\vee Q)\wedge((P\wedge\neg Q)\vee\neg P)$

$\Leftrightarrow((P\vee Q)\wedge(\neg Q\vee Q)\wedge((P\vee\neg P)\wedge(\neg Q\vee\neg P))$

$\Leftrightarrow(P\vee Q)\wedge(\neg Q\vee\neg P)\Leftrightarrow(P\vee Q)\wedge\neg(P\wedge Q)=$右边。

（5）左边$=((P\wedge Q)\rightarrow R)\wedge(Q\rightarrow(S\vee R))\Leftrightarrow(\neg(P\wedge Q)\vee R)\wedge(\neg Q\vee(S\vee R))\Leftrightarrow(\neg P\vee\neg Q\vee R)\wedge(\neg Q\vee S\vee R)\Leftrightarrow((\neg P\vee\neg Q)\wedge(\neg Q\vee S))\vee R$

右边$=(Q\wedge(S\rightarrow P))\rightarrow R\Leftrightarrow\neg(Q\wedge(S\rightarrow P))\vee R\Leftrightarrow(\neg Q\vee\neg(\neg S\vee P))\vee R\Leftrightarrow(\neg Q\vee(S\wedge\neg P))\vee R\Leftrightarrow((\neg Q\vee S)\wedge(\neg Q\vee\neg P))\vee R\Leftrightarrow((\neg P\vee\neg Q)\wedge(\neg Q\vee S))\vee R$

左边=右边

（6）左边$=P\vee(P\rightarrow(P\wedge Q))\Leftrightarrow P\vee(\neg P\vee(P\wedge Q))\Leftrightarrow P\vee(\neg P\vee P)\wedge(\neg P\vee Q))\Leftrightarrow P\vee(\neg P\vee Q)\Leftrightarrow(P\vee\neg P)\vee Q\Leftrightarrow 1$

右边$=\neg P\vee\neg Q\vee(P\wedge Q)\Leftrightarrow\neg(P\wedge Q)\vee(P\wedge Q)\Leftrightarrow 1$

6．解：（1）$(\neg P\wedge Q)\rightarrow R\Leftrightarrow\neg(\neg P\wedge Q)\vee R\Leftrightarrow(P\vee\neg Q)\vee R\Leftrightarrow P\vee\neg Q\vee R$

$P\vee\neg Q\vee R$ 既是析取范式，也是合取范式。

（2）$P\to((Q\wedge R)\to S)\Leftrightarrow\neg P\vee(\neg(Q\wedge R)\vee S)\Leftrightarrow\neg P\vee\neg Q\vee\neg R\vee S$ $\neg P\vee\neg Q\vee\neg R\vee S$ 既是析取范式，也是合取范式。

（3）$(P\to Q)\to R\Leftrightarrow\neg(\neg P\vee Q)\vee R\Leftrightarrow(P\wedge\neg Q)\vee R$

由此得到其析取范式为$(P\wedge\neg Q)\vee R$。由于$(P\wedge\neg Q)\vee R\Leftrightarrow(P\vee R)\wedge(\neg Q\vee R)$，所以其合取范式为$(P\vee R)\wedge(\neg Q\vee R)$。

（4）$P\vee(\neg P\wedge Q\wedge R)$本身为析取范式，由于 $P\vee(\neg P\wedge Q\wedge R)\Leftrightarrow(P\vee\neg P)\wedge(P\vee Q)\wedge(P\vee R)\Leftrightarrow 1\wedge(P\vee Q)\wedge(P\vee R)\Leftrightarrow(P\vee Q)\wedge(P\vee R)$，所以其合取范式为$(P\vee Q)\wedge(P\vee R)$。

（5）$\neg(P\to Q)\Leftrightarrow\neg(\neg P\vee Q)\Leftrightarrow P\wedge\neg Q$，$P\wedge\neg Q$ 既是析取范式，也是合取范式。

（6）$(\neg P\wedge Q)\vee(P\vee\neg Q)\Leftrightarrow\neg(P\vee\neg Q)\vee(P\vee\neg Q)\Leftrightarrow 1$，为永真式。

7．解：（1）$(\neg P\vee\neg Q)\to(P\leftrightarrow\neg Q)\Leftrightarrow\neg(\neg P\vee\neg Q)\vee(P\leftrightarrow\neg Q)\Leftrightarrow(P\wedge Q)\vee(P\wedge\neg Q)\vee(\neg P\wedge Q)\Leftrightarrow\Sigma(1，2，3)\Leftrightarrow P\vee Q=\Pi(0)$。

（2）$P\to(P\to(Q\to P))\Leftrightarrow\neg P\vee(\neg P\vee(P\vee\neg Q))\Leftrightarrow 1\Leftrightarrow\Sigma(0，1，2，3)$。

（3）$P\vee(\neg P\to(Q\vee(\neg Q\to R)))\Leftrightarrow P\vee(P\vee(Q\vee(Q\vee R)))$

$\Leftrightarrow P\vee Q\vee R=\Pi(0)\Leftrightarrow\Sigma(1，2，3，4，5，6，7)$

$=(\neg P\wedge\neg Q\wedge R)\vee(\neg P\wedge Q\wedge\neg R)\vee(\neg P\wedge Q\wedge R)\vee(P\wedge\neg Q\wedge\neg R)$

$\vee(P\wedge\neg Q\wedge R)\vee(P\wedge Q\wedge\neg R)\vee(P\wedge Q\wedge R)$。

（4）$(Q\to P)\wedge(\neg P\wedge Q)\Leftrightarrow(\neg Q\vee P)\wedge(\neg P\wedge Q)$

$\Leftrightarrow(\neg P\wedge Q\wedge P)\vee(\neg Q\wedge\neg P\wedge Q)\Leftrightarrow(0\wedge Q)\vee(0\wedge\neg P)\Leftrightarrow 0$

$\Leftrightarrow(P\vee Q)\wedge(P\vee\neg Q)\wedge(\neg P\vee Q)\wedge(\neg P\vee\neg Q)=\Pi(0，1，2，3)$。

8．证明：

（1）$(P\wedge(P\to Q))\to Q\Leftrightarrow\neg(P\wedge(P\to Q))\vee Q\Leftrightarrow(\neg P\vee\neg(\neg P\vee Q))\vee Q$

$\Leftrightarrow(\neg P\vee(P\wedge\neg Q))\vee Q\Leftrightarrow((\neg P\vee P)\wedge(\neg P\vee\neg Q))\vee Q$

$\Leftrightarrow(1\wedge(\neg P\vee\neg Q))\vee Q\Leftrightarrow(\neg P\vee\neg Q)\vee Q\Leftrightarrow\neg P\vee(\neg Q\vee Q)\Leftrightarrow 1$。

（2）$\neg P\to(P\to Q)\Leftrightarrow\neg\neg P\vee(P\to Q)\Leftrightarrow P\vee(\neg P\vee Q)\Leftrightarrow(P\vee\neg P)\vee Q\Leftrightarrow 1$。

（3）$((P\to Q)\wedge(Q\to R))\to(P\to R)\Leftrightarrow\neg((P\to Q)\wedge(Q\to R))\vee(P\to R)$

$\Leftrightarrow\neg((\neg P\vee Q)\wedge(\neg Q\vee R))\vee(\neg P\vee R)$

$\Leftrightarrow(\neg(\neg P\vee Q)\vee\neg(\neg Q\vee R))\vee(\neg P\vee R)$

$\Leftrightarrow((P\wedge\neg Q)\vee(Q\wedge\neg R))\vee(\neg P\vee R)$

$\Leftrightarrow((P\wedge\neg Q)\vee\neg P)\vee((Q\wedge\neg R)\vee R)$

$\Leftrightarrow((P\vee\neg P)\wedge(\neg Q\vee\neg P)\vee((Q\vee R)\wedge(\neg R\vee R))$

$\Leftrightarrow(\neg Q\vee\neg P)\vee(Q\vee R)$

$\Leftrightarrow\neg Q\vee Q\vee\neg P\vee R$

$\Leftrightarrow 1\vee\neg P\vee R\Leftrightarrow 1$

（4）$((P\to(Q\to R))\to((P\to Q)\to(P\to R))$

$\Leftrightarrow\neg((\neg P\vee(\neg Q\vee R))\vee(\neg(\neg P\vee Q)\vee(\neg P\vee R))$

$\Leftrightarrow(P\wedge Q\wedge\neg R)\vee(P\wedge\neg Q)\vee(\neg P\vee R)$

$\Leftrightarrow P\wedge((Q\wedge\neg R)\vee\neg Q)\vee(\neg P\vee R)$

$\Leftrightarrow P\wedge((Q\vee\neg Q)\wedge(\neg R\vee\neg Q))\vee(\neg P\vee R)$

$\Leftrightarrow P\wedge(\neg R\vee\neg Q)\vee(\neg P\vee R)$

$\Leftrightarrow(P\wedge\neg R)\vee(P\wedge\neg Q)\vee(\neg P\vee R)$

$\Leftrightarrow\neg(\neg P\vee R)\vee(\neg P\vee R)\vee(P\wedge\neg Q)$

$\Leftrightarrow 1\vee(P\wedge\neg Q)\Leftrightarrow 1$。

9．证明：

（1）若 $P\vee Q$ 为假，则 P 为假，Q 为假。因而 $P\to Q$ 为真，则$(P\to Q)\to Q$ 为假，（后件假推出前件为假）得证。

（2）若 $P\to(P\wedge Q)$为假，则 P 为真，$P\wedge Q$ 为假，因此 Q 为假。由此 $P\to Q$ 为假，（后件假推出前件为假）得证。

（3）若 $P\to(Q\to R)$为真，当 P 为假时，$P\to Q$ 为真，$P\to R$ 为真，则$(P\to Q)\to(P\to R)$为真，（前件真推出后件为真）得证；当 P 为真时，$Q\to R$ 为真，①当 Q 为真时，R 为真，则 $P\to Q$ 为真，$P\to R$ 为真，则$(P\to Q)\to(P\to R)$为真，得证；②当 Q 为假时，则 $P\to Q$ 为假，$(P\to Q)\to(P\to R)$为真，得证；

（4）$(P\vee Q)\wedge(P\to R)\wedge(Q\to R)\to R$

$\Leftrightarrow\neg((P\vee Q)\wedge(P\to R)\wedge(Q\to R))\vee R$

$\Leftrightarrow(\neg(P\vee Q)\vee\neg(\neg P\vee R)\vee\neg(\neg Q\vee R))\vee R$

$\Leftrightarrow(\neg(P\vee Q)\vee(P\wedge\neg R)\vee(Q\wedge\neg R))\vee R$

$\Leftrightarrow(\neg(P\vee Q)\vee R)\vee((P\wedge\neg R)\vee(Q\wedge\neg R))$

$\Leftrightarrow(\neg(P\vee Q)\vee R)\vee((P\vee Q)\wedge\neg R)$

$\Leftrightarrow\neg((P\vee Q)\wedge\neg R)\vee((P\vee Q)\wedge\neg R)$

$\Leftrightarrow 1$。

10．证明：（1）$\neg(B\uparrow C)\Leftrightarrow B\wedge C\Leftrightarrow\neg(\neg B\vee\neg C)\Leftrightarrow\neg B\downarrow\neg C$

（2）$\neg(B\downarrow C)\Leftrightarrow B\vee C\Leftrightarrow\neg(\neg B\wedge\neg C)\Leftrightarrow\neg B\uparrow\neg C$

11．证明：若$\{\vee\}$或$\{\wedge\}$是最小联结词组，则$\neg P\Leftrightarrow(P\vee\ldots)$，$\neg P\Leftrightarrow(P\wedge\ldots)$，对所有命题变元指派 T，则等价式左边为假，右边为真，与等价表达式矛盾。

若$\{\to\}$是最小联结词组，则$\neg P\Leftrightarrow(P\to(P\to\ldots)\ldots)$对所有命题变元指派 T，则等价式左边为假，右边为真，矛盾。

12．证明：

（1）$((P\to(Q\to S))\wedge Q\wedge(P\vee\neg R))\to(R\vee S)$

$\Leftrightarrow \neg((P\rightarrow(Q\rightarrow S))\wedge Q\wedge(P\vee\neg R))\vee(R\vee S)$

$\Leftrightarrow(P\wedge Q\wedge\neg S)\vee\neg Q\vee(\neg P\wedge R)\vee R\vee S$

$\Leftrightarrow(P\wedge Q\wedge R\wedge\neg S)\vee(P\wedge Q\wedge\neg R\wedge\neg S)\vee(P\wedge Q)\vee(\neg P\wedge Q)$
$\vee(\neg P\wedge Q\wedge R)\vee(\neg P\wedge\neg Q\wedge R)\vee(P\wedge R)\vee(\neg P\wedge R)$
$\vee(P\wedge S)\vee(\neg P\wedge S)$

$\Leftrightarrow(P\wedge Q\wedge R\wedge\neg S)\vee(P\wedge Q\wedge\neg R\wedge\neg S)$
$\vee(P\wedge Q\wedge R)\vee(P\wedge Q\wedge\neg R)$
$\vee(\neg P\wedge Q\wedge R)\vee(\neg P\wedge Q\wedge\neg R)$
$\vee(\neg P\wedge Q\wedge R\wedge S)\vee(\neg P\wedge Q\wedge R\wedge\neg S)$
$\vee(\neg P\wedge\neg Q\wedge R\wedge S)\vee(\neg P\wedge\neg Q\wedge R\wedge\neg S)$
$\vee(P\wedge Q\wedge R)\vee(P\wedge\neg Q\wedge R)$
$\vee(\neg P\wedge Q\wedge R)\vee(\neg P\wedge\neg Q\wedge R)$
$\vee(P\wedge Q\wedge S)\vee(P\wedge\neg Q\wedge S)$
$\vee(\neg P\wedge Q\wedge S)\vee(\neg P\wedge\neg Q\wedge S)$

$\Leftrightarrow(P\wedge Q\wedge R\wedge\neg S)\vee(P\wedge Q\wedge\neg R\wedge\neg S)\vee(P\wedge Q\wedge R\wedge S)$
$\vee(P\wedge Q\wedge R\wedge\neg S)\vee(P\wedge Q\wedge\neg R\wedge S)\vee(P\wedge Q\wedge\neg R\wedge\neg S)$
$\vee(\neg P\wedge Q\wedge R\wedge S)\vee(\neg P\wedge Q\wedge R\wedge\neg S)\vee(\neg P\wedge Q\wedge\neg R\wedge S)$
$\vee(\neg P\wedge Q\wedge\neg R\wedge\neg S)\vee(\neg P\wedge Q\wedge R\wedge S)\vee(\neg P\wedge Q\wedge R\wedge\neg S)$
$\vee(\neg P\wedge\neg Q\wedge R\wedge S)\vee(\neg P\wedge\neg Q\wedge R\wedge\neg S)\vee(P\wedge Q\wedge R\wedge S)$
$\vee(P\wedge Q\wedge R\wedge\neg S)\vee(P\wedge\neg Q\wedge R\wedge S)\vee(P\wedge\neg Q\wedge R\wedge\neg S)$
$\vee(\neg P\wedge Q\wedge R\wedge S)\vee(\neg P\wedge Q\wedge R\wedge\neg S)\vee(\neg P\wedge\neg Q\wedge R\wedge S)$
$\vee(\neg P\wedge\neg Q\wedge R\neg S)\vee(P\wedge Q\wedge R\wedge S)\vee(P\wedge Q\wedge\neg R\wedge S)$
$\vee(P\wedge\neg Q\wedge R\wedge S)\vee(P\wedge\neg Q\wedge\neg R\wedge S)\vee(\neg P\wedge Q\wedge R\wedge S)$
$\vee(\neg P\wedge Q\wedge\neg R\wedge S)\vee(\neg P\wedge\neg Q\wedge R\wedge S)\vee(\neg P\wedge\neg Q\wedge\neg R\wedge S)$

$\Leftrightarrow(P\wedge Q\wedge R\wedge\neg S)\vee(P\wedge Q\wedge\neg R\wedge\neg S)\vee(P\wedge Q\wedge R\wedge S)$
$\vee(P\wedge Q\wedge\neg R\wedge S)\vee(\neg P\wedge Q\wedge R\wedge S)\vee(\neg P\wedge Q\wedge R\wedge\neg S)$
$\vee(\neg P\wedge Q\wedge\neg R\wedge S)\vee(\neg P\wedge Q\wedge\neg R\wedge\neg S)\vee(\neg P\wedge\neg Q\wedge R\wedge S)$
$\vee(\neg P\wedge\neg Q\wedge R\wedge\neg S)\vee(P\wedge\neg Q\wedge R\wedge S)\vee(P\wedge\neg Q\wedge R\wedge\neg S)$
$\vee(P\wedge\neg Q\wedge\neg R\wedge S)\vee(\neg P\wedge\neg Q\wedge\neg R\wedge S)$

$\Leftrightarrow\Sigma(1,2,3,4,5,6,7,9,10,11,12,13,14,15)$

不是重言式，故推理无效。

（2）$(\neg(P\wedge\neg Q)\wedge(\neg Q\vee R)\wedge\neg R)\rightarrow\neg P$

$\Leftrightarrow\neg(\neg(P\wedge\neg Q)\wedge(\neg Q\vee R)\wedge\neg R)\vee\neg P$

$\Leftrightarrow((P\wedge\neg Q)\vee(Q\wedge\neg R)\vee R)\vee\neg P$

$\Leftrightarrow((P\wedge\neg Q)\vee\neg P)\vee((Q\wedge\neg R)\vee R)$

$\Leftrightarrow(\neg P\vee\neg Q)\vee(Q\vee R)$

$\Leftrightarrow\neg P\vee R\vee\neg Q\vee Q\Leftrightarrow 1$

（3）$((Q\to P)\wedge(Q\leftrightarrow S)\wedge(S\leftrightarrow T)\wedge(T\wedge R))\to P\wedge Q\wedge R\wedge S$

（a）$T\wedge R$	P
（b）T	T，（a）
（c）R	T，（a）
（d）$S\leftrightarrow T$	P
（e）S	T，（b），（d）
（f）$Q\leftrightarrow S$	P
（g）Q	T，（e），（f）
（h）$Q\to P$	P
（i）P	T，（g），（h）
（j）$P\wedge Q\wedge R\wedge S$	T，（i），（g），（c），（e）

（4）

（a）$P\wedge Q$	P
（b）P	T，（a）
（c）Q	T，（b）
（d）P	T，（b）
（e）$P\to Q$	T，（c）
（f）$Q\to P$	T，（d）
（g）$P\leftrightarrow Q$	T，（e），（f）
（h）$(P\leftrightarrow Q)\to(R\vee S)$	P
（i）$R\vee S$	T，（g），（h）

（5）

（a）$\neg(\neg P\wedge S)$	P
（b）$P\vee\neg S$	I，（a）
（c）$(\neg Q\vee R)\wedge\neg R$	P
（d）$\neg Q\wedge\neg R$	I，（c）
（e）$\neg Q$	T，（d）
（f）$P\to Q$	P
（g）$\neg P$	T，（e），（f）
（h）$\neg S$	T，（b），（g）

（6）$(A\to(B\to C))\wedge((C\wedge D)\to E)$

（a）$\neg((A\to(B\to F)))$ P（附加前提）

（b）$A\wedge B\wedge\neg F$ I，（a）

（c）$\neg F$ T，（b）

（d）$\neg F\to(D\wedge\neg E)$ P

（e）$D\wedge\neg E$ T，（c），（d）

（f）D T，（e）

（g）$A\to(B\to C)$ P

（h）$(A\wedge B)\to C$ I，（g）

（i）$A\wedge B$ T，（b）

（j）C T，（h），（i）

（k）$C\wedge D$ T，（f），（j）

（l）$(C\wedge D)\to E$ P

（m）E T，（k），（l）

（n）$\neg E$ T，（e）

（o）$E\wedge\neg E$ T，（n），（o）

由（o）得出矛盾，根据反证法说明推理正确。

（7）

（a）A CP

（b）$A\vee B$ T，（a）

（c）$(A\vee B)\to(C\wedge D)$ P

（d）$C\wedge D$ T，（b），（c）

（e）D T，（d）

（f）$D\vee E$ T，（e）

（g）$D\vee E\to F$ P

（h）F T，（g），（h）

（8）

（a）B CP

（b）$\neg B\vee D$ P

（c）D T，（a），（b）

（d）$(E\to\neg F)\to\neg D$ P

（e）$\neg(E\neg F)$ T，（c），（d）

（f）$E\wedge F$ I，（e）

（g）E T，（f）

13．解：

（1）P：我学习；

Q：我数学不及格；

R：我热衷于玩扑克；

前提：$P\to\neg Q$，$\neg R\to P$，Q

结论：R

证明：

（a）Q　　　　P

（b）$P\to\neg Q$　　　　P

（c）$\neg P$　　　　T，（a），（b）

（d）$\neg R\to P$　　　　P

（e）R　　　　T，（c），（d）

（2）P：天下雨；

Q：春游改期；

R：我们有球赛；

前提：$P\to Q$，$R\to\neg Q$，$\neg R$

结论：$\neg P$

证明：（a）$R\to\neg Q$　　　　P

（b）$\neg R$　　　　P

（c）$\neg Q$　　　　T，（b），（c）

（d）$P\to Q$　　　　P

（e）$\neg P$　　　　T，（d），（e）

（3）设 P：红队获冠军；

Q：黄队获亚军；

R：蓝队获亚军；

S：白队获亚军。

前提：$P\to((Q\wedge\neg R)\vee(\neg Q\wedge R))$，$Q\to\neg P$，$S\to\neg R$，P

结论：$\neg S$

证明：间接证明法：

（a）S　　　　P（附加前提）

（b）$S\to\neg R$　　　　P

（c）$\neg R$　　　　T，（a），（b）

（d）$P\to((Q\wedge\neg R)\vee(\neg Q\wedge R))$　　　　P

（e）P　　　　P

（f）$(Q\wedge\neg R)\vee(\neg Q\wedge R)$　　T，（d），（e）

（g）$(\neg Q\rightarrow R)\wedge(R\rightarrow\neg Q)$　　I，（f）

（h）$\neg Q\rightarrow R$　　T，（g）

（i）Q　　T，（c），（h）

（j）$Q\rightarrow\neg P$　　P

（k）$\neg P$　　T，（i），（g）

（l）$P\wedge\neg P$（矛盾）　　T，（e），（k）

（4）P：8 是偶数。Q：2 整除 7。R：5 是素数。

前提：$P\rightarrow\neg Q$，$\neg R\vee Q$，R

结论：$\neg P$

证明：（a）$\neg R\vee Q$　　P

（b）R　　P

（c）Q　　T，（a），（b）

（d）$P\rightarrow\neg Q$　　P

（e）$\neg P$　　T，（c），（d）

（5）设：P：甲获胜；Q：乙获胜；R：丙获胜；S：丁获胜。

前提：$P\rightarrow\neg Q$，$R\rightarrow Q$，$\neg P\rightarrow S$

结论：$R\rightarrow S$

证明：

（a）$P\rightarrow\neg Q$　　P

（b）$Q\rightarrow\neg P$　　I，（a）

（c）$\neg P\rightarrow S$　　P

（d）$Q\rightarrow S$　　T，（b），（c）

（e）$R\rightarrow Q$　　P

（f）$R\rightarrow S$　　T，（e），（d）

习题 2

1．解：（1）设 S(x)：x 是大学生。a：李力。则有：S(a)。

（2）设 R(x)：x 是实数，Q(x)：x 是有理数。则有：$(\forall x)(Q(x)\rightarrow R(x))$。

（3）设 M(x)：x 是人，D(x)：x 犯错误。则有：$(\forall x)(M(x)\rightarrow D(x))$，或者$\neg(\exists x)(M(x)\wedge\neg D(x))$。

（4）设 N(x)：x 是自然数，P(x)：x 是素数。则有：$(\exists x)(N(x)\wedge P(x))$。

（5）设 R(x)：x 是实数，Q(x)：x 是有理数。则有：$\neg(\forall x)(R(x)\rightarrow Q(x))$。

（6）设 $P(x)$：x 是素数，$G(x，y)$：x 大于 y。则有：
$\neg(\exists x)(P(x)\wedge(\forall y)(P(y)\rightarrow G(x，y))$。

（7）设 $F(x，y)$：x 和 y 是好朋友，a：小张，b：小宋。则有：$F(a，b)$。

（8）设 $M(x)$：x 是人，$F(x)$：x 喜欢集邮。则有：$(\exists x)(M(x)\wedge F(x))$。

2．解：（1）设 $I(x)$：x 是整数，$R(x)$：x 是实数。则有：$(\forall x)(I(x)\rightarrow R(x))$。

（2）设 $S(x)$：x 是大学生，$L(x)$：x 是运动员。则有：$(\exists x)(L(x)\wedge S(x))$。

（3）设 $T(x)$：x 是教师，$O(x)$：x 是年老的，$V(x)$：x 是健壮的。则有：
$(\exists x)(T(x)\wedge O(x)\wedge V(x))$。

（4）设 $J(x)$：x 是教练，$L(x)$：x 是运动员。则有：$\neg(\forall x)(L(x)\rightarrow J(x))$。

（5）设 $G(x)$：x 是国家选手，$C(x)$：x 是优秀的。则有：$\neg(\exists x)(G(x)\wedge\neg C(x))$，或$(\forall x)(G(x)\rightarrow C(x))$。

（6）设 $S(x)$：x 是大学生，$L(x)$：x 是运动员，$A(x，y)$：x 钦佩 y。则有：
$(\exists x)(S(x)\wedge(\forall y)(L(y)\rightarrow\neg A(x,y)))$。

（7）设 $W(x)$：x 是女同志，$T(x)$：x 是指导员，$S(x)$：x 是学生。则有：
$(\exists x)(W(x)\wedge S(x))$

（8）设 $G(x)$：x 是研究生，$B(x)$：x 想成为科学家。则有：
$\neg(\exists x)(G(x)\wedge\neg B(x))$或$(\forall x)(G(x)\rightarrow B(x))$

3．解：（1）$(\forall x)P(x，1，x)$。

（2）$(\forall x)(\forall y)(\neg P(x，y，0)\rightarrow(\neg E(x，0)\wedge\neg E(y，0)))$

（3）$(\forall x)(\forall y)(P(x，y，0)\rightarrow(E(x，0)\vee E(y，0)))$

（4）$(\forall x)(\forall y)(((G(x，y)\vee E(x，y))\wedge(G(y，x)\vee E(y，x)))\rightarrow(E(x，y))$

4．解：（1）5 是质数。

（2）5 是偶质数。

（3）能被 2 整除的数为偶数。

（4）6 存在偶数因子。

（5）不是偶数一定不能被 2 整除。

（6）对所有偶数，如果能被 2 整除，它为偶数。

（7）对每一个质数，都存在被它整除的偶数。

（8）奇数不能整除质数。

5．解：（1）设 $N(x)$：x 是数，$G(x，y)$：x 大于 y。则：
$(\exists x)(N(x)\wedge(\forall y)(N(y)\rightarrow G(x，y))$。

（2）设 $L(x)$：x 为劳动。$M(x)$：x 为机器。$R(x，y)$：x 被 y 代替。则：
$\neg(\forall x)(L(x)\rightarrow(\exists y)(M(y)\wedge R(x，y)))$

（3）设 $P(x)$：x 是偶数。$Q(x)$：x 是质数。则：

$(\exists x)(P(x)\wedge Q(x))$

6．解：（1）x 是约束变元，y 是自由变元。

（2）x 是约束变元，在 $P(x)\wedge Q(x)$中的 x 受全称量词（∀）约束，在 $S(x)$中的 x 受存在量词（∃）约束。

（3）x，y 都是约束变元，$P(x)$中的 x 受存在量词（∃）约束，$R(x)$中的 x 受全称量词（∀）约束。

（4）x，y 是约束变元，z 是自由变元。

7．解：（1）$(\forall x)A(x)\vee(\exists y)R(t,\ y)$

（2）$(\exists u)(A(u)\wedge(\forall v)B(u,\ v,\ z))\rightarrow(\exists z)G(x,\ y,\ z)$

（3）$(\forall u)(\exists v)(F(u,\ z)\rightarrow G(v))\leftrightarrow H(x,\ y)$

（4）$(\forall u)(\exists y)(F(u,\ z)\rightarrow(\exists x)G(x,\ y))$

（5）$(\forall u)(\forall y)(P(u,\ y)\vee Q(u,\ y))\wedge(\forall y)H(x,\ v)$

（6）$(\forall x)(\exists y)F(x,\ y)\rightarrow G(v)$

8．解：（1）$(\forall x)F(x,\ x)\rightarrow(\exists y)G(y)$

$\Leftrightarrow F(a,\ a)\wedge F(b,\ b)\wedge F(c,\ c)\rightarrow(G(a)\vee G(b)\vee G(c))$

$\Leftrightarrow T\wedge F\wedge F\rightarrow(T\vee F\vee F)$

$\Leftrightarrow F\rightarrow T\Leftrightarrow T$

（2）$(\forall y)(G(y)\wedge(\exists x)F(x,\ y))$

$\Leftrightarrow(\forall y)(G(y)\wedge(F(a,\ y)\vee F(b,\ y)\vee F(c,\ y))$

$\Leftrightarrow(G(a)\wedge(F(a,\ a)\vee F(b,\ a)\vee F(c,\ a)))\wedge(G(b)\wedge(F(a,\ b)\vee F(b,\ b)\vee F(c,\ b)))\wedge(G(c)\wedge(F(a,\ c)\vee F(b,\ c)\vee F(c,\ c)))$

$\Leftrightarrow(T\wedge(T\vee T\vee T))\wedge(F\wedge(F\vee F\vee T))\wedge(F\wedge(T\vee F\vee F))$

$\Leftrightarrow T\wedge F\wedge F\Leftrightarrow F$

（3）$(\forall x)(\exists y)F(y,\ x)$

$\Leftrightarrow(\forall x)(F(a,\ x)\vee F(b,\ x)\vee F(c,\ x))$

$\Leftrightarrow(F(a,\ a)\vee F(b,\ a)\vee F(c,\ a))\wedge(F(a,\ b)\vee F(b,\ b)\vee F(c,\ b))\wedge(F(a,\ c)\vee F(b,\ c)\vee F(c,\ c))$

$\Leftrightarrow(T\vee T\vee T)\wedge(F\vee F\vee T)\wedge(T\vee F\vee F)$

$\Leftrightarrow T\wedge T\wedge T\Leftrightarrow T$

9．解：（1）$(\forall x)(P(x)\vee Q(x))$

$\Leftrightarrow(P(1)\vee Q(1))\wedge(P(2)\vee Q(2))$

$\Leftrightarrow(T\vee F)\wedge(F\vee T)\Leftrightarrow T\wedge T\Leftrightarrow T$

（2）$(\forall x)(P\rightarrow Q(x))\vee R(a)$

$\Leftrightarrow((P\rightarrow Q(-2))\wedge(P\rightarrow Q(-2))\wedge(P\rightarrow Q(-2)))\vee R(5)$

$\Leftrightarrow((T\to Q(-2))\wedge(T\to Q(3))\wedge(T\to Q(6)))\vee R(5)$

$\Leftrightarrow((T\to T)\wedge(T\to T)\wedge(T\to F))\vee F$

$\Leftrightarrow(T\wedge T\wedge F)\vee F$

$\Leftrightarrow F\vee F\Leftrightarrow F$

10．证明：

$(\forall x)P(x)\vee(\forall x)Q(x)$

$\Leftrightarrow(P(a)\wedge P(b)\wedge P(c))\vee(Q(a)\wedge Q(b)\wedge Q(c))$

$\Leftrightarrow(P(a)\vee Q(a))\wedge(P(a)\vee Q(b))\wedge(P(a)\vee Q(c))$

$\wedge(P(b)\vee Q(a))\wedge(P(b)\vee Q(b))\wedge(P(b)\vee Q(c))$

$\wedge(P(c)\vee Q(a))\wedge(P(c)\vee Q(b))\wedge(P(c)\vee Q(c))$

$\Rightarrow((P(a)\vee Q(a))\wedge(P(b)\vee Q(b))\wedge(P(c)\vee Q(c))$

$\Leftrightarrow(\forall x)(P(x)\vee Q(x))$

所以：$(\forall x)P(x)\vee(\forall x)Q(x)\Rightarrow(\forall x)(P(x)\vee Q(x))$

11．解：（1）$F(x，y)\to(G(x，y)\to F(x，y))$

$F(x，y)\vee(\neg G(x，y)\vee F(x，y))$

$\Leftrightarrow\neg F(x，y)\vee F(x，y)\vee\neg G(x，y)$

$\Leftrightarrow T\vee\neg G(x，y)$

$\Leftrightarrow T$

所以，此式为永真式。

（2）$(\forall x)(\exists y)A(x，y)\to(\exists x)(\forall y)A(x，y)$

$\Leftrightarrow\neg(\forall x)(\exists y)A(x，y)\vee(\exists x)(\forall y)A(x，y)$

$\Leftrightarrow(\exists x)(\forall y)\neg A(x，y)\vee(\exists x)(\forall y)A(x，y)$

$\Leftrightarrow T$

所以，此式为永真式。

（3）

$(\exists x)(\forall y)A(x，y)\to(\forall y)(\exists x)A(x，y)$

设上面公式为D，证明D无假的解释。

设I为任意的解释。

① 若在I下，D的前件$(\exists x)(\forall y)A(x，y)$为假，则在I下D为真。

② 若在I下，D的前件$(\exists x)(\forall y)A(x，y)$为真，必存在$a\in DI$（I的定义域），使得$(\forall y)A(a,y)$为真，又对于任意的 $z\in DI$，$F(a,z)$为真，由于 $F(a,z)$为真，必有$(\exists x)F(x,z)$为真，又由z的任意性，必有$(\forall y)(\exists x)A(x,y)$为真。

由I的任意性可知，D是永真式。

（4）$\neg((\forall x)A(x)\rightarrow(\exists y)B(y))\wedge(\exists y)B(y))$

$\Leftrightarrow\neg(\neg(\forall x)A(x)\vee(\exists y)B(y))\wedge(\exists y)B(y))$

$\Leftrightarrow((\forall x)A(x)\wedge\neg(\exists y)B(y))\wedge(\exists y)B(y))$

$\Leftrightarrow(\forall x)A(x)\wedge(\neg(\exists y)B(y))\wedge(\exists y)B(y))$

$\Leftrightarrow(\forall x)A(x)\wedge F$

$\Leftrightarrow F$

所以，此式为永假式。

12．证明：$(\forall x)(\forall y)(F(x)\rightarrow G(y))$

$\Leftrightarrow(\forall x)(\forall y)(\neg F(x)\vee G(y))$

$\Leftrightarrow(\forall x)\neg F(x)\vee(\forall y)G(y)$

$\Leftrightarrow\neg(\exists x)F(x)\vee(\forall y)G(y)$

$\Leftrightarrow(\exists x)F(x)\rightarrow(\forall y)G(y)$

13．解：（1）$(\forall x)(A(x)\rightarrow(\exists y)B(x,y))$

$\Leftrightarrow(\forall x)(\neg A(x))\vee(\exists y)B(x,y))$

$\Leftrightarrow(\forall x)(\neg A(x))\vee(\exists y)B(x,y))$

$\Leftrightarrow(\forall x)(\exists y)(\neg A(x))\vee B(x,y))$

（2）$(\exists x)(\neg((\exists y)A(x,y)))\rightarrow((\exists z)B(z)\rightarrow D(x))$

$\Leftrightarrow\neg(\exists x)(\neg((\exists y)A(x,y)))\vee(\neg(\exists z)B(z)\vee D(x))$

$\Leftrightarrow(\forall x)((\exists y)A(x,y))\vee((\forall z)\neg B(z)\vee D(u))$

$\Leftrightarrow(\forall x)(\exists y)(\forall z)(A(x,y)\vee B(z)\vee D(u))$

（3）$((\exists x)P(x)\vee(\exists x)Q(x))\rightarrow(\exists x)(P(x)\vee Q(x))$

$\Leftrightarrow\neg((\exists x)P(x)\vee(\exists x)Q(x))\vee(\exists x)(P(x)\vee Q(x))$

$\Leftrightarrow\neg(\exists x)(P(x)\vee Q(x))\vee(\exists x)(P(x)\vee Q(x))$

$\Leftrightarrow T$

（4）$(\forall x)F(x)\rightarrow(\exists x)((\forall z)G(x，z)\vee(\forall z)H(x，y，z))$

$\Leftrightarrow\neg(\forall x)F(x)\vee(\exists x)((\forall z)G(x，z)\vee(\forall z)H(x，y，z))$

$\Leftrightarrow(\exists x)\neg F(x)\vee(\exists u)((\forall z)G(u，z)\vee(\forall v)H(u，y，v))$

$\Leftrightarrow(\exists x)(\neg F(x)\vee(\exists u)(\forall z)(\forall v)(G(u，z)\vee H(u，y，v))$

$\Leftrightarrow(\exists x)(\exists u)(\forall z)(\forall v)(\neg F(x)\vee G(u，z)\vee H(u，y，v))$

（5）$(\forall x)(F(x)\rightarrow G(x，y))\rightarrow((\exists y)F(y)\wedge(\exists z)G(y，z))$

$\Leftrightarrow\neg(\forall x)(\neg F(x)\vee G(x，y))\vee((\exists y)F(y)\wedge(\exists z)G(y，z))$

$\Leftrightarrow(\forall x)(F(x)\wedge\neg G(x，u))\vee((\exists y)F(y)\wedge(\exists z)G(y，z))$

$\Leftrightarrow(\forall x)(F(x)\wedge\neg G(x，u))\vee(\exists y)(\exists z)(F(y)\wedge G(y，z))$

$\Leftrightarrow(\forall x)(\exists y)(\exists z)((F(x)\wedge\neg G(x，u))\vee(F(y)\wedge G(y，z)))$

14．证明：（1）

（a）$(\forall x)(F(x)\rightarrow G(x))$ P

（b）$F(y)\rightarrow G(y)$ US（a）

（c）$(\forall x)(H(x)\rightarrow \neg G(x))$ P

（d）$H(y)\rightarrow \neg G(y)$ US（c）

（e）$\neg G(y)\rightarrow \neg F(y)$ T，（b）

（f）$H(y)\rightarrow \neg F(y)$ T，（d），（e）

（g）$(\forall x)(H(x)\rightarrow \neg F(x))$ UG

（2）

（a）$(\forall x)H(x)$ P

（b）$H(y)$ US（a）

（c）$(\forall x)(G(x)\rightarrow \neg H(x))$ P

（d）$G(y)\rightarrow \neg H(y)$ US（c）

（e）$\neg G(y)$ T，（b），（d）

（f）$(\forall x)(F(x)\vee G(x))$ P

（g）$F(y)\vee G(y)$ US（f）

（h）$F(y)$ T，（e），（g）

（i）$(\forall x)F(x)$ UG

（3）

$(\exists x)F(x)\rightarrow(\forall x)G(x)$

$\Leftrightarrow\neg(\exists x)F(x)\vee(\forall x)G(x)$

$\Leftrightarrow(\forall x)\neg F(x)\vee(\forall x)G(x)$

$\Rightarrow(\forall x)(\neg F(x)\vee G(x))$

$\Leftrightarrow(\forall x)(F(x)\rightarrow G(x))$

（4）

（a）$(\forall x)(\neg F(x)\rightarrow G(x))$ P

（b）$\neg F(y)\rightarrow G(y)$ US（a）

（c）$(\forall x)\neg G(x)$ P

（d）$\neg G(y)$ US（c）

（e）$F(y)$ T，（b），（d）

（f）$(\exists x)F(x)$ EG

15．证明：（1）

（a）$(\forall x)P(x)$ P（附加前提）

（b）$P(y)$ US（a）

（c）$(\forall x)(P(x)\rightarrow Q(x))$　　P

（d）$P(y)\rightarrow Q(y)$　　US（c）

（e）$Q(y)$　　T，（b），（d）

（f）$(\forall x)Q(x)$　　UG（e）

（g）$(\forall x)P(x)\rightarrow Q(x))$　　CP

（2）因为

$(\forall x)A(x)\vee(\exists x)B(x)\Leftrightarrow\neg(\forall x)A(x)\rightarrow(\exists x)B(x)$

所以本题就是证明：

$(\forall x)(A(x)\vee B(x))\Rightarrow\neg(\forall x)A(x)\rightarrow(\exists x)B(x)$

（a）$\neg(\forall x)A(x)$　　P（附加前提）

（b）$(\exists x)\neg A(x)$　　I，（a）

（c）$\neg A(c)$　　ES（b）

（d）$(\forall x)(A(x)\vee B(x))$　　P

（e）$A(c)\vee B(c)$　　US（d）

（f）$B(c)$　　T，（c），（e）

（g）$(\exists x)B(x)$　　EG（f）

（h）$\neg(\forall x)A(x)\rightarrow(\exists x)B(x)$　　CP

16．证明：

（1）$(\exists y)(M(y)\wedge\neg W(y))$　　P

（2）$M(c)\wedge\neg W(c)$　　ES（1）

（3）$\neg$（$M(c)\rightarrow W(c)$）　　I，（2）

（4）$(\exists y)\neg(M(y)\rightarrow W(y))$　　EG（3）

（5）$\neg(\forall y)(M(y)\rightarrow W(y))$　　I，（5）

（6）$(\exists x)(F(x)\wedge S(x))\rightarrow(\forall y)(M(y)\rightarrow W(y))$　　P

（7）$\neg(\exists x)(F(x)\wedge S(x))$　　T，（5），（6）

（8）$(\forall x)\neg(F(x)\wedge S(x))$　　I，（7）

（9）$\neg(F(a)\wedge S(a))$　　US（8）

（10）$\neg F(a)\vee\neg S(a)$　　I，（9）

（11）$F(a)\rightarrow\neg S(a)$　　I，（9）

（12）$(\forall x)(F(x)\rightarrow\neg S(x))$　　UG（11）

17．解：（1）设 $R(x)$：x 是实数。$Q(x)$：x 是有理数。$I(x)$：x 是整数。本题符号化为：

$(\forall x)(Q(x)\rightarrow R(x))\wedge(\exists x)(Q(x)\wedge I(x))\Rightarrow(\exists x)(R(x)\wedge I(x))$

（a）$(\exists x)(Q(x)\wedge I(x))$ P

（b）$Q(t)\wedge I(t)$ ES（a）

（c）$(\forall x)(Q(x)\rightarrow R(x))$ P

（d）$Q(t)\rightarrow R(t)$ US（c）

（e）$Q(t)$ T，（g）

（f）$R(t)$ T，（d），（e）

（g）$I(t)$ T，（b）

（h）$R(t)\wedge I(t)$ T，（f），（g）

（i）$(\exists x)(R(x)\wedge I(x))$ EG（h）

（2）设 F(x)：x 喜欢步行。C(x)：x 喜欢乘汽车。B(x)：x 喜欢骑自行车。

本题符号化为：

前提：$(\forall x)(F(x)\rightarrow\neg C(x))$，$(\forall x)(C(x)\vee B(x))$，$(\exists x)\neg B(x)$

结论：$(\exists x)\ \neg F(x)$

证明：

（a）$(\exists x)\neg B(x)$ P

（b）$\neg B(t)$ ES（a）

（c）$(\forall x)(C(x)\vee B(x))$ P

（d）$C(t)\vee B(t)$ US（c）

（e）$C(t)$ T，（b），（d）

（f）$(\forall x)(F(x)\rightarrow\neg C(x))$ P

（g）$F(t)\rightarrow\neg C(t)$ US（f）

（h）$\neg F(t)$ T，（e），（g）

（i）$(\exists x)\neg F(x)$ EG（h）

（3）设 Q(x)：x 是有理数。G(x)：x 是无理数。F(x)：能表示成分数。

前提：$\neg(\exists x)(F(x)\wedge G(x))$，$(\forall x)(Q(x)\rightarrow F(x))$

结论：$(\forall x)(Q(x)\rightarrow\neg G(x))$

证明：

（a）$\neg(\exists x)(F(x)\wedge G(x))$ P

（b）$(\forall x)\neg(F(x)\wedge G(x))$ I，（a）

（c）$(\forall x)(\neg F(x)\vee\neg G(x))$ I，（b）

（d）$(\forall x)(F(x)\rightarrow\neg G(x))$ I，（c）

（e）$F(t)\rightarrow\neg G(t)$ US（d）

（f）$(\forall x)(Q(x)\rightarrow F(x))$ P

(g) Q(t)→F(t)　　　　　　US（f）

(h) Q(t)→¬G(t)　　　　　　T，（g），（e）

(i) (∀x)(Q(x)→¬G(x))　　　　　　UG（h）

习题 3

1．解：（1）$\{2,3,5,7,11,13,17,19,23,29\}$

（2）$\{1,2,3,4,5,6,7,8,9\}$

（3）$\{1,2\}$

（4）$\{108,126,144,162,180,198\}$

2．解：（1）$A=\{4,5,6,7,8,9,10,11\}$

（2）$B=\{0,2,4,6,8,10,12,14,16,18\}$

（3）$C=\varnothing$

（4）$D=\{0,1,2,3,4,5,6,7,8\}$

3．解：（1）$\{x|x\in N, x\text{为奇数且}x<100\}$

（2）$\{x|x\in Z^+, x\text{ 是 1 到 100 之间的 3 的倍数}\}$

（3）$\{x|x=k^2, k\in Z^+\text{且}k\leqslant 6\}$

（4）$\{x|x\in z, \text{且}0\leqslant x<10\}$

（5）$\{x|x=12k, k\in Z^+\text{且}x<75\}$

4．解：（1）不相等　　（2）相等　　（3）不相等　　（4）不相等

5．解：（1）$\{4\}$　　（2）$\{1\}$　　（3）$\{2,3,4,5,6\}$

（4）$\{\varnothing,\{1\}\}$　　（5）$\{\{4\},\{1,4\}\}$　　（6）$\{1,4\}$

6．解：（1）不正确，$A\in C$　　（2）正确。

（3）不正确。　　（4）不正确。

7．解：（1）$(A-B)\cup(A-C)=\varnothing$

$\Leftrightarrow A-(B\cap C)=\varnothing$

$\Leftrightarrow A\subseteq B\cap C$

（2）$(A-B)\cup(A-C)=A$

$\Leftrightarrow A-(B\cap C)=A$

$\Leftrightarrow A\cap(B\cap C)=\varnothing$

$\Leftrightarrow A\cap B\cap C=\varnothing$

（3）$(A-B)\cap(A-C)=\varnothing$

$\Leftrightarrow A-(B\cup C)=\varnothing$

$\Leftrightarrow A\subseteq B\cup C$

（4）$(A-B)\oplus(A-C)=\varnothing$

$\Leftrightarrow A-B=A-C$

8．解：（1）$\{\varnothing,\{1\},\{2\},\{3\},\{4\},\{1,2\},\{1,3\}\{1,4\},\{2,3\},\{2,4\},\{3,4\},\{1,2,3\},\{1,2,4\},\{2,3,4\},\{1,3,4\},\{1,2,3,4\}\}$

（2）$\{\varnothing,\{\{1,2\}\},\{3\},\{4\},\{\{1,2\},3\},\{\{1,2\},4\},\{3,4\},\{\{1,2\},3,4\}\}$

（3）$\{\varnothing,\{\varnothing\},\{a\},\{\{a\}\},\{\varnothing,a\},\{\varnothing,\{a\}\},\{a,\{a\}\},\{\varnothing,a,\{a\}\}\}$

（4）$\{\varnothing,\{\varnothing\},\{\{\varnothing\}\},\{\{\{\varnothing\}\}\},\{\varnothing,\{\varnothing\}\},\{\varnothing,\{\{\varnothing\}\}\},\{\{\varnothing\},\{\{\varnothing\}\}\},\{\varnothing,\{\varnothing\},\{\{\varnothing\}\}\}\}$

9．证明：

$$A-(B-C)$$
$$\Leftrightarrow A\cap\sim(B-C)\Leftrightarrow A\cap(B\cap\sim C)$$
$$\Leftrightarrow A\cap(\sim B\cup C)\Leftrightarrow(A\cap\sim B)\cup(A\cap C)$$
$$\Leftrightarrow(A-B)\cup(A\cap C)$$

10．解：（1）真　（2）假　（3）真　（4）真

（5）假　（6）假　（7）假　（8）真

11．解：设 A 表示从 1 到 200 中能被 2 整除的正整数；B 表示从 1 到 200 中能被 3 整除的正整数；C 表示从 1 到 200 中能被 2 和 3 同时整除的正整数。

故，易知

$$|A|=100\qquad |B|=66\qquad |C|=33$$

所以：

（1）能被 2 或 3 整除的数可表示为

$$\begin{aligned}|A\cup B|&=|A|+|B|-|A\cap B|\\&=|A|+|B|-|C|\\&=100+66-33\\&=133\end{aligned}$$

（2）能被 2 和 3 同时整除的数，即 $|C|=33$。

12．解：设 A 表示学习法语的人的集合；B 表示学习日语的人的集合；C 表示学习德语的人的集合。

由题意易知：

$$|A|=18 \qquad |B|=15 \qquad |C|=11$$

$$|A\cap B|=9 \qquad |A\cap C|=8 \qquad |B\cap C|=6$$

$$|A\cap B\cap C|=4$$

因为

$$\begin{aligned}|A\cup B\cup C|&=|A|+|B|+|C|-|A\cap B|-|B\cap C|-|A\cap C|+|A\cap B\cap C|\\&=18+15+11-9-6-8+4\\&=25\end{aligned}$$

故 3 种外语都不学的人有：

$$30-|A\cap B\cap C|=30-25=5$$

13．解：设 A 表示爱好上网学生的集合；B 表示爱好音乐学生的集合；

由题意可知：$|A|=50 \qquad |B|=70 \qquad |A\cap B|=30$

故

$$\begin{aligned}100-|A\cup B|&=100-(|A|+|B|-|A\cap B|)\\&=100-(50+70-30)\\&=10\end{aligned}$$

14．解：（1）设 A 表示第一次考试中得到 A 的学生集合；B 表示第二次考试中得到 A 的学生集合；

由题意可知：

$$|A|=26 \qquad |B|=21 \qquad 50-|A\cup B|=17$$

故

$$\begin{aligned}50-|A\cup B|&=50-(|A|+|B|-|A\cap B|)\\&=50-|A|-|B|+|A\cap B|\\&=50-26-21+|A\cap B|\\&=17\end{aligned}$$

因此，两次考试中都得到 A 的学生人数为 $|A\cap B|=14$

（2）设第 1 次或第 2 次考试得到 A 的人数为 x，两次考试都得到 A 的人数为 y；

则由题意可知：

$$\begin{cases}2(x-y)=40\\2x-y+4=50\end{cases}$$

方程求解后，得 $x=26$， $y=6$

故仅在第一次考试中得到 A 的学生有：

$$x-y=26-6=20$$

两次考试中都得到 A 的人数为 6。

15．解：设 A 表示数学优秀学生的集合；B 表示语文优秀学生的集合；C 表示英语优秀学生的集合；

由题意可知：

$$|A|=31 \quad |B|=36 \quad |C|=29$$

$$|A\cap B\cap C|=5 \quad |A\cap B|+|B\cap C|+|A\cap C|=24+3\times5=39$$

故 3 门课程成绩都不优秀的学生有

$$\begin{aligned}70-|A\cup B\cup C| &= 70-(|A|+|B|+|C|-(|A\cap B|+|B\cap C|+|A\cap C|)+|A\cap B\cap C|)\\ &=70-(31+36+29-39+5)\\ &=70-62\\ &=8\end{aligned}$$

16．略。

习题 4

1．解：

（1）$A\times B=\{1,2,3\}\times\{a,b\}=\{<1,a>,<1,b>,<2,a>,<2,b>,<3,a>,<3,b>\}$

（2）$B\times A=\{a,b\}\times\{1,2,3\}=\{<a,1>,<a,2>,<a,3>,<b,1>,<b,2>,<b,3>\}\}$

（3）$B\times B=\{a,b\}\times\{a,b\}=\{<a,a>,<a,b>,<b,a>,<b,b>\}$

2．解：

$$\begin{aligned}A\times B\times C &= \{1,2,3\}\times\{a,b,c\}\times\{3,4\}\\ &=\{<1,a,3>,<1,a,4>,<1,b,3>,<1,b,4>,<1,c,3>,<1,c,4>\\ &<2,a,3>,<2,a,4>,<2,b,3>,<2,b,4>,<2,c,3>,<2,c,4>\\ &<3,a,3>,<3,a,4>,<3,b,3>,<3,b,4>,<3,c,3>,<3,c,4>\}\end{aligned}$$

3．解：$A\times B=\{<a,c>,<a,d>,<a,e>,<b,c>,<b,d>,<b,e>\}$

$A\times C=\{<a,1>,<a,2>,<b,1>,<b,2>\}$

故 $(A\times B)\cap(A\cap C)=\varnothing$

$A\times(B\cap C)=\{a,b\}\times\varnothing=\varnothing$

4．证明：

（1）对于任意 $<x,y>\in(A\times B)\cap(A\times C)$

$$\Leftrightarrow <x,y>\in A\times B\wedge <x,y>\in A\times C$$

$$\Leftrightarrow x\in A\wedge y\in B\wedge x\in A\wedge y\in C$$

$$\Leftrightarrow x\in A\wedge y\in B\wedge y\in C$$

$$\Leftrightarrow x\in A\wedge y\in (B\cap C)$$

$$\Leftrightarrow <x,y>\in A\times (B\cap C)$$

所以　　$(A\times B)\cap (A\times C)=A\times (B\cap C)$

（2）对于任意$<x,y>\in (A\times B)\cup (A\times C)$

$$\Leftrightarrow <x,y>\in A\times B\vee <x,y>\in A\times C$$

$$\Leftrightarrow (x\in A\wedge y\in B)\vee (x\in A\wedge y\in C)$$

$$\Leftrightarrow x\in A\wedge (y\in B\vee y\in C)$$

$$\Leftrightarrow x\in A\wedge y\in B\cup C$$

$$\Leftrightarrow <x,y>\in A\times (B\cup C)$$

所以　　$(A\times B)\cup (A\times C)=A\times (B\cup C)$

5．解：由序偶相等关系可知

$$\begin{cases}2x=6\\x+y=2\end{cases}$$

即　　$x=3$，$y=-1$

6．解：由题意可行

$R=\{<0,1>,<0,0>,<1,2>,<2,3>,<2,1>\}$

$S=\{<2,0>,<3,1>\}$

（1）$R\circ S=\{<1,0>,<2,1>\}$

（2）$S\circ R=\{<2,1>,<2,0>,<3,2>\}$

（3）$R\circ S\circ R=\{<1,1>,<1,0><2,2>\}$

7．解：

（1）$R=\{<1,1>,<1,2>,<1,3>,<1,4>,<1,5>,<1,6>,<2,2>,<2,4>,<2,6>,<3,3>,$
$<3,6>,<4,4>,<5,5>,<6,6>\}$

（2）R 的关系矩阵为

$$\begin{bmatrix}1&1&1&1&1&1\\0&1&0&1&0&1\\0&0&1&0&0&0\\0&0&0&1&0&0\\0&0&0&0&1&0\\0&0&0&0&0&1\end{bmatrix}$$

（3）R 的关系图为：

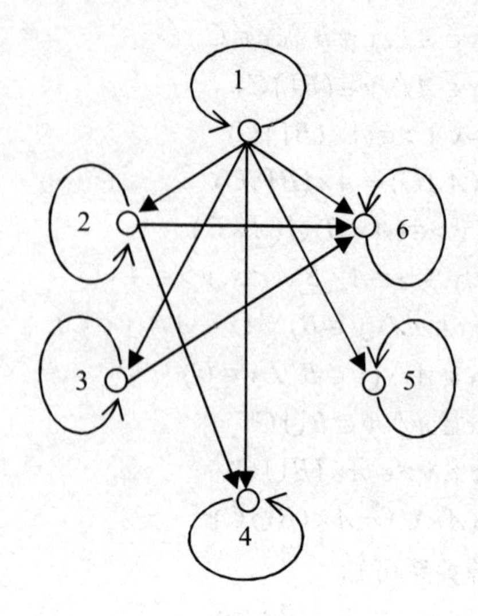

（4）R 的逆关系为

$$R=\{<1,1>,<2,1>,<2,2>,<3,1><3,3>,<4,1><4,2>,<4,4>,$$
$$<5,1>,<5,5>,<6,1>,<6,2><6,3>,<6,6>\}$$

8．证明：

（1）任取 $<x,y>\in R\circ T$

$$\Leftrightarrow(\exists y)(<x,y>\in R\wedge<y,z>\in T)$$
$$\Leftrightarrow(\exists y)(<x,y>\in R)\wedge(\exists y)(<y,z>\in T)$$
$$\Leftrightarrow(\exists y)(<x,y>\in S)\wedge(\exists y)(<y,z>\in T)$$
$$\Leftrightarrow(\exists y)(<x,y>\in S\wedge<y,z>\in T)$$
$$\Leftrightarrow<x,z>\in S\circ T$$

所以，$R\circ T=S\circ T$

（2）任取 $<x,z>\in T\circ R$

$$\Leftrightarrow(\exists y)(<x,y>\in T\wedge<y,z>\in R)$$
$$\Leftrightarrow(\exists y)(<x,y>\in T)\wedge(\exists y)(<y,z>\in R)$$
$$\Leftrightarrow(\exists y)(<x,y>\in T)\wedge(\exists y)(<y,z>\in S)$$
$$\Leftrightarrow(\exists y)(<x,y>\in T\wedge<y,z>\in S)$$
$$\Leftrightarrow<x,z>\in T\circ S$$

所以 $T\circ R=T\circ S$

9．解：不一定。

例如，$A=\{1,2,3\}$，$R=\{<1,1>,<1,2>,<2,1>,<2,3>,<3,2>,<3,3>\}$ 时，易知 R 是对称的和传递的，但 R 并不是自反的。

10．解：各关系的自反性、对称性、传递性和反对称性如下表所示。

	自反	对称	传递	反对称
R	×	×	√	√
S	√	√	√	×
T	×	×	×	√
Φ	×	√	√	√
$A \times A$	√	√	√	×

11．解：

（1）R 的关系图为：。

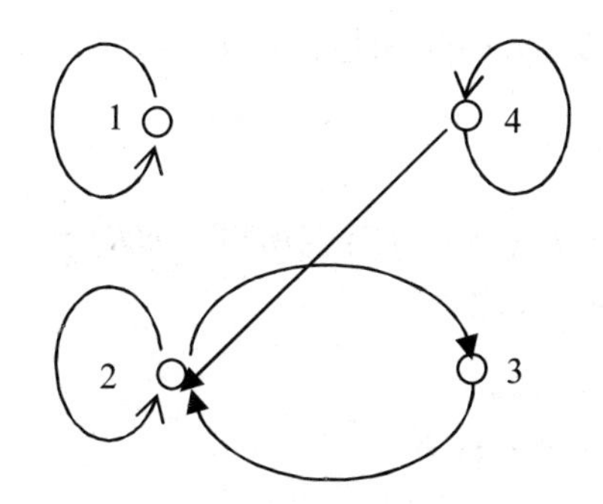

（2）R 不是自反的，对称的、传递的和反对称的。

（3）$R \circ R = \{<1,1>,<2,2>,<2,3>,<3,2>,<3,3>,<4,2>,<4,3>,<4,4>\}$。

12．解：

（1）$R = \{<1,1>\}$

（2）$R = \{<1,2>,<2,1>,<1,3>\}$

（3）$R = \{<1,2>,<2,3>,<1,3>\}$

$R \cup R^{-1} = \{<1,2>,<1,3>,<2,1>,<2,3>,<3,1>,<3,2>\}$

13．解：

$r(R) = R \cup I_A = \{<a,a>,<a,b>,<b,b>,<b,c>,<c,c>\}$

$s(R) = R \cup R^{-1}$

$= \{<a,a>,<a,b>,<b,c>,<c,c>\} \cup \{<a,a>,<b,a>,<c,b>,<c,c>\}$

$= \{<a,a>,<a,b>,<b,a>,<b,c>,<c,b>,<c,c>\}$

$$M_R=\begin{bmatrix}1&1&0\\0&0&1\\0&0&1\end{bmatrix}$$

$$M_{R^2}=\begin{bmatrix}1&1&0\\0&0&1\\0&0&1\end{bmatrix}\circ\begin{bmatrix}1&1&0\\0&0&1\\0&0&1\end{bmatrix}=\begin{bmatrix}1&1&1\\0&0&1\\0&0&0\end{bmatrix}$$

$$M_{R^3}=M_{R^2}\circ M_R=\begin{bmatrix}1&1&0\\0&0&1\\0&0&1\end{bmatrix}\circ\begin{bmatrix}1&1&0\\0&0&1\\0&0&1\end{bmatrix}=\begin{bmatrix}1&1&1\\0&0&1\\0&0&1\end{bmatrix}=M_{R^2}$$

所以：

$t(R)=R\cup R^2$

$=\{<a,a>,<a,b>,<b,c>,<c,c>\}\cup\{<a,a>,<a,b>,<a,c>,<b,c>,<c,c>\}$

$=\{<a,a>,<a,b>,<a,c>,<b,c>,<c,c>\}$。

14．证明：

（1）$r(R)=I_A\cup R\supseteq I_A\cup S=r(S)$，所以，$r(R)\supseteq r(S)$。

（2）先证 $S^{-1}\subseteq R^{-1}$。

任意 $<x,y>\in S^{-1}\Rightarrow<y,x>\in S$

$\Rightarrow<y,x>\in R$

$\Rightarrow<x,y>\in R^{-1}$

所以，$S^{-1}\subseteq R^{-1}$

$$s(S)=S\cup S^{-1}\subseteq R\cup R^{-1}=s(R)$$

所以 $s(S)\subseteq s(R)$ 即 $s(R)\supseteq s(S)$

（3）任意 $<a,b>\in t(S)\Rightarrow\exists k\in Z^+$ 使 $<a,b>\in R^k$

$\Rightarrow<a,x_1>\in S\wedge<x_1,x_2>\in S\wedge\ldots\wedge<x_{k-1},b>\in S$

$\Rightarrow<a,x_1>\in R\wedge<x_1,x_2>\in R\wedge\ldots\wedge<x_{k-1},b>\in R$

$\Rightarrow<a,b>\in R^k\subseteq t(R)$

$\Rightarrow<a,b>\in t(R)$

所以，$t(R)\supseteq t(S)$。

15．证明：

（1）$r(R\cup S)=R\cup S\cup I_A$

$=(R\cup I_A)\cup(S\cup I_A)$

$=r(R)\cup r(S)$

（2）$s(R\cup S)=(R\cup S)\cup(R\cup S)^{-1}$

$$=(R\cup R^{-1})\cup(S\cup S^{-1})$$

$$=s(R)\cup s(S)$$

由 14 题（3）可知

因为　$R\in R\cup S$　$S\subseteq R\cup S$

所以，$t(S)\subseteq t(R\cup S)$　　$t(R)\subseteq t(R\cup S)$

易知，$t(R)\cup t(S)\subseteq t(R\cup S)$。

16．证明：

先证 R^{-1} 是自反的。

$\forall x\in A$，必有 $<x,x>\in R$

显然，$<x,x>\in R^{-1}$。

证明 R^{-1} 是对称的

$$\forall <x,y>\in R^{-1}\Rightarrow <y,x>\in R$$

$$\Rightarrow <x,y>\in R$$

$$\Rightarrow <x,c>\in R\wedge <c,y>\in R$$

$$\Rightarrow <c,x>\in R^{-1}\wedge <y,c>\in R^{-1}$$

$$\Rightarrow <y,x>\in R^{-1}$$

证明 R^{-1} 是传递的

$$\forall <x,y>\in R^{-1}\wedge <y,z>\in R^{-1}$$

$$\Rightarrow <y,x>\in R\wedge <z,y>\in R$$

$$\Rightarrow <z,x>\in R$$

$$\Rightarrow <x,z>\in R^{-1}$$

综上所述，R^{-1} 是等价关系。

17．证明：

证明 $\approx$ 是自反的

$$\forall <a,a>\in \mathrm{A}\times \mathrm{A}$$

因为 $a\cdot a=a\cdot a$

所以 $<a,a>\approx<a,a>$

即 $<a,a>\in\approx$

证明 $\approx$ 是对称的

$$\forall <a,b>,<c,d>\in \mathrm{A}\times \mathrm{A}$$

若 $<a,b>\approx<c,d>$

$\Leftrightarrow ad=bc\Leftrightarrow cd=da$

$\Leftrightarrow <c,d> \approx <a,b>$

证明≈是传递的

$$\forall <a,b>,<c,d>,<e,f> \in A \times A$$

$$<a,b> \approx <c,d> \wedge <c,d> \approx <e,f>$$

$$\Leftrightarrow ad = bc \wedge cf = de$$

$$\Leftrightarrow c = \frac{ad}{b} \wedge c = \frac{de}{f} \Leftrightarrow \frac{ad}{b} = \frac{de}{f}$$

$$\Leftrightarrow af = be$$

$$\Leftrightarrow <a,b> \approx <e,f>$$

综上所述，≈是一个等价关系。

18．证明：证明∽是自反的

$$\forall <a,a> \in A \times A$$

因为 $a+a=a+a \Rightarrow <a,a> \backsim <a,a>$

所以，$<a,a> \in \backsim$

证明∽是对称的

$$\forall <a,b><c,d> \in A \times A$$

若 $<a,b> \backsim <c,c> \Rightarrow a+b=b+c$

$\Leftrightarrow c+b=d+a$

$\Rightarrow <c,d> \backsim <a,b>$

证明∽是传递的

$$\forall <a,b><c,d>,<e,f> \in A \times A$$

若 $<a,b> \backsim <c,d> \wedge <c,d> \backsim <e,f>$

$\Rightarrow a+d=b+c \wedge c+f=d+e$

$\Rightarrow a+d-b=d+e-f$

$\Rightarrow a+f=b+e$

$\Rightarrow <a,b> \backsim <e,f>$

综上所述，∽是 A×A 上的等价关系。

19．解：

$[1]_R = [5]_R = \{1,5\}$

$[2]_R = [3]_R = [6]_R = \{2,3,6\}$

$[4]_R = \{4\}$

20．解：R 的等价关系如下

$[1]_R = [6]_R = [11]_R = [16]_R = \{1,6,11,16\}$

$[2]_R = [7]_R = [12]_R = [17]_R = \{2,7,12,17\}$

$[3]_R=[8]_R=[13]_R=[18]_R=\{3,8,13,18\}$

$[4]_R=[9]_R=[14]_R=[19]_R=\{4,9,14,19\}$

$[5]_R=[10]_R=[15]_R=[20]_R=\{5,10,15,20\}$

$A/R=\{[1]_R,[2]_R,[3]_R,[4]_R,[5]_R\}$。

21．解：所有的等价关系为（设 $A=\{a,b,c\}$ ）：

$R_1=\{<a,a>,<b,b>,<c,c>\}=I_A$

$R_2=\{<a,b>,<a,c>,<b,a>,<b,c>,<c,a>,<c,b>\}\cup I_A$

$R_3=\{<b,c>,<c,b>\}\cup I_A$

$R_4=\{<a,c>,<c,a>\}\cup I_A$

$R_5=\{<a,b>,<b,a>\}\cup I_A$

22．解：（1）

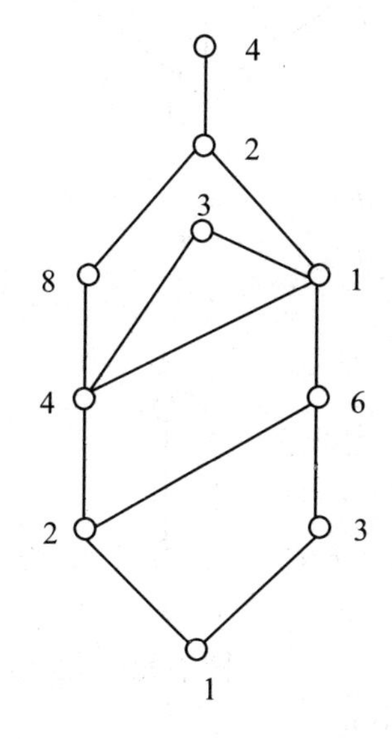

（2）

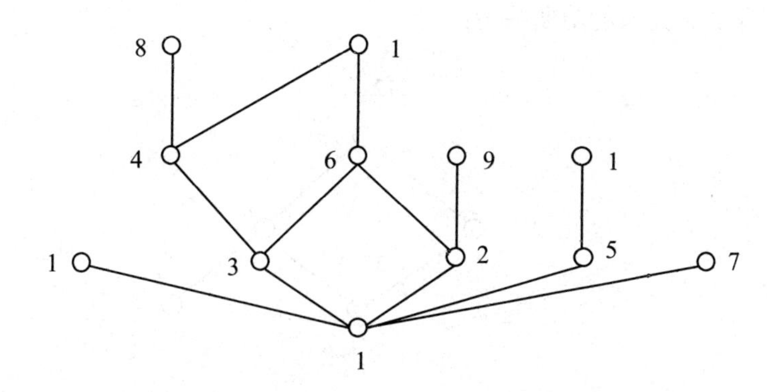

23．解：

（a）$A=\{a,b,c,d,e,f,g\}$

$\preccurlyeq=\{<a,b>,<a,c>,<a,d>,<a,e>,<a,f>,$
$<a,g>,<b,d>,<b,e>,<c,f>,<c,g>\}\cup I_A$

（b）$A=\{a,b,c,d,e,f,g\}$

$\preccurlyeq=\{<a,b>,<a,c>,<a,d>,<a,e>,<a,f>,<a,g>,<d,f>,<e,f>\}\cup I_A$

24．解：（1）哈斯图为：

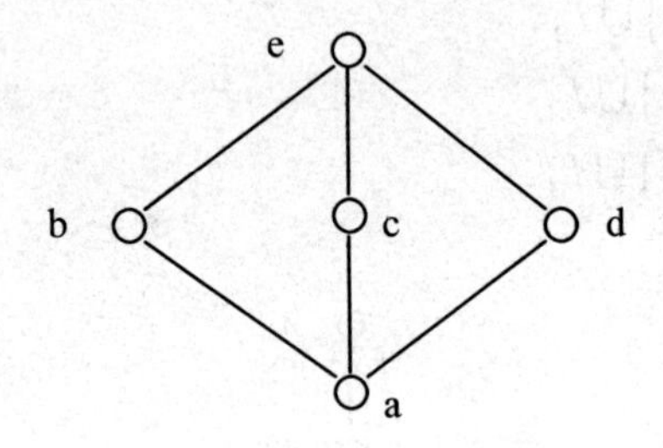

极大元：e　　极小元：a

最大元：e　　最小元：a

（2）哈斯图为：

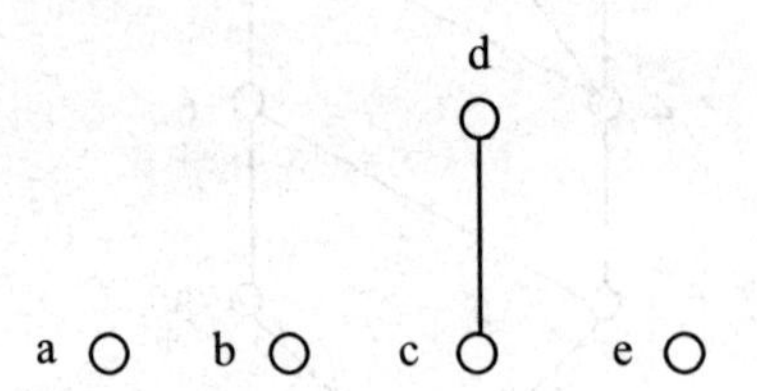

极大元：a,b,d,e　　极小元：a,b,c,e

没有最大元，也没有最小元。

25．解：≼关系的哈斯图为：

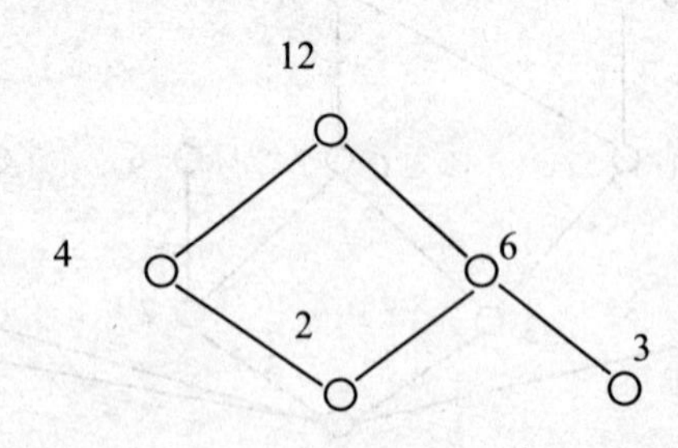

B 的上界为 12，上确界也是 12；

B 的下界为 1，下确界也是 1。

习题 5

1．解：

（1）不能构成函数。因为 X 中的元素 z 与 Y 中的任何一个元素都不相关。

（2）不能构成函数。因为 X 中的元素 x 与 Y 中的两个元素有关系。

（3）能构成函数。因为对于每一个 $x \in X$，都有唯一的 $y \in Y$ 与它对应。

（4）能构成函数，理由同上。

2．解：

（1）可定义 3^3 个不同的函数。

（2）可定义 19683 个。

因为 $|X|=3$，　　$|X \times X|=|X|\cdot|X|=3\cdot 3=9$

所以，从 $X \times X$ 到 X 可定义 $3^9=19683$ 个不同的函数。

（3）可以定义 729 个不同的函数。

因为 $|X|=3$，$|X|\times|X|=9$

所以，从 X 到 $X \times X$ 可定义 $9^3=729$ 个不同的函数。

3．解：

（1）f 不是单射函数，也不是满射函数。

因为 $f(6)=f(9)=0$，而 $4 \notin ranf$。

（2）f 既非单射函数，也非满射函数。

因为 $f(4)=f(6)=0$，而 $ranf=\{0,1\} \neq N$。

（3）f 是满射函数。

因为 $f(3)=f(5)=1$，所以 f 不是单射函数。

而 $ranf=\{0,1\}$，故 f 是满射函数。

（4）f 既非单射函数，也非满射函数。

因为 $f(1)=f(-1)=3$，故 f 非单射函数。

而对于 $i \in Z$，找不到整数 i 满足 $f(i)=|2i|+1=2$，所以 $Z \notin ranf$。

故 f 也不是满射函数。

（5）f 是双射函数。

先判断函数的单射性。任取 $i,j \in R, i \neq j$，只需证明 $f(i) \neq f(j)$ 即可。用反证法。假设 $f(i)=f(j)$，即 $2i-15=2j-15$，则有 $i=j$ 成立。因此 f 为单射函数。现证明 f 是满射的，只需对任意 $y \in R$，都存在 $i \in R$，使 $f(i)=y$ 就可以。由

f 的定义有：

$$2i-15=y$$

所以，有 $$i=(y+15)/2$$

显然，$(y+15)/2 \in R$，且满足 $f((y+15)/2)=y$

因此，f 为满射函数。

综上所述，f 是双射函数。

4．解：

（1）条件是 $m \leqslant n$ 。

从 X 到 Y 共有 $n(n-1)...(n-m+1)$ 个不同的单射函数。

（2）条件是 $m \geqslant n$ 。

设 $m \geqslant n$，存在满射的数目等价于先“把 m 个互不相同的球放到 n 个相同的盒子中，需求没有空盒，这样的放法数目记为 $S(m,n)$”，再“对这几个盒子编号，对其进行排列”，如此得到的方案总数为 $S(m,n)\cdot n!$ 。

其中 $S(m,n)$ 满足递推公式：

（其推导请读者查阅组合数学著作）。

$$S(m,n)=0$$
$$S(m,n)=1$$
$$S(m,n)=n*S(m-1,n)+S(m-1,n-1)$$

（3）条件是 $m=n$ 。

从 X 到 Y 共有 $m!$ 个双射函数。

5．证明：

（1）因为

$$f_2 \circ f_3(0)=f_2(f_3(0))=f_2(0)=1$$
$$f_2 \circ f_3(1)=f_2(f_3(1))=f_2(0)=1$$

与 $f_4(0)=1$，$f_4(1)=1$ 完全相等

所以 $f_2 \circ f_3 = f_4$。

（2）因为

$$f_3 \circ f_2(0)=f_3(f_2(0))=f_3(1)=0$$
$$f_3 \circ f_2(1)=f_3(f_2(1))=f_3(0)=0$$

与 f_3 相等。

（3）因为

$$f_1 \circ f_4(0)=f_1(f_4(0))=f_1(1)=1$$
$$f_1 \circ f_4(1)=f_1(f_4(1))=f_1(1)=1$$

与 f_4 相等。

6．解：

（1）$f \circ g(x) = f(g(x)) = f(x^2-2) = 2(x^2-2)+1 = 2x^2-3$

（2）$f \circ g(x) = f(g(x)) = f(x^2-2) = 2(x^2-2)+1 = 2x^2-3$

（3）$g \circ f(x) = g(f(x)) = g(2x+1) = (2x+1)^2-2 = 4x^2+4x-1$

7．证明：

（1）首先证明 $g \circ f$ 是单射的。由于 f 和 g 都是单射的，因此 x 对于任意 $x_1, x_2 \in X$，当 $x_1 \neq x_2$ 时，必有 $f(x_1) \neq f(x_2)$，$g(f(x_1)) \neq g(f(x_2))$。

即当 $x_1 \neq x_2$ 时，必有 $g \circ f(x_1) \neq g \circ f(x_2)$，所以 $g \circ f$ 是单射的。

再证明 $g \circ f$ 是满射的。由于 g 是满射的，对于任意元素 $z \in Z$，必有 $y \in Y$，使得 $g(y) = z$，对于 $y \in Y$，又因为 f 是满射的，所以也必有 $x \in X$，使得 $f(x) = y$。

因此，对于 Z 中任意元素 z，必有 $x \in X$，使得 $g \circ f(x) = z$，所以，$g \circ f$ 是满射的。

综上所述，$g \circ f$ 是双射的。

（2）因为 $g \circ f$ 是满射的，对任意元素 $z \in Z$，存在 $x \in X$ 使 $z = (g \circ f)(x) = g(f(x))$，而 $f(x) \in Y$，令 $y = f(x)$，则 $z = g(x)$，从而 g 是满射的。

8．（1）证明：任取 $<x,y>,<p,q> \in R \times R$，$<x,y> \neq <p,q>$，只需证明 $f(<x,y>) \neq f(<p,q>)$，f 就为单射函数。用反证法。

假设 $f(<x,y>) = f(<p,q>)$，即 $<x+y, x-y> = <p+q, p-q>$，则有

$$x+y = p+q \text{ 且 } x-y = p-q,$$

由这两个式子可得：$x = p$ 且 $y = q$，所以，有 $<x,y> = <p,q>$，

与已有相矛盾，故 f 为单射函数。

（2）证明：对于任意 $<p,q> \in R \times R$，只要都存在 $<x,y> \in R \times R$，使得 $f(<x,y>) = <p,q>$，就可知 f 为满射函数。

由 f 的定义有：　　$x+y = p$ 和 $x-y = q$，

可解得：　　$x = (p+q)/2$，$y = (p-q)/2$，

显然 $<(p+q)/2, (p+q)/2> \in R \times R$ 且满足

$$f(<(p+q)/2, (p\text{-}q)/2>) = <p,q>$$

故 f 为满射函数。

（3）由（1）、（2）可知 f 是双射函数，即对于任意 $<x,y> \in R \times R$，则必有一个元素 $<p,q> \in R \times R$，使得 $f(<x,y>) = <p,q>$，即由 f 定义可知 $x+y = p$，$x-y = q$，

可解得　　$x = (p+q)/2$，$y = (p-q)/2$

显然 $f^{-1}(<p,q>)=<x,y>=<(p+q)/2,(p-q)/2>$

故 f^{-1} 可定义为：$f^{-1}(<x,y>)=<(x+y)/2,(x-y)/2>$。

（4）由（3）可知，对于任意 $<x,y>\in R\times R$

$$\begin{aligned} f^{-1}\circ f(<x,y>) &= f^{-1}(f(<x,y>)) \\ &= f^{-1}(<x+y,x-y>) \\ &=<(x+y+x-y)/2,(x+y-x+y)/2> \\ &=<x,y> \end{aligned}$$

故 $f^{-1}\circ f=I_{R\times R}$。

$$\begin{aligned} f\circ f^{-1}(<x,y>) &= f(f^{-1}(<x,y>)) \\ &= f(<(x+y)/2,(x-y)/2>) \\ &=<((x+y)/2+(x-y)/2),((x+y)/2-(x-y)/2)> \\ &=<x,y> \end{aligned}$$

故 $f\circ f^{-1}=I_{R\times R}$。

9．解：

（1）设 $g=\begin{pmatrix}1&2&3&4&5&6\\2&4&6&1&3&5\end{pmatrix}$

则 g 可表示为：　　$g=(1,2,4)(3,6,5)$

而 $g^{-1}=\begin{pmatrix}2&4&6&1&3&5\\1&2&3&4&5&6\end{pmatrix}$

则 g^{-1} 可表示为：g^{-1}=(2,1,4)(6,3,5)

（2）由（1）可知：

$$g=(1,6,3,4)(2,5)\qquad g^{-1}=(6,1,4,3)(5,2)$$

（3）同理。

$$g=(1,3,6,5,4)(2)=(1,3,6,5,4)$$

$$g^{-1}=(3,1,4,5,6)(2)=(3,1,4,5,6)$$

习题 6

1．证明：因为 $A\approx C$，所以，存在 $f:A\to C$ 是双射函数。

因为 $B\approx D$，所以，存在 $g:B\to D$ 是双射函数。

令 $h:A\times B\to C\times D$，定义为：$h(<a,b>)=<f(a),g(b)>$

以下证明 h 是单射函数。设 $<a_1,b_1>\neq<a_2,b_2>$，则有下列 3 种情况。

（1）$a_1 \neq a_2$ 且 $b_1 \neq b_2$

因为：$f: A \to C$ 是单射函数，所以 $f(a_1) \neq f(a_2)$，故 $< f(a_1), g(b_1) > \neq < f(a_2), g(b_2) >$，即 h 是单射函数。

（2）$a_1 \neq a_2$ 且 $b_1 \neq b_2$。类似（1）可以证明 h 是单射函数。

（3）$a_1 \neq a_2$ 且 $b_1 \neq b_2$。类似（1）和（2）可以证明 h 是单射函数。

综上所述，h 是单射函数。

以下证明 h 是满射函数：$\forall < c, d > \in C \times D$，则 $c \in C$，$d \in D$。

因为，$f: A \to C$ 是满射函数，所以，$\exists a \in A$ 是 $f(a) = c$。

因为，$g: B \to D$ 是满射函数，所以，$\exists b \in B$ 是 $g(b) = d$。

$< a, b > \in A \times B$ 使 $h(< a, b >) = < f(a), g(b) > = < c, d > \in C \times D$。

h 是满射函数。

故 $h: A \times B \to C \times D$ 是双射函数。

因此，$A \times B \approx C \times D$。

2．解：

（1）$cardA = 26$　　（2）$cardB = 5$　　（3）$cardC = 0$

（4）$cardD = \aleph_0$　　（5）$cardE = \aleph_0$

3．证明：定义函数 $f: Z \to N, f(x) = \begin{cases} 2x & x \geqslant 0 \\ -2x - 1 & x < 0 \end{cases}$

可证明 f 是 Z 到 N 的双射函数。

从而证明了 $Z \approx N$，故 $cardZ = \aleph_0$。

4．见定理 6.2.5，证明过程略。

5．证明：若 B 为 Φ，则定理显然成立。

现设 A、B 均为非空，$|A| = n$，B 有枚举函数 $f: N \to B$。

对每一个正整数 k 定义函数集合 G_K，

$$G_K = \left\{ g \middle| g \in B^A \wedge g(A) \subseteq f\left(\{0, 1, \cdots k-1\}\right) \right\},$$

即

$$G_K = \{ f(0), f(1), f(2), \cdots f(k-1) \}^A, |G_K| = k^n$$

换言之，G_K 为一有限集（可数集）。

由于 $B^A = \overset{\infty}{\underset{K=1}{Y}} G_K$，即 B 为可数个可数集的并集，因此 B^A 是可数集。

6．证明：

（1）设 $f(0,1) \to (0,2), f(x) = 2x$ 是单射函数。

所以 $cardX \preccurlyeq\cdot\, cardY$

设 $g:(0,2)\to(0,1), g(x)=\dfrac{x}{2}$ 是单射函数，所以 $cardY \preccurlyeq\cdot\, cardX$ 。

因此， $cardX = cardY$

（2）证明：首先把 N×N 元素的足码按下表的次序排列，并对表中每个序偶进行标注。

0	1	3	6	10	
<0，0>	<0，1>	<0，2>	<0，3>	<0，4>	…
2 ↙	4 ↙	7 ↙	11 ↙		
<1，0>	<1，1>	<1，2>	<1，3>	<1，4>	…
5 ↙	8 ↙	12 ↙			
<2，0>	<2，1>	<2，2>	<2，3>	<2，4>	…
9 ↙	13 ↙				
<3，0>	<3，1>	<3，2>	<3，3>	<3，4>	…
14 ↙					
<4，0>	<4，1>	<4，2>	<4，3>	<4，4>	…

可以作 f：N×N→N 如下：$f(m,n)=(1/2)(m+n)(m+n+1)+m$，若把 $f(m,n)$ 看作表中序偶 $<m,n>$ 的标号，则 f：N×N→N 是个双射函数。这是因为：

a）$f(0,1)-f(0,0)=1$

$f(0,2)-f(0,1)=2$

$f(0,3)-f(0,2)=3$

…

$f(0,n)-f(0,n-1)=n$

则 $f(0,n)-f(0,0)=n(n+1)/2$

因为 $f(0,0)=0$，故 $f(0,n)=n(n+1)/2$。

又 $f(1,0)-f(0,0)=2$

$f(1,1)-f(0,1)=3$

……

$f(1,n)-f(0,n)=n+2$

所以有 $f(1,n)-f(0,n)=n+2$

$f(2,n)-f(1,n)=n+3$

……

$f(m,n)-f(m-1,n)=m+n+1$

所以 $f(m,n)-f(0,n)=mn+m(m+3)/2$

因 $f(0,n)=n(n+1)/2$

经整理得 $f(m,n)=(1/2)(m+n)(m+n+1)+m$ 其中 $m,n\in N$。　（A）

b）若给出 $f(m,n)\in N$ 可由（A）式唯一确定序偶 $<m,n>$。

因 $f(m,n)=(1/2)(m+n)(m+n+1)+m$，其中 $m,n\in N$。令 $\mu=f(m,n)$，则 $\mu\geqslant(m+n)(m+n+1)/2$，$\mu<(m+n)(m+n+1)/2+(m+n)+1=(m+n)(m+n+3)/2+1$。

令 $m+n=A$，则 $A(A+1)/2\leqslant\mu<A(A+3)/2+1$，即 $A^2+A-2\mu\leqslant0$，$A^2+3A-2(\mu-1)>0$，

$$-1+\frac{-1+\sqrt{1+8\mu}}{2}<A\leqslant\frac{-1+\sqrt{1+8\mu}}{2}$$

因为 A 是自然数　故可取 $A=\left[\dfrac{-1+\sqrt{1+8\mu}}{2}\right]$

因此，$\begin{cases} m=\mu-\dfrac{1}{2}A(A+1) \\ n=A-m \end{cases}$

由 a），b）可知 N×N 是可数的，与 N 的基数相同。

（3）证明：

定义 f：N→I　使得 $f(x)=-x/2$　　当 x 为偶数

$f(x)=(n+1)/2$　当 x 为奇数

则 f 是双射。

作 g：N×N→I×I，使得 $g(<m,n>)=<f(m), f(n)>$，则 g 是双射，所以 X 与 Y 基数相同。

（4）证明：

定义函数 f：X→Y

$$f(x)=\begin{cases} 2x,\ x\in R \text{ 且 } x\geqslant0 \\ -2x+1,\ x\in R \text{ 且 } x<0 \end{cases}$$

定义函数 g：Y→X

$g(x)=x$;

函数 f，g 为单射函数，则 X 与 Y 基数相同。

（5）证明：

作单射函数

f：[0,1] →(1/4,1/2)，$g(x)=x/4+1/8$

g：(1/4,1/2) →[0,1]，$f(x)=2x$

则 X 与 Y 基数相同。

7．证明：

设ρ(N)={A_1，A_2，…，A_n，…}　其中

A_1={a_{11}，a_{12}，…，a_{1n}…}

A_2={a_{21}，a_{22}，…，a_{2n}…}

A_3={a_{31}，a_{32}，…，a_{3n}…}

…

设 R={b_1，b_2，b_3，…，b_n，…}，$b_1 \in$ N-A_1，$b_2 \in$ N-A_2，$b_3 \in$ N-A_3，…，$b_n \in$ N-A_n，…，即 R 不与 A_1，A_2，…，A_n，…中的任一集合相等，故 R$\notin\rho$(N)与 R 是 N 的子集相矛盾。所以ρ(N)不可数，即 card(ρ(N))=$\aleph$。

8．证明若从 A 到 B 存在一个满射函数，则 card $B \preccurlyeq \cdot$ card A

证明：设 f：$A \to B$ 是从 A 到 B 的满射函数，定义函数 g：$B \to A$ 对任意 $b \in B$，有 $g(b)=\{x|(x \in A) \wedge (f(x)=b)\}$，则 g 是从 B 到 A 的单射函数。因为，$\forall b_1$，$b_2 \in B$，$b_1 \neq b_2$，f 为满射，所以$\exists a_1$，$a_2 \in A$ 使 $f(a_1)=b_1$，$f(a_2)=b_2$，且 $f(a_1) \neq f(a_2)$，由于 f 是函数，有 $a_1 \neq a_2$。又 $g(b_1)=\{x|(x \in A) \wedge (f(x)=b_1)\}$，$g(b_2)=\{x|(x \in A) \wedge (f(x)=b_2)\}$。所以 $a_1 \in g(b_1)$，$a_2 \in g(b_2)$但 $a_1 \notin g(b_2)$，$a_2 \notin g(b_1)$。因此 $g(b_1) \neq g(b_2)$，由 b_1，b_2 任意性知，g 为单射。所以有 card $B \preccurlyeq \cdot$ card A。

习题 7

1．解：

（1）

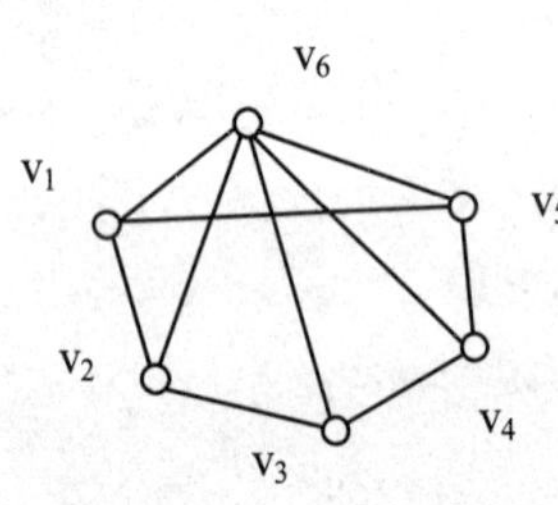

（2）

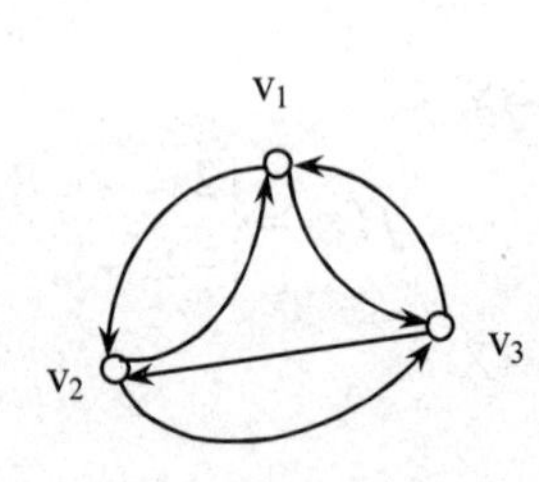

2．解：

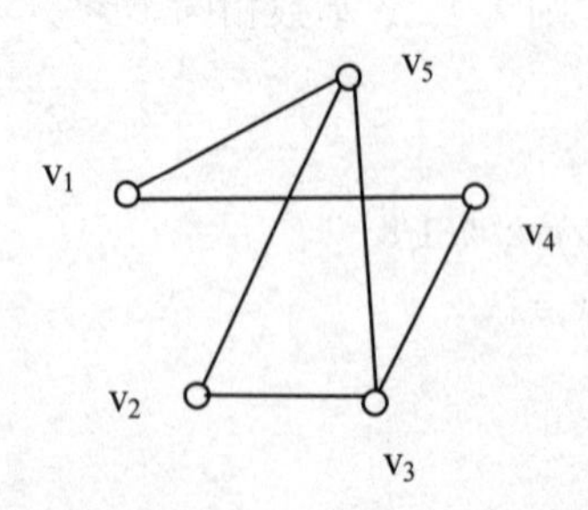

G=<V，E>

其中 V={v_1，v_2，v_3，v_4，v_5}

E={(v_1,v_4)，(v_1,v_5)，(v_2,v_3)，(v_2,v_5)，(v_3,v_4)，(v_3,v_5)}

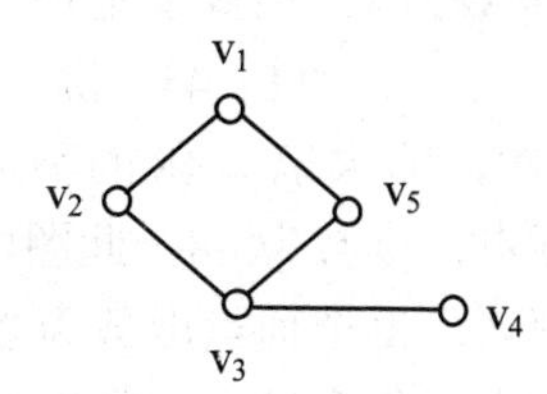

G=<V，E>

其中 V={v_1，v_2，v_3，v_4，v_5}

E={(v_1,v_2)，v_1,v_5)，(v_2,v_3)，(v_3,v_4)，(v_3,v_5)}

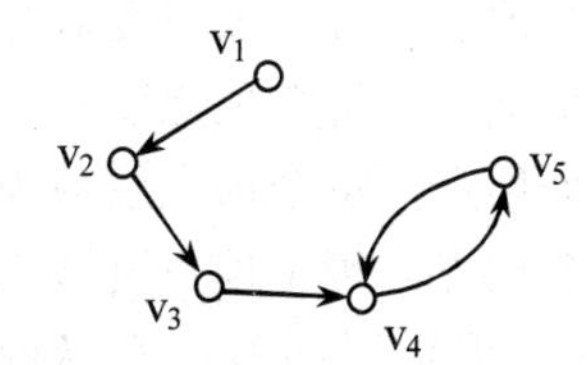

D=<V，E>

其中 V={v_1，v_2，v_3，v_4，v_5}

E={<v_1,v_2>，<v_2,v_3>，<v_3,v_4>，<v_4,v_5>，< v_5,v_4>}

3．解：

（a）度数序列为（2，2，3，2，3）

（b）度数序列为（2，2，3，1，2）

（c）出度序列为（1，1，1，1，1）

入度序列为（0，1，1，2，1）

4．解：（1）（2）（3）（5）可图化。（4）不可图化，因为度数的和为奇数。

5．解：不能构成 n 阶无向简单图，因为 n 阶无向简单图最大度小于等于 $n-1$，而 d_1，d_2，…，d_n 为正整数数列，且互不相同，则至少存在一个顶点度数大于等于 n，因此这 n 个数不能构成 n 阶无向简单图的度序列；否则所得图的最大度大于 $n-1$，这与最大度小于等于 $n-1$ 矛盾。

6．解：（1）12 个顶点。图中边数 $m=12$，设顶点数为 n，由握手定理

$$2m = 24 = \sum_{i=1}^{n} d(v_i) = 2n$$

所以 $n=12$。

（2）13 个顶点。图中边数 $m=21$，设 3 度顶点数为 n，由握手定理

$$2m=42=3\times4+3n$$

解得 $n=10$，因此图中顶点数为 $3+10=13$。

（3）设顶点数为 n，度数为 k，由握手定理

$$2\times24=48=nk$$

可得下面 10 种情况的图，即求 $nk=48$ 的不定解。

① n=1，k=48，1 个顶点，度数为 48，此图由一个顶点的 4 个环构成；

② n=2，k=24，2 个顶点，每个顶点度数为 24，这种图有多种非同构情况；

③ n=3，k=16，3 个顶点，每个顶点度数为 16，有多种非同构情况；

④ n=4，k=12，4 个顶点，每个顶点度数为 12，有多种非同构情况；

⑤ n=6，k=8，有 6 个顶点，每个顶点度数为 8，有多种非同构情况；

⑥ n=8，k=6，有 8 个顶点，每个顶点度数为 6，有多种非同构情况；

⑦ n=12，k=4，有 12 个顶点，每个顶点度数为 4，有多种非同构情况；

⑧ n=16，k=3，有 16 个顶点，每个顶点度数为 3，有多种非同构情况；

⑨ n=24，k=2，有 24 个顶点，每个顶点度数为 2，有多种非同构情况；

⑩ n=48，k=1，有 48 个顶点，每个顶点度数为 1，图唯一。

（4）设顶点数为 n，顶点度数序列为 k+1，k+2，…，k+n，由握手定理得

$$2\times24=48=\sum_{i=1}^{n}d(v_i)=k+1+k+2+\ldots+k+n=nk+\frac{n(n+1)}{2}$$

即求方程 $nk+\dfrac{n(n+1)}{2}=48$ 的正整数解。

① 当 n=1 时，k=47，即 1 个顶点，顶点度数为 48，此图为由一个顶点的 24 个环构成。

② 当 n=1 时，k=47，即 3 个顶点，每个顶点度数分别为 15，16，17，这种图有多种非同构情况。

其他情况，没有整数解，即不存在非 1 或 3 个顶点的图。

7．解：如图

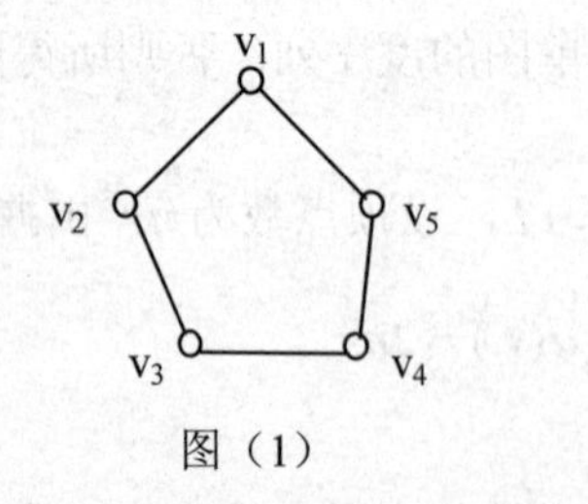

图（1）

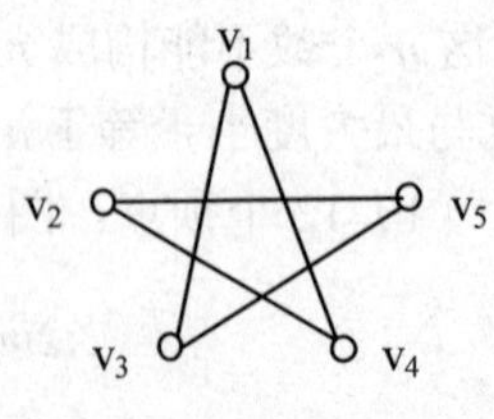

图（2）

其补图为图（2），图（1）v_1～图（2）v_1，图（1）v_2～图（2）v_3，图（1）v_3～图（2）v_5，图（1）v_4～图（2）v_2，图（1）v_5～图（2）v_4，图（1）与图（2）同构。

8．解：如下表所示，n 为顶点数，m 为边数，表中给出了 k_4 的所有非同构子图，其中 11 个 4 阶的子图为生成子图。自补图只能在 3 条边的生成子图中去寻找，只有度序列为 1，1，2，2 的，即 m=3，n=4 中的第一个子图是自补图。

n \ m	0	1	2	3	4	5	6
1							
2							
3							
4							

9．解：（1）从 v_1 到 v_6 的所有初级通路有：

P_1：（v_1，v_7，v_2，v_3，v_6）　　　　P_2：（v_1，v_7，v_3，v_6）

P_3：（v_1，v_8，v_7，v_2，v_3，v_6）　　P_4：（v_1，v_8，v_7，v_3，v_6）

（2）从 v_1 到 v_6 的所有简单通路同上。

（3）P_2 的长度最短为 3，则 v_1 到 v_6 的距离为 3。

10．解：如图所示

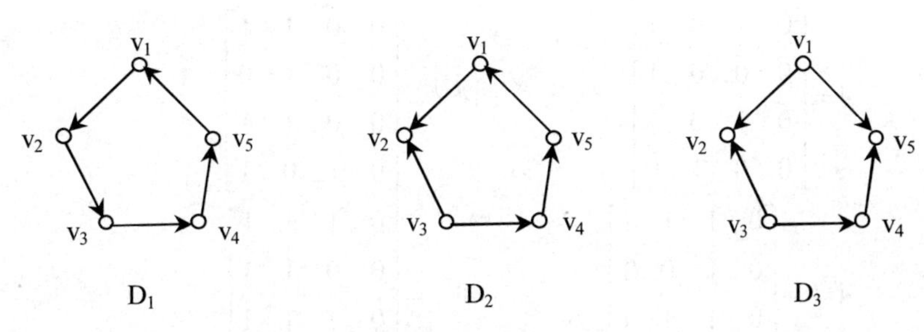

D_1　　　　D_2　　　　D_3

D_1 中存在回路，$v_1v_2v_3v_4v_5v_1$，则 D_1 为强连通图。

D_2 中存在所有点的通路，$v_3v_4v_5v_1v_2$，但不存在包含所有点的回路，因此 D_2 为单向连通图。

D_3中 v_1v_3 不连通，因此不是单向连通图，去掉方向后为连通图，所以 D_3 为弱连通图。

11．解：E'为无向连通图 G 的边割集，G-E'只删除 G 中的边，所以 G 不连通，G-E'的连通分支个数为 2，因为一条边只连接两个连通分支。

V'为无向连通图 G 的点割集，由于一个割点可被多个连通分支共有，则 G-V'可以有多个连通分支，个数不确定，视具体图而定。

12．解：利用 D 的邻接矩阵的前四次幂解此题

$$A=\begin{bmatrix}1&2&0&0\\0&0&1&0\\1&0&0&1\\0&0&1&0\end{bmatrix}\qquad A^2=\begin{bmatrix}1&2&2&0\\1&0&0&1\\1&2&1&0\\1&0&0&1\end{bmatrix}$$

$$A^3=\begin{bmatrix}3&2&2&2\\1&2&1&0\\2&2&2&1\\1&2&1&0\end{bmatrix}\qquad A^4=\begin{bmatrix}5&6&4&2\\2&2&2&1\\4&4&3&2\\2&2&2&1\end{bmatrix}$$

（1）v_1到 v_4 长度分别为 1，2，3，4 的通路数分别为 $a_{14}=0$ 条，$a_{14}^{(2)}=0$ 条，$a_{14}^{(3)}=2$ 条，$a_{14}^{(4)}=2$ 条；

（2）v_1到 v_1 长度分别为 1，2，3，4 的回路数分别为 $a_{11}=1$ 条，$a_{11}^{(2)}=1$ 条，$a_{11}^{(3)}=3$ 条，$a_{11}^{(4)}=5$ 条；

（3）D 中长度为 4 的通路共有 33（即 A^4 中非对角线元素之和）条，长度为 4 的回路有 11（即 A^4 中对角线元素之和）条；

（4）D 中长度小于或等于 4 的通路共有 88（即 A，A^2，A^3，A^4 中所有元素之和）条，其中有 22（即 A，A^2，A^3，A^4 中所有对角线元素之和）条回路。

13．解：图 D 的邻接矩阵为

$$A=\begin{bmatrix}0&1&0&1\\0&0&0&1\\0&1&0&1\\0&0&1&0\end{bmatrix}\qquad A^{(2)}=\begin{bmatrix}0&0&1&1\\0&0&1&0\\0&0&1&1\\0&1&0&1\end{bmatrix}$$

$$A^{(3)}=\begin{bmatrix}0&1&1&1\\0&1&0&1\\0&1&1&1\\0&0&1&1\end{bmatrix}\qquad A^{(4)}=\begin{bmatrix}0&1&1&1\\0&0&1&1\\0&1&1&1\\0&1&0&1\end{bmatrix}$$

从而可达矩阵

$$P = A \vee A^{(2)} \vee A^{(3)} \vee A^{(4)} = \begin{bmatrix} 0 & 1 & 1 & 1 \\ 0 & 1 & 1 & 1 \\ 0 & 1 & 1 & 1 \\ 0 & 1 & 1 & 1 \end{bmatrix}$$

14．解：

	v_1	v_2	v_3	v_4	v_5	v_6	v_7	v_8	v_9
0	$\boxed{0}$	4	∞	2	∞	∞	∞	∞	∞
1		4	6	$\boxed{2}/v_1$	∞	6	∞	∞	∞
2		$\boxed{4}/v_1$	6		10	6	∞	∞	∞
3			$\boxed{6}/v_4$		10	6	10	8	∞
4					10	$\boxed{6}/v_4$	10	8	∞
5					10		10	$\boxed{8}/v_3$	12
6					$\boxed{10}/v_2$		10		12
7							$\boxed{10}/v_3$		12
8									$\boxed{12}/v_8$
	0	4	6	2	10	6	10	8	12

v_1到v_2的最短通路的长度为4，最短通路为（v_1，v_2）；
v_1到v_3的最短通路的长度为6，最短通路为（v_1，v_4，v_3）；
v_1到v_4的最短通路的长度为2，最短通路为（v_1，v_4）；
v_1到v_5的最短通路的长度为10，最短通路为（v_1，v_2，v_5）；
v_1到v_6的最短通路的长度为6，最短通路为（v_1，v_4，v_6）；
v_1到v_7的最短通路的长度为10，最短通路为（v_1，v_4，v_3，v_7）；
v_1到v_8的最短通路的长度为8，最短通路为（v_1，v_4，v_3，v_8）；
v_1到v_9的最短通路的长度为12，最短通路为（v_1，v_4，v_3，v_8，v_9）。

15．解：

	v_1	v_2	v_3	v_4	v_5	v_6
0	0	1	4	∞	∞	∞
1		$\boxed{1}/v_1$	3	8	6	∞
2			$\boxed{3}/v_2$	8	4	∞
3				7	$\boxed{4}/v_3$	10
4				$\boxed{7}/v_5$		9
5						$\boxed{9}/v_4$
	0	1	3	7	4	9

v_1到v_2的最短通路的长度为1，最短通路为（v_1，v_2）；
v_1到v_3的最短通路的长度为3，最短通路为（v_1，v_2，v_3）；
v_1到v_4的最短通路的长度为7，最短通路为（v_1，v_2，v_3，v_5，v_4）；
v_1到v_5的最短通路的长度为4，最短通路为（v_1，v_2，v_3，v_5）；
v_1到v_6的最短通路的长度为9，最短通路为（v_1，v_2，v_3，v_5，v_4，v_6）。

16．解：

	v_1	v_2	v_3	v_4	v_5	v_6	v_7
0	[0]	7	1	∞	∞	∞	∞
1		4	[1]/ v_1	5	∞	4	∞
2		[4]/ v_3		5	12	4	∞
3				5	12	[4]/ v_3	11
4				[5]/ v_3	12		7
5							[7] / v_4
6					[12]/ v_2		
	0	4	1	5	12	4	7

v_1到v_2的最短通路的长度为4，最短通路为（v_1，v_3，v_2）；
v_1到v_3的最短通路的长度为1，最短通路为（v_1，v_3）；
v_1到v_4的最短通路的长度为5，最短通路为（v_1，v_3，v_4）；
v_1到v_5的最短通路的长度为12，最短通路为（v_1，v_3，v_2，v_5）；
v_1到v_6的最短通路的长度为4，最短通路为（v_1，v_3，v_6）；
v_1到v_7的最短通路的长度为7，最短通路为（v_1，v_3，v_4，v_7）。

17．解：计算各顶点最早完成时间TE：

① $TE(v_1)=0$
② $TE(v_2)=\max\{TE(v_1)+w_{12}\}=\max\{0+3\}=3$
③ $TE(v_3)=\max\{TE(v_1)+w_{13}，TE(v_2)+w_{23}\}=\max\{0+2，3+1\}=4$
④ $TE(v_4)=\max\{TE(v_1)+w_{14}，TE(v_3)+w_{34}\}=\max\{0+4，4+2\}=6$
⑤ $TE(v_5)=\max\{TE(v_2)+w_{25}，TE(v_3)+w_{35}\}=\max\{3+4，4+4\}=8$
⑥ $TE(v_6)=\max\{TE(v_3)+w_{36}，TE(v_5)+w_{56}\}=\max\{4+4，8+2\}=10$
⑦ $TE(v_7)=\max\{TE(v_4)+w_{47}，TE(v_5)+w_{57}\}=\max\{6+5，8+3\}=11$
⑧ $TE(v_8)=\max\{TE(v_6)+w_{68}，TE(v_7)+w_{78}\}=\max\{10+3，11+1\}=13$
⑨ $TE(v_9)=\max\{TE(v_5)+w_{59}，TE(v_8)+w_{89}\}=\max\{8+6，13+1\}=14$

计算各顶点最晚完成时间 TL：

① $TL(v_9)=TE(v_9)=14$

② $TL(v_8)=\min\{TL(v_9)-w_{89}\}=\min\{14-1\}=13$

③ $TL(v_7)=\min\{TL(v_8)-w_{78}\}=\min\{13-1\}=12$

④ $TL(v_6)=\min\{TL(v_8)-w_{68}\}=\min\{13-3\}=10$

⑤ $TL(v_5)=\min\{TL(v_9)-w_{59}, TL(v_7)-w_{57}, TL(v_6)-w_{56}\}=\min\{14-6, 12-3, 10-2\}=8$

⑥ $TL(v_4)=\min\{TL(v_7)-w_{47}\}=\min\{12-5\}=7$

⑦ $TL(v_3)=\min\{TL(v_6)-w_{36}, TL(v_5)-w_{35}, TL(v_4)-w_{34}\}=\min\{10-4, 8-4, 7-2\}=4$

⑧ $TL(v_2)=\min\{TL(v_5)-w_{25}, TL(v_3)-w_{23}\}=\min\{8-4, 4-1\}=3$

⑨ $TL(v_1)=0$

计算各顶点缓冲时间 TS（v_i）：

① $TS(v_1)=0$

② $TS(v_2)=TL(v_2)-TE(v_2)=3-3=0$

③ $TS(v_3)=TL(v_3)-TE(v_3)=4-4=0$

④ $TS(v_4)=TL(v_4)-TE(v_4)=7-6=1$

⑤ $TS(v_5)=TL(v_5)-TE(v_5)=8-8=0$

⑥ $TS(v_6)=TL(v_6)-TE(v_6)=10-10=0$

⑦ $TS(v_7)=TL(v_7)-TE(v_7)=12-11=1$

⑧ $TS(v_8)=TL(v_8)-TE(v_8)=13-13=0$

⑨ $TS(v_9)=0$

关键路径有两条：（v_1，v_2，v_3，v_5，v_6，v_8，v_9）长度为 14，（v_1，v_2，v_3，v_5，v_9）长度为 14。

习题 8

1．解：

（a）不是欧拉图，因为它有 2 个奇度顶点。它是半欧拉图，欧拉通路为 bebcedc，如图（a）所示。

（b）不是欧拉图，因为它有 8 个奇度顶点，它也不是半欧拉图。

（c）不是欧拉图，因为它有 2 个奇度顶点。它是半欧拉图，欧拉通路为 abcgacdecfe，如图（c）所示。

（d）是欧拉图，欧拉回路为 afedcbfecba，如图（d）所示。

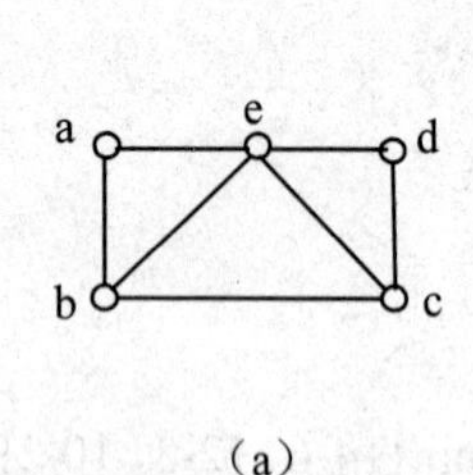

（a）

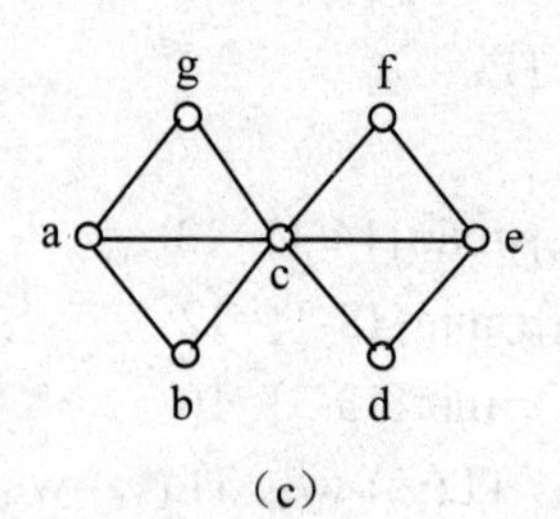

（c）

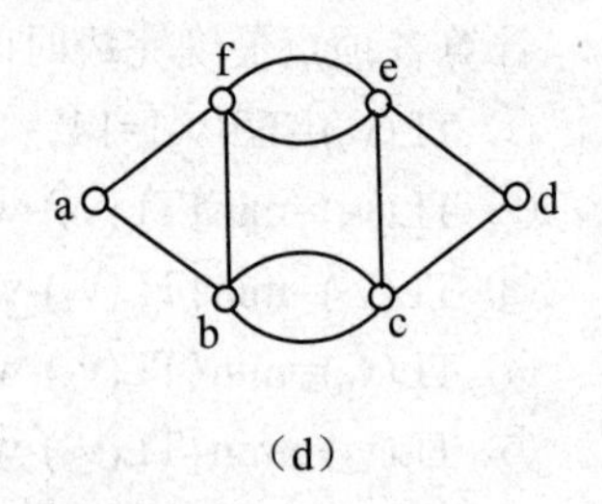

（d）

2．解：

（1）	（2）
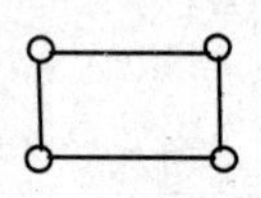 4 个顶点，4 条边。每个顶点的度数为 2，是欧拉图。	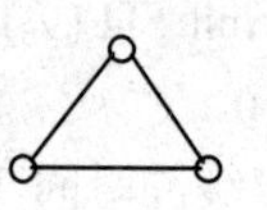 3 个顶点，3 条边。每个顶点的度数为 2，是欧拉图。
（3） 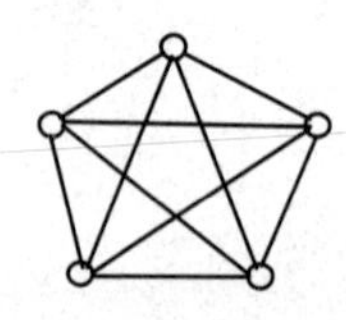 5 个顶点，10 条边。每个顶点的度数为 4，是欧拉图。	（4） 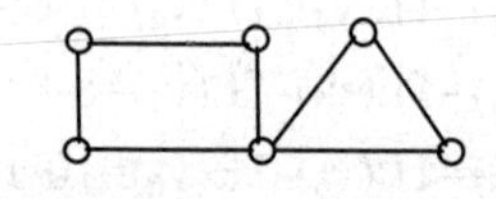 6 个顶点，7 条边。每个顶点的度数均为偶数，是欧拉图。

3．证明：若 D 是欧拉图，则必存在一条通过所有顶点的回路，则 D 为强连通图。

其逆命题不成立，若 D 为强连通图，图中任意两点是可达的，存在通过所有点至少一次的回路，不能保证仅一次通过每条边。如右图所示，它为强连通图，但不是欧拉图。

4．解：除 k_2 外，k_n（$n\geqslant1$）都是哈密尔顿图。因为每个顶点的度数为 n-1，任何一对不相邻的顶点度数之和都大于等于 n-1，所以是哈密尔顿图。

当 n 为奇数时，k_n（$n\geqslant3$）是欧拉图。每个顶点的度数为 n-1，是偶数，所以是欧拉图。

5．解：（1）

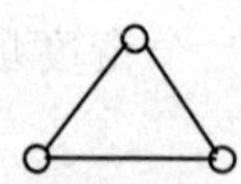

存在通过所有顶点和边一次且仅一次的回路，所以它既是哈密尔顿图，也是欧拉图。

（2）

图中有 5 个顶点，每个顶点的度数均为偶数，因此它是欧拉图。但存在非空子集 V_1，使得 $W(G-V_1)>|V_1|$，所以它不是哈密尔顿图。

（3）

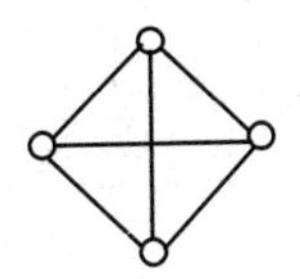

图中有 4 个顶点，每个顶点的度数为 3，任何一对不相邻顶点度数之和都大于 3，存在哈密尔顿回路，它是哈密尔顿图。但所有顶点的度数为奇数度，它不是欧拉图。

（4）

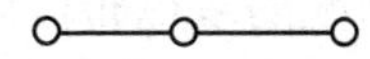

图中不存在回路，它既不是哈密尔顿图，也不是欧拉图。

6. 证明：已知，一个 n 阶无向简单图是哈密尔顿图的充分条件是：图中任意两点的度数之和大于等于 n。

现证在无向完全图 K_n 中删除 n-3 条边后所得的图 G，其不同两点的度数之和大于等于 n。

用反证法。

设图 G 中存在两点 V_i 和 V_j，其度数之和不大于等于 n，即 $\deg(V_i)+\deg(V_j)\leqslant n-1$。删除这两个点后，至多删去图 G 中的 n-1 条边，由题设条件可知，图 G 的边数

$$m=\frac{n(n-1)}{2}-(n-3)$$

$$m-(n-1)=\frac{n(n-1)}{2}-(n-3)-(n-1)=\frac{(n-2)(n-3)}{2}+1$$

由此可知，在图 G 中删除点 V_i 和 V_j 后，余下的图具有 n-2 个点，且至少有 $\frac{(n-2)(n-3)}{2}+1$ 条边。所以图 G 中任意不同的两顶点的度数之和大于等于 n，图 G 为哈密尔顿图。

7．解：因为 G 是无向哈密尔顿图，则存在一条经过图中所有顶点一次且仅一次的回路。在回路上所有的边添加同一方向，其余边的方向任意，则无向图 G 变为有向图 D，D 中存在一条经过图中所有顶点的回路，因此，D 为强连通图。

8．解：做无向图 $G=<V, E>$，其中 $V=\{a,b,c,d,e,f,g\}$，$E=\{(u, v)|u, v\in V, u\neq v$ 且 u 与 v 会讲同一种语言$\}$。根据已知条件，做出 G 的图形，如图（1）所示，在 G 中，u 与 v 相邻当且仅当 u 与 v 会讲同一种语言，若 G 中存在哈密尔顿回路，就可以按它们在回路上的顺序安排就座，本图是哈密尔顿图。存在哈密尔顿回路 acegfdba，如图（2）所示，按这个顺序安排即可。

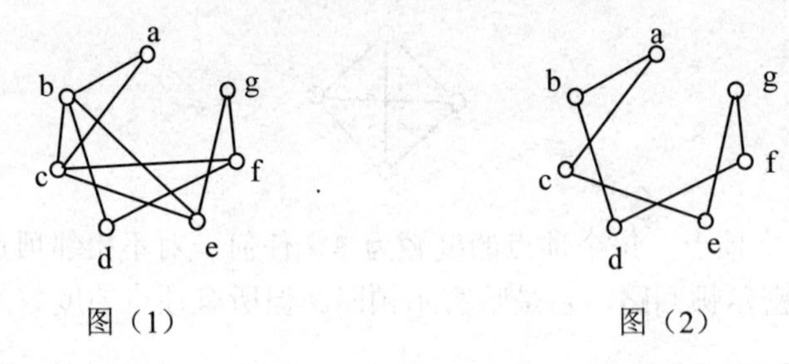

图（1）　　　　图（2）

9．解：做无向简单图 $G=<V, E>$，其中 $V=\{v|v$ 为 6 种颜色$\}$，$E=\{(u, v)|u, v\in V, u\neq v$ 且在这批布中有 u 与 v 搭配的双色布$\}$。

由已知条件可知，对任意 $u, v\in V$，有 $d(u)+d(v)\geqslant 3+3=6=|V|$，由定理推论可知，$G$ 是哈密尔顿图。设 $C=v_1v_2v_3v_4v_5v_6v_1$ 是 G 中的一条哈密尔顿回路，若任何两个顶点在 C 中相邻，则在这批布中有两个顶点代表的颜色搭配成的双色布。于是，在这批布中有 v_1 与 v_2，v_3 与 v_4，v_5 与 v_6 搭配成的 3 种双色布，它们使用了全部 6 种颜色。

10．证明：用反证法。

如果 G 不是哈密尔顿图，由定理可知，存在结点 $v_1, v_2\in V$，使得 $\deg(v_1)+\deg(v_2)\leqslant v-1$。在图 $G-\{v_1, v_2\}$ 中，结点数为 $|V|-2=v-2$，故它的边数 $\leqslant \frac{1}{2}(v-2)(v-3)$。

G 中边数 $e\leqslant \frac{1}{2}(v-2)(v-3)+(v-1)<\frac{1}{2}(v-2)(v-3)+v=C_{v-1}^2+2$

这与假设矛盾，因此 G 是哈密尔顿图。

习题 9

1．解：设 T 是 6 阶无向树，由定理知，T 的边数 $m=5$。由握手定理可知，T 的 6 个顶点的度数之和 $\sum\deg(v_i)=2m=10$。又有 $\delta(T)\geqslant 1$，$\Delta(T)\leqslant 5$。于是 T 的度数序列必为以下情况之一：

（1）1，1，1，1，1，5

（2）1，1，1，1，2，4

（3）1，1，1，1，3，3

（4）1，1，1，2，2，3

（5）1，1，2，2，2，2

它们对应的树如下图所示，其中 T_1 对应于（1），T_2 对应于（2），T_3 对应于（3），T_4、T_5 对应于（4），T_6 对应于（5）。（4）对应两棵非同构的树，在一棵树中两个 2 度顶点相邻，在另一棵树中不相邻，其他情况均对应一棵非同构的树。

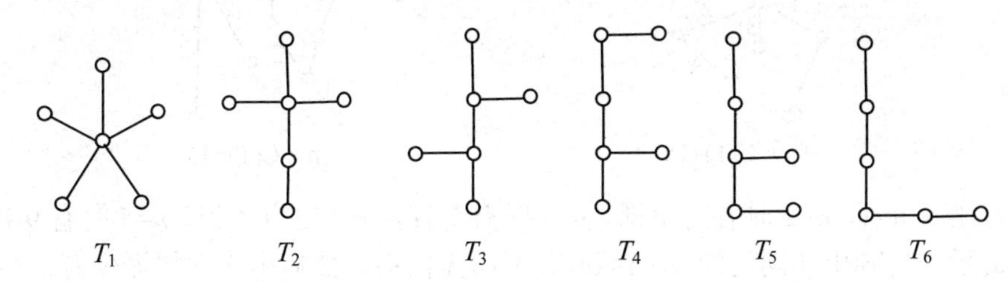

2．解：根据无向树的性质，阶数 n 与边数 m 的关系，即 $m=n-1$。另外使用握手定理，所有顶点度数之和为边数的 2 倍。

所给 4 个数列的长度都是 6，因而所对应的无向图的阶数 $n=6$。如果数列能充当无向树的度数列，必有边数 $m=n-1=5$，设数列中元素为 d_1，d_2，…，d_6，由握手定理必有

$$\sum_{i=1}^{6} d_i = 2m = 10$$

（1）$\sum_{i=1}^{6} d_i = 6 \neq 10$，故数列 1，1，1，1，1，1 不能作为无向树度数列。

（2）$\sum_{i=1}^{6} d_i = 21 \neq 10$，故数列 1，2，3，4，5，6 不能作为无向树度数列。

（3）$\sum_{i=1}^{6} d_i = 12 \neq 10$，故数列 1，1，2，2，3，3 不能作为无向树度数列。

（4）$\sum_{i=1}^{6} d_i = 10$，故数列 1，1，1，2，2，3 可作为无向树度数列。

3．解：设 5 度顶点为 x 个，则阶数 $n=13+1+2+x=16+x$，边数 $m=n-1=15+x$，所有顶点度数和为

$$\sum d_i = 13 \times 1 + 1 \times 3 + 2 \times 4 + x \times 5 = 5x + 24\,,$$

由握手定理 $$\sum d_i = 2m$$

得
$$5x+24=2(15+x),$$
解得 $x=2$。

4．解：设有 x 片树叶，则阶数 $n=2+3+x=5+x$，边数 $m=4+x$，
由握手定理 $2m=8+2x=2\times2+3\times3+x$，解得 $x=5$。

5．解：设有 x 片树叶，则阶数 $n=2+1+3+x=6+x$，边数 $m=5+x$，
由握手定理 $2m=10+2x=2\times2+1\times3+3\times4+x$，解得 $x=9$。

6．解：由避圈法得最小生成树为：

（a）C(T)=15　　（b）C(T)=13

7．解：$n=1$，$n=2$ 时各有 1 棵，$n=3$ 时有 2 棵，$n=4$ 时有 4 棵，$n=5$ 时有 9 棵。
提示：先画出非同构的 n（$1\leqslant n\leqslant5$）阶无向树，然后由无向树派生有根树。

8．解：在完全二叉树中，边数为 m，则分支数为 $\frac{m}{2}$，节点数为 $\frac{m}{2}+t$，t 为叶子树。由于边数比顶点数少 1，则 $m+1=\frac{m}{2}+t$，得 $m=2(t-1)$。

9.解:设完全 3 叉树中,分支点数为 m,树叶数为 n,则 $m=\frac{n-1}{2}$,得 $n=2m+1$,故 n 为奇数。

10．解：若某简单有向图的邻接矩阵每列元素之和最多为 1，则该图为根树，若某列的元素全为 0，则该列对应的元素为树根，若某行的元素全为 0，则该行对应的元素为树叶。

11．解：最优二叉树为：

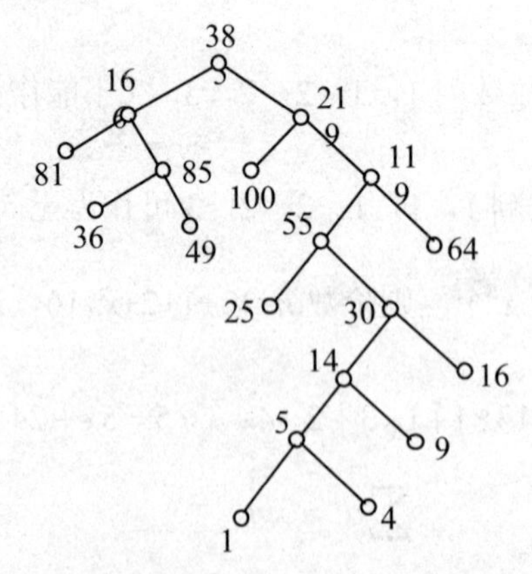

12．解：用哈夫曼算法求最优树为：

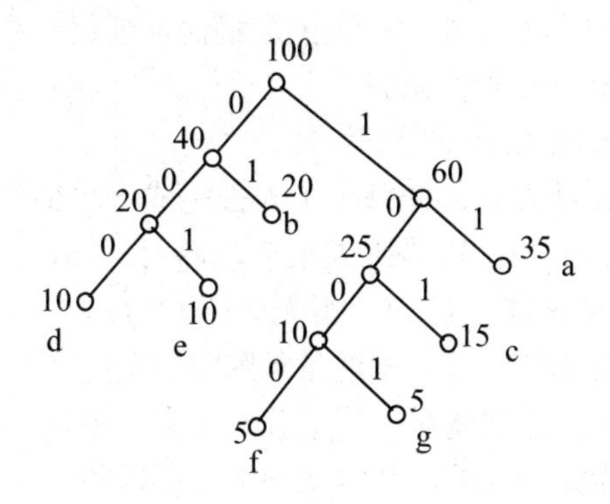

最佳前缀码：a：11　　b：01　　c：101　　d：000

e：001　　f：1000　　g：1001

传送 10^n 个字母需要的二进制位数是：

$10^{n-2}\times(35\times2+20\times2+15\times3+10\times3+10\times3+5\times4+5\times4)=2.6\times10^n$（个）

比等长编码少传送二进制数字个数是：

$$3.0\times10^n-2.6\times10^n=0.4\times10^n\text{（个）}$$

13．解：

（1）中序：((a-b×c)×d+e)/(f×g+h)

（2）前序：/+×-a×bcde+×fgh

（3）后序：abc×-d×e+fg×h+/

14．解：下图中，（1）所示的图为 $K_{1,3}$，（2）所示的图为 $K_{2,5}$，（3）所示的图为 $K_{2,2}$，它们分别有不同的同构形式。

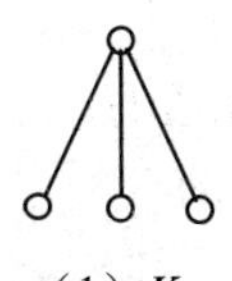
（1）$K_{1,3}$

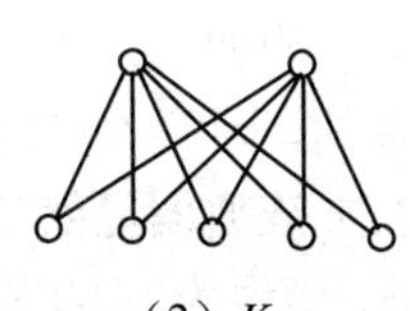
（2）$K_{2,5}$

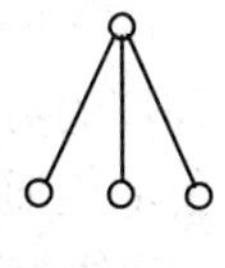
（3）$K_{2,2}$

15．解：若 G 为零图，用一种颜色即可。若 G 是非零图的二部图，用两种颜色就够了。

证明：根据二部图的定义可知，n 阶零图（无边的图）是二部图（含平凡图），对 n 阶零图的每个顶点都用同一种颜色染色，因为无边，所以不会出现相邻顶点染同色，因而一种颜色就够了。

而对于非零图的二部图 G，顶点集 $V=V_1\cup V_2$，$V_1\cap V_2=\phi$，G 中任何边的两个端点都分别属于 V_1 和 V_2，也就是说，不存在两个端点都在 V_1 中或都在 V_2 中的边，

因而 V_1 中各顶点彼此不相邻，V_2 中各顶点也彼此不相邻，于是给 V_1 中各顶点染同一种颜色，V_2 中各顶点染另外一种颜色，就保证任何一条边的两个端点都染不同颜色，也就是说，用两种颜色就够了。

16．解：完全二部图 $K_{r,s}$ 中的边数=rs。

17．解：有多种安排方案，使每个工人去完成一项他们各自能胜任的任务。

设 V_1={甲，乙，丙}，则 V_1 为工人集合，$V_2=\{a，b，c\}$，则 V_2 为任务集合。令 $V=V_1\cup V_2$，$E=\{(x，y)|x$ 能胜任 $y\}$，得无向图 $G=<V，E>$，则 G 是二部图，如右图所示。本题是求图中完美匹配问题，给图中一个完美匹配就对应一个分配方案。因为，所有完备匹配也为完美匹配。其实从图上，可以找到多个完美匹配。

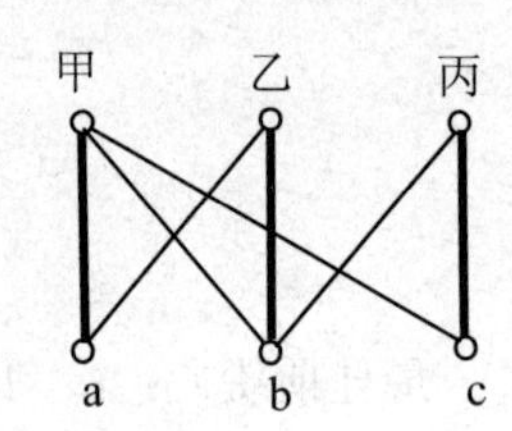

如取

$$M_1=\{（甲，a），（乙，b），（丙，c）\}$$

此匹配对应的方案为甲完成 a，乙完成 b，丙完成 c，见图中粗线所示的匹配。

$$M_2=\{（甲，c），（乙，a），（丙，b）\}$$

M_2 对应的匹配方案为甲完成 c，乙完成 a，丙完成 b。

读者可再找出其余的分配方案。

18．解：$\deg(R_1)=3$，$\deg(R_2)=4$，而 $\deg(R_0)=9$，边数 m=8，此时显然有

$$\sum_{i=0}^{2}\deg(R_i)=16=2m$$

19．证明：因为彼得森图可以收缩成 K_5，由库拉托夫斯基定律可知它不是平面图。

20．解：G^{**}不能与 G 同构，证明如下：

任意平面图的对偶图都是连通的，因而 G^*与 G^{**}都是连通的，而 G 是具有 3 个连通分支的非连通图，连通图与非连通图显然是不能同构的。

右图中，实线为图 4 中的图 G，虚线为 G 的对偶图 G^*，红色线的边组成的图是 G^*的对偶图 G^{**}，显然 G 与 G^{**}不同构。

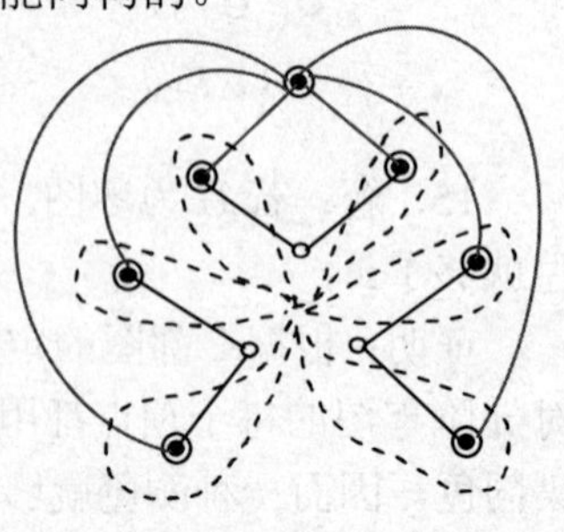

21．证明：必要性

因为 G^*为欧拉图，所以 G^*中每个顶点的度数均为偶数，由定理可知，G 中每个面的度数均为偶数。

充分性

G^*连通，又由定理可知，G^*无奇度顶点，所以 G^*是欧拉图。

22．证明：充分性

设图 $G=<V, E>$是一个不包括长度为奇数的回路的连通图。任取 $u\in V$，构造 V 的两个子集：

$$V_1=\{v|从 u 到 v 有一条偶长度的通路\}$$
$$V_2=\{v|从 u 到 v 有一条奇长度的通路\}$$

显然，$V=V_1\cup V_2$，可证 $V_1\cap V_2=\varnothing$。用反证法，如有 $v\in V_1\cap V_2$，则 u 到 v 既有一条偶长度的通路，又有一条奇长度的通路，这两条通路合起来必有一条奇长度的回路，这是不可能的。因此 V_1 与 V_2 构成 V 的一个划分。

下面证明 V_i（i=1,2）中任意两结点不相邻。用反证法，如果 V_i 中有两结点 v_1，v_2 相邻，则 u 到 v_1 的偶（奇）长度通路，u 到 v_2 的偶（奇）长度通路与边（v_1，v_2）合起来构成一条长度为奇数的回路，这不可能。

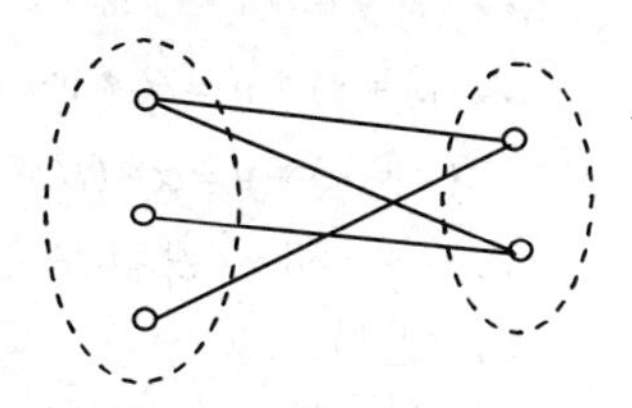

这样图 G 中每一条边，它所关联的两个结点，一个在 V_1 中，另一个在 V_2 中，如右图所示。将 V_1 中所有结点着上 c_1 色，V_2 中所有结点着上 c_2 色，就得到图 G 的一种正常着色。

必要性

如果图 G 不连通，只要对 G 的每一最大连通子图证明就可以了。

设图 G 能用两种颜色 c_1 及 c_2 正常着色，设 $V_1=\{u|u\in V, u 着上 c_1 色\}$，$V_2=\{u|u\in V, u 着上 c_2 色\}$。对于图 G 中任一回路 C：$v_0v_1v_2v_3\cdots v_{k-1}v_k$，其中 $v_k=v_0$。由于相邻结点颜色相同，如果 $v_0\in V_1$，则 $v_1\in V_2$，$v_2\in V_1$，…，$v_{k-1}\in V_2$，$v_k=v_0\in V_1$，故 k-1 为偶数，k 为奇数，即图 G 中任一回路的长度必为奇数。

习题 10

1．解：

（1）是二元运算，满足结合律、交换律、幂等律。存在单位元 1，不存在零元。

（2）是二元运算，满足结合律、交换律，不满足幂等律。存在单位元 1，不存在零元。

（3）是二元运算，满足结合律、交换律，幂等律。不存在单位元，存在零元 1。

（4）是二元运算，满足结合律、交换律，幂等律。存在单位元 1，不存在零元。

（5）不构成二元运算，因为 $\ln a+\ln b$ 可能为小数。

（6）不构成二元运算，因为当 $a=b$ 时，$a-b=0$。

2．解：*对△不可分配。

$\because a*(b\triangle c)=a*(b\cdot c)=a^{bc}\neq a^{b+c}=a^b\cdot a^c=(a*b)\triangle(a*c)$

∴*对△不可分配

3．解：半群$(P(X), \cap)$的零元是：$\varnothing$，半群$(P(X), \cup)$的零元是X。它们都是独异点，因为半群$(P(X), \cap)$存在单位元X，半群$(P(X), \cup)$存在单位元$\varnothing$。

4．证明：∵$(S, *)$是半群

∴*是可结合的

对于任意$m,n,p \in S$，有：

$(m\triangle n)\triangle p=(m*a*n)\triangle p=(m*a*n)*a*p=m*a*(n*a*p)=m\triangle(n\triangle p)$

∴二元运算△是可结合的。

5．证明：∵θ_l是半群$(S, *)$的左零元

∴$\forall x, y \in S$，有$\theta_l * x=\theta_l$，$\theta_l * y=\theta_l$

∴$(\theta_l * x) * y=\theta_l * y=\theta_l=\theta_l * x$

　$(x * \theta_l) * y=x *(\theta_l * y)=x * \theta_l$

∴$\theta_l * x$和$x * \theta_l$都是左零元。

6．证明：

（1）因为$a * b=a *(a * a)=a * a * a=(a * a) * a=b * a$，所以$*$是可交换运算。

（2）由于有限半群必有等幂元，在半群$(\{a,b\}, *)$中，仅有两个元素a和b，而$a * a=b$，所以b是等幂元，由此证得$b * b=b$。

7．证明：

∵$(X, *)$是交换半群且$a * a=b$，$b * b=b$

∴$(a * b) *(a * b)=a * b * a * b=(a * a) *(b * b)=a * b$

8．证明：对任意$b \in X$，由封闭性知

$$b * b=b^2 \in X,$$
$$b^3=b^2 * b \in X,$$

即是说序列$b, b^2, b^3, \cdots, b^i \cdots b^j \cdots$都为$X$中元素

因X有限，故存在$j>i$使$b^i=b^j$。

设$P=j-i$，则$b^j=b^p * b^i=b^i$，故$b^p * b^i * b=b^i * b$，即$b^p * b^{i+1}=b^{i+1}$。

对$q>j$有$b^p * b^q=b^q$

由于$p \geqslant 1$，故存在$k \geqslant 1$使$kp \geqslant i$，即$b^p * b^{kp}=b^{kp}$

这是一个递推关系，即：

$b^{kp}=b^p * b^{kp}=b^p *(b^p * b^{kp})=\cdots=b^{kp} * b^{kp}$，令$b^{kp}=a$，即有$a * a=a$。

9．解：Z^+对所给的运算$\circ$不能组成群，因为Z^+上不存在单位元。

10．证明：先证封闭性：

$\forall(a,b),(c,d)\in G$，有：$(a,b)\circ(c,d)=(ac,ad+b)\in G$

再证结合律：

$$((a,b)\circ(c,d)\circ(e,f)=(ac,ad+b)\circ(e,f)=(ace,acf+ad+b)$$
$$=(a,b)\circ(ce,cf+d)=(a,b)\circ((c,d)\circ(e,f))$$

$(1,0)$是$\circ$运算的单位元，$(\frac{1}{a},\frac{b}{a})$是$(a,b)$关于$\circ$运算的逆元。所以，$G$对运算$\circ$组成一个群。

11．证明：由乘法表可知：G对乘法满足封闭性。

（1）可以验证G对乘法满足结合律。

（2）存在单位元$e\in G$。

（3）$a^{-1}=b,\ b^{-1}=a,\ e^{-1}=e$，所以任意$G$中元素都存在逆元。

所以，G对此乘法组成一个群。

12．证明：群比半群多了单位元和逆。现在已经有单位元，所以只需证明每个元素都有逆。

假设G为满足条件的半群，$g\in G$。定义映射$\Phi:G\to G$使得$\Phi(h)=g*h$，则由消去律易知Φ是单射（假设$\Phi(h_1)=\Phi(h_2)$，即$g*h_1=g*h_2$，则$h_1=h_2$）。Φ是有限集合G到自己的单射，所以是双射，特别地也是满射（这一步依赖于G是有限半群，结论对无限的情况不成立）。从而存在$a\in G$使得$\Phi(a)=1$，即$g*a=1$，所以a是g的右逆元。同理（令$\Psi(h)=h*g$）可证g存在左逆元b使得$b*g=1$。由结合律可知$a=b$：$a=1*a=(b*g)*a=b*(g*a)=b*1=b$。所以$g$有逆。证毕。

13．证明：设G为独异点，$\circ$为G上的运算，G中所有有逆元的元素的集合为H，由于G中元素对$\circ$运算满足结合律，所以G的子集H也满足结合律。设G的单位元为e，因为$e\circ e=e$，所以e有逆元，即$e\in G$，同时e也是H的单位元，显然H中任一元素都有逆元，所以H是群。

14. 证明：设$(G, *)$和$(H, *)$都是群$(X, *)$的子群。那么$(G\cup H, *)$也是$(X, *)$的子群，证明如下：

首先，证明$*$对于$G\cup H$是封闭的。

设$a,b\in G\cup H$，于是有$a\in G,b\in G$和$a\in H,b\in H$；由于$(G, *)$和$(H, *)$都是群，所以$a*b\in G$和$a*b\in H$，也即$a*b\in G\cup H$，由此证得$*$对于$G\cup H$是封闭的。

其次，运算*满足结合律是继承的。幺元$e\in G\cup H$是易见的。

如果$a\in G\cup H$，则$a\in G,a\in H$，并且$a^{-1}\in G,a^{-1}\in H$，由此可得$a^{-1}\in G\cup H$。

综上证明，$(G\cup H, *)$也是$(X, *)$的子群。

15．证明：

（1）$\forall x,y\in H$，$(x*y)*a=x*(y*a)=x*(a*y)=(x*a)*y=(a*x)*y=a*(x*y)$，所以 $x,y\in H$。

（2）设 e 是群 $(G,*)$ 的幺元，$e*a=a=a*e,\ e\in H$。

（3）$\forall x\in H$，$x^{-1}*a=(x^{-1}*a)*e=(x^{-1}*a)*(x*x^{-1})=x^{-1}*(a*x)*x^{-1}=x^{-1}*(x*a)*x^{-1}=(x^{-1}*x)*a*x^{-1}=e*a*x^{-1}=a*x^{-1}$，所以 $x^{-1}\in H$。

故 $(H,*)$ 是 $(G,*)$ 的子群。

16．证明：先证结合性：

$$(<x,y>\cdot<u,v>)\cdot<w,z>=<x*u,y\triangle v>\cdot<w,z>=<x*u*w,y\triangle v\triangle z>$$
$$=<x*(u*w),y\triangle(v\triangle z)>=<x,y>\cdot<u*w,v\triangle z>=<x,y>\cdot(<u,v>\cdot<w,z>)$$

设 e_1,e_2 分别是 $(G,*)$ 和 $(H,\triangle)$ 的单位元，则 $<e_1,e_2>$ 是 $<G\times H,\cdot>$ 的单位元。

设 $x\in G$ 在 G 中的逆元为 x^{-1}，$y\in H$ 在 H 中的逆元为 y^{-1}，则

$$<x,y>\bullet<x^{-1},y^{-1}>=<x*x^{-1},y\triangle y^{-1}>=<e_1,e_2>$$

所以 $G\times H$ 中 $<x,y>$ 的逆元是 $<x^{-1},y^{-1}>$，所以 $<G\times H,\cdot>$ 是群。

17．证明：$\forall a,b\in G$，$m=0$ 时，$(a^n)^m=(a^n)^0=e=a^{n\cdot 0}=a^{nm}$ 原式成立

设 $m=k$ 时，$(a^n)^k=a^{nk}$，

当 $m=k+1$ 时，$(a^n)^{k+1}=(a^n)^k\cdot a^n=a^{nk}\cdot a^n=a^{n(k+1)}$，原式成立，得证。

18.证明：由 $x^2=e\Leftrightarrow|x|=1$ 或 2，也就是说，对 G 中元素 x，如果 $|x|>2$，必有 $x^{-1}\neq x$。由于 $|x|=|x^{-1}|$，阶大于 2 的元素成对出现，共有偶数个。那么剩下的一阶和二阶元总共应该是偶数个。而一阶元只有一个，就是单位元，从而 G 中必有二阶元。即存在 $a\in G$，使得：$a^{-1}=a,\ a^2=e$ 且 a 不是幺元。

19．证明：若 $(HS,*)$ 是 $(S,*)$ 的子群，则

$$\forall c\in HS\Rightarrow\exists h\in H\wedge\exists g\in S\wedge h*g=c\in HS\Rightarrow g^{-1}*h^{-1}=c^{-1}\in HS$$
$$\Rightarrow g^{-1}\in H\wedge h^{-1}\in S\Rightarrow g=(g^{-1})^{-1}\in H\wedge h=(h^{-1})^{-1}\in S\Rightarrow c=h*g\in SH$$

所以 $HS\subseteq SH$。类似的可证 $SH\subseteq HS$。故有 $HS=SH$。

若 $HS=SH$，则

$$\forall c\in HS\Rightarrow\exists h\in H\wedge\exists g\in S\wedge h*g=c\in HS\Rightarrow c^{-1}=g^{-1}*h^{-1}\in HS$$
$$\Rightarrow c^{-1}=g^{-1}*h^{-1}\in SH$$

于是

$\forall x,y\in HS,\ \exists h_1,h_2\in H,\exists g_1,g_2\in S\Rightarrow x=h_1*g_1,y=h_2*g_2$，于是

$x*y=(h_1*g_1)*(h_2*g_2)=h_1*(g_1*h_2)*g_2$，

$g_1 * h_2 \in SH$，因为 $HS = SH$，$g_1 * h_2 \in HS, g_1 \in H, h_2 \in S$，而 $<H,*>$ 和 $<S,*>$ 是 $<S,*>$ 的子群，$h_1 * g_1 \in H, h_2 * g_2 \in S$，$x * y = (h_1 * g_1) * (h_2 * g_2) \in HS$。

所以 HS 是子群。

20．证明：因为 $\forall a^i, a^j \in G$，有 $a^i * a^j = a^{i+j} = a^{j+i} = a^j * a^i$，所以 $(G,*)$ 是阿贝尔群。

21．证明：设 G 群的阶为素数 p，则 G 必含有周期大于 1 的元素，不妨设为 a，其周期为 $m > 1$，

故由 a 生成的循环群 (a) 是群 G 的子群，其阶数为 m，由拉格朗日定理知，m 整除 p，但 p 是质数，故 $m = p$，从而 $G = (a)$，即 G 是循环群。

22．证明：设 $G_1 = <a>, \varphi : G_1 \to G_2, \forall y \in \varphi(G_1), \exists a^i \in G_1$，使得 $\varphi(a^i) = y$，

$$y = \varphi(a^i) = \varphi(aa \cdots a) = \varphi(a)\varphi(a) \cdots \varphi(a) = (\varphi(a))^i$$

所以 $\varphi(a)$ 是生成元，即 $\varphi(G_1) = <\varphi(A)>$。

23．解：$\sigma = \begin{pmatrix} 1 & 2 & 3 & 4 \\ 3 & 1 & 2 & 4 \end{pmatrix} \quad \tau = \begin{pmatrix} 1 & 2 & 3 & 4 \\ 3 & 4 & 1 & 2 \end{pmatrix}$

$$\sigma \circ \tau \circ \sigma^{-1} = \begin{pmatrix} 1 & 2 & 3 & 4 \\ 3 & 1 & 2 & 4 \end{pmatrix} \circ \begin{pmatrix} 1 & 2 & 3 & 4 \\ 2 & 3 & 1 & 4 \end{pmatrix} = \begin{pmatrix} 1 & 2 & 3 & 4 \\ 2 & 1 & 4 & 3 \end{pmatrix}$$

$$\begin{aligned} \sigma^{-1} \circ \tau \circ \sigma &= \begin{pmatrix} 1 & 2 & 3 & 4 \\ 2 & 3 & 1 & 4 \end{pmatrix} \circ \begin{pmatrix} 1 & 2 & 3 & 4 \\ 3 & 4 & 1 & 2 \end{pmatrix} \circ \begin{pmatrix} 1 & 2 & 3 & 4 \\ 3 & 1 & 2 & 4 \end{pmatrix} \\ &= \begin{pmatrix} 1 & 2 & 3 & 4 \\ 4 & 1 & 3 & 2 \end{pmatrix} \circ \begin{pmatrix} 1 & 2 & 3 & 4 \\ 3 & 1 & 2 & 4 \end{pmatrix} \\ &= \begin{pmatrix} 1 & 2 & 3 & 4 \\ 4 & 3 & 2 & 1 \end{pmatrix} \end{aligned}$$

24．解：

$$\sigma \circ \tau = \begin{pmatrix} 1 & 2 & 3 & 4 & 5 \\ 2 & 1 & 3 & 4 & 5 \end{pmatrix} \quad \tau \circ \sigma = \begin{pmatrix} 1 & 2 & 3 & 4 & 5 \\ 1 & 2 & 5 & 4 & 3 \end{pmatrix}$$

$$\sigma^{-1} = \begin{pmatrix} 1 & 2 & 3 & 4 & 5 \\ 4 & 3 & 2 & 5 & 1 \end{pmatrix} \quad \tau^{-1} = \begin{pmatrix} 1 & 2 & 3 & 4 & 5 \\ 3 & 5 & 2 & 1 & 4 \end{pmatrix}$$

25．解：

（1）略

（2）$M = \frac{1}{4}(2^4 + 2^1 + 2^2 + 2^1) = 6$

26．$M = \frac{1}{24}(2^6 + 8 \times 2^2 + 12 \times 2^3 + 4 \times 2^4) = 256$

27．证明：根据拉格朗日定理，G 的元素只可能是 1，2，3，6 阶。若某个元素 a 的阶为 6，则 a^2 的阶为 3；若 G 中不存在 6 阶元，下面用反证法证明必有 3 阶元。设只有 1、2 阶元，则 G 为交换群，因为对任意的 x,y 属于 G，$xx=x^2=e$，即 $x^{-1}=x,(x,y)^{-1}=(y^{-1})(x^{-1})=yx$。取 G 中任意两个不相等的 2 阶元 a,b，显然 $H=\{e,a,b,ab\}$ 构成 G 的子群。而 H 的阶为 4，与拉格朗日定理 G 不可能有 4 阶子群矛盾。

28．证明：1 阶群 $\{e\}$，2 阶群，3 阶群，5 阶群都为素数阶群，由拉格朗日定理可知，必存在一个生成元属于 G，使 $<a>=G$，即 G 为循环群。循环群显然是交换群。

对于 4 阶群，若 G 中含有 4 阶元，比如说 a，则 $<a>=G$，可知 G 是阿贝尔群。若 G 中不含 4 阶元，由拉格朗日定理可知，G 中只有 1,2 阶元，G 也是阿贝尔群。

可以看出，它们都是阿贝尔群。

29．证明：$n=6$。有两个不同的（非同构的）群。设 $G=\{e,a,b,c,d,f\}$。除 e 外所有元素的阶必为 2，3 或 6。

（1）如果任一元素的阶为 6，则是一个 6 阶循环群 $G=\{a^5,a^4,a^3,a^2,a^1,a^0=e\}$

（2）任意非交换（循环）的 6 阶群必同构于 S_3。

30．证明：$\because H$ 的指数为 2

$\therefore H$ 存在两个不同的右（左）陪集

$\because eH=He=h$

$\therefore$ 两个陪集一个为 H，一个为 $G-H$

$\forall g\in G$，若 $g\in H$，$gH=Hg=H$；若 $g\notin H$，$gH=Hg=G-H$，所以 H 为正规子群。

31．略

32．略

33．证明：设 $f:(X,*)\to(Y,\triangle),h:(Y,\triangle)\to(Z,◎)$

所以，$h\circ f:(X,*)\to(Z,◎)$

$\forall x,y\in X$，有

$$h\circ f(x*y)=h(f(x*y))=h(f(x)\triangle f(y))$$
$$h(f(x))◎h(f(y))=h\circ f(x)◎h\circ f(y)$$

所以，$h\circ f$ 是 $(X,*)$ 到 $(Z,◎)$ 的同态映射。

34．证明：因为 $f:(X,*)\to(Y,\triangle)$ 是双射，所以 $f^{-1}:(Y,\triangle)\to(X,*)$ 也是双射。

$\forall x,y\in Y,\exists a,b\in X$，使得 $f(a)=x$，$f(b)=y$，所以 $f^{-1}(x)=a,f^{-1}(y)=b$，

所以：

$$f^{-1}(x\triangle y)=f^{-1}(f(a)\triangle f(b))=f^{-1}(f(a*b))=a*b=f^{-1}(x)*f^{-1}(y)$$

习题 11

1．证明：对于 $\forall a,b\in R$，不妨设 $a\leqslant b$，所以 $a\vee b=b$，$a\wedge b=a$，所以 $(R,\leqslant)$是格。

2．解：（1）（4）（5）是格，（2）（3）不是格。

3．解：对偶式如下：

（1）$a\wedge(b\vee c)\geqslant(a\wedge b)\vee(a\wedge c)$

（2）$a\geqslant a\wedge(b\vee c)$

4．（a）（b）（c）（d）都是格，（e）不是格。

5．证明：

由 $a\wedge b\leqslant a\leqslant a\vee c$ 和 $a\wedge b\leqslant b\leqslant b\vee d$ 得到：$a\wedge b\leqslant(a\vee c)\wedge(b\vee d)$，同理 $c\wedge d\leqslant(a\vee c)\wedge(b\vee d)$，所以：$(a\wedge b)\vee(c\wedge d)\leqslant(a\vee c)\wedge(b\vee d)$。

6．证明：

（1）因为 $a\leqslant b$，所以 $a\vee b=b$，因为 $b\leqslant c$，所以 $b\wedge c=b$，因此 $a\vee b=b\wedge c$，

（2）因为 $a\leqslant b$，所以 $a=a\wedge b$，因为 $b\leqslant c$，所以 $b=b\wedge c$，

所以 $(a\wedge b)\vee(b\wedge c)=a\vee b=b$

同理 $(a\vee b)\wedge(a\vee c)=b\vee c=b$

7．证明：I 非空，只需证明 I 关于 $\vee$ 和 $\wedge$ 运算封闭，根据已知条件，I 关于 $\vee$ 运算封闭。任取 $a,b\in I$，显然 $a\wedge b\leqslant a$。根据已知条件：$\forall a\in I$，$\forall x\in S$ 有：$x\leqslant a\Rightarrow x\in S$，因此有 $a\wedge b\in I$，I 关于 $\wedge$ 运算封闭。

8．证明：设$(A,\leqslant)$是有界分配格，令 $B=\{x\,|\,x\in A$ 且 x 在 A 中存在补元$\}$，下面证明$(B,\leqslant)$是$(A,\leqslant)$的子格。

①设有界分配格导出的代数系统为$(A,\vee,\wedge,0,1)$，由定理知，$1\wedge 0=0$ 且 $1\vee 0=1$，所以，1，0 互为补元，$0\in B$ 且 $1\in B$。$B\neq\varnothing$ 且 $B\subseteq A$。

②$\forall a,b\in B$，a'、b'分别是 a 和 b 的补元，

$(a\wedge b)\wedge(b'\vee a')=(a\wedge b\wedge b')\vee(a\wedge b\wedge a')=0\vee 0=0$

$(a\wedge b)\vee(b'\vee a')=(a\vee b'\vee a')\wedge(b\vee b'\vee a')=1\wedge 1=1$

所以，$(a\wedge b)$有补元$(b'\vee a')$，$a\wedge b\in B$，二元运算 $\wedge$ 在 B 上封闭。

$(a\vee b)\wedge(b'\wedge a')=(a\wedge b'\wedge a')\vee(b\wedge b'\wedge a')=0\vee 0=0$

$(a\vee b)\vee(b'\wedge a')=(a\vee b\vee b')\wedge(a\vee b\vee a')=1\wedge 1=1$

所以，$(a\vee b)$有补元 $b'\wedge a'$，$a\vee b\in B$，二元运算$\vee$在 B 上封闭。

由于 B 是 A 非空子集，$\vee$，$\wedge$在 B 上继承地满足交换律、结合律、吸收律和分配律，根据定义，$<B,\vee,\wedge>$是格且是分配格，显然，0 和 1 是$(B,\vee,\wedge)$的全下界和全上界。$(B,\preccurlyeq)$是$(A,\preccurlyeq)$的子格。

9．证明：$\because\ \varphi$是格$(S,\vee,\wedge)$到格$(S',\vee'\wedge')$的同态

$\therefore$任意$x\in S$，$\varphi(x)\in S'$，即$\varphi(x)$是S'的子集。

又因为 S 非空，所以$\varphi(x)$非空。

任意$x,y\in S$，有：$\varphi(x\vee y)=\varphi(x)\vee'\varphi(y)\in S'$，$\varphi(x\wedge y)=\varphi(x)\wedge'\varphi(y)\in S'$，所以$\varphi(x)$对$\vee'$和$\wedge'$封闭，所以 S 的同态像$\varphi(x)$是S'的子格。

10．证明：必要性：

因为 S 是模格，所以$\forall a,b,c\in S$ 当 $b\preccurlyeq a$ 时，

$$a\wedge(b\vee c)=b\vee(a\wedge c) \qquad (1)$$

这里$\because a\preccurlyeq a\vee c$，$\therefore$在（1）式中，把 b 替换为 a，把 a 替换为$a\vee c$，把 c 替换为 b，得到$(a\vee c)\wedge(a\vee b)=a\vee((a\vee c)\wedge b)$，得证。

充分性：已知$\forall a,b,c\in S$，有

$$a\vee(b\wedge(a\vee c))=(a\vee b)\wedge(a\vee c) \qquad (2)$$

令$a'=a\vee c,b'=a,c'=b$，代入（2）式有：$b'\preccurlyeq a'$，所以

$$b'\vee(c'\wedge a')=(b'\vee c')\wedge a',$$

所以 S 是模格。

11．证明：

（1）$\because b\wedge a\preccurlyeq b$

$\therefore(b\wedge a)\vee(b\wedge c)=b\wedge((b\wedge a)\vee c)=(b\wedge(b\wedge a))\vee(b\wedge c)$

$=(b\vee a)\vee(b\wedge c)=b\wedge(a\vee c)$

（2）$\because a\preccurlyeq a\vee b$

$\therefore(a\vee b)\wedge(a\vee c)=a\vee((a\vee b)\wedge c)=a\vee((a\wedge c)\vee(b\wedge c))=a\vee(b\wedge c)$

12．证明：

（1）$(a\wedge b)\vee c=(a\vee c)\wedge(b\vee c)\preccurlyeq a\wedge(b\vee c)$

（2）必要性：

$\because(a\wedge c)\vee(b\wedge c)\vee(a\wedge b)=((a\vee b)\wedge c)\vee(a\wedge b)$

$=((a\vee b)\vee(a\wedge b))\wedge(a\wedge b\wedge c)=(a\vee b)\wedge(a\wedge b\wedge c)=a\wedge b\wedge c\preccurlyeq c$

$\because(a\wedge c)\vee(b\wedge c)\vee(a\wedge b)=((a\vee b)\wedge(a\vee c)\wedge(b\vee c)\wedge c)\vee(a\wedge b)$

$=(a\vee b)\wedge(a\vee b\wedge c)\wedge(a\wedge c)\wedge(b\vee c)=(a\vee b)\wedge((a\wedge b)\wedge c)\succcurlyeq c$

所以：$(a \wedge c) \vee (b \wedge c) \vee (a \wedge b) = c$

充分性：$\because c = (a \wedge c) \wedge (b \wedge c) \vee (a \wedge b) \quad \therefore a \wedge b \preccurlyeq c$

$\because c = (a \wedge c) \vee (b \wedge c) \vee (a \wedge b) = (a \vee b) \wedge (a \vee c) \wedge (b \vee c) \quad \therefore c \preccurlyeq a \wedge b$

13．证明：必要性：$\because a \wedge b \preccurlyeq a \vee b$

$\therefore (a \wedge b) \vee (b \wedge c) \vee (c \wedge a) = (a \wedge b) \vee ((a \wedge b) \wedge c)$

$= (a \vee b) \wedge ((a \wedge b) \vee c) = (a \vee b) \wedge (b \vee c) \wedge (c \vee a)$

充分性：需要证明模格是可分配的，证明如下：

$\forall a,b,c \in S$

$a \wedge (b \vee c) = a \wedge (b \vee c) \wedge (a \vee c) = a \wedge ((b \wedge a) \vee c) = (b \wedge a) \vee (a \wedge c)$

$= (a \wedge b) \vee (a \wedge c)$

$a \vee (b \wedge c) = a \vee (b \wedge c) \vee (a \wedge c) = a \vee ((b \vee a) \wedge c) = (a \vee b) \vee (a \vee c)$ 证毕。

14．证明：由 S'定义知 $a \in S'$，S'是 S 非空子集。

①先证明$(S'$，$\preccurlyeq)$是格且是分配格。

设$(S,\vee,\wedge)$是$(S$，$\preccurlyeq)$导出的代数系统，其中，二元运算$\wedge$为交运算（求最大下界运算）；二元运算$\vee$为并运算（求最小上界运算）。根据定义和定理，格$(S$，$\preccurlyeq)$导出的代数系统$(S,\vee,\wedge)$是格且是分配格。以下证明$(S',\vee,\wedge)$是格且是分配格。

$\forall x$，$y \in S'$，$a \preccurlyeq x \preccurlyeq b$，$a \preccurlyeq y \preccurlyeq b$，由定理有 $x \vee y \preccurlyeq b \vee b = b$，从而 $x \vee y \preccurlyeq b$，

$a = a \vee a \preccurlyeq x \vee y$，从而 $a \preccurlyeq x \vee y$。即 $x \vee y \in S'$，类似地可以证明 $x \wedge y \in S'$，所以$\vee$，$\wedge$在 S'上封闭。

由于 S'是 S 非空子集，$\vee$，$\wedge$在 S'上继承地满足交换律、结合律、吸收律和分配律，根据定义，$(S',\vee,\wedge)$是格且是分配格。

②再证 $f(x)=(x \vee a) \wedge b$ 是 S 到 S'的函数。

$\forall x \in S$，由最大下界的定义，$(x \vee a) \wedge b \preccurlyeq b$，而 $a = a \wedge b \preccurlyeq (x \wedge b) \vee (a \wedge b) = (x \vee a) \wedge b$，即

$a \preccurlyeq (x \vee a) \wedge b$，所以，$(x \vee a) \wedge b \in S'$

$x_1 = x_1 \wedge b \preccurlyeq (x_1 \wedge b) \vee (a \wedge b) = (x_1 \vee a) \wedge b = (x_2 \vee a) \wedge b \preccurlyeq (x_2 \vee a) = x_2$

所以，$x_1 \preccurlyeq x_2$。类似地可以证明 $x_2 \preccurlyeq x_1$。于是 $x_1 = x_2$。

所以，f：$S \rightarrow S'$是函数。

③最后证明 $f(x)$是从$(S$，$\preccurlyeq)$到$(S'$，$\preccurlyeq)$的同态。

$$f(x_1 \wedge x_2) = ((x_1 \wedge x_2) \vee a) \wedge b = ((x_1 \vee a) \wedge (x_2 \vee a)) \wedge b$$
$$= ((x_1 \vee a) \wedge b) \wedge ((x_2 \vee a) \wedge b) = f(x_1) \wedge f(x_2)$$
$$f(x_1 \vee x_2) = ((x_1 \vee x_2) \vee a) \wedge b = ((x_1 \vee a) \vee (x_2 \vee a)) \wedge b$$
$$= ((x_1 \vee a) \wedge b) \vee ((x_2 \vee a) \wedge b) = f(x_1) \vee f(x_2)$$

所以，f 是从$(S，\preccurlyeq)$到$(S'，\preccurlyeq)$的格同态。

15．证明：存在性：在有界格中，显然 $0\vee1=1,\ 0\wedge1=0$，所以 0 和 1 互为补元。

唯一性：假设 $a\neq1$ 也是 0 的补元，则 $0\vee a=1,\ 0\wedge a=0$，这与有界格中 $0\vee a=a\neq1$ 矛盾，所以 0 的补元有且只有 1，同理，1 的补元有且只有 0。

16．证明：设$(A，\preccurlyeq)$是格，且 $|a|\geqslant2$，假设有 $a\in A$，使得 $\overline{a}=a$，所以 $a\neq0$，$a\neq1$，但是有 $1=a\vee\overline{a}=a\vee a=a$，$0=a\wedge\overline{a}=a\vee a=a$，产生矛盾，所以不存在以自身为补元的元素。

17．证明：

（1）$a\preccurlyeq a\vee b=0$，即 $a\preccurlyeq0$，再由全下界的定义，$0\preccurlyeq a$，由$\preccurlyeq$的反对称性知，$a=0$。类似地，$b=0$。这就证明了 $a=b=0$。

（2）$1=a\wedge b\preccurlyeq a$，即 $1\preccurlyeq a$，再由全上界的定义，$a\preccurlyeq1$，由$\preccurlyeq$的反对称性知：$a=1$。类似地，$b=1$。这就证明了 $a=b=1$。

18．证明：$\forall x,y\in K$，不妨设 $x\preccurlyeq y$，则 $x\wedge y=(x,y)$，$x\vee y=[x,y]$，所以$(K，\preccurlyeq)$是格。

显然，1 和 110，2 和 55，5 和 22，10 和 11 互为补元，所以$(K，\preccurlyeq)$是有补格。

$\forall a,b,c\in K$

$a\vee(b\wedge c)=a\vee(b,c)=[a,(b,c)]=([a,b],[a,c])=(a\vee b)\wedge(a\vee c)$

同理：$a\wedge(b\vee c)=(a\wedge b)\vee(a\wedge c)$，所以$(K，\preccurlyeq)$是有补分配格，构成代数系统。

（其中，(x,y) 表示 x,y 的最大公约数，$[x,y]$ 表示 x,y 的最小公倍数。）

19．证明：

（1）$a\vee(\overline{a}\wedge b)=(a\vee\overline{a})\wedge(a\vee b)=1\wedge(a\vee b)=a\vee b$

（2）$a\wedge(\overline{a}\vee b)=(a\wedge\overline{a})\vee(a\wedge b)=1\vee(a\wedge b)=a\wedge b$

20．证明：

必要性：已知 $a\preccurlyeq b$，所以 $a\wedge b=a$，从而 $\overline{a\wedge b}=\overline{a}$，所以 $\overline{a}\vee\overline{b}=\overline{a}$，所以 $\overline{b}\preccurlyeq\overline{a}$。

充分性：已知 $\overline{b}\preccurlyeq\overline{a}$，所以 $\overline{a}\wedge\overline{b}=\overline{b}$，所以 $\overline{\overline{a}\wedge\overline{b}}=\overline{\overline{b}}$，即 $a\vee b=b$，所以 $a\preccurlyeq b$。

21．证明：

（1）*运算在 S 上封闭是显然的。

（2）$(a*b)*c=((a\wedge b')\vee(a'\wedge b))*c$

$=(((a\wedge b')\vee(a'\wedge b))\wedge c')\vee(((a\wedge b')\vee(a'\wedge b))'\wedge c)$

$=((a\wedge b'\wedge c')\vee(a'\wedge b\wedge c'))\vee(((a'\vee b)\wedge(a\vee b'))\wedge c)$

$=(a\wedge b'\wedge c')\vee(a'\wedge b\wedge c')\vee(((a'\wedge a)\vee(a'\wedge b')\vee(b\wedge a)\vee(b\wedge b'))\wedge c)$

$=(a\wedge b'\wedge c')\vee(a'\wedge b\wedge c')\vee(((a'\wedge b')\vee(b\wedge a))\wedge c)$

$=(a\wedge b'\wedge c')\vee(a'\wedge b\wedge c')\vee(a'\wedge b'\wedge c)\vee(a\wedge b\wedge c)$

$a*(b*c)=(a\wedge((b\wedge c')\vee(b'\wedge c))')\vee(a'\wedge((b\wedge c')\vee(b'\wedge c)))$

$=(a\wedge((b'\vee c)\wedge(b\vee c')))\vee(a'\wedge b\wedge c')\vee(a'\wedge b'\wedge c)$

$=(a\wedge((b'\wedge b)\vee(b'\wedge c')\vee(c\wedge b)\vee(c\wedge c')))\vee(a'\wedge b\wedge c')\vee(a'\wedge b'\wedge c)$

$=(a\wedge((b'\wedge c')\vee(c\wedge b)))\vee(a'\wedge b\wedge c')\vee(a'\wedge b'\wedge c)$

$=(a\wedge b'\wedge c')\vee(a\wedge b\wedge c)\vee(a'\wedge b\wedge c')\vee(a'\wedge b'\wedge c)$

所以，$(a*b)*c=a*(b*c)$，$*$运算在 S 上是可结合的。

（3）全下界 $0\in S$ 是幺元。

$a*0=(a\wedge 0')\vee(a'\wedge 0)=(a\wedge 1)\vee 0=a\wedge 1=a$

$0*a=(0\wedge a')\vee(0'\wedge a)=0\vee(1\wedge a)=1\wedge a=a$

（4）$\forall a\in S$，$a*a=(a\wedge a')\vee(a'\wedge a)=0\vee 0=0$

所以，$a^{-1}=a$，$(S,*)$是群。

又因为 $a*b=(a\wedge b')\vee(a'\wedge b)=(a'\wedge b)\vee(a\wedge b')=(b\wedge a')\vee(b'\wedge a)=b*a$

所以，$(S,*)$是阿贝尔群。

22．证明：

（1）必要性：$\because a=b \quad \therefore(\bar{a}\wedge b)\vee(a\wedge\bar{b})=(\bar{a}\wedge a)\vee(a\wedge\bar{a})=0\vee 0=0$

充分性：

$\because a=a\vee 0=a\vee(\bar{a}\wedge b)\vee(a\wedge\bar{b})=((a\vee\bar{a})\wedge(a\vee b))\vee(a\wedge\bar{b})$

$=a\vee b\vee(a\wedge\bar{b})=a\vee((b\vee a)\wedge(b\vee\bar{b}))=a\vee b$

$b=0\vee b=(\bar{a}\wedge b)\vee(a\wedge\bar{b})\vee b=(\bar{a}\wedge b)\vee((a\vee b)\wedge(\bar{b}\vee b))$

$=(\bar{a}\wedge b)\vee a\vee b=((\bar{a}\vee a)\wedge(b\vee a))\vee b=a\vee b$

$\therefore a=b$

（2）必要性：$\because a=0 \quad \therefore(\bar{a}\wedge b)\vee(a\wedge\bar{b})=(1\wedge b)\vee(0\wedge\bar{b})=b\vee 0=b$

充分性：$\because \bar{b}\wedge b=0$

$\therefore \bar{b}\wedge((\bar{a}\wedge b)\vee(a\wedge\bar{b}))=(\bar{b}\wedge\bar{a}\wedge b)\vee(\bar{b}\wedge a\wedge\bar{b})=0\vee(a\wedge\bar{b})=a\wedge\bar{b}=0$

又因为 b 的任意性，所以 $\bar{b}$ 任意，所以 $a=0$

（3）$\because a\preccurlyeq b \quad \therefore a\vee(b\wedge c)=(a\vee b)\wedge(a\vee c)=b\wedge(a\vee c)$

参考文献

[1] 耿素云等．离散数学．北京：高等教育出版社，1998．

[2] 陈莉，刘晓霞等．离散数学．北京：高等教育出版社，2002．

[3] 孙吉贵，杨凤杰等著．离散数学．北京：高等教育出版社，2002．

[4] 左孝凌等．离散数学．上海：上海科学技术文献出版社，1982．

[5] 李盘林，李丽双等．离散数学．北京：高等教育出版社，2002．

[6] 邵学才．离散数学．北京：电子工业出版社，2001．

[7] 朱一清．离散数学．北京：电子工业出版社，1997．

[8] 方世昌．离散数学．西安：西安电子科技大学出版社，1996．

[9] 马叔良．离散数学．北京：电子工业出版社，2001．

[10] 刘贵龙著．离散数学．北京：人民邮电出版社，2002．

[11] 耿素云，屈婉玲，王捍贫．离散数学教程．北京：北京大学出版社，2002．

[12] 王元元编著．计算机科学中的逻辑学．北京：科学出版社，1989．

[13] 王树禾．图论及其算法．合肥：中国科学技术大学出版社，1990．

[14] 沈百英．数理逻辑．北京：国防工业出版社，1991．

[15] 吴品三．近世代数．北京：人民教育出版社，1982．

[16] 方嘉琳．集合论．吉林：吉林人民出版社，1982．

[17] ［美］Kenneth H Rosen，离散数学及其应用．北京：机械工业出版社，1999．

[18] 陆钟万．面向计算机科学数理逻辑．北京：北京大学出版社，1989．

[19] 徐洁磐．离散数学导论．北京：高等教育出版社，1991．

[20] ［美］S. 利普舒尔茨．离散数学．北京：科学出版社，2002．

[21] 傅彦，顾小丰．离散数学及其应用．北京：电子工业出版社，1997．

[22] 耿素云．集合论与图论．北京：北京大学出版社，1998．

[23] 屈婉玲，耿素云，张立昂．离散数学．北京：清华大学出版社，2005．

[24] 傅彦，顾小丰，刘启和．离散数学．北京：机械工业出版社，2004．

[25] 王元元，张桂芸．离散数学导论．北京：科学出版社，2002．

[26] 贾振华．离散数学．北京：中国水利水电出版社，2008．